# 多传感器最优估计理论及其应用

闫莉萍　夏元清　刘宝生　付梦印　著

U0223576

科学出版社

北京

## 内 容 简 介

本书是关于多传感器数据融合最优估计理论及其应用的一部专著,主要汇集了作者近十几年来在多传感器数据融合、多速率系统滤波、最优估计理论、组合导航等方面的代表性研究成果。本书涉及的理论和方法有:Kalman 滤波及其各种改进算法,异步多速率线性系统、非线性系统的滤波与融合方法,观测数据存在不可靠、随机丢包等故障条件下的数据融合状态估计方法,噪声相关环境下的数据融合方法,以及对上述各种情况鲁棒的组合导航算法等。

本书可作为控制科学与工程、信息与通信工程等专业研究生的教学参考书,同时对从事多源信息融合技术研究、目标跟踪与导航算法设计与开发的广大科研工作者和工程技术人员也具有一定的参考价值。

**图书在版编目(CIP)数据**

多传感器最优估计理论及其应用/闫莉萍等著. —北京:科学出版社,2015.3
ISBN 978-7-03-042716-8

Ⅰ.①多… Ⅱ.①闫… Ⅲ.①传感器–估计理论–最佳化理论 Ⅳ.①TP212

中国版本图书馆 CIP 数据核字(2014) 第 292476 号

责任编辑:张海娜 / 责任校对:郭瑞芝
责任印制:吴兆东 / 封面设计:蓝正设计

**科 学 出 版 社** 出版
北京东黄城根北街 16 号
邮政编码:100717
http://www.sciencep.com

**北京中石油彩色印刷有限责任公司** 印刷
科学出版社发行 各地新华书店经销

\*

2015 年 3 月第 一 版 开本:720×1000 1/16
2022 年 1 月第六次印刷 印张:24 1/2
字数:493 000
**定价:168.00元**
(如有印装质量问题,我社负责调换)

# 前　　言

多传感器数据融合是从 20 世纪 70 年代起迅速发展起来的科学技术。随着科学技术的全面、快速发展，由最初的以战争为背景，发展到包括工业过程监视、工业机器人、遥感、毒品检查、病人照顾系统、金融系统、船舶避碰与交通管制系统等民用应用的各个方面。多传感器最优估计理论是多传感器数据融合领域一个很重要的研究部分。在该领域，国内外发表了大量有价值的学术论文，并出版了不少专著。

近些年来，随着计算机和网络技术的快速发展，传统的数据融合方法面临许多新的问题和挑战。由网络传输引起的数据异步、随机丢包等问题，激发了许多科研工作者在这方面开展研究工作。包括智能车和机器人在内的无人移动平台导航技术的发展，对组合导航算法有了更高的要求。这方面的工作存在一定的难度，内容较新，专著很少。例如，在最优估计理论方面，大部分专著和教材以 Kalman 滤波为主，主要涉及单传感器或者同速率多传感器的融合估计问题，并且在模型方面，主要针对线性系统模型开展研究工作。在异步、多速率传感器数据融合的最优估计以及非线性系统数据融合最优估计方面，国内外的论文相对来说很少，专著中有涉及的则更少。在导航领域，大部分专著和教材围绕某种特定的导航系统展开，在最新的数据融合算法如何有效地应用于组合导航系统方面，则很少有专著涉及。作者长期从事多传感器数据融合最优估计理论、组合导航算法等方面的研究工作，对多传感器最优估计和导航有比较深入的了解。近年来在相关领域，特别是在异步、多速率传感器的数据融合和最优估计方面，也有一部分研究成果获得了国内外同行专家的认可，并获得成功的推广和应用。作者深切地感受到有必要编写一部重点介绍多传感器最优估计理论及其应用的专著，遂有此书。

本书紧密围绕多传感器数据融合状态估计基本理论和方法及其应用进行展开。全书分 16 章。第 1 章为绪论，概述了多传感器最优估计理论的概念、模型结构、研究现状、代表性的研究方法及存在的主要问题，以及组合导航系统的历史与研究现状。第 2 章重点介绍了 Kalman 滤波的基本方程及其推导，并简要介绍了 Kalman 预测、平滑与扩展 Kalman 滤波方法。第 3 章在标准 Kalman 滤波基础上，推导出了变速率、非均匀采样系统的最优 Kalman 滤波算法。第 4 章在对离散小波变换和多尺度分析基本思想进行概述的基础上，介绍了多尺度 Kalman 滤波，并给出了一种基于多尺度测量预处理的多传感器最优估计方法。第 5 章主要介绍了不同传感器以不同采样速率均匀采样情况下的数据融合与最优估计问题。第 6 章在第 5 章的基础上，考虑了网络传输等因素可能导致的数据随机丢包的问题，基于线性系统模型，给出了随机丢包和传感器故障情况下，多速率传感器的数据融合和最优估计算法。第 7 章针对一类时不变线性动态系统，在不同传感器以不同采样率异步对同一目标进行观测的情况下，基于多尺度系统理论进行系统建模，并给出了尺度递归融合估计算法、两种分布式融合估计算法及一种混合式数据融合估计算法。第 8 章在第 7 章的基础上，考虑了随机丢包对估计结果的影响，推导出一种分布式数据融合估计方法，在传感器以一定速率丢包的情况下，依然能保证状态估计结果具有较好的性能。第 9 章针对一类时变单模型线性动态系统的异步多速率数据融合问题，推导出两种有代表性的状态估计方法，即基于速率归一化和联邦 Kalman 滤波的分布式融合估计算法，以及异步多速率数据的顺序式融合估计算法。第 10 章在第 9 章问题描述的基础上，考虑了随机丢包和传感器故障对估计结果的影响，给出了一种判断观测数据是否可靠的准则，并基于该准则修正了分布式融合估计算法。前面所有章节都没有考虑传感器噪声的相关性问题，第 11~13 章不仅考虑了传感器噪声之间的相关性，而且考虑了传感器噪声与动态系统噪声之间的相关性。第 11 章针对一类时变线性系统，在不同传感器以同采样率对同一目标进行测量的情况下，推导出了集中式、分布式和顺序式融合估计算法，并对各种算法的性能进行了比较分析。第 12 章研究了噪声相关环境下的多速率传感器融合估计问题。第 13 章比第 11、12 章具有更实际的意义，所考虑的传感器之间噪声相关的统计特性未知。第 14 章和第 15 章是非线性系统的多传感器最优估计问题研究。其中，第 14 章将经典的非线性滤波方法 Sigma 点 Kalman 滤波 (SPKF) 和强跟踪滤波 (STF) 推广到对异步、多速率传感器的融合估计中，同时将两种算法结合，给出了一种新的非线性滤波方法：Sigma 点强跟踪滤波 (SPSTF) 算法，并用于异步、多速率传感器数据融合，给出了更精确的状态估计结果。第 15 章在传感器以一定概率丢包的情况下，对 SPKF 算法进行了改进，提高了估计结果的鲁棒性和可靠性。最后，第 16 章是多传感器最优估计理论在导航系统中的应用，在噪声统计特性未知的情况下，将 Sage-Husa(SH) 自适应滤波和 STF 结合起来，给出了一种新的滤波方法，并通过导航系统仿真实例验证了算法的有效性。

　　本书关于异步多速率线性系统数据融合方面的部分研究工作是在清华大学周东华教授的指导下完成的。作为本书第一作者和第三作者的博士指导教师，周东华教授为其成长付出了辛勤的汗水。还要衷心感谢闫莉萍博士的硕士指导老师、现杭州电子科技大学文成林教授的栽培，以及美国新奥尔良大学的李晓榕教授在闫莉萍博士公派访美期间及之后的工作中所给予的很多有益的指导和帮助。学生刘玉蕾和陈良红分别参与了本书第 12 章和第 13 章的部分仿真工作。研究生朱翠、姜露和彭晶晶分别参加了本书部分章节的文字录入或参考文献的整理工作。北京邮电大学的肖波副教授参与了本书部分章节的修改和校对等工作。在此一并致谢。

　　本书的部分研究内容得到了国家自然科学基金 (61004139, 61225015, 61031001, 91120003)、北京市自然科学基金 (4132042)、北京高等学校杰出英才计划 (YETP1212)、北京理工大学基础研究基金 (20130642005)、北京理工大学科研基地创新计划、北京理工大学优秀青年教师基金等项目的支持。本书的出版得到北京理工大学自动化学院的领导，特别是王军政院长 (书记) 的大力支持。在出版经费方面，得到北京自动化学会青年科技人才出版学术专著计划，以及北京理工大学自动化学院学科发展计划的资助。值此书出版之际，作者在此对给予支持和资助的单位和个人表示衷心的感谢！

　　由于作者水平和研究工作的局限，书中不足之处在所难免，恳请广大读者批评指正。

作　者

2014 年 8 月

# 目　　录

# 第1章 绪　　论

## 1.1　背景与意义

随着科学技术的发展，人类已经进入信息时代，信息时代的明显特征之一是信息爆炸。同时，随着社会信息化程度的不断提高，传感器性能获得了很大提高，面向各种应用背景的多传感器系统大量涌现。现代战争威胁的多样化和复杂化对传统数据或信息处理系统也提出了更高的要求。此外，信息表现形式的多样性、信息数量的巨大性、信息关系的复杂性以及要求信息处理的及时性等，都要求提出对多源信息进行有效融合处理的新型理论和技术[1]。为了应对这种局面，信息融合应运而生。多源信息融合是一个新兴的研究领域，是针对一个系统使用多种传感器这一特定问题而展开的一种关于数据处理的研究。多传感器数据融合技术是近些年来发展起来的一门实践性较强的应用技术，是多学科交叉的新技术，涉及信号处理、概率统计、信息论、模式识别、人工智能、模糊数学等领域[2]。

将航行载体从起始点引导到目的地的技术或方法称为导航[3]。导航所需的基本导航参数有载体的即时位置、速度、航向和姿态等。测量导航参数的设备称为导航系统。飞机常用的导航系统有：惯性导航系统 (inertial navigation system, INS)、GPS(global positioning system) 导航系统、多普勒 (Doppler) 导航系统 (DVS)、双曲线无线电导航系统等[3-5]。随着现代战争中信息化、网络化程度的提高，海陆空天一体化的主体战争已经形成。导航已从确定武器平台自身位置，并将其引领到目的地的单一功能扩展成为信息战的一部分，导航定位信息已在 C4ISR 系统中发挥着重要作用。各级指挥机关和控制部门，各种海、陆、空、天武器装备，都有赖于导航定位信息的支持。随着科技的进步，特别是现代战争的需求，对导航系统的精度、可靠性、实时性、自主性及性价比要求越来越高，单一的导航系统难以满足要求。20 世纪 80 年代以来，随着科学技术的迅速发展，可供运载体装备的导航系统越来越多。但是，任何一种导航方法都存在实用性问题，每个系统的固有误差以及物理上的限制，都将影响到该导航设备的广泛应用。如果将这些具有互补性和非相似性的导航系统组合起来，就可以相互取长补短，充分利用各子系统的信息，提高导航精度，扩大使用范围。对于各子系统测量的相同信息源，也可使测量值冗余，从而提高整个导航系统的可靠性[1, 2, 6]。

近年来，随着传感器技术、信号检测与处理以及计算机应用技术的发展，信息融合技术的应用更加广泛。除了在各种武器平台上应用外，在许多民用领域，如工业过程监视、工业机器人、遥感、毒品检查、病人照顾系统、金融系统、船舶避碰与空中交通管制系统等方面也得到了广泛的应用。世界各主要发达国家都将其列为重点、优先发展的技术之一。事实上，在被测量（或被识别）的目标具有多种属性或多种不确定因素的干扰时，使用多传感器协调完成共同的检测任务便是必然的选择[2]。因此对多传感器信息融合的研究具有广泛的理论意义和应用价值。

多传感器最优估计指的是将传统的估计理论与数据融合理论进行有机结合，综合利用多个传感器的观测信息得到对目标状态的最优估计。研究在估计未知量的过程中，如何最佳利用多个数据集合中所包含的有用信息是其核心[7]。针对多传感器最优估计问题，在不同传感器以相同采样速率同步获取数据情况下，针对线性单模型动态系统，国内外已经有不少的研究成果。然而，实际应用问题中，不同传感器往往以不同采样率获取数据，并且由于网络、各种干扰等的影响，获取的数据往往是非同步的，甚至是不均匀的。针对这一问题，相对来说成果较少。作者近些年来在这方面开展了一系列研究工作。本书在介绍经典最优 Kalman 滤波基础上，将重点介绍作者近些年来研究给出的各种实用的最优估计方法，同时对其在导航方面的应用进行简要介绍。

## 1.2  多传感器数据融合的体系结构

### 1.2.1  多传感器数据融合的定义

数据融合也称为信息融合 (information fusion)。关于什么是信息融合，迄今为止，国内外有多种不同的定义。

美国国防部 JDL(Joint Directors of Laboratories) 从军事应用的角度将信息融合定义为这样一个过程：把来自许多传感器和信息源的数据和信息加以联合 (association)、相关 (correlation) 和组合 (combination)，以获得精确的位置估计 (position estimation) 和身份估计 (identity estimation)，对战场情况和威胁及其重要程度进行适时的完整评价[2]。这一定义基本上是对信息融合技术所期望达到的功能描述，包括低层次上的位置和身份估计，以及高层次上的态势评估 (situation assessment) 和威胁估计 (threat assessment)。该定义从军事应用的目标出发，但是也适用于其他领域。

Edward 等对上述定义进行了补充和修改，用状态估计代替位置估计，并加上了检测 (detection) 功能，从而给出了如下定义：数据融合是一种多层次、多方面的处理过程，这个过程对多源数据进行检测、结合、相关、估计和组合以达到精确的状态估计和身份估计，以及完整、及时的态势评估和威胁估计[8]。

何友等在其专著《多传感器信息融合及应用》中指出：信息融合就是将来自多个传感器或多源的信息进行综合处理，从而得到更为准确、可靠的结论[1]。韩崇昭等在其著作《多源信息融合》中写到：信息融合就是一种多层次、多方面的处理过程，包括对多源数据进行检测、相关、组合和估计，从而提高状态和身份估计的精度，以及对战场态势和威胁的重要程度进行适时完整的评价[7]。

总之，信息融合就是将来自多个传感器或多源的信息进行综合处理，从而得到更为准确、可靠的结论，以达到更好地了解对象的目的[2]。

### 1.2.2  多传感器数据融合的原理与体系结构

多传感器信息融合是人类和其他生物系统中普遍存在的一种基本现象，实际上是对人脑综合处理复杂问题的一种功能模拟。按照信息抽象的功能层次，信息融合可分为五级：检测级融合、位置级融合 (状态估计)、属性级融合 (目标识别)、态势评估与威胁估计，信息融合各功能模块的系统流程示意图如图 1.1 所示[9-11]。

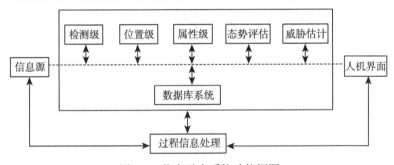

图 1.1    信息融合系统功能框图

#### 1. 检测级融合

检测级融合是直接在多传感器分布检测系统中检测判决和信号层上进行的融合。它最初仅应用在军事指挥、控制和通信中，现在它的应用已拓广到气象预报、医疗诊断和组织管理决策等诸多领域。检测级融合的结构模型主要有四种，即并行结构、分散式结构、串行结构和树状结构，如图 1.2 所示[1, 10]。

#### 2. 位置级融合

位置级融合是直接在传感器的观测数据或传感器的状态估计上进行的融合，包括时间和空间上的融合，是跟踪级的融合，属于中间层次，也是最重要的融合之一[1]。近年来，国内外对这一级的融合研究得最多，以美国 MIT 的 Willsky 教授及其研究小组为代表的多尺度系统估计理论研究为其中一个很重要的分支[12-16]。本书关于状态融合估计算法的研究也是以此为基础进行的，下文将会给出更详细的阐述。

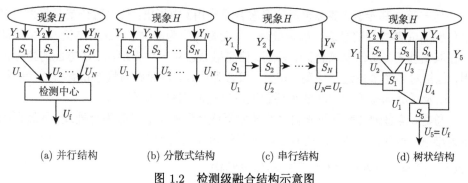

|(a) 并行结构|(b) 分散式结构|(c) 串行结构|(d) 树状结构|

图 1.2    检测级融合结构示意图

对单传感器跟踪系统而言，主要是按时间先后对目标在不同时间的观测值即检测报告进行融合，如边扫描边跟踪雷达系统，红外和声纳等传感器的多目标跟踪与估计技术都属于这类性质的融合。在多传感器跟踪系统中，主要有集中式、分布式、混合式和多级式等几种融合结构[1, 9]。

在集中式多传感器跟踪系统中，首先按照对目标观测的时间先后对测量点迹进行时间融合，然后对各个传感器在同一时刻对同一目标的观测进行空间融合，它包括多传感器融合跟踪与状态估计的全过程。这类系统常见的有多雷达综合跟踪和多传感器海上监视与跟踪系统。集中式融合结构示意图如图 1.3 所示[9]。

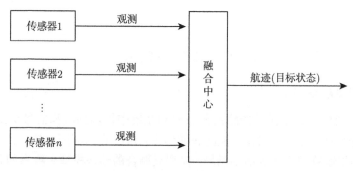

图 1.3    集中式融合结构

在分布式多传感器跟踪系统中，各传感器利用自身的测量数据单独跟踪目标，将估计结果送至融合中心 (总站)，融合中心再将各个子站的估计合成为目标的联合估计。一般来说，分布式估计精度没有集中式高，但是由于它对通信带宽需求低，计算速度快，可靠性和延续性好，因此，成为近年来的研究热点，分布式融合结构示意图如图 1.4 所示[1, 9]。

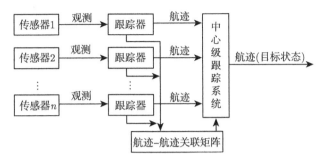

图 1.4　分布式融合结构

分布式系统一般还可以分为无反馈分布式系统、有反馈分布式系统和完全分布式系统等三种融合结构[2]:

(1) 无反馈层次结构: 各传感器节点把各自的局部估计结果全部传送到中心节点以形成全局估计, 这是最常见的分布式估计系统结构。

(2) 有反馈层次结构: 它与 (1) 的主要区别在于通信结构不同, 即中心节点的全局估计可以反馈到各局部节点, 这种结构具有容错的优点。当检测出某个局部节点的估计结果很差时, 不必把它排斥于系统之外, 而是利用较好的全局结果来修改局部节点的状态, 这样既改善了局部节点的信息, 又可继续利用该节点的信息。

(3) 完全分布式结构: 在这种一般化系统结构中, 各节点间由网状或链状等形式的通信方式相连接。一个节点可以享有与之相连的节点信息。这也意味着各局部节点可以不同程度地享有全局的一部分信息, 从而可能在许多节点上获得较好的估计。在极端的情况下, 每个节点都可以作为中心节点获得全局最优估计。

混合式位置级融合是集中式和分布式多传感器系统相结合的混合结构[1]。传感器的检测报告和目标状态估计的航迹信息都被送入融合中心, 在那里既进行时间融合也进行空间融合。由于这种结构要同时给出检测报告和航迹估计, 并进行优化组合, 因此需要复杂的处理逻辑。混合式结构也可以根据问题的需要, 在集中式和分布式结构中进行选择变换。这种结构的通信和计算量都比其他结构要大, 因为需要控制传感器同时发送探测报告和航迹估计信息, 通信链路必须是双向的。另外, 在融合中心除加工来自局部节点的航迹信息外, 还要给出传感器送来的探测报告, 使计算量成倍增加。然而, 它能满足许多应用的需要。巡航导弹的控制和主、被动雷达复合制导系统都是典型的混合式结构[1, 9]。混合式融合结构示意图如图 1.5 所示[9]。

**3. 属性级融合 (目标识别级融合)**

目标识别亦称属性分类或身份估计 (身份识别)[9]。按信息抽象程度, 目标识别 (身份识别) 又可分为决策层、特征层和数据层融合三个层次。身份识别三个层次的融合结构图及其流程图分别如图 1.6 和图 1.7 所示[9]。

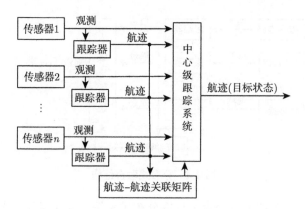

图 1.5 混合式融合结构

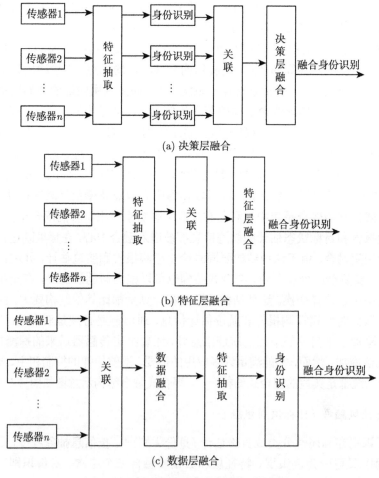

(a) 决策层融合

(b) 特征层融合

(c) 数据层融合

图 1.6 多传感器目标识别的层次结构

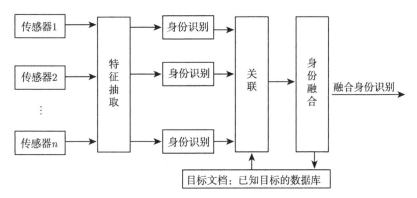

图 1.7　身份识别流程图

在决策级融合方法中, 每个传感器都完成变换以便获得独立的身份估计, 然后再对来自每个传感器的属性分类进行融合[1]。在特征级融合方法中, 每个传感器观测一个目标并完成特征提取以获得来自每个传感器的特征向量, 然后把这些特征向量融合起来并根据融合后得到的特征向量进行身份判定[9]。在数据级融合方法中, 对来自同等量级的传感器原始数据直接进行融合, 然后基于融合的传感器数据进行特征提取和身份估计。其优点是保持了尽可能多的原始信息, 缺点是处理的信息量大, 因而实时性较差[9]。

**4. 态势评估与威胁估计**

态势评估指的是对整个态势的抽象和评定。在军事领域, 指的是评价实体之间的相互关系, 包括敌我双方的兵力结构和使用特点, 是对战场上战斗力量分配情况的评估过程。威胁估计指的是将当前态势映射到未来, 对参与者设想或预测行为的影响进行评估的过程, 因此也叫影响评估。在军事领域, 指的是一种多层视图处理过程, 用以解释对武器效能的估计, 以及有效地扼制敌人进攻的风险程度。

威胁估计的任务是在此基础上, 综合敌方破坏能力、机动能力、运动模式及行为企图的先验知识, 得到敌方兵力的战术含义, 估计出作战事件出现的程度或严重性, 并对作战意图作出指示与告警。其重点是定量表示敌方的作战能力, 并估计敌方企图[1, 2, 9]。

## 1.2.3　多传感器数据融合的优缺点

多传感信息融合系统的最终目标是对被观测对象的形势状态给出精确的评估以便采取适当的应对措施。多传感器系统较之单传感系统在可量化的状态估计性能上有很大优越性, 其中包括: 提高系统可靠性和稳定性, 扩大空间覆盖范围, 扩展时间覆盖范围, 增加可信度, 缩短反应时间, 减少信息的模糊性, 改善探测性能, 提高空间分辨力, 增加测量空间的维数, 改善尺度等[2]。然而, 与单传感器系统相比，多传感器系统的复杂性大大增加，由此会产生一些不利因素，如成本的提高，设备的尺寸、重量、功耗等物理因素的增加，以及因辐射增多而使系统被敌方探测的概率增加。在执行每项具体任务时，必须将多传感器的性能裨益与由此带来的不利因素进行权衡[1, 2]。

## 1.3  多传感器数据融合估计算法分类综述

在自动控制、航空航天、通信、导航和工业生产等领域中，会遇到越来越多的"估计"问题。所谓"估计"，简单地说，就是从观测数据中提取信息。例如，在做实验时，为了便于说明问题，常把实验结果用曲线的形式表示，需要根据观测数据来估计描述该曲线的方程中的某些参数，这一过程叫做参数估计，这些被估计的参数都是随机变量。再举一个例子，在飞行器导航中，要从带有随机干扰的观测数据中，估计出飞行器的位置、速度、加速度等运动状态变量，这就遇到状态变量的估计问题，这些状态变量都是随机过程。因此，"估计"的任务就是从带有随机误差的观测数据中估计出某些参数或某些状态变量，这些被估参数或状态变量统称为被估量。本书主要讨论状态变量的估计问题，即状态估计。

状态与系统相联系。所谓状态估计，顾名思义，是对动态随机系统状态的估计。设有动态系统，已知其数学模型和有关随机向量的统计性质。系统的状态估计问题，就是根据选定的估计准则和获得的测量信号，对系统的状态进行估计。其中状态方程确定了被估计的随机状态的向量变化过程。估计准则确定了状态估计最优性的含义，通过测量方程得到的测量信息，提供了状态估计所必需的统计资料。

随机过程的估计问题是从 20 世纪 30 年代才积极开展起来的。主要成果为1940 年美国学者 Wiener 所提出的在频域中设计统计最优滤波器的方法，称为维纳滤波。同一时期，苏联学者哥尔莫郭洛夫提出并初次解决了离散平稳随机序列的预测和外推问题。维纳滤波和哥尔莫郭洛夫滤波方法，局限于处理平稳随机过程，并只能提供稳态的最优估计。这一滤波方法在工程实践中由于不具有实时性，实际应用受到很大限制。1960 年，美国学者 Kalman 和 Bucy 提出最优递推滤波方法，称为 Kalman 滤波[17, 18]。这一滤波方法，考虑了被估量和观测值的统计特性，可用数字计算机来实现。Kalman 滤波既适用于平稳随机过程，又适用于非平稳随机过程，因此，Kalman 滤波方法得到广泛的应用。下面将简要综述基于 Kalman 滤波的多传感器数据融合估计算法。

假设不同的传感器以不同采样率对状态进行观测，根据所采用的技术手段不同，研究方法可分为基于多尺度系统理论的方法[12-16]和基于滤波器设计的方法[19-25]两大类。根据融合结构的不同，也可分为两类：其一是递归估计算法[26-29]；其二是通过技术上的处理 (如对状态或观测进行分块或扩维，或者对状态或观测进行插值), 将具有不同采样率的多个传感器数据的融合问题形式上转化为单采样率系统的数据融合状态估计问题[19, 20, 24, 30]。为此, 下面将首先介绍采样率系统相关的一些概念; 然后简要介绍一下单采样率系统的多传感器数据融合状态估计技术; 接下来, 在多尺度估计理论以及滤波器设计的框架下, 对多速率状态融合估计算法进行简要综述。由于异步多传感器数据融合技术、噪声相关系统的数据融合技术、网络环境下的滤波与融合和非线性系统数据融合的特殊性, 本章将其单独列出来进行介绍。

### 1.3.1　采样率系统

本节简单回顾一下单采样率数字控制系统和多采样率数字控制系统, 简称单采样率系统和多采样率系统[31]。

计算机控制系统可归纳为以下三个步骤[31]:

(1) 实时数据采集: 对被控对象有关变量的瞬时值进行检测, 并输入到计算机中;

(2) 实时决策: 根据所采集到的数据, 按照一定的控制规律, 做出控制决策;

(3) 实时控制: 根据决策, 适时地对控制机构发出控制信号。

上述过程的不断重复, 使整个系统能够按照一定的动态品质进行工作, 并且对被控变量和设备本身出现的异常情况及时监督并迅速做出处理。数字计算机控制系统示意图如图 1.8 所示[31]。

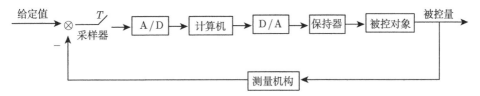

图 1.8　计算机控制系统流程图

通常, 实际被控或者被估计对象都是连续时间系统, 而数字计算机只能处理离散时间信号。因此, 首先要将被控量与给定量按一定的采样周期进行采样, 再用模/数 (A/D) 转换器将采样信号的幅值数字化, 从而得到计算机可以接受的离散时间数字信号。该数字信号按一定的时间间隔 (通常与采样周期相同) 送入计算机。计算机对其进行一定的处理后, 再通过数/模 (D/A) 转换器将计算出来的数字量变成模拟量[31]。

A/D 芯片有两个重要的参数, 一是字长, 二是转换速度。字长越长, 转换的精度越高。如 5V 的 TTL 电平, 若字长为 8bit, 那么, 每一位的最大分辨率是 $5V/2^8 \approx 20mV$。若字长是 12bit, 那么分辨率是 $5V/2^{12} \approx 1.2mV$, 精度提高了 16 倍。转换速度决定了该 A/D 芯片的最大抽样速度, 目前市售 A/D 芯片的抽样速度可由几十千赫至几百兆赫[31]。

采样周期是计算机控制系统的另一个重要参数。采样周期 $T$，决定了计算机与外界交换信息的频繁程度，并对计算机本身的计算速度提出了要求 (整个数据采集－实时决策－实时控制过程必须在一个采样周期内完成)[31]。

为了便于对这一系统进行分析，在传统的计算机控制系统的分析和设计过程中，对采样器 (或称采样开关) 和保持器进行了如下假定[31, 32]：

(1) 整个系统各处 (包括各个输入通道和输出通道) 的采样器和保持器都按同一采样周期同时动作，即各采样开关在同一瞬间同时采样，各保持器根据各相应变量对这个共同的采样瞬间的值进行保持。

(2) 等间隔采样，即系统的采样周期 $T$ 在控制系统的整个工作过程中为常数。

(3) 系统的采样周期 $T$ 满足香农采样定理。

在上面三个假设中，第 (3) 条是保证对模拟信号采样后所得到的采样信号经保持器后能恢复原模拟信号所必需的，而前面两条则是为了理论分析的简便性而人为加上去的。在这些假设条件下，利用采样控制系统的知识，可以很容易地得到被控对象的离散化模型，从而可以采用采样控制系统的理论和方法来统一分析和设计计算机控制系统。为区别起见，称这样的系统为单采样率数字控制系统，或均匀采样数字控制系统[31]。

以上关于采样器的同时性和采样周期不变性的假设，简化了计算机控制系统的分析与设计过程。对于不复杂的被控对象，这也符合控制系统的实际情况。然而，随着科学技术的发展，被控对象越来越庞大，越来越复杂，在这样复杂而又庞大的多输入多输出系统中，通常由于各种原因，例如，信号变化速率相差很大，检测装置的采样周期各不相同，要求系统各处都采用单一的采样周期同时采样是不实际的，甚至是不可能的。此外，一般说来，采用较短的采样周期，一方面可以使相应的计算机控制系统得到较高的控制品质；另一方面意味着必须采用高速 A/D、D/A 转换器以及高性能的计算机，从而提高了计算机控制系统的造价。许多被控对象内部各处信号的变化速率可能相差很大，如温度信号与电信号的变化速率可能要相差几个数量级。显然，在这种情况下，最好的办法是在系统各处针对不同变化速率的信号采用不同的采样周期，从而可采用不同转换速度的 A/D 和 D/A 转换器，在花费较小成本的前提下，提高计算机控制系统的控制品质。因此，在许多实际应用中，往往要求数字控制系统内各个采样器和保持器采用不同的采样周期进行采样和保持。称此类具有两个或两个以上不同采样周期的采样器或保持器的数字控制系统为多采样率数字控制系统[31]。

根据多采样率数字控制系统中各个采样器或保持器是否同步和各采样周期之间的关系，可以将多采样率数字控制系统进一步分类。如果系统的各采样器、保持器和各计算机的计算都在统一的时钟下同步进行，则称该系统为同步的多采样率数字控制系统；反之为非同步 (异步) 的多采样率数字控制系统[31]。

　　另外，根据各采样器和保持器的采样周期之间的关系，可以把多采样率数字控制系统分为输入多采样率数字控制系统、输出多采样率数字控制系统和广义多采样率数字控制系统三类[21, 31, 33]。

　　本书第 2、3、11、13 章主要研究单采样率传感器系统的数据融合状态估计问题，其中，第 3 章是单传感器变采样率的状态估计。第 4~10、12、14~16 章所研究的多速率系统属于输出多采样率系统。其中，第 5、6、12、16 章假设各不同传感器之间呈任意整数倍采样关系，不同传感器之间的采样是同步的；在第 4、7~10、14、15章，假设不同传感器之间呈整数倍或有理倍数采样关系，不同传感器之间的采样是异步的，且不同传感器在不同尺度下对状态进行观测。在各种情况下，分别对状态融合估计算法进行研究。

### 1.3.2　单采样率多传感器数据融合状态估计算法

　　早期关于多传感器数据融合状态估计问题的研究一般都假设各个传感器以相同采样率同时采样。单采样率多传感器数据融合状态估计的研究方法主要有基于概率论的方法、基于 Kalman 滤波的方法、基于推理网络的方法、基于模糊理论的方法、基于神经网络的方法，以及基于小波、熵、类论、随机集、生物学灵感、Choquet 积分的方法等。基于 Kalman 滤波的方法由于具有操作简单、计算量小、实时性强等优点，研究得最为广泛。包括集中式多传感器 Kalman 滤波算法、最优 Kalman 滤波分散化计算方法及分层估计以及连续线性时间系统的分层融合估计等[1, 11]。Carlson 研究了平方根并行 Kalman 滤波器[34]，Hashemipour 等描述了系统模型包含有控制项和相关噪声情况下的并行 Kalman 滤波器的分层结构[35]。并行 Kalman 滤波方程的另一种方法是分段处理和融合[1, 2]。近年来，Hong 分别研究了通信网络中具有不确定性的分布式多传感器综合、利用几何模型的分布或多坐标系统中的自适应分布进行滤波[36, 37]。关于多传感器同采样率同步采样的数据融合估计问题的综述可参考文献 [10]、[11]、[38]~[40] 等。

　　下面重点列出几种比较有代表性的且在下文中会用到的基于 Kalman 滤波的分布式数据融合状态估计算法。设单模型多传感器系统有如下形式：

$$x(k+1) = A(k)x(k) + w(k) \tag{1.1}$$

$$z_i(k) = C_i(k)x(k) + v_i(k), \quad i = 1, 2, \cdots, N \tag{1.2}$$

其中，$x(k) \in \mathbb{R}^{n \times 1}$ 表示系统状态；$A(k) \in \mathbb{R}^{n \times n}$ 是系统矩阵；$z_i(k) \in \mathbb{R}^{q_i \times 1}(q_i \leqslant n)$ 表示第 $i$ 个传感器的观测值；$C_i(k) \in \mathbb{R}^{q_i \times n}$ 是观测矩阵；$w(k) \in \mathbb{R}^{n \times 1}$ 和 $v_i(k) \in \mathbb{R}^{q_i \times 1}$ 分别是系统噪声和观测噪声序列，具有一定的统计特性，一般假设是高斯的，已知其均值和方差。

　　状态变量初始值 $x(0)$ 为一随机向量，并且有

$$E[x(0)] = x_0 \tag{1.3}$$

$$E\{[x(0) - x_0][x(0) - x_0]^{\mathrm{T}}\} = P_0 \tag{1.4}$$

假设 $x(0)$、$w(k)$ 和 $v_i(k)$ 之间是统计独立的，$i = 1, 2, \cdots, N$ 表示传感器。数据融合的目的是通过合理利用这些传感器的观测信息，获得状态的最优估计值。

Carlson 在 1990 年提出了一种最优数据融合准则[34]。设 $\hat{x}_i(k|k)$ 和 $P_i(k|k)$ 分别表示状态基于传感器 $i$ 观测信息的 Kalman 滤波估计值和相应的估计误差协方差阵。对于 $i = 1, 2, \cdots, N$，假设 $\hat{x}_i(k|k)$ 互不相关，则联邦滤波器最优数据融合准则由下式给出[34]：

$$\hat{x}(k|k) = \sum_{i=1}^{N} \alpha_{ik} \hat{x}_i(k|k) \tag{1.5}$$

其中

$$\alpha_{ik} = \left[ \sum_{j=1}^{N} P_j^{-1}(k|k) \right]^{-1} P_i^{-1}(k|k) \tag{1.6}$$

可以证明

$$P(k|k) \leqslant P_i(k|k), \quad i = 1, 2, \cdots, N \tag{1.7}$$

其中，$P(k|k)$ 表示 $\hat{x}(k|k)$ 的估计误差协方差矩阵。

基于第 $i$ 个传感器的信息 Kalman 滤波估计器如图 1.9 所示[30, 41, 42]。在局部估计不相关假设下，Carlson 的联邦融合估计算法流程图如图 1.10 所示。

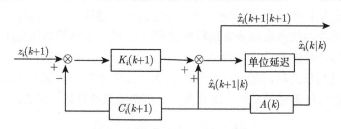

图 1.9  Kalman 滤波方框图

为了减少其计算量，邓自立等提出了多传感器数据融合次优稳态 Kalman 滤波器[43]，将式 (1.5) 中的加权系数取为

$$\alpha_{ik} = \left[ \sum_{j=1}^{N} \mathrm{tr} P_j^{-1}(k|k) \right]^{-1} \mathrm{tr} P_i^{-1}(k|k) \tag{1.8}$$

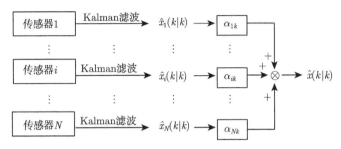

图 1.10 联邦融合估计算法流程图

此时可以证明

$$\text{tr}P(k|k) \leqslant \min\{\text{tr}P_i(k|k), i = 1, 2, \cdots, N\} \tag{1.9}$$

Calson 和邓自立的融合准则都是在 "局部估计误差互不相关" 的条件下进行的。2004 年, Sun 将此假设条件去掉, 在局部估计误差相关的情况下, 给出了最优数据融合准则[44], 此时, 式 (1.5) 中的加权系数取为

$$\alpha_k = \frac{A_k^{-1} I}{I^{\text{T}} A_k^{-1} I} \tag{1.10}$$

其中

$$A_k = (\text{tr}P_{ij}(k)), \quad i, j = 1, 2, \cdots, N \tag{1.11}$$

$$\alpha_k = [\ \alpha_{1k} \quad \alpha_{2k} \quad \cdots \quad \alpha_{Nk}\ ]^{\text{T}} \tag{1.12}$$

$$I = [\ 1 \quad 1 \quad \cdots \quad 1\ ]^{\text{T}} \tag{1.13}$$

$$P_{ij}(k) = E\left\{\tilde{x}_i(k|k)\tilde{x}_j^{\text{T}}(k|k)\right\} \tag{1.14}$$

$$\tilde{x}_i(k|k) = x(k) - \hat{x}_i(k|k) \tag{1.15}$$

此时, 可以证明

$$\text{tr}P(k|k) \leqslant \min\{\text{tr}P_i(k|k), i = 1, 2, \cdots, N\} \tag{1.16}$$

因此, 事实上它是一种方差的迹最小意义下的最优。

Sun 等随后介绍了在局部估计相关情况下, 方差最小条件下最优的融合准则[45, 46]。此时, 式 (1.5) 中的加权系数取为

$$\alpha_k = \Sigma_k^{-1} e \left(e^{\text{T}} \Sigma_k^{-1} e\right)^{-1} \tag{1.17}$$

其中

$$\Sigma_k = (P_{ij}(k)), \quad i, j = 1, 2, \cdots, N \tag{1.18}$$

$$e = [\ I_n \quad I_n \quad \cdots \quad I_n\ ]^{\text{T}} \tag{1.19}$$

此时, 可以证明式 (1.7) 成立。

### 1.3.3  多采样率多传感器数据融合状态估计算法

本节将对多采样率多传感器数据融合状态估计算法进行综述。

#### 1. 多尺度系统估计理论

在不同传感器以不同采样率对状态的不同分辨率进行观测时, 多尺度估计理论是一种重要的处理手段。多尺度系统理论 (multiscale system theory) 是由法国数学家 Benveniste 和 MIT 的 Willsky 教授等在 1989 年 12 月第 28 届 IEEE 控制与决策会议 (IEEE CDC) 上首次提出的[47], 在接下来 1990 年的第 29 届 IEEE CDC 会议上他们进一步丰富了该理论[48]。随后, 以 Willsky 为首的研究小组在理论和应用方面展开了广泛的相关研究工作, 并取得了一系列十分诱人的成果[12-16]。他们的研究工作得到美国国家科学基金和美国海陆空三军科学技术研究部门的大力资助, 这足以说明其工作的重要性。

由于其方法对信号的时间–尺度分解呈现出一种自然分解方式, 同时许多应用实例表明, 基于这种表示有可能建立起有效的、最优的信息处理算法。因此, 自多尺度系统理论提出以来, 国内外诸多科学工作者致力于这方面的研究, 并使之迅速成为国内外的研究热点。本书的部分工作不同程度上来说也是以此为基础而展开的。

Basseville 等的研究主要是基于 $q$ 阶同态树 (homogeneous trees) 进行的[13]。一个 $q$ 阶的同态树是一个无限、非循环、无方向、相互连接的节点组成的图表, 它的每个节点与 $q+1$ 个节点相连接, 具有很强的几何性质。$q=2$ 对应于二叉树, 这是所有 $q$ 阶同态树中最简单、最基本的情况, 如图 1.11 所示[12]。

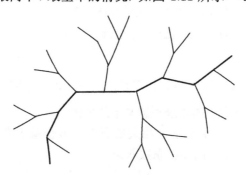

图 1.11   二叉同态树

取同态树上任一点为根节点, 提起根节点, 则同态二叉树就由图 1.11 变成图 1.12 的形式。位于同一水平层的节点称为同一尺度, 位于上面的尺度节点较少称为较粗尺度, 节点数目较多的称为较细尺度。和每一节点相连的上一尺度 (较粗尺度) 的节点为其父节点, 与之相连的下一尺度 (较细尺度) 的节点为其子节点。如图

1.12 所示[12]，设 $s$ 为任一节点，则 $u = s\delta$ 和 $s$ 位于同一尺度，并与之相邻称为 $s$ 的相邻节点，$s\gamma$ 为其父节点，$s\alpha_i(i = 1, 2)$ 为其子节点。并称 $\delta$、$\gamma$、$\alpha_i(i = 1, 2)$ 分别为平移 (移位) 算子、向上移位算子和向下移位算子。

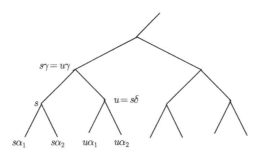

图 1.12　二叉树与尺度的对应关系示意图

将时间序列和一维信号处理中的相关概念推广到 $q$ 阶同态树上，Willsky 等定义了系统平移算子、传递函数、可实现性、平稳随机过程等概念，推导出可实现及平稳过程的充要条件，进而建立了多尺度系统理论的基本框架[12]。利用多尺度分析中的分解与重建公式，Willsky 等对随机信号进行了深入细致的分析和研究，给出了随机信号多尺度建模的数学框架以及统计意义下移位不变性和尺度不变性等概念[16, 27]。尺度变量在观测过程中犹如通常情况下的时间变量，观测过程也因此可以看做是尺度上具有 "因果" 关系的动态系统，并在树状结构上定义了 "过去" 的概念[27]。给出了各向同性过程的多尺度自回归模型，并指出通常的时间序列自回归 (AR) 模型对应到这里并不是一个很便利的模型，原因有二：其一，当系统阶次增加时，"过去" 的点呈现出几何爆炸的增长速度；其二，各向同性非线性约束对 AR 系数有影响。引入弱平稳的概念[16, 27]。其本质是，在多尺度表示中，两个值之间的相关性依赖于相应两点在尺度和位置上的不同，在二叉树框架下构造出一个从粗尺度到细尺度的状态模型。基于这些模型，讨论了一个估计框架，它可以有效地 (递归地) 融合来自不同尺度 (或分辨级) 上的测量信息。

基于二叉树定义的尺度到尺度的动态模型结构，Willsky 等进一步发展了随机过程多尺度建模的新方法。对多尺度动态模型及其算法进行了详细和系统的理论分析，发现这类模型可以包含一个极为丰富的过程类。虽然在思想上与 Kalman 滤波十分相似，但也有明显不同，即除了通常对状态 (从细到粗的) 预测和更新外，还包含多尺度信息源的数据 (信息) 融合，得到基于二叉树的 Rauch-Tung-Striebel 估计算法的推广形式——一个极其有效、高度并行的尺度递归估计算法。研究了动态模型从粗到细的可达性、重构性和稳定性等概念[16, 27]。这些模型还可用来分析多尺度 Kalman 滤波器的渐近稳定性和在定常参数情况下 Riccati 方程的稳态收敛性等问题。针对广泛存在的随机过程类、多尺度数据融合等问题，用具体算例说明了这种方法的有效性[49]。

为了进一步减少计算量，Chou 等在建立起尺度类似于时间的状态方程之后，与之平行，建立了误差方程，将 Kalman 滤波中误差协方差阵的迭代关系用误差的迭代关系来代替[49]。

在 1993 年的工作中，他们对多尺度随机模型的特征结构做了深入的研究，用小波变换把多尺度动态模型转换成一组简单、解耦的动态模型，得到了一种有效的、尺度递归的、基于不同尺度噪声数据融合的最优估计算法[16]。Luettgen 等指出：对一些没有包含在这个框架内的重要过程类，可以用框架内的一组模型对其进行有效逼近。特别的，对 Gauss-Markov 过程，通过构造多尺度算法和分析此估计算法的性能，具体分析了这种方法的效能[50]。另外，对小波变换进行适当修正，可有效地解决实际问题中有限长数据的处理问题。

Willsky 等还给出了如何用一类多尺度随机模型来描述一维 Markov 随机过程和二维 Markov 随机场的方法。这种模型结构可以发展成为一类高效且在统计意义下最优的信号处理和图像处理算法[50]。

Willsky 等由小波变换对信号进行分解产生的相应统计框架促进了最优、多尺度统计信号处理算法的研究。基于信号多尺度表示理论建立在二叉树上的多尺度随机动态模型，为研究工作提供了基本框架，尤其是在同态树上对各向同性过程进行的描述，发展了自回归理论[16, 27]。在近些年的工作中，Willsky 等将多尺度系统理论应用于光子流、分形、信号处理、图像处理、大规模随机过程等[14, 15]。

以目标跟踪等为背景，Hong 在多尺度系统和多传感器数据融合理论及应用方面也做了卓有成效的工作[36, 37]。对单一采样速率下的多传感器系统进行了研究，得到一个最优的 (方差最小) 多传感器数据融合算法。针对不同分辨级上拥有不同采样率的传感器对同一目标的运动参数同时进行观测的情况，利用小波分解和完全重构公式，得到了多传感器数据融合算法，这里，小波变换是连接信号在不同分辨级上信息的桥梁[36, 37]。假设目标的状态模型在最细尺度上描述，而观测方程是在某一分辨率下获得，并假设不同传感器之间的采样关系是 2 的整数倍，Hong 用细尺度状态的小波变换来拟合粗尺度的状态，给出了虚拟的观测方程。通过对状态和观测进行适当分块，Hong 将不同采样率数据的融合问题，在形式上转化为了单采样率多传感器数据融合估计问题，从而可以利用本书第 1.3.2 节介绍的融合算法进行状态估计。他们的这些工作进一步发展和完善了多尺度系统理论，同时也丰富了多传器数据融合技术。

近年来，国内在多尺度系统理论的研究方面也如火如荼。北京航空航天大学的毛士艺教授、孙红岩博士[26]，西北工业大学潘泉教授所在的研究小组[51, 52]，以及杭州电子科技大学文成林教授领导的研究小组代表了国内这方面的核心力量[2, 53]。他们的研究一般仍假设不同传感器之间呈单倍或者 2 倍采样关系，以小波和 Kalman

滤波为工具。

孙红岩、毛士艺等主要研究多传感器分层融合算法[26]。在多分辨率多传感器数据融合估计方面,利用小波变换作为不同尺度 (传感器) 之间的桥梁,进行建模与融合,是 Hong 思想的继续。

潘泉等利用 Haar 小波变换来拟合状态在各尺度空间的投影关系,通过将状态和观测进行扩维构造出了新的状态方程和观测方程,并对扩维后的系统利用 Kalman 滤波得出状态的融合估计值,并利用原系统的完全可控、完全可观性证明了扩维后 Kalman 滤波算法的稳定性[51]。Zhang 等对该算法进行了改进,将拟合状态在各尺度空间的投影关系的 Haar 小波推广成了任意小波,这种算法更具有一般性,对状态的拟合更加准确[52]。在无状态模型的多采样率 (传感器之间采样为 2 的整数倍) 多分辨率多传感器数据融合估计方面,赵巍对 Willsky 等的多尺度建模思想进行了继承和发扬[54]。

文成林教授等将多尺度算法与具有先验信息的动态系统的估计理论、辨识理论相结合,将基于模型的动态系统分析方法与基于统计特性的多尺度信号变换方法相结合,建立起多尺度估计理论 (MSET) 框架,完成动态系统多尺度估计理论的预测、滤波和平滑过程,并开展了动态系统多尺度变换的有效性分析、动态系统状态的多尺度估计、多尺度随机建模与多尺度自回归过程的参数化估计、多尺度线性逆问题求解、多尺度强跟踪滤波理论等一系列的研究工作[2, 55, 56]。文成林等于 2002 年出版的专著《多尺度估计理论及其应用》系统总结了他们近年来的研究成果[2]。最近,他们的研究工作也涉及有理倍数采样的异步多传感器数据融合问题,采用的主要是序贯式数据处理方法[53]。

多尺度系统理论的研究基于以下三个基本出发点[2]:

(1) 所研究的现象或过程具有多尺度特征或多尺度效应;

(2) 无论现象或过程是否具有多尺度特性,通常,观测信号是在不同尺度 (或分辨级) 上得到的;

(3) 无论现象或过程是否具有多尺度特性,观测信号是否在不同尺度或分辨级上得到,利用多尺度算法往往能获得更多信息,从而降低问题的不确定性及复杂性。

多尺度系统理论的三个基本出发点为研究传统意义下的信号处理理论和方法提供了全新的思想,这是因为现代高性能、多层次、复杂系统往往要求多个传感器在不同尺度上对研究的现象或过程进行观测。怎样将不同类型、不同尺度上的传感器获得的信息进行有效的综合是目前普遍关注的工作。

多尺度估计理论与基于贝叶斯等方法的传统单源或多源信息估计和融合方法相比,具有以下特点[2]:

(1) 将传统动态系统的估计理论、辨识理论、小波分析理论、随机过程和数理统计理论结合成一体，从一定意义上讲，MSET 希望把基于模型的动态系统分析方法与基于统计特性的信号多尺度变换和分析方法相结合，把小波变换作为连接在不同尺度上模型和信号的桥梁。将动态系统的模型信息引入多尺度系统理论，开辟多尺度系统理论新的研究方向。

(2) 通过对已获取信号的细尺度重构和粗尺度分解，建立相应尺度的模型，对已获取信号在不同尺度上进行有效的描述和分析，得到多尺度下的估计和辨识结果，进一步将这些结果进行综合处理。而在传统的估计或辨识系统中，对确定尺度传感器获取的信号，估计器或辨识算法往往只在已确定的尺度上进行处理。当估计器或辨识算法是基于动态系统模型建立时，动态系统模型是单一的。

(3) 可以对已获取信号进行任意尺度上的重构或分解，从而获得对信号在不同尺度的描述，这使得有望探讨比传统数据融合方法更为精细和灵活的结构，以提高融合效率，改善融合性能。

然而，基于多尺度系统理论的状态估计理论也存在一些不足。Willsky 等思想的缺点在于计算量太大，并且在处理动态模型状态估计时，存在长时间的延迟[16]。Hong 算法的缺点在于在状态方程分解的过程中忽略了白噪声的保持性，即使原系统噪声和观测噪声是白噪声，但通过分块和小波分解 (Haar 小波除外) 建立起新的状态方程过程中，系统噪声变成了有色噪声[37]。潘泉等的算法思想是 Hong 思想的继承和发展，他们解决了白噪声的保持问题[51, 52]。但是，却产生了新的问题：首先，将状态和观测扩维后，引起了计算量的增加；其次，他们虽然证明了扩维后不再完全可控、可观的系统的 Kalman 滤波依然是稳定的，但是，并没有从理论上证明算法的最优性。2000 年，Cristi 等介绍了一种多采样率、多分辨、递归 Kalman 滤波算法[57]，该算法在获取粗尺度的状态时不是直接利用较细尺度若干状态的小波分解，而是对细尺度的状态和其一步预测进行低通滤波 (所用的是 Haar 小波低通滤波器)，这样，巧妙地解决了白噪声的保持和状态估计的延迟问题。但是，依然没有证明算法的最优性、有效性。另外，该方法依然局限于传感器之间采样率是 2 的整数倍情形。因此，基于多尺度系统理论的方法需要进一步深入研究、推广与完善。

## 2. 基于滤波器设计的估计方法

多速率多传感器数据融合状态估计的另外一类算法是基于滤波器设计的方法。

Fabrizio 等提出了多传感器数据融合的滤波器设计方法[20]。通过利用余弦调制滤波器组，将具有不同采样率信号的谱进行了融合，不同信号之间的采样率之比可以是任意有理数。然而，将此方法推广用于多传感器数据融合状态估计时却存在比较长时间的延迟。

采用多速率滤波器组，Andrisani 等对 2 个具有不同采样速率的传感器进行了融合, 进而分 2 步对状态进行了估计[19]。基于 Andrisani 等的工作, Lee 等提出了一种最优的多速率传感器数据融合状态估计算法, 基于具有不同采样速率的输入, 可以对状态进行融合估计[24]。对含有噪声的滤波器组系统, Chen 等提出了一种最优信号重构的方法, 即多速率 Kalman 综合滤波方法[25]。所有这些研究各有其优缺点。例如, Chen 等的多速率 Kalman 综合滤波方法可以将多速率传感器的观测信息进行融合, 但是由于状态和观测的扩维, 计算量成倍增加。Andrisani 等的算法只做到了 2 个传感器的融合。Lee 等的算法和 Chen 等的类似, 也存在状态扩维带来的计算量成倍增加的问题。

### 1.3.4　异步多传感器数据融合估计算法

在多传感器数据融合估计理论中, 研究较多的是同步问题, 即假设各传感器同步对目标进行测量, 并且同步传送数据到融合中心。然而, 在实际中经常遇到的却是异步问题, 如所用的各种不同的传感器具有不同的采样速率, 以及传感器固有的延迟与通信延迟的不同, 都会产生异步多传感器数据融合问题[58]。因此, 对其研究将具有更大的实际意义和应用价值。

简单地说, 异步多传感器数据融合状态估计问题可以分为基于连续系统的和基于离散系统的两大类。基于连续系统的可以推导出任何两个时刻之间的状态转移方程, 而基于离散系统的却不可以。因此, 基于离散系统的异步融合估计问题更加困难。现有的基于离散系统的异步多传感器数据融合估计算法主要可分为以下几类:

(1) 融合中心按照各传感器传送来的测量数据的先后次序, 对这些测量数据进行序贯处理。这样相当于单传感器以更高的采样速率进行观测[53, 59, 60]。这种方法跟踪精度较高, 但是它的计算费用过于昂贵并且可能不现实。

(2) 把来自不同传感器不同时刻的测量值、滤波值, 通过内插、外推或最小二乘配准等方法统一到同一时刻, 再进行处理[61]。缺点是实时性差, 操作不够简便, 并且很难获得最优解。

(3) 将同一基本采样周期内获得的各个传感器的观测视为同步的, 进行同步处理 (加权平均): 融合中心总是将上一次融合之后最后接收到的局部估计值作为待融合值; 在接收到下一组分别来自于两个局部节点的待融合值之后, 融合中心再将这两个待融合值进行线性加权融合[60, 62, 63]。这种方法对于采样周期比较短的系统还可以接受, 但是对于采样周期稍长的, 存在太大误差。该方法的融合示意图如图 1.13 所示[63]。

(4) 采用带反馈的分布式融合结构, 将基于同一个采样周期内获取的不同传感器的测量值的估计值进行融合[64-66]。事实上, 这种方法与 (3) 类似, 也是将同一采样周期内的观测值视为同步的, 只是融合方法和融合结构上有所不同, 如图 1.14

所示[64]。

$$x_f(k|k) = L_0 x_f(k|k-1) + L_1 x_1(t_1|t_1) + L_2 x_2(t_2|t_2) \tag{1.20}$$

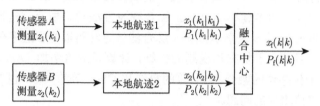

图 1.13　异步数据融合估计算法示意图

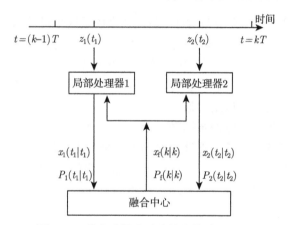

图 1.14　分布式异步融合估计算法示意图

(5) 采用再次建模的思想将观测值进行重新建模，此时得到的状态估计值是有偏的[67]。

(6) 以采样周期为单位进行批处理。这类方法一般是基于连续系统的离散化进行的[58, 65, 66]。

总的来说，异步数据融合状态估计问题是数据融合研究领域的一个难点，现有的研究成果较少，且一般都是有某种针对性的探索性的研究。

### 1.3.5　噪声相关环境下的数据融合估计算法

在实际应用中，待融合的多传感器数据之间往往存在某种相关性。主要有以下原因：①对物理系统产生影响的噪声本身是相关的；②噪声是独立的，但实际估计的时候使用了近似滤波器[40]；③动态过程的观测是在一个共同的噪声环境下进行的，因而大部分多传感器系统都带有相关噪声[68]；④很多的实际系统都是连续的，计算机为了得到状态估计值，需要进行离散化，使得系统过程噪声和量测噪声是耦合的[69]。总的来说，噪声相关是多源信息融合中常见的问题。

当同一时刻不同传感器观测噪声相关时，可以用传统的集中式融合，并且，在线性最小方差 (LMMSE) 准则下是最优的，但其计算量太大，对能量的要求也太高，并不易于实现。针对这一问题，文献 [70] 提出一种分布式融合方法来处理问题。文献 [71] 通过对系统的扩维处理，研究了观测噪声相关，观测噪声与系统噪声也相关情况下的状态估计问题。文献 [68] 也提出一种算法来处理噪声相关时的状态估计问题，并证明了其算法在特定条件下是最优的。对于量测噪声相关，量测噪声与过程噪声在同一时刻相关的线性动态系统的状态估计问题已经有部分研究成果[72-74]。而段战胜等在其文章[75] 中指出，量测噪声与过程噪声相互独立的连续线性系统离散化为离散系统后，量测噪声与上一时刻的过程噪声是相关的，并提出一种递推估计算法。

以上处理噪声相关时的算法都只考虑不同传感器之间具有相同的采样速率的情况，而事实上，不同传感器往往以不同采样率对同一目标进行观测。文献 [76] 讨论的是多传感器多速率异步采样的情况，但其没考虑系统噪声和量测噪声相关以及量测噪声之间互相关的情况。而事实上，由于同样的噪声环境，观测噪声之间往往是相关的。现实的离散系统往往是连续系统离散化的结果，这导致了系统噪声和观测噪声之间的相关。针对噪声相关的多速率数据融合问题，我们分别研究给出了分布式和顺序式融合算法。

此外，前面提到的关于噪声统计相关的文献一般假设噪声的统计相关性已知，或者局部估计的相关性已知的情况。而在实际问题中，更常遇到的是具体相关性信息未知的情况，即在误差相关性不可用或者计算很困难的情况下如何对局部估计进行融合。

在噪声统计特性未知情况下对局部估计进行融合，最常见的信息融合方法是协方差交叉 (covariance intersection, CI) 融合方法[77]。CI 算法提供了一种非常有效的局部估计的标准化凸组合形式，综合利用了局部估计的均值和方差信息。协方差交叉融合算法给出了融合估计实际方差的一个公共上界。文献 [78] 中，CI 算法的权重通过最小化误差协方差矩阵的行列式得到，将其称为 DCI(determinant-minimization CI) 算法。文献 [79] 提出了基于信息论的 Chernoff 准则下的 CI 算法，这种方法的权重计算非常复杂。文献 [80] 提出了基于集合论的 CI 算法，并获得了估计误差的紧上界。文献 [81] 和文献 [82] 提出了快速的 CI 算法，其权重采用近似方法确定。文献 [83] 考虑到已有噪声统计特性未知情况下的估计融合算法存在的不足，提出了基于集合论的松弛的切比雪夫协方差交叉 (RCC-CI) 算法和基于信息论的快速协方差交叉 (IT-FCI) 算法，但对于实际系统，这两种方法均存在一定的不足，文献中给出的融合估计算法表达式可能没有意义。基于这样的考虑，我们对 RCC-CI 算法和 IT-FCI 算法进行改进，克服这两种算法存在的不足，得到更加符合实际情况的算法。相关内容将在后面的第 13 章进行详细介绍。

### 1.3.6　网络环境下的滤波和融合问题

随着计算机和通信技术的高度发展,计算机网络技术被广泛地应用到现代生活的各个领域。然而受到各种通信技术、电子技术等的特性影响,计算机网络技术给控制系统带来技术变革的同时也会受到很多制约:

(1) 有限的通信带宽。数据信号通过相应的信道来发送和接收,而信道容量是一定的,计算机网络的引入必然会带来大量的数据,如果网络的负载过大,通道就会出现阻塞情况,因此各个节点在数据传输时会受到带宽限制。

(2) 有限的节点能量。数据的发送和接收都需要消耗能量,而传感器节点体积微小,电源一般都是自身携带的干电池,节点能量十分有限,从而导致信号的传输受到限制。

(3) 动态拓扑。无线传感器网络中的某些节点可能会受到环境或自身能量等因素的影响退出在网络中的运行,或者为提高量测精度而被添加到网络中,这些不可预测的情况都会导致网络拓扑结构发生动态变化。

(4) 路由器的协议。传感器网络以信息为中心,不需要对每个节点都进行统一编址,这样就很容易造成信息由某个节点采集出来后在网络中需要很长的传输时间到达中心融合。

计算机网络的引入必然会给现代控制系统中数据的采集、传输、处理带来各种问题,如丢包、延时、异步等,使得系统收到大量的不完整信息,传统的滤波和融合状态估计算法都是考虑的完整信息而很难应用到现代控制系统中,因此如何对这些具有不完整信息系统进行精确的状态估计,寻求新的滤波和融合算法在当前控制领域有着十分重要的现实意义。

#### 1. 网络环境下系统状态估计存在的问题

由于网络本身的一些固有特性,如承载能力和通信带宽有限,传感器节点能量受限以及网络拓扑结构多样化等显著特征,网络在给人们生活带来便利的同时,也带来了各种新的问题和挑战:

(1) 数据包丢失。数据传输的方式有两种,即单包传输和多包传输。单包传输是指信号被封装成一个数据包进行传输。多包传输是指信号被封装成多个数据包进行传输。无论数据采用单包传输还是多包传输,一旦网络负载过重,信息在传输过程中会不可避免地碰到网络阻塞和连接中断,从而导致数据包丢失。数据包的丢失会降低系统性能,更严重的,如果丢包率达到一定界限,可能会导致系统不稳定。虽然大多数网络具有重新传输的机制,但也只能重发某个时间限度内的数据包,当超过这个时限后,很难再利用此数据包,因而出现了数据包的丢失问题。另外,如果系统对信息的实时性要求较高,那么会对延迟超过一定时间段限制的信息进行主动丢弃,这种情况也称为数据包丢失[84]。如果一个系统的数据包丢失率超过一定的界限时, 系统将出现不稳定现象。

(2) 网络诱导延时。系统多个传感器节点通过网络传输信号时需要共享网络信道。受到网络带宽的限制和数据流量无规律变化的影响, 系统的多个节点进行数据交换时, 常常会出现数据碰撞、多路径传输和连接中断等现象, 从而不可避免地出现信号传输的延迟, 这种由网络引起的时间延迟称为网络诱导延时 (network-induced delay)[85]。网络诱导延时和网络流量、TCP/IP 协议及访问控制机制都有关。如果网络带宽有限, 那么大量数据在通过 TCP/IP 协议传输过程中, 就会出现排长队的情况, 从而使计算机接收到的数据发生延迟, 这个延迟在网络技术中的解释是: 在传输介质中传输所用的时间, 即从报文开始进入网络到它开始离开网络之间的时间。也就是指从发送一个数据包到指定 IP 到收到此 IP 回发的收到数据包的确认信息之间的时间。网络带宽限制和信息流量无规律可循等原因使得信息的传送过程可能会产生延时是网络技术中不可避免的问题。

(3) 乱序量测 (out-of-sequence measurement, OOSM)。在网络环境下, 信号是多路径传输机制, 被传输的数据经由众多计算机和通信设备, 因此到达接收节点的时间可能不一致, 也就是我们常说的乱序量测问题[86]。在网络控制系统中数据包的乱序量测又分为两种情况: ①单包传输的情况下, 每一包数据便是一个完整的数据, 此时数据包的乱序量测是指从源节点按一定先后次序发送的多个完整的数据, 当到达目标节点时, 其时序与原来的时序不同; ②多包传输的情况下, 一个数据被分成多个数据包进行传输, 此时的数据包乱序量测是指当数据包到达目标节点时, 时序与源节点的时序不同。

(4) 异步多速率信号。在多传感器系统中, 每个传感器都是对数据进行单独采样, 各传感器之间可能存在着不同的信号变化速率, 检测装置也有着不同的采样周期, 因此系统各处不可能都采用统一的周期进行采样, 即信号通常具有不同的采样率, 同时由于传感器分布的范围广泛, 采样到的数据会经过不同路径传输到处理中心, 传感器固有的延时 (如预处理时间) 及不同信道的不同延时都必然会导致数据处理中心收到异步数据。

(5) 不确定信号。数据通过网络进行传输的过程中, 可能会遇到各种不确定因素, 如建筑物的遮挡、网络环境干扰或者传感器坏损等, 使得接收器接收到的量测数据呈现出一定的不确定性, 我们将其称为不确定观测 (uncertainty observations)。一般有两种情形: ①某个时刻接收到的数据或者是完整的量测信息或者仅仅只是噪声; ②整个接收到的数据序列或者是量测信息或者只是噪声[87]。

这些网络的引入带来的问题广泛存在于各种实际系统中, 势必导致系统收到不完整信息, 从而影响整个系统的性能, 严重时可能会使系统失去稳定性。这些问题在传统的控制系统中不会出现, 所以原有的滤波和融合算法不能直接应用到现代控制系统中, 提出新的滤波和数据融合状态估计算法是当前迫切需要解决的问题。

### 2. 网络环境下的滤波和融合算法研究概况

为了消除或减少不完整信息对系统性能的影响，人们对传统的滤波和数据融合状态估计算法进行了改进，针对传输丢包、延时、乱序等问题提出了一系列新的滤波和数据融合状态估计算法。

(1) 数据丢包问题。

对于单通道数据丢包问题，现有的算法中对丢包过程的建模大致有两种：一种假设连续丢包个数可以是无限的，通常用独立伯努利变量来近似这种随机丢包过程[88-90]，然而实际系统的丢包通常都是有限的，因此出现了第二种模型，即用多状态的马尔可夫过程来建模[91, 92]。对于第一种模型，最有代表性的成果是 Sinopoli 等在 2004 年提出的处理独立同分布丢包的改进 Kalman 滤波器 (modified Kalman filter)[88]。他指出系统存在一个与稳定性相关的临界值 $\lambda_c$，对于任意一个大于该临界值的数据到达率，滤波器的估计误差方差均是有界的。这个临界值取决于系统状态矩阵的特征值和观测矩阵的结构，同时，文章还给出了 $\lambda_c$ 的显式上下界，并指出它们在一些特殊情况下是紧的。此后的很多研究都是在这个基础上展开的。值得指出的是，文献 [88] 中的改进 Kalman 滤波器依赖于当前时刻测量值是否到达，因此它是在线设计的。在线设计会加重计算负担，降低系统的效率，Sahebsara 等提出了一种次优稳态 $H_2$ 先验滤波器，该滤波器的设计只与观测数据的统计特性有关，而与当前时刻数据包是否到达无关。由于采用了线性矩阵不等式的方法，因此所设计的滤波器是次优的[89]。为了改进这一算法，得到最优滤波器，Sun 等基于新息分析方法给出了最优线性滤波器、预报器和平滑器[93]，同时给出了稳态滤波存在的一个充分并且几乎必要的条件，由于滤波器的阶次高于系统状态的维数，因此该算法计算负担较高。为了减小计算负担，Sun 等在文献 [94] 中进一步研究了最优满阶和降阶估计器，满阶指的是所设计的滤波器的阶次与系统状态的维数相同。上面提到的这些滤波器设计都是考虑的无限丢包问题，而实际系统中丢包个数往往都是有限的。Smith 等将丢包过程建模成一个二元马尔可夫链，提出了一个次优的跳变线性估计器，该估计器利用有限的丢包历史信息降低了校正增益计算的复杂度[91]。Xiao 等在文献 [95] 中用有限状态的马尔可夫过程对有限丢包进行建模，并基于文献 [96] 中提出的峰值稳定概念，给出了离散时间线性时不变系统在观测指数为 1 和大于 1 时的稳定性条件。文献 [97] 和文献 [92] 也分别研究了有限持续丢包情形下的最优、次优滤波器及稳定性问题。判断设计的滤波器的稳定性通常的方法是要求估计误差协方差的期望是收敛的，但是 Shi 等在文献 [90] 中指出随机小概率事件会导致期望发散，而很多系统在设计的时候可以忽略这些小概率事件。为了节约储存成本和计算负担，我们只需要它以某个概率收敛即可，因此文献 [90]

从概率的角度给出了一个新的性能指标。

以上是单通道数据丢包问题的研究概况，对于多通道系统，目前主要成果集中在对两通道 (两个传感器) 的研究。Mohamed 等对有丢包的两通道系统给出了一个最优的递推融合滤波器[98]。这里的丢包指的并不是通常意义的所有包含信息的数据包都丢失，而是指接收到的信息不包含有用信息，即收到的仅仅只是噪声。Liu 等将文献 [88] 中单通道的结果扩展到了两通道[99]，但是由于它采用的排列组合的方式对各种可能的丢包情况进行讨论，如果应用到更多通道的丢包问题，计算量非常大，因此不具有推广性。利用多尺度系统理论和改进 Kalman 滤波器，我们研究给出了带随机丢包的异步多速率多传感器动态系统的最优状态估计，并且证明该算法在 LMMSE 下是最优的[100]。

(2) 网络延时问题。

文献 [101] 和文献 [102] 研究了确定性延时问题，但在实际系统中延时通常是随机的。目前对随机延时问题常用的有三种建模方法：第一种假设每个时刻的延时是相互独立的，用取值为 0 或 1 的独立伯努利变量来对延时过程进行建模[103, 104]，如果当前的测量值准时到达则取值 1，否则取值 0；第二种利用马尔可夫过程来对其进行建模[105-107]；第三种则是当不知道延时的具体信息，而只知道它的统计特征时，用概率密度函数来建模[108]。Wen 等针对一步延时的系统提出了一种最优无偏状态估计算法，给出了满阶和降阶的滤波器[103]。Wang 等对存在范数有界参数和延时的系统给出了一个鲁棒滤波器，该滤波器的误差是均方有界的，且估计误差的稳态协方差不超过给定的上界[104]。以上这些文章都是用独立的伯努利随机变量对延时过程进行建模，而在某些实际系统中，当前时刻的延时会与上一时刻的延时有关，因此人们考虑用马尔可夫过程对延时进行建模。Han 等研究了带马尔可夫跳变延时的离散时间系统，首先将单个马尔可夫延时测量值等价的表示成多个常数延时测量值，然后利用状态扩维的方法基于希尔伯特空间上的几何参数得到一个最优估计器[105]。文献 [106] 研究了 $H_\infty$ 滤波问题，通过新息方法给出一个递推的滤波和定点平滑算法，文中假设系统没有信号方程，但是观测过程的协方差函数已知。上面的方法普遍都采用状态扩维法，Zhang 等在文献 [107] 中对带有延时的系统采用量测扩维的方法将量测重组从而进行系统重建，消除了延时的影响，然后通过新构建的新息序列得到了一个最优线性估计器。但是该最优滤波器是随机时变的且没有稳态收敛值，因此一个带确定增益的次优滤波器被提出，该滤波收敛且均方稳定，同时可以通过离线设计。在传输的数据带有时戳的时候，可以通过独立伯努利变量或者马尔可夫链对延时过程进行建模，但在实际系统中，由于异地时钟或者时钟本身就有误差等原因，都会导致数据的确切延迟步数未知而只知道其大致的统计分布，此时我们可以通过概率密度函数对其进行建模。Choi 等对这一问题进行了研究，且通过状态扩维的方法给出系统的状态估计[108]。与丢包问题一样，以上所设计的滤波器的性能，多数都是对估计误差协方差矩阵的期望进行分析，文献 [109] 提出一个带缓存器的线性最优滤波器，同时将文献 [90] 中的结论扩展到延时系统，给出了系统概率性能指标与缓存器长度的关系。Schenato 在文献 [110] 中也给出了一个带缓存器的线性最优滤波器，但要求第一个时间槽的量测值在当前时刻或之前已经到达，这在实际系统中很难满足。

目前多通道即多传感器数据融合中的延时问题研究成果并不是很多。Portas 等针对线性系统提出了一种新的最优估计器，同时对非线性系统在扩展 Kalman 滤波 (EKF) 框架下也给出了一个新的估计器[111]。2011 年，他们又提出了两种改进的算法[112]：一种是异步测量的信息滤波 (information filter for asynchronous measurements) 算法，这种算法对于线性系统是最优的，且可以避免重复计算已经收到的测量值信息；另一种是异步测量的扩展信息滤波 (extended information filter for asynchronous measurements) 算法，它针对非线性系统是次优的。

(3) 乱序量测问题。

对于乱序量测问题的研究，最有代表性的成果是美国康涅狄格大学教授 Bar-Shalom 团队发表的一系列结果[113-116]。比较早的关于单个乱序量测一步延时问题的算法出现在文献 [117] 和文献 [118] 中，它们给出了一个后来在文献 [114] 中被称为 "算法 B" 的次优滤波算法。文献 [113] 提出了一个在文献 [114] 中被称为 "算法 C" 的次优滤波算法，它和 "算法 B" 的区别在于两者计算向后预测的协方差矩阵不一样，同时都假设向后预测的噪声为零。Bar-Shalom 在文献 [114] 中对 "算法 B" 和 "算法 C" 进行改进得到了最优滤波算法 "算法 A"，在该算法中除了需要对状态进行更新外，还需要存储最新的新息。同时，文献 [114] 中还对三种算法进行了比较，发现 "算法 B" 在只有最新的状态更新时是 LMMSE 估计器，其与 "算法 A" 非常接近，且它自己计算的协方差阵与实际的协方差阵是一样的。以上这些算法都只考虑单个乱序量测一步延时问题，而没有解决多步延时的问题。Mallick 等将连续系统进行离散化后得到一个等价量测方程，通过最小化协方差矩阵的迹给出了 "算法 Bl" [119]。由于该算法会耗费较大的存储量且需要向后迭代 $l$ 步，同时随着 $l$ 的增加，计算量和存储量都将呈几何级数增加，Bar-Shalom 等对 "算法 A" 和 "算法 B" 进行了推广，利用一步解来解决 $l$ 步延时问题，得到了 "算法 $Al1$" 和算法 "算法 $Bl1$"。由于此两种算法忽略了等价量测噪声和过程噪声间的相关性，因此它们在 LMMSE 下是次优的。Zhang 等在文献 [120] 中给出了一个拥有可靠存储结构的全局最优算法 $Zl$，该算法需要知道延迟时刻的先验信息，即需要提前知道最大延迟步数。

目前已经出现了大量的针对多通道乱序量测问题的研究成果。Challa 等用贝叶斯方法解决了含有一步和多步延时的乱序量测问题，提出了一种近似的可执行的状态估计算法[121]。张希彬等给出了多传感器情况下每个通道只有单个乱序情况下的状态更新算法，但是该方法要求每个通道的延时情况一样[122]。文献 [123] 针对带有丢包和随机延时的网络化数据融合系统, 提出了一种最优多步乱序融合算法。Shen 等在文献 [124] 中给出了多传感器乱序传输的集中式最优更新算法。之后在文献 [125] 中给出了分布式的乱序量测融合算法, 并通过严格证明该算法与相应的集中式算法等价, 从而证明此分布式算法也是最优的。最近葛泉波等基于融合系统数据传输的不同方式, 提出了乱序估计 (out-of-sequence estimate, OOSE) 的概念, 当局部传感器获得观测数据后, 先在每个局部处理器上进行预处理, 然后再将局部处理器滤波的结果送到融合中心, 由此得到一个最优分布式融合算法[126]。

(4) 异步多速率问题。

网络的介入也会带来数据异步、多速率的问题。对于异步多速率多传感器问题, 前面已经提到, 相关的研究方法包括: 基于多尺度理论的方法[13, 14, 29, 52]、批处理方法[30]、序贯更新方法[127]、基于多频滤波器组设计的方法[20] 等。与传统的方法在时间轴上处理数据不一样, 基于多尺度理论的状态估计方法是根据传感器处理数据, 其中小波变换常常用作连接不同尺度下带有不同采样率的传感器之间的桥梁。这三种方法都存在计算量大、实时性差等缺点, 且对传感器的采样率都有一定限制, 即采样率一般是 2 的整数倍[13, 14]。批处理方法将一步多速率多传感器问题转化成同步单速率多传感器融合问题去处理, 这种方法简化了问题, 但是增加了计算成本[30]。通过多频滤波器组的设计, 异步多速率多传感器能被有效地融合, 但是这种设计方法很难找到[20]。文成林等找到了一种基于分布式滤波的方法, 该方法首先建立一个有合适尺度的系统模型, 然后对该异步多速率多传感器数据进行逐步融合。该方法在降低计算复杂度的同时能达到最优状态估计[128]。

(5) 不确定性问题。

Nahi 在文献 [87] 中提出了不确定性观测 (uncertain observation) 的概念, 同时用一个取值为 0 或 1 的伯努利分布的随机变量来对其进行建模, 并针对可能发生的两种不同的不确定现象分别给出了相应的最小均方估计器。Hadidi 等针对有随机扰动和不确定观测的系统给出了一个递推的最小均方状态估计器[129]。Nanacara 等在文献 [130] 中针对线性系统给出了一个递推估计器, 并且给出了该估计器估计误差协方差的封闭解。对于非线性系统, 他们给出了估计误差方差阵的上界。Nakamori 等利用协方差信息, 给出了带不确定观测值的系统递推最小方差滤波器和定点平滑器。接着他们将文献 [131] 中的结果扩展到了带白色和有色观测噪声的系统[132]。Wang 等考虑了同时带有参数不确定性和观测不确定性系统的滤波问题, 通过求解类代数 Riccati 方程或者线性矩阵不等式得到一个鲁棒滤波器, 并且可以证明该滤波器的问题协方差不大于给定的上界[133]。

### 1.3.7　非线性系统数据融合估计算法

在工程实践中, 实际系统总是存在不同程度的非线性, 有些系统可以近似看成线性系统, 但大多数系统难以用线性微分方程或线性差分方程描述。除了系统结构非线性这一特点, 实际系统中通常还存在高斯或非高斯随机噪声干扰或观测误差等不确定性。非线性随机动态系统广泛存在于工程实践, 如飞机和舰船的惯性导航系统、火箭的制导和控制系统、卫星轨道/姿态的估计系统、组合导航系统等都属于这类系统。在这类系统中, 如何有效甚至最优地进行状态估计, 是非常重要的问题, 称为非线性滤波问题。从工程应用及算法实现的角度, 非线性滤波主要针对离散非线性、非高斯随机动态系统, 研究如何找到有效的滤波方法, 从序贯量测中在线、实时地估计和预测出系统的状态和误差的统计量。

广义上讲, 非线性最优滤波的一般方法可以由递推 Bayes 方法统一描述, 如图 1.15 所示[134]。其中, $x(k)$ 表示 $k$ 时刻的状态; $Z_1^k$ 表示时刻 $1 \sim k$ 的观测; $p(\cdot)$ 表示概率密度函数。递推 Bayes 估计的核心思想是基于所获得的观测求得非线性系统状态向量的概率密度函数, 即所谓的状态估计完整描述的验后概率密度函数。对于非线性系统而言, 要得到精确的最优滤波解是很困难的甚至是不可能的, 因为它涉及无穷维的积分运算。为此, 人们提出了大量次优的近似非线性滤波方法。这些近似非线性滤波方法大致可归结为三大类: 第一类是解析近似 (函数近似) 的方法, 以 EKF 为代表; 第二类是基于确定性采样的方法, 以无迹 Kalman 滤波 (unscented Kalman filter, UKF) 为代表; 第三类是基于随机采样的滤波方法, 以粒子滤波 (PF) 为代表。如表 1.1 所示, 其中, CDKF 表示中心微分 Kalman 滤波 (central difference Kalman filter), SRUKF 表示平方根无迹 Kalman 滤波 (square-root UKF), SRCDKF 表示平方根中心微分 Kalman 滤波 (square-root CDKF), UPF 表示无迹粒子滤波, MCMC 方法表示马尔可夫链蒙特卡罗方法, RBPF 表示基于 Rao-Blackwellised 的粒子滤波器, DDF 和 CDF 分别表示分离差分滤波器 (divided difference filter) 和中心差分滤波器 (central difference filter)。

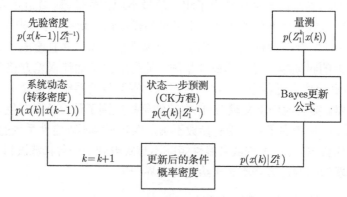

图 1.15　递推 Bayes 估计逻辑图

表 1.1　非线性 Bayes 滤波算法与分类

| 近似 | 函数近似 | | 确定性采 | 随机采 |
|---|---|---|---|---|
| 方法 | Taylor 级数展开 | 插值多项式展开 | 样近似 | 样近似 |
| 典型算法 | EKF | DDF/CDF | UKF | PF |
| 改进算法 | UD 分解，奇异值分解 | | CDKF | UPF |
| | LD 分解，平方根滤波 | 平方根 DDF | SRUKF | 正则化 PF |
| | 二阶 EKF | | SRCDKF | MCMC 方法 |
| | 迭代 EKF | 混合高斯 DDF | 混合高斯- | RBPF- |
| | STF | | UKF | 辅助 PF |

在解析近似的一类方法中，应用最广的当属 EKF 算法。EKF 算法是 Kalman 滤波由线性系统向非线性系统的推广。其基本思想是将非线性系统进行线性化，而后运用广义 Kalman 滤波技术进行状态估计。由于 EKF 算法思路简单明了，应用十分广泛。然而，由于在非线性系统线性化过程中引入了线性化误差，直接影响了最终的状态估计效果。该方法本质上对于近似线性的非线性系统有效，对于强非线性的系统，很难取得很好的效果。此外，EKF 算法需要计算 Jacobi 矩阵，Jacobi 矩阵计算的不准确会带来滤波器发散的问题。另外，作为 Kalman 滤波的推广，EKF 算法还存在和 Kalman 滤波同样的一个问题，即增益矩阵是离线计算的。这使得其对于模型不准确具有比较差的鲁棒性。

针对上述问题，产生了许多针对 EKF 算法的改进算法，如表 1.1 所示。STF 是其中的一个典型代表[135-138]。STF 最早是由周东华教授在 20 世纪 90 年代提出来的。随后，该方法被广泛应用于故障诊断、容错控制、机器人控制等多种应用领域。该方法的基本思想在于正交原理的实现，其核心在于强迫不同时刻之间的残差正交，从而实现观测值的充分利用。该方法的计算量和 EKF 相当，但却很好地克服了 EKF 在模型不准确条件下鲁棒性差的不足，具有更好的跟踪机动目标的能力。然而，该方法依然是基于非线性系统的线性化进行的，并且要求非线性函数是可微的。

在 EKF 提出之后的几十年间，对 EKF 的改进依然是基于解析近似的思想。直到 20 世纪 90 年代末，美国学者 Julier 等提出了基于确定性采样的滤波方法，成为非线性滤波领域的一大突破[139, 140]。该类算法的核心思想是将传统的对非线性函数的近似，改变为对非线性函数分布的近似。其理论支撑在于对微积分运算"化曲为直"的良好诠释，即概率积分运算可以通过确定性的一些点的"和"来逼近。确定性采样滤波的代表是 SPKF。根据变换矩阵的不同，包括 UKF、CDKF、SRUKF、SRCDKF，以及一些改进算法等[141-143]。它们的基本思想和方法大同小异，以 UKF 最为著名。UKF 依赖于无迹变换，其基本思想不同于 EKF，它是通过设计少量的 Sigma 点，由 Sigma 点经由非线性函数的传播，来计算随机向量的一、二阶矩。EKF 及其改进算法的研究对象一般是由高斯过程驱动的系统，基于非线性函数的一阶 Taylor 展开来实现，所以，一般只对线性或近似线性的非线性系统具有比较好的效果。然而，UKF 采用若干个服从高斯分布的函数的组合来驱动，一般可达到二阶精度 (逼近非线性系统 Taylor 展开的二阶结果)。在某些情况下 (先验随机变量具有对称的分布，如指数分布)，逼近精度可达三阶。在计算量方面，UKF 与 EKF 相当，并且在算法的实现方面，由于不需要计算 Jacobi 矩阵，因此，在在线计算方面更优于 EKF。

另外一类在工程上应用比较广的非线性滤波算法是基于随机采样的滤波算法。其代表性方法为 PF[144, 145]。它是一种基于 Bayes 原理用粒子概率密度表示的序贯蒙特卡罗模拟方法，主要包括 Bayes 自举滤波器、序贯重要采样法 (SIS) 及其各种修正与改进算法等，如表 1.1 所示。粒子滤波技术的核心思想是利用随机样本的加权和表示所需的后验概率密度得到状态的估计值，是一种基于仿真的统计滤波方法。这些样本没有明确的格式，不受模型线性和 Gauss 假设的约束，适用于任意非线性非高斯的随机系统。难点在于粒子的选取比较困难。

综上所述，非线性滤波理论与方法远不如线性滤波理论发展的成熟。由于其计算复杂性，实际应用受到一定的限制。然而，随着科学技术的发展，计算机运算水平的提高，对非线性滤波技术的发展提出了越来越高的要求。一些较为成熟的滤波算法，例如，UKF、STF、PF 等已经在某些特定领域获得了成功应用。

# 1.4　组合导航系统与方法概述

为了正确可靠地对运载体进行精确导航，导航系统必须为整个系统提供足够精确和可靠的位置、速度和姿态等信息。目前可供装备的机载导航系统主要有 INS、卫星导航系统 [GPS、GLONASS(global navigation satellite system)]、DVS、塔康系统 (Tacan)、罗兰 C 导航系统、大气数据系统 (ADS)、奥米加 (Omega) 导航系统，还有天文导航系统、景象匹配 (SM) 系统、地形辅助系统等[3-5]。

INS 是一种自主式的导航方法。它完全依靠机载设备自主地完成导航任务，和外界不发生任何光、电联系，因此，隐蔽性好，工作不受气象条件的限制，是航空航天领域中的一种最为广泛使用的最基本的导航系统。从结构上来说，INS 可分为两大类，即平台式惯性导航和捷联式惯性导航 (SINS)。

卫星导航系统常用的有 GPS 和北斗双星导航系统。GPS 是一种可以定时和测距的空间交会的定点导航系统，它可以向全球用户提供连续、实时、高精度的三维位置、三维速度和时间信息，以满足军事部门和民用部门的需要。GPS 由三部分组成，即空间卫星星座部分、地面监控部分和用户设备部分 (GPS 接收机)[146]。北斗双星导航系统是我国第一代卫星定位系统，它利用两颗同步定点卫星能进行双向信息交换, 覆盖范围包括整个中国和东南亚, 具有导航、定位、通信的功能。

DVS 是利用多普勒效应进行导航的系统。运动载体上的多普勒装置可以测量两个量: 地速和偏流角, 或者测量地速矢量的纵向 (沿运动载体的轴线) 分量和横向分量。DVS 主要由三个部分组成: 地速和偏流角多普勒测量仪、航向系统及运动载体坐标、控制信号导航计算机。

以上所列导航系统各有特色, 优缺点并存。例如, INS 是利用惯性元件来测量运动载体的加速度经运算来求出导航参数的, 其优点是不依赖外界信息, 完全自主式, 不受外界环境的干扰影响, 无信号丢失, 不需要任何外来信息也不向外辐射任何信息, 可在任何介质和任何环境条件下实现导航, 且能输出位置、速度、姿态等多种较高精度的导航参数, 系统的频带宽, 能跟踪运载体的机动运动, 导航输出数据平稳, 短期稳定性好, 具有抗电磁辐射干扰、高机动飞行和隐蔽性好的特点。但是 INS 具有固有的缺点: 导航误差随时间发散, 即长期稳定性差, 不适合长时间独立导航。GPS 具有全球性、全天候、高精度、三维定位精度高等优点, 尤其是导航精度高, 在美国国防部加入 SA(selective availability) 误差后, 使用 C/A 码信号的水平垂直定位精度仍分别可达 100~157m, 且不随时间发散, 这种高精度和长期稳定性是 INS 望尘莫及的。但 GPS 也有其致命弱点: 数据采集频率低, 当运载体做较高机动运动时, 接收机的码环和载波环极易失锁而丢失信号, 从而完全丧失导航能力; GPS 是非自主式系统, 完全依赖于 GPS 卫星发射的导航信息, 受制于他人, 且易受人为干扰和电磁欺骗; 易受地形地物遮挡而定位中断。DVS 可测量运载体的地速和偏流角, 和 INS 一样, 位置误差也是积累的。无线电定位导航设备如罗兰 C 导航系统、塔康导航系统等误差不随时间增长, 但导航定位精度较低。

组合导航系统是利用多源导航传感器获得导航信息, 并将各种信息进行融合得到更高性能的系统。在国内外, 无论是军用还是民用领域, 组合导航系统的应用越来越广泛, 使用较多的有 INS、GPS 和 GLONASS 等系统的组合导航。现代战争中使用的精确制导武器几乎都使用 INS/卫星组合实现中制导段的导航。另外, 根据各自飞机性能与需求的不同, 以 INS/卫星为主的组合导航系统中再加入其他的导航子系统, 可获取更多的导航参数和更高的导航精度。组合导航系统由于具有协合超越功能、互补功能、余度功能, 已成为现在或未来导航的主要手段之一, 其既可在战时提高我军的作战能力、降低人员伤亡、增强国防实力, 又能在和平环境下为经济发展提供有力保证。

组合导航的基本实现方法有两种[4]:

(1) 回路反馈法, 即采用经典的回路控制方法抑制系统误差, 并使各子系统间实现性能互补。

(2) 最优估计法, 即通常采用的 Kalman 滤波或维纳滤波等, 从概率统计最优的角度估计出系统误差并消除之。

两种方法都使各子系统内的信息互相渗透, 有机结合, 起到性能互补的功效。由于各子系统的误差源和量测误差都是随机的, 所以第二种方法远优于第一种方法。

组合导航系统的设计模式中, 一般有直接法和间接法两种。当设计组合导航系统的滤波器时, 首先必须写出描述系统动态特性的系统方程和反映量测与状态关系的量测方程。直接以各导航子系统的导航输出参数作为状态, 即直接以导航参数作为估计对象实现组合导航的滤波处理称为直接法滤波。若以各子系统的误差量作为状态, 即以导航参数的误差量作为估计对象实现组合导航的滤波处理为间接法滤波。

直接法滤波中, 滤波器接收各导航子系统的导航参数, 经过滤波计算, 得到导航参数的估计值, 如图 1.16 所示[4]。

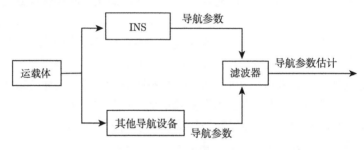

图 1.16    直接法滤波示意图

间接法滤波中, 滤波器接收两个导航子系统对同一导航参数输出的差值, 经过滤波计算, 估计出各误差量。用误差的估计值去校正 INS 输出的导航参数, 以得到导航参数的修正; 或者用误差的估计值去校正 INS 力学编排中的相应导航参数, 即将误差估计值反馈到 INS 的内部, 如图 1.17 所示[4], 其中, $\delta_I$ 和 $\delta_N$ 分别表示 INS 和其他导航设备的参数估计结果。

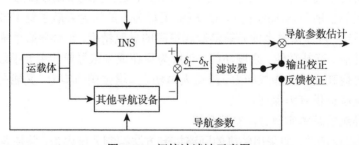

图 1.17    间接法滤波示意图

直接法能直接反映出系统的动态过程, 但在实际应用中却还存在着不少困难。一般情况下, 只有空间导航的惯性飞行阶段, 或在加速度变化缓慢的舰船中才采用直接法。对其他组合导航系统，目前一般采用间接法滤波。

总的来说，目前国内常用的组合导航方法主要有择一选优的导航方法和 Kalman 滤波方法。按照参与组合的导航系统的不同，又可分为 INS/GPS 组合、INS/DVS 组合、INS/北斗双星组合、INS/SM 组合、INS/GPS/DVS 组合等。理论上的导航方法除了 Kalman 滤波外，还有最小二乘滤波、分段滤波、联邦滤波、SH 自适应滤波等。无论采用哪种滤波方法，在组合导航领域，异步、多速率、不完全观测数据的融合估计技术的应用都极少，国外常用的非线性系统滤波方法的应用也只是扩展 Kalman 滤波，最近有用 Sigma 点 Kalman 滤波的。而在国内，非线性滤波在组合导航方面的应用，则很难见到相关报导。

## 1.5　当前研究热点、难点与未来的研究方向

随着传感器技术、数据处理技术、计算机技术、网络通信技术、人工智能技术、并行计算机软件和硬件技术等相关技术的发展，多传感器信息融合必将成为未来复杂工业系统智能检测与数据处理的重要技术。

目前信息融合的研究难点问题有[1, 39, 40, 147, 148]：

(1) 基本的理论框架和广义融合模型与算法的设计。

(2) 异类传感器的信息融合问题还没有获得很好的解决。雷达和红外传感器的信息融合作为典型的异类传感器信息融合，由于能够实现信息互补，改善对目标的跟踪以及提高系统的生存能力，因而引起了广泛的关注。存在的问题还有：实用化的雷达和红外融合跟踪的航迹起始方法、检测和跟踪的联合优化、不完全数据的处理、系统误差的估计、主观知识、各种特征和属性信息的利用、微弱信息下的目标融合跟踪等。

(3) 异步融合、多速率传感器数据融合还没有获得很好的解决。特别是近年来随着网络的引入，异步、多速率、存在丢包、无序等情况下的数据融合问题更是成为近些年的研究热点和难点。

(4) 多传感器信息融合结果的评价。

(5) 信息融合方法与融合系统实施存在问题，即信息融合理论、算法虽多，但很难方便地应用。难点主要在于实际问题难于建模。

目前信息融合的研究热点问题有[39, 40]：

(1) 网络化系统的数据融合算法研究。

(2) 利用新技术，改进融合算法以进一步提高融合系统的性能。目前，将模糊逻辑、神经网络、进化计算、粗糙集理论、支持向量机、小波变换等计算智能技术有机地结合起来，是一个重要的发展趋势。如何利用集成的计算智能方法 (如模糊

逻辑 + 神经网络；模糊逻辑 + 进化计算，神经网络 + 进化计算；小波变换 + 神经网络等) 提高多传感器融合的性能值得深入研究。

(3) 兼有稳健性和准确性的融合算法和模型的设计。

(4) 如何利用有关的先验数据提高信息融合的性能。

(5) 多分辨率数据 (如图像) 的融合。

今后主要研究方向除了上述研究热点、难点外，还有：

(1) 异步、多速率多传感器数据融合算法问题。

(2) 多分辨率图像、异类图像的融合问题。

(3) 存在部分遮挡，存在不完全对准，存在整体或局部畸变的图像的融合问题。

(4) 开发并行计算的软硬件，以满足具有大量数据且计算复杂的多传感器融合的要求。

此外，针对实际问题，给出实用性强的信息融合算法，包括异类传感器的融合，这一需求在一些应用领域尤其是以军事为背景的应用领域日益迫切。

## 1.6  本书的主要内容及章节安排

本书主要涉及不均匀采样系统的状态估计，异步、多速率传感器数据融合算法研究，相关噪声环境下的数据融合估计，非线性系统数据融合算法研究，以及相关算法在导航系统中的应用。全书共 16 章，后续章节如下进行安排：

第 2 章介绍了随机离散动态系统的 Kalman 滤波，主要是 Kalman 滤波基本方程及其推导、Kalman 一步预测算法、Kalman 平滑算法以及扩展 Kalman 滤波等内容。

第 3 章介绍了变速率非均匀采样系统的 Kalman 滤波算法，是经典 Kalman 滤波算法向非固定速率、非均匀采样系统的一种推广算法。

第 4 章介绍了基于小波变换的多尺度分析等相关概念，以及多尺度 Kalman 滤波、基于多尺度测量预处理的数据融合算法等。

第 5 章和第 6 章是多速率同步采样系统的数据融合算法，其中，第 6 章考虑了网络丢包对状态估计结果的影响。

第 7 章和第 8 章针对时不变线性动态系统，对异步、多速率、非均匀采样传感器进行了融合。第 7 章给出了递归、分布、混合结构的数据融合算法，第 8 章考虑了网络丢包对估计结果的影响，并给出了修正算法。

第 9 章和第 10 章介绍了时变线性动态系统，异步、多速率、非均匀采样传感器的融合算法。其中，第 10 章考虑了网络丢包、传感器故障等情况下的状态估计问题，并分析了算法的收敛性和稳定性。

　　第 11~13 章考虑了噪声相关情况下线性系统的数据融合状态估计问题。其中，第 11 章在不同传感器以相同采样率进行测量情况下，分别给出了集中式、顺序式和分布式融合估计算法。第 12 章针对多速率传感器，介绍了序贯式和分布式融合估计算法。第 13 章则考虑了噪声相关性统计特性未知情况下的状态估计问题。

　　第 14 章和第 15 章介绍了非线性系统的数据融合算法。其中，第 15 章除了涉及异步、多速率系统的数据融合外，还考虑到了数据丢包和传感器故障情况下的状态估计问题。

　　第 16 章介绍了多传感器最优估计理论在导航系统中的应用。

## 1.7　本　章　小　结

　　本章介绍了本书的课题研究背景，多传感器信息融合的定义、原理与体系结构，并对数据融合状态估计算法进行了分类综述。同时，介绍了后续章节需要用到的一些相关的概念及预备知识。叙述了数据融合领域当前的研究热点、难点与未来可能的研究方向，并对全书的主要内容和章节安排作了简要介绍。

# 第 2 章　随机离散动态系统的 Kalman 滤波

## 2.1　问题的提出

在许多实际系统控制过程中，例如，飞机或导弹在运动过程中，往往受到随机干扰的作用。在这种情况下，线性控制过程可用下式来表示[42]：

$$\dot{x}(t) = A(t)x(t) + B(t)u(t) + \Gamma(t)w(t) \tag{2.1}$$

其中，$x(t)$ 为控制过程的 $n$ 维状态向量；$u(t)$ 为 $r$ 维控制向量；$w(t)$ 为 $p$ 维零均值白噪声向量；$A(t)$ 为 $n \times n$ 维矩阵；$B(t)$ 为 $n \times r$ 维矩阵；$\Gamma(t)$ 为 $n \times p$ 维矩阵。

在许多实际问题中，往往不能直接得到形成最优控制规律所需的状态变量[149, 150]。如飞机或导弹的位置、速度等状态变量都是无法直接得到的，需要通过雷达或其他测量装置进行观测，根据观测得到的信号来确定飞机或者导弹的状态变量。在雷达或别的测量装置中都存在随机干扰的问题，因此，在观测得到的信号中往往夹杂有随机噪声。从夹杂有随机噪声的观测信号中分离出飞机或导弹的运动状态变量的问题就是最优估计问题[2, 150]。

一般情况下，观测系统可用下列观测方程 (或测量方程) 来表示：

$$z(t) = C(t)x(t) + y(t) + v(t) \tag{2.2}$$

其中，$z(t)$ 为 $m$ 维观测值；$C(t)$ 为 $m \times n$ 维观测矩阵；$y(t)$ 为观测系统的固有误差 (已知的非随机序列)；$v(t)$ 为均值为零的白噪声。

在式 (2.1)、式 (2.2) 中假定 $w(t)$、$v(t)$ 均为均值为零的白噪声向量。其统计特性为

$$\begin{cases} E[w(t)w^{\mathrm{T}}(\tau)] = Q(t)\delta(t-\tau) \\ E[v(t)v^{\mathrm{T}}(\tau)] = R(t)\delta(t-\tau) \\ E[w(t)v^{\mathrm{T}}(\tau)] = S(t)\delta(t-\tau) \end{cases} \tag{2.3}$$

其中，$\delta(t)$ 是狄拉克函数。它具有以下性质：

$$\delta(t-\tau) = \begin{cases} 0, & t \neq \tau \\ \infty, & t = \tau \end{cases}, \qquad \int_{-\infty}^{+\infty} \delta(t-\tau)\mathrm{d}t = 1 \tag{2.4}$$

式 (2.3) 中，$Q(t)$ 是对称的非负定矩阵；$R(t)$ 是对称的正定矩阵。正定的物理意义是观测向量各分量均附加有随机噪声。

我们的任务是在已知 $x(t)$ 的初始状态 $x(t_0)$ 的统计性，如期望 $E[x(t_0)] = m_0$ 和协方差 $P(t_0) = E\{[X(t_0) - m_0][X(t_0) - m_0]^{\mathrm{T}}\}$ 的条件下，从观测信号 $z(t)$ 中得到状态变量 $x(t)$ 的最优估计值。所谓最优估计，是指在某种准则下达最优，估计准则不同会导致估计方法或估计结果的不同。常用的准则是最优均方误差准则，对应于最优均方误差准则的滤波结果称为最优均方估计或最优均方滤波。

## 2.2　最优均方估计

已知一个时间序列现在与过去的观测值 $z(1), z(2), \cdots, z(k)$，对状态 $x(k+l)(l \geqslant 1)$ 进行估计，称为**预测**；如果 $l = 0$，称为**估计或滤波**；若 $l < 0$，上述过程称为**平滑**。在不引起混淆的情况下，预测和滤波常通称为滤波。

### 2.2.1　最优均方估计的定义

**定义 2.1**[151]　设有一可观测的随机序列 $\{z(k), k \in \mathbb{N}\}$ 及一个随机变量 $x$，用 $z(1)$, $z(2)$, $\cdots$, $z(k)$ 的某个函数 $f(z(1), z(2), \cdots, z(k))$ 作为 $x$ 的估计，记作 $\hat{x} = f(z(1), z(2), \cdots, z(k))$，其误差为 $x - \hat{x}$。若由 $z(1), z(2), \cdots, z(k)$ 给出 $x$ 的估计 $\hat{x}^*$ 满足

$$E|x - \hat{x}^*|^2 = \inf_f E|x - f(z(1), z(2), \cdots, z(k))|^2 \tag{2.5}$$

则称其为 $x$ 的**最优均方估计**。

由定义 2.1 可知，寻找最优均方估计的过程即在所有 $z(1), z(2), \cdots, z(k)$ 的函数中，寻找使得其均方误差最小的估计 $\hat{x}^*$。根据定义，有下面的定理。

**定理 2.1**[151]　若 $E\{x|z(1), z(2), \cdots, z(k)\}$ 存在，则取 $\hat{x}^* = E\{x|z(1), z(2), \cdots, z(k)\}$，有

$$E|x - E\{x|z(1), z(2), \cdots, z(k)\}|^2 = \inf_f E|x - f(z(1), z(2), \cdots, z(k))|^2 \tag{2.6}$$

**证明**　对 $\forall f(z(1), z(2), \cdots, z(k))$，有

$$E|x - f(z(1), \cdots, z(k))|^2$$
$$= E|x - E[x|z(1), \cdots, z(k)]$$
$$\quad + E[x|z(1), \cdots, z(k)] - f(z(1), \cdots, z(k))|^2$$
$$= E|x - E[x|z(1), z(2), \cdots, z(k)]|^2$$
$$\quad + E|E[x|z(1), \cdots, z(k)] - f(z(1), \cdots, z(k))|^2$$

$$
\begin{aligned}
&+ 2E\{(E[x|z(1),\cdots,z(k)] - f(z(1),\cdots,z(k))) \\
&\quad \cdot (x - E[x|z(1),z(2),\cdots,z(k)])\} \\
&\geqslant E\left|x - E[x|z(1),z(2),\cdots,z(k)]\right|^2 \\
&\quad + 2E\{(E[x|z(1),\cdots,z(k)] - f(z(1),\cdots,z(k))) \\
&\quad \cdot (x - E[x|z(1),z(2),\cdots,z(k)])\}
\end{aligned}
\tag{2.7}
$$

下面证明上式第二项为零。由条件数学期望的性质, 有

$$
\begin{aligned}
&E\{(E[x|z(1),\cdots,z(k)] - f(z(1),\cdots,z(k))) \\
&\quad \cdot (x - E[x|z(1),z(2),\cdots,z(k)])\} \\
&= E\{E[(E[x|z(1),\cdots,z(k)] - f(z(1),\cdots,z(k))) \\
&\quad \cdot (x - E[x|z(1),z(2),\cdots,z(k)])]|z(1),\cdots,z(k)\} \\
&= E\{E[x|z(1),\cdots,z(k)] - f(z(1),\cdots,z(k))\} \\
&\quad \cdot (E[x|z(1),z(2),\cdots,z(k)] - E[x|z(1),z(2),\cdots,z(k)]) \\
&= 0
\end{aligned}
\tag{2.8}
$$

故

$$
E\left|x - f(z(1),z(2),\cdots,z(k))\right|^2 \geqslant E\left|x - E[x|z(1),z(2),\cdots,z(k)]\right|^2, \quad \forall f
\tag{2.9}
$$

该定理表明, 在已知观测数据或信息 $\{z(1),z(2),\cdots,z(k)\}$ 条件下, 对未知的随机状态变量 $x$ 进行最优估计可由其条件期望来决定, 即 $x$ 的最优估计由下式给出:

$$
\hat{x}^* = E[x|z(1),z(2),\cdots,z(k)]
\tag{2.10}
$$

**例 2.1**  若 $(z,x) \sim N(\mu_1,\mu_2,\rho,\sigma_1^2,\sigma_2^2)$, 若已知 $z$ 估计 $x$, 则由正态过程的性质及定理 2.1 有

$$
\hat{x}^* = E(x|z) = \mu_2 + \rho\frac{\sigma_2}{\sigma_1}(z - \mu_1)
\tag{2.11}
$$

### 2.2.2  线性最优均方估计

用 $x$ 关于 $z(k),z(k-1),\cdots$ 的条件数学期望 $E[x|z(k),z(k-1),\cdots]$ 作为 $x$ 的最优均方估计是一个很漂亮的结果 (见定理 2.1)。但是在很多实际问题中, 准确求出其条件数学期望往往是很困难的, 甚至有时根本无法求出。于是只能退而求其次。一个很自然的想法便是放弃在一切函数范围内寻找最优的目标, 而只限制在线性函数的范围内求最优均方估计。这就是下面要讨论的线性最优均方估计问题。

**定义 2.2**　设 $\{x, z(k), z(k-1), \cdots\} \in \mathbb{H}$ 实空间，$\mathbb{H}$ 表示二阶矩有限的函数构成的空间。$\mathbb{H}_k = \{z(k), z(k-1), \cdots$ 的线性组合及其均方极限全体$\}$，称 $\mathbb{H}_k$ 为由 $z(k), z(k-1), \cdots$ 张成的线性空间。若对于 $\hat{x}^* = \sum\limits_{l=0}^{\infty} \alpha_l z(k-l) \in \mathbb{H}_k$，满足 $\forall \hat{x} \in \mathbb{H}_k$，有

$$E|x - \hat{x}^*|^2 \leqslant E|x - \hat{x}|^2 \tag{2.12}$$

或

$$E|x - \hat{x}^*|^2 = \inf_{\hat{x} \in \mathbb{H}_k} E|x - \hat{x}|^2 \tag{2.13}$$

则称 $\hat{x}^*$ 是 $x$ 的**线性最优均方估计**。

可见，线性最优均方估计是以牺牲一定程度的估计精度来换得估计的可操作性。下面可以深入考察这种估计的结果。

式 (2.12) 和式 (2.13) 表明，$\hat{x}^*$ 满足

$$d(x, \hat{x}^*) = \inf_{\hat{x} \in \mathbb{H}_k} d(x, \hat{x}) \tag{2.14}$$

即要求 $\|x - \hat{x}^*\| = d(x, \hat{x}^*)$ 是 $x$ 到超平面 $\mathbb{H}_k$ 的最短距离。

显然，$\hat{x}^*$ 满足式 (2.12) 或式 (2.13) 的充要条件是：$\hat{x}^*$ 满足

$$(x - \hat{x}^*) \perp \mathbb{H}_k \tag{2.15}$$

即 $\hat{x}^*$ 是 $x$ 在 $\mathbb{H}_k$ 上的投影。又因 $\forall u, v \in \mathbb{H}$，$u \perp v \Leftrightarrow (u, v) = 0$，故 $(x - \hat{x}^*) \perp \mathbb{H}_k$ 的充要条件是：$\forall u \in \mathbb{H}_k$，满足

$$(x - \hat{x}^*, u) = E[(x - \hat{x}^*)u^{\mathrm{T}}] = 0 \tag{2.16}$$

即满足式 (2.16) 的 $\hat{x}^*$ 是 $\mathbb{H}_k$ 上的**线性最优均方估计**。

据此，有以下定理。

**定理 2.2**　设 $\{x, z(k), z(k-1), \cdots\} \in \mathbb{H}$ 实空间，$\mathbb{H}_k$ 为由 $z(k), z(k-1), \cdots$ 张成的线性空间，则 $\hat{x}^*$ 是 $x$ 在 $\mathbb{H}_k$ 上的线性最优均方估计的充要条件是：$\forall u \in \mathbb{H}_k$，满足

$$E[(x - \hat{x}^*)u] = 0 \tag{2.17}$$

记作 $\hat{x}^* = P_{\mathbb{H}_k} x$。

定理 2.2 又常称为**正交定理**。

**例 2.2**　设已知实宽平稳过程 $\{x(k), k \in \mathbb{Z}\}$ 的协方差函数、相关函数分别为

$$\{C(r), r \in \mathbb{Z}\}, \quad \{R(r), r \in \mathbb{Z}\} \tag{2.18}$$

已知 $x(k), x(k-1), \cdots, x(k-p)$，试求 $x(k+1)$ 的线性最优均方预测 $\hat{x}^*(k+1)$。

**解** 令

$$\hat{x}^*(k+1) = \sum_{l=0}^{p} \alpha_l x(k-l)$$

由式 (2.16), 对 $\forall x(n)$ $(n=k, k-1, \cdots, k-p)$, 有

$$E\left[\left(x(k+1) - \sum_{l=0}^{p} \alpha_l x(k-l)\right) x(n)\right] = 0, \quad k-p \leqslant n \leqslant k \tag{2.19}$$

即

$$\begin{cases} \alpha_0 R(0) + \alpha_1 R(1) + \alpha_2 R(2) + \cdots + \alpha_p R(p) = R(1) \\ \alpha_0 R(1) + \alpha_1 R(0) + \alpha_2 R(1) + \cdots + \alpha_p R(p-1) = R(2) \\ \quad \vdots \\ \alpha_0 R(p) + \alpha_1 R(p-1) + \alpha_2 R(p-2) + \cdots + \alpha_p R(0) = R(p+1) \end{cases} \tag{2.20}$$

写成矩阵形式为

$$\begin{bmatrix} R(0) & R(1) & \cdots & R(p) \\ R(1) & R(0) & \cdots & R(p-1) \\ \vdots & \vdots & & \vdots \\ R(p) & R(p-1) & \cdots & R(0) \end{bmatrix} \begin{bmatrix} \alpha_0 \\ \alpha_1 \\ \vdots \\ \alpha_p \end{bmatrix} = \begin{bmatrix} R(1) \\ R(2) \\ \vdots \\ R(p+1) \end{bmatrix} \tag{2.21}$$

式 (2.21) 称为 Yule-Walker 等式, 左边的矩阵称为 Toeplilz 矩阵。解方程组 (2.20), 求得 $\alpha = (\alpha_0, \alpha_1, \cdots, \alpha_p)$, 代入 $\hat{x}^*(k+1) = \sum_{l=0}^{p} \alpha_l x(k-l)$, 即得到 $x(k+1)$ 的线性最优均方预测。

# 2.3 Kalman 最优滤波基本方程

## 2.3.1 系统描述

将第 2.1 节的动态系统离散化, 可得飞机或导弹在运动过程中的如下随机线性离散动态系统模型描述:

$$x(k+1) = A(k)x(k) + G(k)u(k) + \Gamma(k)w(k) \tag{2.22}$$

$$z(k) = C(k)x(k) + y(k) + v(k) \tag{2.23}$$

其中, $x(k)$ 为系统的 $n$ 维状态向量; $u(k)$ 是已知的非随机控制序列; $z(k)$ 为系统的 $m$ 维观测序列; $y(k)$ 是观测系统的系统误差项, 是已知的非随机序列; $w(k)$ 为

$p$ 维系统过程噪声序列；$v(k)$ 为 $m$ 维观测噪声序列；$A(k)$ 为系统的 $n \times n$ 维状态转移矩阵；$\varGamma(k)$ 为 $n \times p$ 维噪声输入矩阵；$C(k)$ 为 $m \times n$ 维观测矩阵。

动态系统式 (2.22) 和式 (2.23) 系统功能框图如图 2.1 所示。

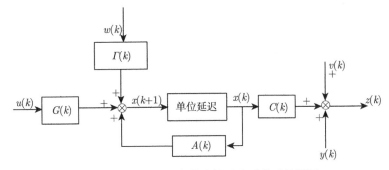

图 2.1  含控制项的离散线性动态系统功能框图

若不考虑控制项，即 $u(k) = 0$，并且观测系统的系统固定误差项 $y(k) = 0$，则上述动态系统可表示为

$$x(k + 1) = A(k)x(k) + \varGamma(k)w(k) \tag{2.24}$$

$$z(k) = C(k)x(k) + v(k) \tag{2.25}$$

此时，动态系统功能框图简化为图 2.2 所示。

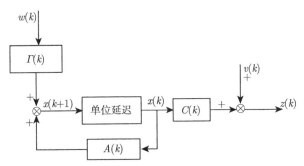

图 2.2  离散线性动态系统功能框图 (不含控制项且观测无固定偏差)

关于系统过程噪声、观测噪声和初始状态的统计特性，假定如下：

(1) 系统的过程噪声序列 $w(k)$ 和观测噪声序列 $v(k)$ 为零均值高斯白噪声随机序列，即

$$\begin{cases} E[w(k)] = 0, E[w(k)w^{\mathrm{T}}(j)] = Q(k)\delta_{kj} \\ E[v(k)] = 0, E[v(k)v^{\mathrm{T}}(j)] = R(k)\delta_{kj} \\ E[w(k)v^{\mathrm{T}}(j)] = 0 \end{cases} \tag{2.26}$$

其中，$Q(k)$ 为系统过程噪声 $w(k)$ 的 $p \times p$ 维对称非负定方差矩阵；$R(k)$ 为系统观测噪声 $v(k)$ 的 $m \times m$ 维对称正定方差阵；$\delta_{kj}$ 为 Kronecker-$\delta$ 函数。定义为

$$\delta_{kj} = \begin{cases} 0, & k \neq j \\ 1, & k = j \end{cases} \tag{2.27}$$

(2) 系统的过程噪声序列 $w(k)$ 和观测噪声序列 $v(k)$ 不相关，即

$$E[w(k)v^{\mathrm{T}}(j)] = 0 \tag{2.28}$$

(3) 系统的初始状态 $x(0)$ 是某种已知分布的随机向量，其均值向量和误差方差阵分别为

$$\begin{cases} \hat{x}(0) = E[x(0)] \\ P(0) = E\{[x(0) - \hat{x}(0)][x(0) - \hat{x}(0)]^{\mathrm{T}}\} \end{cases} \tag{2.29}$$

(4) 系统的过程噪声序列 $w(k)$ 和观测噪声序列 $v(k)$ 都与初始状态 $x(0)$ 不相关，即

$$\begin{cases} E[x(0)w^{\mathrm{T}}(k)] = 0 \\ E[x(0)v^{\mathrm{T}}(k)] = 0 \end{cases} \tag{2.30}$$

### 2.3.2 离散时间 Kalman 滤波基本方程

基于 2.3.1 节的系统描述，下面直接给出随机线性离散系统基本 Kalman 滤波方程。

**定理 2.3** 如果被估计状态 $x(k)$ 和对 $x(k)$ 的观测量 $z(k)$ 满足式 (2.24) 和式 (2.25) 的约束，系统过程噪声 $w(k)$ 和观测噪声 $v(k)$ 满足式 (2.26) 的假设，系统过程噪声方差阵 $Q(k)$ 非负定，系统观测噪声方差阵 $R(k)$ 正定，$k$ 时刻的观测为 $z(k)$，且已获得 $k-1$ 时刻 $x(k-1)$ 的一个最优状态估计 $\hat{x}(k-1|k-1)$，则 $x(k)$ 的估计 $\hat{x}(k|k)$ 可按下述滤波方程求解：

$$\hat{x}(k|k) = \hat{x}(k|k-1) + K(k)[z(k) - C(k)\hat{x}(k|k-1)] \tag{2.31}$$

$$P(k|k) = [I_n - K(k)C(k)]P(k|k-1) \tag{2.32}$$

$$\hat{x}(k|k-1) = A(k-1)\hat{x}(k-1|k-1) \tag{2.33}$$

$$P(k|k-1) = A(k-1)P(k-1|k-1)A^{\mathrm{T}}(k-1)$$
$$+ \Gamma(k-1)Q(k-1)\Gamma^{\mathrm{T}}(k-1) \tag{2.34}$$

$$K(k) = P(k|k-1)C^{\mathrm{T}}(k)[C(k)P(k|k-1)C^{\mathrm{T}}(k) + R(k)]^{-1} \tag{2.35}$$

其中, $I_n$ 表示 $n$ 维单位矩阵; $\hat{x}(k|k)$ 和 $P(k|k)$ 分别表示状态 $x(k)$ 的最优估计和相应的估计误差方差阵; $\hat{x}(k|k-1)$ 和 $P(k|k-1)$ 分别表示状态 $x(k)$ 的最优预测和相应的预测误差方差阵; $K(k)$ 表示增益矩阵。状态估计误差方差阵还可以改写为

$$P(k|k) = [I_n - K(k)C(k)]P(k|k-1)[I_n - K(k)C(k)]^{\mathrm{T}} \\ + K(k)R(k)K^{\mathrm{T}}(k) \tag{2.36}$$

或

$$P^{-1}(k|k) = P^{-1}(k|k-1) + C^{\mathrm{T}}(k)R^{-1}(k)C(k) \tag{2.37}$$

增益矩阵还可写为

$$K(k) = P(k|k)C^{\mathrm{T}}(k)R^{-1}(k) \tag{2.38}$$

从 Kalman 滤波在使用系统状态信息和观测信息的先后次序来看, 在一个滤波周期内, 可以把 Kalman 滤波分成时间更新和观测更新两个过程。式 (2.33) 说明了根据 $k-1$ 时刻的状态估计预测 $k$ 时刻状态的方法, 式 (2.34) 对这种预测的质量优劣做出了定量描述。这两式的计算仅使用了与系统的动态特性有关的信息, 如状态一步转移矩阵、噪声输入阵、过程噪声方差阵等; 从时间的推移过程来看, 这两式将时间从 $k-1$ 时刻推进至 $k$ 时刻, 描述了 Kalman 滤波的时间更新过程。式 (2.31)~ 式 (2.35) 的其余诸式用来计算对时间更新值的修正量, 该修正量由时间更新的质量优劣 $P(k|k-1)$、观测信息的质量优劣 $R(k)$、观测与状态的关系 $C(k)$ 以及具体的观测信息 $z(k)$ 所确定, 所有这些方程围绕一个目的, 即正确、合理地利用观测 $z(k)$, 所以这一过程描述了 Kalman 滤波的观测更新过程。

记

$$\hat{z}(k|k-1) = C(k)\hat{x}(k|k-1) \tag{2.39}$$

$$\tilde{z}(k|k-1) = z(k) - \hat{z}(k|k-1) \tag{2.40}$$

则 $\hat{z}(k|k-1)$ 与 $\tilde{z}(k|k-1)$ 分别表示对 $k$ 时刻观测的预测与预测误差。后者又被称为"新息", 这是在已知 $z(1), z(2), \cdots, z(k-1)$ 基础上, 在新获得观测值 $z(k)$ 时, 实际最新获得的有效信息。因此, 式 (2.31) 也可以理解成是利用 $k$ 时刻的观测"新息"对一步状态预测值 $\hat{x}(k|k-1)$ 进行进一步优化更新的过程。其中, 增益矩阵 $K(k)$ 可由上一节所示正交定理来推导出, 由式 (2.35) 计算。

针对系统式 (2.24) 和式 (2.25) 的 Kalman 滤波方框图如图 2.3 所示。

如果系统含控制项, 则针对系统式 (2.22) 和式 (2.23) 的 Kalman 滤波方框图如图 2.4 所示。

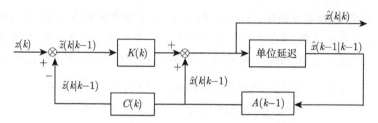

图 2.3   不含控制项的 Kalman 滤波方框图

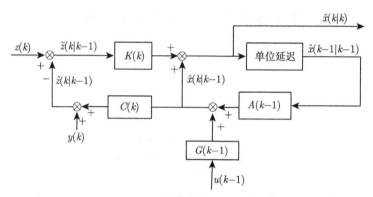

图 2.4   含控制项的 Kalman 滤波方框图

相应的, 含控制项的 Kalman 滤波方程为

$$\hat{x}(k|k) = \hat{x}(k|k-1) + K(k)[z(k) - C(k)\hat{x}(k|k-1) - y(k)] \tag{2.41}$$

$$P(k|k) = [I_n - K(k)C(k)]P(k|k-1) \tag{2.42}$$

$$\hat{x}(k|k-1) = A(k-1)\hat{x}(k-1|k-1) + G(k-1)u(k-1) \tag{2.43}$$

$$\begin{aligned} P(k|k-1) \quad &= A(k-1)P(k-1|k-1)A^{\mathrm{T}}(k-1) \\ &\quad + \varGamma(k-1)Q(k-1)\varGamma^{\mathrm{T}}(k-1) \end{aligned} \tag{2.44}$$

$$K(k) = P(k|k-1)C^{\mathrm{T}}(k)[C(k)P(k|k-1)C^{\mathrm{T}}(k) + R(k)]^{-1} \tag{2.45}$$

下面用两种方法来分别证明定理 2.3。

### 2.3.3   离散时间 Kalman 滤波基本方程的直观推导

Kalman 滤波是线性最优均方估计, 也是线性最小方差估计[134]。

假设在 $k$ 时刻我们得到了 $k$ 个观测值 $Z_1^k = \{z(1), z(2), \cdots, z(k)\}$, 且找到了 $k-1$ 时刻状态 $x(k-1)$ 的一个最优线性估计 $\hat{x}(k-1|k-1)$, 即 $\hat{x}(k-1|k-1)$ 是 $z(1), z(2), \cdots, z(k-1)$ 的线性函数中均方误差最小的估计值。由状态方程式 (2.24), $w(k-1)$ 为白噪声。因此, 一个简单而直观的想法是利用模型式 (2.24) 和 $x(k-1)$ 的最优估计 $\hat{x}(k-1|k-1)$ 对 $k$ 时刻状态 $x(k)$ 进行预测, 即

$$\hat{x}(k|k-1) = A(k-1)\hat{x}(k-1|k-1) \tag{2.46}$$

由于观测噪声 $v(k)$ 也是白噪声，考虑到 $E[v(k)] = 0$，所以对于 $k$ 时刻系统的观测值 $z(k)$ 的预测估计为

$$\hat{z}(k|k-1) = C(k)\hat{x}(k|k-1) \tag{2.47}$$

当我们在 $k$ 时刻获得观测值 $z(k)$ 时，它与观测预测值 $\hat{z}(k|k-1)$ 之间有一个误差，也就是前面提到的新息：

$$\tilde{z}(k|k-1) = z(k) - \hat{z}(k|k-1) \tag{2.48}$$

为了得到 $k$ 时刻 $x(k)$ 的滤波值，自然会想到利用新息 $\tilde{z}(k|k-1)$ 来修正原来的状态预测估计 $\hat{x}(k|k-1)$，于是有

$$\hat{x}(k|k) = \hat{x}(k|k-1) + K(k)[z(k) - C(k)\hat{x}(k|k-1)] \tag{2.49}$$

其中，$K(k)$ 为待定的滤波增益矩阵。

记

$$\tilde{x}(k|k-1) = x(k) - \hat{x}(k|k-1) \tag{2.50}$$

$$\tilde{x}(k|k) = x(k) - \hat{x}(k|k) \tag{2.51}$$

它们的含义分别为获得观测值 $z(k)$ 前后对 $x(k)$ 的估计误差，分别称为预测误差和估计误差。

现在的问题是如何按照目标函数

$$J = E[\tilde{x}(k|k)\tilde{x}^{\mathrm{T}}(k|k)] \tag{2.52}$$

最小的要求来确定最优滤波增益矩阵。

根据式 (2.51)、式 (2.33) 和式 (2.49)，有

$$
\begin{aligned}
\tilde{x}(k|k) &= x(k) - \hat{x}(k|k) \\
&= x(k) - \hat{x}(k|k-1) - K(k)[z(k) - C(k)\hat{x}(k|k-1)] \\
&= \tilde{x}(k|k-1) - K(k)[C(k)x(k) + v(k) - C(k)\hat{x}(k|k-1)] \\
&= \tilde{x}(k|k-1) - K(k)[C(k)\tilde{x}(k|k-1) + v(k)] \\
&= [I - K(k)C(k)]\tilde{x}(k|k-1) - K(k)v(k)
\end{aligned} \tag{2.53}
$$

因此

$$\tilde{x}(k|k)\tilde{x}^{\mathrm{T}}(k|k) = \{[I - K(k)C(k)]\tilde{x}(k|k-1) - K(k)v(k)\}$$
$$\cdot \{[I - K(k)C(k)]\tilde{x}(k|k-1) - K(k)v(k)\}$$
$$= [I - K(k)C(k)]\tilde{x}(k|k-1)\tilde{x}^{\mathrm{T}}(k|k-1)[I - K(k)C(k)]^{\mathrm{T}}$$
$$- K(k)v(k)\tilde{x}^{\mathrm{T}}(k|k-1)[I - K(k)C(k)]^{\mathrm{T}} \qquad (2.54)$$
$$- [I - K(k)C(k)]\tilde{x}(k|k-1)v^{\mathrm{T}}(k)K^{\mathrm{T}}(k)$$
$$+ K(k)v(k)v^{\mathrm{T}}(k)K^{\mathrm{T}}(k)$$

由于 $\tilde{x}(k|k-1)$ 是 $z(1), z(2), \cdots, z(k-1)$ 的线性函数, 故有

$$E[\tilde{x}(k|k-1)v^{\mathrm{T}}(k)] = 0, \quad E[v(k)\tilde{x}^{\mathrm{T}}(k|k-1)] = 0 \qquad (2.55)$$

于是, 根据式 (2.54) 和式 (2.55), 滤波误差方差矩阵为

$$P(k|k) = E[\tilde{x}(k|k)\tilde{x}^{\mathrm{T}}(k|k)] \qquad (2.56)$$
$$= [I - K(k)C(k)]P(k|k-1)[I - K(k)C(k)]^{\mathrm{T}} + K(k)R(k)K^{\mathrm{T}}(k)$$

将上式展开整理, 可得

$$P(k|k) = P(k|k-1) - P(k|k-1)C^{\mathrm{T}}(k)[C(k)P(k|k-1)C^{\mathrm{T}}(k) + R(k)]^{-1}$$
$$\cdot C(k)P(k|k-1)\{K(k) - P(k|k-1)C^{\mathrm{T}}(k)$$
$$+ [C(k)P(k|k-1)C^{\mathrm{T}}(k) + R(k)]^{-1}\}[C(k)P(k|k-1)C^{\mathrm{T}}(k) + R(k)]$$
$$\cdot \{K(k) - P(k|k-1)C^{\mathrm{T}}(k)[C(k)P(k|k-1)C^{\mathrm{T}}(k) + R(k)]^{-1}\}^{-1} \qquad (2.57)$$

在式 (2.57) 中前两项不含 $K(k)$ 因子, 因此, 为使滤波误差方差阵 $P(k|k)$ 极小, 只要选择

$$K(k) - P(k|k-1)C^{\mathrm{T}}(k)[C(k)P(k|k-1)C^{\mathrm{T}}(k) + R(k)]^{-1} = 0 \qquad (2.58)$$

于是得到

$$K(k) = P(k|k-1)C^{\mathrm{T}}(k)[C(k)P(k|k-1)C^{\mathrm{T}}(k) + R(k)]^{-1} \qquad (2.59)$$

此时误差方差阵 $P(k|k)$ 为

$$P(k|k) = P(k|k-1) - P(k|k-1)C^{\mathrm{T}}(k)[C(k)P(k|k-1)C^{\mathrm{T}}(k) + R(k)]^{-1}$$
$$\cdot C(k)P(k|k-1) \qquad (2.60)$$
$$= [I_n - K(k)C(k)]P(k|k-1)$$

其中，$P(k|k-1)$ 为一步预测误差方差阵。

由于

$$
\begin{aligned}
\tilde{x}(k|k-1) =& x(k) - \hat{x}(k|k-1) \\
=& A(k-1)x(k-1) + \Gamma(k-1)w(k-1) \\
& - A(k-1)\hat{x}(k-1|k-1) \\
=& A(k-1)\tilde{x}(k-1|k-1) + \Gamma(k-1)w(k-1)
\end{aligned} \tag{2.61}
$$

因此

$$
\begin{aligned}
\tilde{x}(k|k-1)\tilde{x}^{\mathrm{T}}(k|k-1) =& [A(k-1)\tilde{x}(k-1|k-1) + \Gamma(k-1)w(k-1)] \\
& \cdot [A(k-1)\tilde{x}(k-1|k-1) + \Gamma(k-1)w(k-1)]^{\mathrm{T}} \\
=& A(k-1)\tilde{x}(k-1|k-1)\tilde{x}^{\mathrm{T}}(k-1|k-1)A^{\mathrm{T}}(k-1) \\
& + \Gamma(k-1)w(k-1)w^{\mathrm{T}}(k-1)\Gamma^{\mathrm{T}}(k-1) \\
& + \Gamma(k-1)w(k-1)\tilde{x}^{\mathrm{T}}(k-1|k-1)A^{\mathrm{T}}(k-1) \\
& + A(k-1)\tilde{x}(k-1|k-1)w^{\mathrm{T}}(k-1)\Gamma^{\mathrm{T}}(k-1)
\end{aligned} \tag{2.62}
$$

因为

$$
E[\tilde{x}(k-1|k-1)w^{\mathrm{T}}(k-1)] = 0, \quad E[w(k-1)\tilde{x}^{\mathrm{T}}(k-1|k-1)] = 0 \tag{2.63}
$$

于是，有

$$
\begin{aligned}
P(k|k-1) =& E[\tilde{x}(k|k-1)\tilde{x}^{\mathrm{T}}(k|k-1)] \\
=& A(k-1)P(k-1|k-1)A^{\mathrm{T}}(k-1) \\
& + \Gamma(k-1)Q(k-1)\Gamma^{\mathrm{T}}(k-1)
\end{aligned} \tag{2.64}
$$

至此，我们得到了随机线性离散系统 Kalman 滤波基本方程。

分析 Kalman 滤波算法，可以发现其具有如下特点[134]：

(1) Kalman 滤波将被估计的信号看做白噪声作用下一个随机线性系统的输出，并且其输入输出关系是由状态方程和输出方程在时域内给出的，因此这种滤波方法不仅适用于平稳序列的滤波，而且也适用于马尔可夫序列或高斯–马尔可夫序列的滤波，应用范围十分广泛。

(2) Kalman 滤波的基本方程是时域内的递推形式，其计算过程是一个不断的"预测–修正"过程，在求解时不要求存储大量数据，并且一旦观测到了新的数据，随时可以计算得到新的滤波值，因此这种滤波方法非常便于实时处理，易于计算机实现。

(3) 滤波增益矩阵 $K(k)$ 与观测无关，可预先离线算出，从而减少实时在线计算量；在求 $K(k)$ 时，需要计算 $[C(k)P(k|k-1)C^{\mathrm{T}}(k)+R(k)]^{-1}$，它的阶数只取决于观测方程的维数 $m$，而 $m$ 通常是很小的，这样，上面的求逆运算较易实现；此外，在求解滤波器增益的过程中，随时可以计算滤波器的精度指标 $P(k|k)$，其主对角线上的元素就是滤波误差向量各分量的方差，表明了滤波估计的精度。

(4) 增益矩阵 $K(k)$ 与初始误差方差阵 $P(0)$、系统过程噪声方差阵 $Q(k-1)$ 以及观测噪声方差阵 $R(k)$ 之间具有如下关系：

①由 Kalman 滤波的基本方程 (2.35)、方程 (2.34) 可以看出：$P(0)$、$Q(k-1)$ 和 $R(k)(k=1,2,\cdots)$ 同乘一个相同的标量时，$K(k)$ 值不变。

②由滤波的基本方程 (2.35) 可见，当 $R(k)$ 增大时，$K(k)$ 将变小。这在直观上很容易理解，当观测噪声增大时，新信息里的误差比较大，滤波增益 $K(k)$ 就应取小一些，以减弱观测噪声对滤波值的影响。

③当 $P(0)$ 或 $Q(k-1)$ 变小，由滤波基本方程 (2.34) 可以看出，$P(k|k-1)$ 将变小，而从滤波基本方程 (2.32) 可以看出，这时的 $P(k|k)$ 也变小，从而 $K(k)$ 变小。这也是很自然的。若 $P(0)$ 变小，表示初始估计较好；$Q(k-1)$ 变小，表示系统过程噪声变小，于是增益矩阵也应小些以便给予较小的修正。

综上所述，可以简单地说，增益矩阵 $K(k)$ 与系统噪声误差方差 $Q(k-1)$ 成正比，而与观测噪声误差方差 $R(k)$ 成反比。

### 2.3.4 离散时间 Kalman 滤波基本方程的投影法证明

考虑到投影法在数学上的严密性，下面用投影法推导 Kalman 滤波方程。这也是当初 Kalman 在其发表的 Kalman 滤波论文中使用的方法。

设系统数学模型及条件同式 (2.24)~ 式 (2.26)，则 Kalman 滤波过程由下面五个步骤给出。

#### 1. 寻找一步最优线性预报估计

设基于 $k-1$ 次的观测向量集合 $Z_1^{k-1}=\{z(1),z(2),\cdots,z(k-1)\}$ 得到的线性最小方差估计为

$$\hat{x}(k-1|k-1)=E[x(k-1)|Z_1^{k-1}] \tag{2.65}$$

那么，利用定理 2.1 可知，基于 $Z_1^{k-1}$ 估计 $x(k)$ 而得到的一步最优线性预测为

$$\hat{x}(k|k-1)=E[x(k)|Z_1^{k-1}] \tag{2.66}$$

因此

$$\begin{aligned}
\hat{x}(k|k-1) &= E[(A(k-1)x(k-1) + \varGamma(k-1)w(k-1))|Z_1^{k-1}] \\
&= A(k-1)\hat{x}(k-1|k-1) + \varGamma(k-1)E[w(k-1)|Z_1^{k-1}] \quad (2.67)
\end{aligned}$$

因为 $Z_1^{k-1}$ 可由与 $w(k-1)$ 不相关的 $x(0), w(1), w(2), \cdots, w(k-2)$, $v(1)$, $v(2), \cdots, v(k-1)$ 线性表示，因此，由假设条件可知，$w(k-1)$ 与 $z(1)$, $z(2)$, $\cdots$, $z(k-1)$ 不相关，即 $w(k-1)$ 与 $Z_1^{k-1}$ 不相关，因此，由条件期望的性质可得

$$E[w(k-1)|Z_1^{k-1}] = E[w(k-1)] = 0 \quad (2.68)$$

因此，式 (2.67) 变成

$$\hat{x}(k|k-1) = A(k-1)\hat{x}(k-1|k-1) \quad (2.69)$$

记 $\tilde{x}(k|k-1) = x(k) - \hat{x}(k|k-1)$，则由定理 2.2 可知，$\tilde{x}(k|k-1)$ 与 $Z_1^{k-1}$ 正交。

**2. 寻找一步最优线性预报观测值**

基于 $Z_1^{k-1}$ 对 $z(k)$ 所做的一步最优线性预测应为

$$\begin{aligned}
\hat{z}(k|k-1) &= E\left[z(k)|Z_1^{k-1}\right] \\
&= E[(C(k)x(k) + v(k))|Z_1^{k-1}] \quad (2.70) \\
&= C(k)E[x(k)|Z_1^{k-1}] + E[v(k)|Z_1^{k-1}]
\end{aligned}$$

由于 $v(k)$ 与 $x(0), w(1), w(2), \cdots, w(k-2), v(1), v(2), \cdots, v(k-1)$ 不相关，即 $v(k)$ 与 $Z_1^{k-1}$ 正交，所以

$$E[v(k)|Z_1^{k-1}] = E[v(k)] = 0 \quad (2.71)$$

于是

$$\hat{z}(k|k-1) = C(k)\hat{x}(k|k-1) = C(k)A(k-1)\hat{x}(k-1|k-1) \quad (2.72)$$

**3. 寻找 $z(k)$ 与 $Z_1^{k-1}$ 的正交分量新息**

由于 $\hat{z}(k|k-1)$ 为 $z(k)$ 在 $Z_1^{k-1}$ 上的正交投影，因此

$$\begin{aligned}
\tilde{z}(k|k-1) &= z(k) - \hat{z}(k|k-1) \\
&= z(k) - C(k)\hat{x}(k|k-1) \quad (2.73) \\
&= z(k) - C(k)A(k-1)\hat{x}(k-1|k-1)
\end{aligned}$$

与 $Z_1^{k-1}$ 正交，$\tilde{z}(k|k-1)$ 为第 $k$ 次观测量 $z(k)$ 的预测误差，也称为新息。"新息"是一个很重要的概念，它表示从第 $k$ 次观测量 $z(k)$ 中减去前 $k-1$ 次观测中所得到的 $z(k)$ 的预测值 $\hat{z}(k|k-1)$。

4. 寻找 $\hat{x}(k)$ 的递推公式

根据正交投影定理 2.1, 得

$$
\begin{aligned}
\hat{x}(k|k) &= E[x(k)|Z_1^k] = E[x(k)|Z_1^{k-1}] + E[\tilde{x}(k|k-1)|\tilde{z}(k|k-1)] \\
&= E[x(k)|Z_1^{k-1}] + E[\tilde{x}(k|k-1)\tilde{z}^{\mathrm{T}}(k|k-1)] \\
&\quad \cdot \left\{ E[\tilde{z}(k|k-1)\tilde{z}^{\mathrm{T}}(k|k-1)] \right\}^{-1} \tilde{z}(k|k-1)
\end{aligned} \tag{2.74}
$$

考虑到 $v(k)$ 与 $Z_1^{k-1}$ 正交, 故 $v(k)$ 与 $\tilde{x}(k|k-1)$ 不相关, 于是有

$$
\begin{aligned}
&E[\tilde{z}(k|k-1)\tilde{z}^{\mathrm{T}}(k|k-1)] \\
&= E\left[(z(k) - C(k)\hat{x}(k|k-1))(z(k) - C(k)\hat{x}(k|k-1))^{\mathrm{T}}\right] \\
&= E[(C(k)\tilde{x}(k|k-1) + v(k))(C(k)\tilde{x}(k|k-1) + v(k))^{\mathrm{T}}] \\
&= C(k)P(k|k-1)C^{\mathrm{T}}(k) + R(k)
\end{aligned} \tag{2.75}
$$

$$
\begin{aligned}
E[\tilde{x}(k|k-1)\tilde{z}^{\mathrm{T}}(k|k-1)] &= E[\tilde{x}(k|k-1)(C(k)\tilde{x}(k|k-1) + v(k))^{\mathrm{T}}] \\
&= P(k|k-1)C^{\mathrm{T}}(k)
\end{aligned} \tag{2.76}
$$

将式 (2.66)、式 (2.73)、式 (2.75) 和式 (2.76) 代入式 (2.74), 得

$$
\begin{aligned}
\hat{x}(k|k) &= \hat{x}(k|k-1) + P(k|k-1)C^{\mathrm{T}}(k)\left[C(k)P(k|k-1)C^{\mathrm{T}}(k) + R(k)\right]^{-1} \\
&\quad \cdot [z(k) - C(k)\hat{x}(k|k-1)]
\end{aligned} \tag{2.77}
$$

如令

$$
K(k) = P(k|k-1)C^{\mathrm{T}}(k)\left[C(k)P(k|k-1)C^{\mathrm{T}}(k) + R(k)\right]^{-1} \tag{2.78}
$$

则得到滤波的递推公式为

$$
\begin{aligned}
\hat{x}(k|k) &= \hat{x}(k|k-1) + K(k)\left[z(k) - C(k)\hat{x}(k|k-1)\right] \\
&= A(k-1)\hat{x}(k-1|k-1) + K(k)[z(k) - C(k)A(k-1) \\
&\quad \cdot \hat{x}(k-1|k-1)]
\end{aligned} \tag{2.79}
$$

5. 滤波误差方差阵递推公式

首先看预测误差方差阵。

由

$$
\begin{aligned}
\tilde{x}(k|k-1) &= x(k) - \hat{x}(k|k-1) \\
&= A(k-1)x(k-1) + \Gamma(k-1)w(k-1) \\
&\quad - A(k-1)\hat{x}(k-1|k-1) \\
&= A(k-1)\tilde{x}(k-1) + \Gamma(k-1)w(k-1)
\end{aligned} \tag{2.80}
$$

可得

$$
\begin{aligned}
P(k|k-1) &= E[\tilde{x}(k|k-1)\tilde{x}^{\mathrm{T}}(k|k-1)] \\
&= E[(A(k-1)\tilde{x}(k-1) + \varGamma(k-1)w(k-1))(A(k-1)\tilde{x}(k-1) \\
&\quad + \varGamma(k-1)w(k-1))^{\mathrm{T}}]
\end{aligned}
\tag{2.81}
$$

考虑到 $x(k-1)$ 与 $w(k-1)$ 不相关, 且 $E[w(k-1)w^{\mathrm{T}}(k-1)] = Q(k-1)$, 于是

$$
\begin{aligned}
P(k|k-1) &= A(k-1)P(k-1|k-1)A^{\mathrm{T}}(k-1) \\
&\quad + \varGamma(k-1)Q(k-1)\varGamma^{\mathrm{T}}(k-1)
\end{aligned}
\tag{2.82}
$$

下面计算估计误差方差阵。

由于

$$
\begin{aligned}
\tilde{x}(k|k) &= x(k) - \hat{x}(k|k) \\
&= x(k) - \hat{x}(k|k-1) - K(k)\left[z(k) - C(k)\hat{x}(k|k-1)\right] \\
&= \tilde{x}(k|k-1) - K(k)\left[C(k)x(k) + v(k) - C(k)\hat{x}(k|k-1)\right] \\
&= \tilde{x}(k|k-1) - K(k)\left[C(k)\tilde{x}(k|k-1) + v(k)\right] \\
&= \left[I_n - K(k)C(k)\right]\tilde{x}(k|k-1) - K(k)v(k)
\end{aligned}
\tag{2.83}
$$

于是

$$
\begin{aligned}
P(k|k) &= E[\tilde{x}(k|k)\tilde{x}^{\mathrm{T}}(k|k)] \\
&= E\{[(I_n - K(k)C(k))\tilde{x}(k|k-1) - K(k)v(k)] \\
&\quad \cdot [(I_n - K(k)C(k))\tilde{x}(k|k-1) - K(k)v(k)]^{\mathrm{T}}\} \\
&= \left[I_n - K(k)C(k)\right]P(k|k-1)\left[I_n - K(k)C(k)\right]^{\mathrm{T}} \\
&\quad \cdot + K(k)R(k)K^{\mathrm{T}}(k)
\end{aligned}
\tag{2.84}
$$

将式 (2.78) 代入整理可得

$$
P(k|k) = \left[I_n - K(k)C(k)\right]P(k|k-1)
\tag{2.85}
$$

将式 (2.38) 代入整理可得

$$
P^{-1}(k|k) = P^{-1}(k|k-1) + C^{\mathrm{T}}(k)R^{-1}(k)C(k)
\tag{2.86}
$$

式 (2.84)、式 (2.85) 和式 (2.86) 是最常用的三种估计误差方差阵的描述形式。其中, 式 (2.85) 的表述形式最为简单, 但是在计算机上在线实现时, 不容易保持

$P(k|k)$ 的对称性和正定性。式 (2.84) 虽然形式上略显复杂一些，但是便于计算机在线实现。而式 (2.86) 更能清晰地表示出估计误差方差和预测误差方差之间的关系，事实上，由该式显然有

$$P(k|k) \leqslant P(k|k-1) \tag{2.87}$$

这说明对状态 $x(k)$ 的估计要比预测更加准确。

## 2.4  Kalman 最优预测基本方程

设系统的状态方程和观测方程以及噪声的统计特性如 2.3.1 节所示。已知观测序列 $z(0), z(1), \cdots, z(k)$，要求找出 $x(j)$ 的线性最优估计 $\hat{x}(j|k)$，使得估值 $\hat{x}(j|k)$ 与原始信号 $x(j)$ 之间的误差 $\tilde{x}(j|k) = x(j) - \hat{x}(j|k)$ 为零均值的，并且其方差为最小，即

$$E[\tilde{x}(j|k)] = 0 \tag{2.88}$$

$$E[\tilde{x}(j|k)\tilde{x}^{\mathrm{T}}(j|k)] = \min \tag{2.89}$$

按照 $j$ 与 $k$ 的关系不同，Kalman 滤波问题可以分成三类[1,2]：①$j > k$ 称为预测 (或外推) 问题；②$j = k$ 称为滤波 (或估计) 问题；③$j < k$ 称为平滑 (或内插) 问题。上一节我们已经讨论了 Kalman 最优滤波基本方程。这一节和下一节将简要介绍一下预测和平滑问题。本节主要介绍一步预测算法，即已知观测序列 $z(0), z(1), \cdots, z(k)$，如何找出 $x(k+1)$ 的最优线性预测 $\hat{x}(k+1|k)$。本节的 Kalman 最优预测方程针对系统式 (2.22) 和式 (2.23) 给出。

### 2.4.1  状态的预测估计

已知观测值 $z(0), z(1), \cdots, z(k-1)$，设求出了状态向量 $x(k)$ 的一个最优线性预测 $\hat{x}(k|k-1)$。在尚未获得 $z(k)$ 之前，对 $x(k+1)$ 的预测只能借助于状态方程式 (2.22)，即[2]

$$\hat{x}(k+1|k-1) = A(k)\hat{x}(k|k-1) + G(k)u(k) \tag{2.90}$$

当 $\hat{x}(k|k-1)$ 是 $x(k)$ 的最优线性预测时，可以证明，$\hat{x}(k+1|k-1)$ 也是 $x(k+1)$ 的最优线性预测。事实上，由式 (2.22) 和式 (2.90) 可得

$$\begin{aligned}
\tilde{x}(k+1|k-1) &= x(k+1) - \hat{x}(k+1|k-1) \\
&= A(k)x(k) + G(k)u(k) + \Gamma(k)w(k) \\
&\quad - [A(k)\hat{x}(k|k-1) + G(k)u(k)] \\
&= A(k)[x(k) - \hat{x}(k|k-1)] + \Gamma(k)w(k)
\end{aligned} \tag{2.91}$$

即

$$\tilde{x}(k+1|k-1) = A(k)\tilde{x}(k|k-1) + \Gamma(k)w(k) \tag{2.92}$$

由于 $\hat{x}(k|k-1)$ 是 $x(k)$ 的最优线性预测,根据正交定理,估计误差 $\tilde{x}(k|k-1)$ 必须正交于 $z(0), z(1), \cdots, z(k-1)$,因此,$A(k)\tilde{x}(k|k-1)$ 也应当正交于 $z(0), z(1), \cdots, z(k-1)$;又由于 $w(k)$ 是和 $z(0), z(1), \cdots, z(k-1)$ 互相独立的白噪声序列,故 $w(k)$ 正交于 $z(0), z(1), \cdots, z(k-1)$。因此,$\tilde{x}(k+1|k-1)$ 正交于 $z(0), z(1), \cdots, z(k-1)$。即在 $z(k)$ 尚未知时,$\hat{x}(k+1|k-1)$ 是 $x(k+1)$ 的最优线性预测。

### 2.4.2　状态预测估计的修正

下面研究在获取了新的观测值 $z(k)$ 后,怎样对预测估计值 $\hat{x}(k+1|k-1)$ 进行修正。

通过观测方程可以确定观测值 $z(k)$ 的最优线性预测

$$\hat{z}(k|k-1) = C(k)\hat{x}(k|k-1) + y(k) \tag{2.93}$$

可以证明,如果新的观测值 $z(k)$ 恰好等于 $z(k)$ 的预测值 $\hat{z}(k|k-1)$,则新的观测值没有提供有用的信息。此时,$\hat{x}(k+1|k-1)$ 就是 $x(k+1)$ 的最优线性预测。事实上,根据正交定理,$\tilde{x}(k+1|k-1)$ 与 $\hat{x}(k+1|k-1)$ 正交,即

$$E[\tilde{x}(k|k-1)\hat{x}^{\mathrm{T}}(k|k-1)] = 0 \tag{2.94}$$

因此

$$\begin{aligned}
&E[\tilde{x}(k+1|k-1)\hat{z}^{\mathrm{T}}(k|k-1)] \\
&= E\{\tilde{x}(k+1|k-1)[C(k)\hat{x}(k|k-1) + y(k)]^{\mathrm{T}}\} \\
&= E\{[A(k)\tilde{x}(k|k-1) + \Gamma(k)w(k)][\hat{x}^{\mathrm{T}}(k|k-1)C^{\mathrm{T}}(k) + y^{\mathrm{T}}(k)]\} \\
&= A(k)E[\tilde{x}(k|k-1)\hat{x}^{\mathrm{T}}(k|k-1)]C^{\mathrm{T}}(k) + \Gamma(k)E[w(k)\hat{x}^{\mathrm{T}}(k|k-1)]C^{\mathrm{T}}(k) \\
&\quad + A(k)E[\tilde{x}(k|k-1)y^{\mathrm{T}}(k)] + \Gamma(k)E[w(k)y^{\mathrm{T}}(k)] \\
&= 0
\end{aligned} \tag{2.95}$$

即 $\tilde{x}(k|k-1)$ 与 $\hat{z}(k|k-1)$ 正交。故若新的观测值 $z(k)$ 恰好等于 $\hat{z}(k|k-1)$ 时,$\hat{x}(k+1|k-1)$ 就是 $x(k+1)$ 的最优线性预测。关于这一结论我们可以这样来理解:当我们获得 $x(k+1)$ 的估计值 $\hat{x}(k+1|k-1)$ 时,已经假定 $z(k)$ 等于 $\hat{z}(k|k-1)$,而事实上,若新的观测值 $z(k)$ 恰好等于 $\hat{z}(k|k-1)$,则新的观测值 $z(k)$ 到来时,当然没有提供新的信息,所以,就不必进行修正。

但事实上,由于对 $k$ 时刻状态向量的预测估计有误差,并且观测方程中也存在白噪声 $v(k)$ 的影响,所以,新的观测值 $z(k)$ 一般情况下并不等于 $\hat{z}(k|k-1)$,

这个时候，$x(k+1)$ 的最优估计值就不再是 $\hat{x}(k+1|k-1)$ 了，需要利用 $z(k)$ 对 $\hat{x}(k+1|k-1)$ 进行修正，才能得到 $\hat{x}(k+1|k)$，怎样利用 $z(k)$ 对 $\hat{x}(k+1|k-1)$ 进行修正呢？由于估计值 $\hat{x}(k+1|k-1)$ 利用的信息有 $z(0), z(1), \cdots, z(k-1)$ 和 $\hat{z}(k|k-1)$；现在，当 $z(k)$ 到来的时候，求 $\hat{x}(k+1|k)$ 利用的信息有 $z(0), z(1), \cdots, z(k)$，比较起来，新信息就是 $\tilde{z}(k|k-1) = z(k) - \hat{z}(k|k-1)$；同时我们进行最优估计的准则是线性最小方差准则，即要求 $\hat{x}(k+1|k)$ 为 $z(0), z(1), \cdots, z(k)$ 的线性函数；所以，经分析，自然可令

$$\hat{x}(k+1|k) = A(k)\hat{x}(k|k-1) + G(k)u(k) + K(k)\tilde{z}(k|k-1) \tag{2.96}$$

其中，$K(k)$ 为待定的矩阵，称为最优增益阵。利用式 (2.93)，上式可改写为

$$\begin{aligned}
\hat{x}(k+1|k) &= A(k)\hat{x}(k|k-1) + G(k)u(k) + K(k)[z(k) - \hat{z}(k|k-1)] \\
&= A(k)\hat{x}(k|k-1) + G(k)u(k) \\
&\quad + K(k)[z(k) - C(k)\hat{x}(k|k-1) - y(k)]
\end{aligned} \tag{2.97}$$

### 2.4.3  最优增益阵

下面利用正交定理来确定最优增益阵 $K(k)$。

由式 (2.22) 与式 (2.97) 作差得

$$\begin{aligned}
\tilde{x}(k+1|k) &= x(k+1) - \hat{x}(k+1|k) \\
&= A(k)x(k) + G(k)u(k) + \Gamma(k)w(k) \\
&\quad - \{A(k)\hat{x}(k|k-1) + G(k)u(k) \\
&\quad + K(k)[z(k) - C(k)\hat{x}(k|k-1) - y(k)]\} \\
&= [A(k) - K(k)C(k)]\tilde{x}(k|k-1) + \Gamma(k)w(k) \\
&\quad + K(k)v(k)
\end{aligned} \tag{2.98}$$

利用正交定理

$$E[\tilde{x}(k+1|k)z^{\mathrm{T}}(k)] = 0 \tag{2.99}$$

将式 (2.98) 代入式 (2.99) 可得

$$\begin{aligned}
&E[\{[A(k) - K(k)C(k)]\tilde{x}(k|k-1) + \Gamma(k)w(k) + K(k)v(k)\}z^{\mathrm{T}}(k)] \\
&= E[\{[A(k) - K(k)C(k)]\tilde{x}(k|k-1) + \Gamma(k)w(k) + K(k)v(k)\} \\
&\quad \cdot \{C(k)[\hat{x}(k|k-1) + \tilde{x}(k|k-1)] + y(k) + v(k)\}^{\mathrm{T}}]
\end{aligned} \tag{2.100}$$

注意到 $E[\tilde{x}(k+1|k)\hat{x}(k+1|k)] = 0$ 以及 $v(k)$、$w(k)$ 与 $\tilde{x}(k-1|k)$ 正交；$v(k)$、$w(k)$ 是均值为零的白噪声，整理上式可得

$$K(k) = A(k)P(k|k-1)C^{\mathrm{T}}(k)[C(k)P(k|k-1)C^{\mathrm{T}}(k) + R(k)]^{-1} \qquad (2.101)$$

其中

$$P(k|k-1) = E[\tilde{x}(k|k-1)\tilde{x}^{\mathrm{T}}(k|k-1)] \qquad (2.102)$$

### 2.4.4 　误差的无偏性及误差方差阵

按照我们前面给出的最优线性估计的定义, $\hat{x}(k+1|k)$ 要想成为 $x(k+1)$ 的最优线性预测, 需满足下列几点:

(1) 估计值 $\hat{x}(k+1|k)$ 是 $z(1), z(2), \cdots, z(k)$ 的线性函数;

(2) 估计值是无偏的, 即 $E[\hat{x}(k+1|k)] = E[x(k+1)]$;

(3) 要求估计误差 $\tilde{x}(k+1|k) = x(k+1) - \hat{x}(k+1|k)$ 的方差为最小, 即

$$E[\tilde{x}^{\mathrm{T}}(k+1|k)\tilde{x}(k+1|k)] = \min \qquad (2.103)$$

注意到前面我们推导 $\hat{x}(k+1|k)$ 的时候, 仅考虑了 (1) 和 (3), 下面我们来简单证明一下, 事实上 $\hat{x}(k+1|k)$ 确实是 $x(k+1)$ 的无偏估计。从而, $\hat{x}(k+1|k)$ 就是 $x(k+1)$ 的最优线性预测了。

由式 (2.98) 可知

$$\tilde{x}(k+1|k) = [A(k) - K(k)C(k)]\tilde{x}(k|k-1) + \Gamma(k)w(k) + K(k)v(k) \qquad (2.104)$$

因此

$$\begin{aligned} E[\tilde{x}(k+1|k)] &= E\{[A(k) - K(k)C(k)]\tilde{x}(k|k-1) + \Gamma(k)w(k) + K(k)v(k)\} \\ &= [A(k) - K(k)C(k)]E[\tilde{x}(k|k-1)] + \Gamma(k)E[w(k)] \\ &\quad + K(k)E[v(k)] \\ &= [A(k) - K(k)C(k)]E[\tilde{x}(k|k-1)] \end{aligned} \qquad (2.105)$$

所以, 只要初始条件选择的 $E[\tilde{x}(0|0_-)] = 0$, 则利用上式可知, 对任意时刻 $k$, 均有 $E[\tilde{x}(k+1|k)] = 0$ 成立。

又因为 $\tilde{x}(k+1|k) = x(k+1) - \hat{x}(k+1|k)$, 故

$$\begin{aligned} E[\hat{x}(k+1|k)] &= E[x(k+1) - \tilde{x}(k+1|k)] \\ &= E[x(k+1)] - E[\tilde{x}(k+1|k)] \\ &= E[x(k+1)] \end{aligned} \qquad (2.106)$$

即 $\hat{x}(k+1|k)$ 是 $x(k+1)$ 的无偏估计。从而, $\hat{x}(k+1|k)$ 是 $x(k+1)$ 的最优线性预测。

下面推导 $P(k+1|k)$ 的递推关系式。

利用定义可得

$$
\begin{aligned}
P(k+1|k) &= E[\tilde{x}(k+1|k)\tilde{x}^{\mathrm{T}}(k+1|k)] \\
&= E[\{[A(k)-K(k)C(k)]\tilde{x}(k|k-1)+\Gamma(k)w(k)+K(k)v(k)\} \quad (2.107) \\
&\quad \cdot \{[A(k)-K(k)C(k)]\tilde{x}(k|k-1)+\Gamma(k)w(k)+K(k)v(k)\}^{\mathrm{T}}]
\end{aligned}
$$

注意到 $v(k)$、$w(k)$ 与 $\tilde{x}(k|k-1)$ 互相正交，以及式 (2.26)，可得

$$
\begin{aligned}
P(k+1|k) &= E[\tilde{x}(k+1|k)\tilde{x}^{\mathrm{T}}(k+1|k)] \\
&= [A(k)-K(k)C(k)]P(k|k-1)[A(k)-K(k)C(k)]^{\mathrm{T}} \quad (2.108) \\
&\quad + K(k)R(k)K^{\mathrm{T}}(k)+\Gamma(k)Q(k)\Gamma^{\mathrm{T}}(k)
\end{aligned}
$$

将上式展开整理可得

$$
\begin{aligned}
P(k+1|k) &= A(k)P(k|k-1)A^{\mathrm{T}}(k)-K(k)C(k)P(k|k-1)A^{\mathrm{T}}(k) \\
&\quad + \Gamma(k)Q(k)\Gamma^{\mathrm{T}}(k) \\
&= [A(k)-K(k)C(k)]P(k|k-1)A^{\mathrm{T}}(k) \quad (2.109) \\
&\quad + \Gamma(k)Q(k)\Gamma^{\mathrm{T}}(k)
\end{aligned}
$$

### 2.4.5　离散系统 Kalman 最优预测基本方程

综合式 (2.96)（或式 (2.97)）、式 (2.101)、式 (2.109) 可得完整的离散系统的 Kalman 最优预测基本方程：

$$
\begin{cases}
\hat{x}(k+1|k) = A(k)\hat{x}(k|k-1)+G(k)u(k)+K(k)[z(k)-\hat{z}(k|k-1)] \\
\qquad\quad\; = A(k)\hat{x}(k|k-1)+G(k)u(k) \\
\qquad\qquad +K(k)[z(k)-C(k)\hat{x}(k|k-1)-y(k)] \\
K(k) = A(k)P(k|k-1)C^{\mathrm{T}}(k)[C(k)P(k|k-1)C^{\mathrm{T}}(k)+R(k)]^{-1} \\
P(k+1|k) = [A(k)-K(k)C(k)]P(k|k-1)A^{\mathrm{T}}(k)+\Gamma(k)Q(k)\Gamma^{\mathrm{T}}(k)
\end{cases} \quad (2.110)
$$

离散系统 Kalman 最优预测方框图如图 2.5 所示。

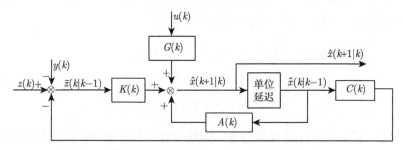

图 2.5　带控制项时离散系统 Kalman 最优预测方框图

若控制项 $u(k)=0$，非随机误差项 $y(k)=0$，则离散系统 (2.24) 和系统 (2.25) 的 Kalman 最优预测基本方程为

$$
\begin{cases}
\hat{x}(k+1|k) = A(k)\hat{x}(k|k-1) + K(k)[z(k) - \hat{z}(k|k-1)] \\
\qquad\quad = A(k)\hat{x}(k|k-1) + K(k)[z(k) - C(k)\hat{x}(k|k-1)] \\
K(k) = A(k)P(k|k-1)C^{\mathrm{T}}(k)[C(k)P(k|k-1)C^{\mathrm{T}}(k) + R(k)]^{-1} \\
P(k+1|k) = [A(k) - K(k)C(k)]P(k|k-1)A^{\mathrm{T}}(k) + \Gamma(k)Q(k)\Gamma^{\mathrm{T}}(k)
\end{cases} \tag{2.111}
$$

相应的，不带控制项时离散系统 Kalman 最优预测方框图如图 2.6 所示。

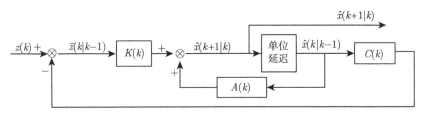

图 2.6　不带控制项时离散系统 Kalman 最优预测方框图

## 2.5　Kalman 最优平滑基本方程

前面两节我们讨论了 Kalman 最优滤波和最优预测基本方程，这一节我们来讨论最优线性平滑问题。前面在讨论离散系统 Kalman 滤波的分类时，已经提到最优线性平滑的定义，如果已知观测值 $z(0), z(1), \cdots, z(j)$，要求找出 $x(k)$ 的最优线性估计 $\hat{x}(k|j)$，当 $k < j$ 时，称为平滑。根据 $k$ 和 $j$ 的具体变化情况，最优线性平滑又可分为三类[2, 42, 152]：

(1) 固定区间最优平滑：固定 $j = N$，变化 $k$，并且令 $k < j$，即 $k = 0, 1, 2 \cdots$，$N - 1$，设 $x(k)$ 的最优平滑值为 $\hat{x}(k|N)$。

(2) 固定点最优平滑：固定 $k = N$，变化 $j$，并且令 $j > k = N$，设 $x(N)$ 的最优平滑值为 $\hat{x}(N|j)$。

(3) 固定滞后最优平滑：$k$ 和 $j$ 都发生变化，但是保持 $j = k + N$，设 $x(k)$ 的最优平滑值为 $\hat{x}(k|k+N)$。

最优平滑问题比最优预测和滤波问题都复杂的多，但精度高。在许多实际问题中，对状态变量的估计值要求精度很高时，有时需要知道状态变量的最优平滑值。例如，在研究一个卫星系统时，往往会出现以下问题：①卫星是否在预定的轨道上飞行？②导航系统中哪一类误差源对卫星偏离轨道的影响最大？③在什么时间段上动力装置的推力太大或太小？为了回答上述一些问题及其他一些问题，必须处理在卫星发射和飞行时所获得的遥测和跟踪数据，给出卫星飞行状态变量的最优平滑

值。下面不加推导直接给出离散系统固定区间最优平滑、固定点最优平滑和固定滞后最优平滑的基本方程。具体推导过程可参考文献 [2] 和 [42]。

### 2.5.1　固定区间最优平滑

设系统状态方程和观测方程仍为式 (2.24) 和式 (2.25) 所示。

固定区间最优平滑的计算步骤为：

(1) 利用 Kalman 滤波公式，按 $k = 0, 1, \cdots, N-1$ 的顺序，计算 $\hat{x}(k|k)$、$P(k|k)$、$P(k+1|k)$。将这些量存储在计算机中。同时给出终端值 $P(N|N)$ 和 $\hat{x}(N|N)$。

(2) 利用平滑公式 (2.112)～ 式 (2.114)，按照 $k = N-1, N-2, \cdots, 0$ 的顺序，计算最优平滑值 $\hat{x}(k|N)$、$P(k|N)(k = N-1, N-2, \cdots, 0)$。平滑的初始条件为 $P(N|N)$ 和 $\hat{x}(N|N)$。

$$\hat{x}(k|N) = \hat{x}(k|k) + A_s(k)[\hat{x}(k+1|N) - A(k)\hat{x}(k|k)] \tag{2.112}$$

$$A_s(k) = P(k|k)A^{\mathrm{T}}(k)P^{-1}(k+1|k) \tag{2.113}$$

$$P(k|N) = P(k|k) + A_s(k)[P(k+1|N) - P(k+1|k)]A_s^{\mathrm{T}}(k) \tag{2.114}$$

式 (2.112) 的边界条件为 $k = N-1$ 时的 $\hat{x}(k+1|N) = \hat{x}(N|N)$；式 (2.114) 的边界条件为 $k = N-1$ 时的 $P(k+1|N) = P(N|N)$。

图 2.7 给出了固定区间最优平滑的计算顺序图。图 2.8 给出了固定区间最优平滑方框图。

图 2.7　固定区间最优平滑的计算顺序图

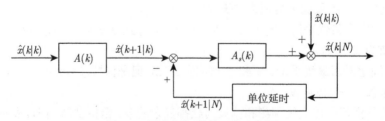

图 2.8　固定区间最优平滑方框图

### 2.5.2　固定点最优平滑

固定点最优平滑是利用较多的观测数据 $z(1), z(2), \cdots, z(j)$，对观测时间内的某一固定时刻 $N(0 \leqslant N < j)$ 上的系统状态 $x(N)$ 进行最优估计。固定点最优平滑

算法在工程上有着广泛的应用，如前面提到过的卫星系统，往往希望由发射、加速和入轨以后的跟踪数据 $z(1), z(2), \cdots, z(j)$ 来得到我们特别关心的卫星在入轨点时刻 $N$ 的状态向量 $x(N)$ 的最优估计。这就是固定点最优平滑。

固定点最优平滑方程如下[2]：

(1) 对于固定的 $N$ 和 $j = N+1, N+2, \cdots$，固定点最优平滑方程为

$$\hat{x}(N|j) = \hat{x}(N|j-1) + B(N,j)[\hat{x}(j|j) - \hat{x}(j|j-1)] \tag{2.115}$$

或

$$\hat{x}(N|j) = \hat{x}(N|j-1) + B(N,j)K(j)[z(j) - C(j)\hat{x}(j|j-1)] \tag{2.116}$$

其初始条件为 $\hat{x}(N|N)$。

(2) 对于固定的 $N$ 和 $j = N+1, N+2, \cdots$，固定点最优平滑增益阵为

$$\begin{cases} B(N,j) = \prod_{i=N}^{j-1} A_s(i) = B(N,j-1)A_s(j-1) \\ B(N,N) = I \end{cases} \tag{2.117}$$

且

$$A_s(k) = P(k|k)A^{\mathrm{T}}(k)P^{-1}(k+1|k) \tag{2.118}$$

(3) 对于 $j = N+1, N+2, \cdots$，固定点最优平滑误差方差阵为

$$P(N|j) = P(N|j-1) + B(N,j)[P(j|j) - P(j|j-1)]B^{\mathrm{T}}(N,j) \tag{2.119}$$

或

$$P(N|j) = P(N|j-1) - B(N,j)K(j)C(j)P(j|j-1)B^{\mathrm{T}}(N,j) \tag{2.120}$$

在固定点最优平滑中，观测值对估值的影响可用图 2.9 来表示。固定点最优平滑方块图如图 2.10 或图 2.11 所示。

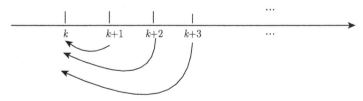

图 2.9　固定点最优平滑中观测值对估值的影响图

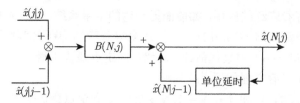

图 2.10   固定点最优平滑方块图 1

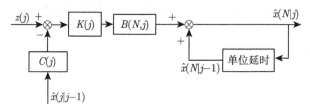

图 2.11   固定点最优平滑方块图 2

### 2.5.3   固定滞后最优平滑

固定滞后最优平滑是在滞后最新观测时间一个固定时间间隔 $N$ 的时间点上，给出系统状态最优估计的一种方法。这种方法在通信和遥测数据的处理中有着广泛的应用[13,14]。固定滞后最优平滑是利用观测值 $z(1), z(2), \cdots, z(k+N)$ 来求 $x(k)$ 的最优估值 $\hat{x}(k|k+N)$，$x(k)$ 在时间上比 $z(k+N)$ 滞后固定时间 $N$。固定滞后最优平滑算法可由固定区间最优平滑算法和固定点最优平滑算法联合起来得到。

固定滞后最优平滑的计算公式如下[2]：

$$
\begin{cases}
B(k+1, k+1+N) = \prod_{i=k+1}^{k+N} A_s(i) = A_s^{-1}(i)B(k, k+N)A_s(k+N) \\
B(0, N) = \prod_{i=0}^{N-1} A_s(i)
\end{cases}
\tag{2.121}
$$

$$
\begin{aligned}
\hat{x}(k+1|k+1+N) = {} & A(k)\hat{x}(k|k+N) + B(k+1, k+1+N)K(k+1+N) \\
& \cdot [z(k+1+N) - C(k+1+N)\hat{x}(k+1+N|k+N)] \\
& + G_s(k) \cdot [\hat{x}(k|k+N) - \hat{x}(k|k)]
\end{aligned}
\tag{2.122}
$$

$$
G_s(k) = \Gamma(k)Q(k)\Gamma^{\mathrm{T}}(k)A^{-\mathrm{T}}(k)P^{-1}(k|k)
\tag{2.123}
$$

$$
P(k+1|k+N) = P(k+1|k) + A_s^{-1}(k)[P(k|k+N) - P(k|k)] \cdot A_s^{-\mathrm{T}}(k)
\tag{2.124}
$$

$$
\begin{aligned}
P(k+1|k+1+N) = {} & P(k+1|k) + A_s^{-1}(k)[P(k|k+N) - P(k|k)]A_s^{-\mathrm{T}}(k) \\
& - B(k+1, k+1+N)K(k+1+N)C(k+1+N) \\
& \cdot P(k+1+N|k+N)B^{\mathrm{T}}(k+1, k+1+N)
\end{aligned}
\tag{2.125}
$$

其中，$k = 0, 1, 2, \cdots$，初始条件为 $\hat{x}(0|N)$、$P(0|N)$。

固定滞后最优平滑是正向时间递推形式，因此它与最优滤波一起在线完成。在这类平滑问题中，估计瞬时要滞后观测瞬时 $N$ 个时间单位，因此，整个平滑过程可看做一个宽度为 $N$ 的窗口在时间坐标上自左向右移动，这个窗口的前沿在观测时间为 $k+1+N$，而后沿在估计时间 $k+1$，如图 2.12 所示。固定滞后最优平滑的方框图如图 2.13 所示。

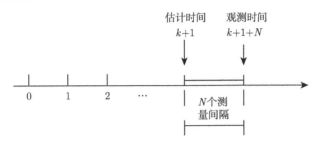

图 2.12　固定滞后最优平滑的"移动窗口"的概念图

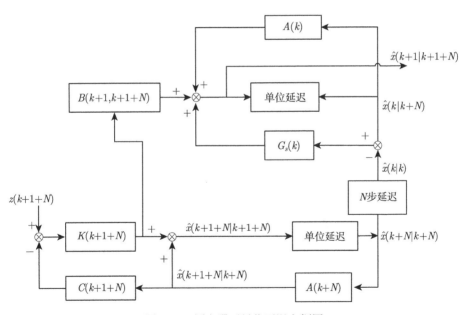

图 2.13　固定滞后最优平滑方框图

## 2.6　扩展 Kalman 滤波

前面讲的 Kalman 滤波要求系统状态方程和观测方程都是线性的。然而，许多工程系统往往不能用简单的线性系统来描述。例如，导弹控制问题、测轨问题和惯性导航问题的系统状态方程往往不是线性的。因此，有必要研究非线性滤波问题。对于非线性模型的滤波问题，理论上还没有严格的滤波公式。一般情况下，都是将非线性方程线性化，而后，利用线性系统 Kalman 滤波基本方程。这一节我们就给出非线性系统滤波问题的处理方法[2, 42, 152]。

一般离散非线性系统的状态方程和观测方程为

$$x(k+1) = \Phi(x(k), w(k), k) \tag{2.126}$$

$$z(k+1) = h[x(k+1), v(k+1), k+1] \tag{2.127}$$

其中，$x$ 为 $n$ 维状态向量；$z$ 为 $m$ 维观测向量；$w(k)$ 和 $v(k)$ 是噪声；$\Phi$ 为 $n$ 维状态方程，它是 $x(k)$、$w(k)$ 和 $k$ 的非线性函数；$h$ 为 $m$ 维观测方程，是 $x(k+1)$、$v(k+1)$、$k+1$ 的非线性函数。

这里为了简单期间，我们仅限于讨论下列情况的非线性模型：

$$x(k+1) = \Phi(x(k), k) + \Gamma[x(k), k]w(k) \tag{2.128}$$

$$z(k+1) = h[x(k+1), k+1] + v(k+1) \tag{2.129}$$

其中，$w(k)$ 和 $v(k)$ 都是均值为零的白噪声序列。其统计特性如下：

$$E[w(k)] = E[v(k)] = 0 \tag{2.130}$$

$$E[w(k)w^{\mathrm{T}}(k)] = Q(k) \tag{2.131}$$

$$E[v(k)v^{\mathrm{T}}(k)] = R(k) \tag{2.132}$$

另外，已知初始条件，即 $x(0)$ 的统计特性。

下面介绍两种线性化滤波方法：①围绕标称轨道线性化滤波方法；②扩展 Kalman 滤波方法 (围绕滤波值 $\hat{x}(k|k)$ 的线性化滤波方法)。

### 2.6.1　围绕标称轨道线性化滤波方法

考虑下列非线性滤波方程：

$$x(k+1) = \Phi(x(k), k) + \Gamma[x(k), k]w(k) \tag{2.133}$$

$$z(k+1) = h[x(k+1), k+1] + v(k+1) \tag{2.134}$$

所谓标称轨道是指不考虑系统噪声情况下，系统状态方程的解为

$$x^*(k+1) = \Phi[x^*(k), k], \quad x_0^* = E[x_0] = m_0 \tag{2.135}$$

其中，$x^*(k)$ 称为标称状态变量。

真实状态与标称状态 $x^*(k)$ 之差

$$\tilde{x}(k) = x(k) - x^*(k) \tag{2.136}$$

称为状态偏差。

把状态方程 (2.133) 的非线性函数 $\Phi(\cdot)$ 围绕标称状态 $x^*(k)$ 进行泰勒展开，略去二次以上项，可得

$$x(k+1) \approx \Phi(x^*(k),k) + \frac{\partial \Phi}{\partial x_k^*}[x(k) - x^*(k)] + \Gamma[x(k),k]w(k) \tag{2.137}$$

$$x(k+1) = x^*(k+1) + \frac{\partial \Phi}{\partial x_k^*}[x(k) - x^*(k)] + \Gamma[x(k),k]w(k) \tag{2.138}$$

移项整理，并把 $\Gamma[x(k),k]$ 用 $\Gamma[x^*(k),k]$ 代替，可得

$$x(k+1) - x^*(k+1) = \frac{\partial \Phi}{\partial x_k^*}[x(k) - x^*(k)] + \Gamma[x^*(k),k]w(k) \tag{2.139}$$

考虑到式 (2.136)，可得状态方差的近似线性化方程

$$\tilde{x}(k+1) = \frac{\partial \Phi}{\partial x_k^*}\tilde{x}(k) + \Gamma[x^*(k),k]w(k) \tag{2.140}$$

其中

$$\frac{\partial \Phi}{\partial x_k^*} = \frac{\partial \Phi[x(k),k]}{\partial x(k)} = \begin{bmatrix} \dfrac{\partial \Phi^{(1)}}{\partial x^{(1)}(k)} & \cdots & \dfrac{\partial \Phi^{(1)}}{\partial x^{(n)}(k)} \\ \vdots & & \vdots \\ \dfrac{\partial \Phi^{(n)}}{\partial x^{(1)}(k)} & \cdots & \dfrac{\partial \Phi^{(n)}}{\partial x^{(n)}(k)} \end{bmatrix} \tag{2.141}$$

$\dfrac{\partial \Phi}{\partial x}$ 为 $n \times n$ 维矩阵，称为向量函数 $\Phi[\cdot]$ 的 Jacobi 矩阵。下面把观测方程 (2.134) 线性化。在不考虑观测噪声 $v(k+1)$ 时，可得标称观测值 $z^*(k+1)$：

$$z^*(k+1) = h[x^*(k+1),k+1] \tag{2.142}$$

同样把观测方程 (2.134) 的非线性函数 $h[\cdot]$ 围绕标称状态 $x^*(k+1)$ 进行泰勒展开。略去二次以上项，可得

$$\begin{aligned} z(k+1) = h[x^*(k+1),k+1] + \frac{\partial h}{\partial x^*(k+1)} \cdot [x(k+1) - x^*(k+1)] \\ + v(k+1) \end{aligned} \tag{2.143}$$

即

$$z(k+1) - z^*(k+1) = \frac{\partial h}{\partial x^*(k+1)} \cdot [x(k+1) - x^*(k+1)] + v(k+1) \qquad (2.144)$$

设 $\tilde{z}(k+1) = z(k+1) - z^*(k+1)$，则可得观测方程的线性化方程

$$\tilde{z}(k+1) = \frac{\partial h}{\partial x^*(k+1)} \tilde{x}(k+1) + v(k+1) \qquad (2.145)$$

其中

$$
\begin{aligned}
\frac{\partial h}{\partial x^*(k+1)} &= \left. \frac{\partial h[x(k+1), k+1]}{\partial x(k+1)} \right|_{x(k+1)=x^*(k+1)} \\
&= \begin{bmatrix}
\dfrac{\partial h^{(1)}}{\partial x^{(1)}(k+1)} & \cdots & \dfrac{\partial h^{(1)}}{\partial x^{(n)}(k+1)} \\
\vdots & & \vdots \\
\dfrac{\partial h^{(m)}}{\partial x^{(1)}(k+1)} & \cdots & \dfrac{\partial h^{(m)}}{\partial x^{(n)}(k+1)}
\end{bmatrix}
\end{aligned}
\qquad (2.146)
$$

$\dfrac{\partial h}{\partial x}$ 为 $m \times n$ 维矩阵，称为向量函数 $h[\cdot]$ 的 Jacobi 矩阵。

　　线性化方程 (2.140) 和方程 (2.145) 已成为 Kalman 滤波所需的控制系统模型和观测系统模型，因此可运用 Kalman 滤波基本方程得到状态偏差的 Kalman 滤波的递推方程组如下：

$$
\begin{aligned}
\hat{\tilde{x}}(k+1|k+1) = \hat{\tilde{x}}(k+1|k) + K(k+1)[\tilde{z}(k+1) \\
- \frac{\partial h}{\partial x^*(k+1)} \hat{\tilde{x}}(k+1|k)]
\end{aligned}
\qquad (2.147)
$$

$$\hat{\tilde{x}}(k+1|k) = \frac{\partial \Phi}{\partial x^*(k+1)} \hat{\tilde{x}}(k|k) \qquad (2.148)$$

$$
\begin{aligned}
K(k+1) = P(k+1|k) \left[ \frac{\partial h}{\partial x^*(k+1)} \right]^{\mathrm{T}} \Bigg\{ \frac{\partial h}{\partial x^*(k+1)} P(k+1|k) \\
\cdot \left[ \frac{\partial h}{\partial} x^*(k+1) \right]^{\mathrm{T}} + R(k+1) \Bigg\}^{-1}
\end{aligned}
\qquad (2.149)
$$

$$P(k+1|k) = \frac{\partial \Phi}{\partial x^*(k)} P(k|k) \left[ \frac{\partial \Phi}{\partial x^*(k)} \right]^{\mathrm{T}} + \Gamma[x^*(k), k] Q(k) \Gamma^{\mathrm{T}}[x^*(k), k] \qquad (2.150)$$

$$P(k+1|k+1) = \left[ I - K(k+1) \frac{\partial h}{\partial x^*(k+1)} \right] P(k+1|k) \qquad (2.151)$$

上式中滤波误差方差阵的初值分别为

$$\hat{x}(0) = E[\tilde{x}(0)] = 0, \quad P_0 = \text{Var}[\tilde{x}(0)] = \text{Var}[x(0)] \tag{2.152}$$

系统状态的滤波值为

$$\hat{x}(k+1|k+1) = x^*(k+1) + \hat{\tilde{x}}(k+1|k+1) \tag{2.153}$$

这种线性化滤波方法只在能够得到标称轨道, 并且状态偏差较小时才能应用。

### 2.6.2　围绕滤波值线性化滤波方法

上面讲的线性化滤波方法是将非线性函数 $\Phi[\cdot]$ 围绕标称状态 $x^*(k)$ 周围展成泰勒级数, 略去二次以上项后得到非线性系统的线性化模型。扩展 Kalman 滤波是将非线性函数 $\Phi[\cdot]$ 围绕滤波值 $\hat{x}(k|k)$ 周围展成泰勒级数, 略去二次以上项后, 得到非线性系统的线性化模型的方法[2]。

由系统状态方程 (2.133) 可得

$$x(k+1) \approx \Phi(\hat{x}(k|k), k) + \left.\frac{\partial \Phi}{\partial x}\right|_{x(k)=\hat{x}(k|k)} [x(k) - \hat{x}(k|k)]$$
$$+ \Gamma[\hat{x}(k|k), k]w(k) \tag{2.154}$$

记

$$\left.\frac{\partial \Phi}{\partial x}\right|_{x(k)=\hat{x}(k|k)} = A(k+1, k), \quad \Gamma[\hat{x}(k|k), k] = \Gamma(k) \tag{2.155}$$

$$\Phi[\hat{x}(k|k), k] - \left.\frac{\partial \Phi}{\partial x}\right|_{x(k)=\hat{x}(k|k)} \hat{x}(k|k) = f(k) \tag{2.156}$$

则状态方程为

$$x(k+1) = A(k+1, k)x(k) + \Gamma(k)w(k) + f(k) \tag{2.157}$$

初始值为 $\hat{x}(0) = E[x(0)] = m_0$ 。

同基本 Kalman 滤波模型相比, 在已知求得前一步滤波值 $\hat{x}(k|k)$ 的条件下, 状态方程 (2.157) 中增加了非随机的外作用项 $f(k)$ 。

把观测方程的 $h(\cdot)$ 围绕 $\hat{x}(k+1|k)$ 进行泰勒展开, 略去二次以上项, 可得

$$z(k+1) = \left.\frac{\partial h}{\partial x}\right|_{x(k+1)=\hat{x}(k+1|k)} [x(k+1) - \hat{x}(k+1|k)]$$
$$+ h[\hat{x}(k+1|k), k+1] + v(k+1) \tag{2.158}$$

令

$$\frac{\partial h}{\partial x}\Big|_{x(k+1)=\hat{x}(k+1|k)} = C(k+1) \qquad (2.159)$$

$$h[\hat{x}(k+1|k), k+1] - \frac{\partial h}{\partial x}\Big|_{x(k+1)=\hat{x}(k+1|k)} \hat{x}(k+1|k) = y(k+1) \qquad (2.160)$$

则观测方程为

$$z(k+1) = C(k+1)x(k+1) + y(k+1) + v(k+1) \qquad (2.161)$$

应用 Kalman 滤波基本方程可得

$$\hat{x}(k+1|k+1) = \hat{x}(k+1|k) + K(k+1)[z(k+1) - y(k+1) \\ - C(k+1)\hat{x}(k+1|k)] \qquad (2.162)$$

即

$$\hat{x}(k+1|k+1) = \hat{x}(k+1|k) + K(k+1)\{z(k+1) \\ - h[\hat{x}(k+1|k), k+1]\} \qquad (2.163)$$

其中

$$\hat{x}(k+1|k) = A(k+1, k)\hat{x}(k|k) + f(k) \qquad (2.164)$$

即

$$\hat{x}(k+1|k) = \Phi[\hat{x}(k|k), k] \qquad (2.165)$$

$$K(k+1) = P(k+1|k)C^{T}(k+1)[C(k+1)P(k+1|k)C^{T}(k+1) \\ + R(k+1)]^{-1} \qquad (2.166)$$

估计误差方差阵的递推方程为

$$P(k+1|k) = A(k+1, k)P(k|k)A^{T}(k+1, k) + \Gamma(k)Q(k)\Gamma^{T}(k) \qquad (2.167)$$

$$P(k+1|k+1) = [I - K(k+1)C(k+1)]P(k+1|k) \qquad (2.168)$$

式中滤波值和滤波误差方差阵的初始值为

$$\hat{x}(0) = E[x(0)] = m_0, \quad P_0 = E\{[x(0) - \hat{x}(0)][x(0) - \hat{x}(0)]^{T}\} \qquad (2.169)$$

扩展 Kalman 滤波的优点是不必预先计算标称轨道。注意扩展 Kalman 滤波只有在滤波误差 $\tilde{x}(k|k) = x(k) - \hat{x}(k|k)$ 及一步预测误差 $\tilde{x}(k+1|k) = x(k+1) - \hat{x}(k+1|k)$ 较小时才适用。

# 2.7　本 章 小 结

本章是状态估计理论的基础，重点介绍了包括预测、估计和平滑在内的 Kalman 滤波基本方程。Kalman 滤波问题一般用于线性系统的最优状态估计。扩展 Kalman 滤波方法也可用于非线性系统状态的估计问题。不过，Kalman 滤波一般用于平稳随机过程的估计。

# 第3章 变速率非均匀采样系统的 Kalman 滤波

## 3.1 引　言

估计是从非直接、非精确、不确定观测数据中获取感兴趣的量的过程[153]。Kalman 滤波是由 Kalman 最早于 1960 年提出的[17]，随后，其被广泛地研究和应用于多个工程领域。近年来修正的 Kalman 滤波算法包括 Kalman 滤波在非线性系统中进行推广的若干算法，如 EKF[18, 154]、UKF[140]、SPKF[141, 142]、自适应 SPKF[143]、STF[155] 以及 PF 等[144, 145]。Kalman 滤波向不确定性系统推广的一些算法有联邦滤波、SH 自适应滤波等[34, 156]；针对间歇过程或随机丢包的线性或非线性系统，也存在一些改进的 Kalman 滤波算法[88, 133, 157, 158]；当观测数据无序时，也有无序 Kalman 滤波算法[159]。

上述所有算法中，一般都假设观测数据的获取是均匀的。然而，在一些实际系统中，如一些工业过程或目标跟踪过程中，观测数据的获取常常是非均匀的。

针对不均匀采样的多速率动态系统，基于线性连续系统，文献 [160] 研究给出了多速率、存在观测时延的最优滤波方法。以化工过程中一些非均匀采样系统的状态估计问题为背景，Li 等提出了有效的滤波方法，并将其推广应用到化工过程的故障诊断、隔离等问题[161, 162]；在不同传感器以不同采样率异步获取数据时，在假设最高采样率传感器均匀采样、其他传感器非均匀采样条件下，我们也研究给出了一些数据融合算法[29, 100]。本章将要介绍的方法和上面提到的方法都不太相同。本章的研究对象是观测数据的获取是变采样率、非均匀采样的，即在相同的时间区间内，获取的观测数据的个数是随机的。

本章第 3.2 节是问题描述，第 3.3 节是算法描述，第 3.4 节是性能分析，第 3.5 节是仿真实验，最后第 3.6 节对本章进行小结。

## 3.2 问题描述

某一个传感器以变采样率、非均匀采样的方式观测某一个目标的系统方程和观测方程可描述为

$$x(k+1) = Ax(k) + w(k), \quad k = 1, 2, \cdots \tag{3.1}$$

$$z(k_i) = Cx(k_i) + v(k_i), \quad i = 1, 2, \cdots \tag{3.2}$$

其中，$x(k) \in \mathbb{R}^n$ 表示 $k$ 时刻的状态变量；$A \in \mathbb{R}^{n \times n}$ 表示系统矩阵，假设为满秩的；过程噪声 $w(k) \in \mathbb{R}^{n \times 1}$ 设为零均值高斯白噪声，方差为 $Q$。

观测变采样率、非均匀采样指的是在某一个固定时间内获取的观测数据的个数是非固定的、相邻数据间采样的时间间隔是不同的。在式 (3.2) 中，$z(k_i) \in \mathbb{R}^{m \times 1}$ $(m \leqslant n)$ 表示第 $i$ 个传感器在时刻 $k_i$ 的观测值，其中

$$k_{S_{k-1}+i} \in (k-1, k], \quad i = 1, 2, \cdots, N_k, \quad S_k = \sum_{l=1}^{k} N_l \tag{3.3}$$

其中，$N_k \geqslant 0$ 表示 $(k-1, k]$ 上的采样点数；$S_k$ 表示到 $k$ 时刻为止所获得的观测数据的个数；$C \in \mathbb{R}^{m \times n}$ 表示观测矩阵；$v(k_i) \in \mathbb{R}^{m \times 1}$ 是观测误差，本章中假设其为零均值高斯白噪声，方差为 $R$。

初始状态向量 $x(0)$ 是一个随机变量，设其服从高斯分布，均值和协方差分别为 $x_0$ 和 $P_0$。假设 $x(0)$、$w(k)$ 和 $v(k_i)$ 彼此统计独立。

系统模型如图 3.1 所示，不均匀采样示意图如图 3.2 所示。

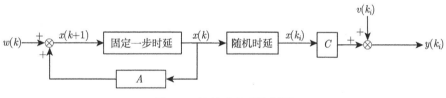

图 3.1　线性动态系统框图

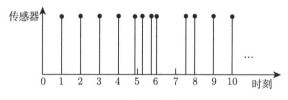

图 3.2　不均匀采样示意图

基于多尺度系统理论，通过对观测适当的扩维和对 Kalman 滤波的适当修正，可获得上述系统描述下，状态 $x(k)$ 的最优估计。下面将推导出最优估计的计算公式，并对算法的性能进行理论分析和仿真验证。

**注解 3.1**　本章中，观测数据的获取是非均匀的，观测速率也是非固定的。为了便于算法描述，本章不考虑数据丢包、无序、获得的观测数据不可靠等情况。即假设获取的观测数据是实时的，观测数据本身的采样是变采样速率的。观测数据除了存在问题描述中所述噪声干扰外，不存在其他干扰或故障。以图 3.2 为例，所示传感器的观测在前 4 个时刻是均匀获取数据的，第 5 个观测数据在时刻 5 之前就

得到了；而在时刻 5～6 之间，却存在三个观测数据；在时刻 6～7 之间，没有观测数据；在时刻 7～8 之间，有两个观测数据。也就是说观测速率是变采样的，观测数据的获取是非均匀的。

**注解 3.2** 在上面的问题描述中，$(k-1, k]$ 表示一个采样周期，即 $(k-1)T \sim kT$，其中，$T$ 表示采样周期，本章不失一般性，设 $T = 1$。式 (3.2) 中，$z(k_i) \in \mathbb{R}^{m \times 1}$ $(m \leqslant n)$ 表示第 $i$ 个观测数据，其观测的时刻为 $k_i$。在时间段 $(k-1, k]$ 中，传感器采样 $N_k$ 次，即 $z(k_{S_{k-1}+i})$ 表示从 $k-1$ 时刻开始 (不含 $k-1$ 时刻) 到 $k$ 时刻为止 (含时刻 $k$) 的若干个观测数据中的第 $i$ 个数据。其中，$i = 1, 2, \cdots, N_k$。$S_{k-1} = \sum_{l=1}^{k-1} N_l$ 表示在 $k-1$ 时刻之前所有的观测数据个数。

## 3.3 非均匀采样系统的 Kalman 滤波算法

本节将通过对 3.2 节模型进行改写，对 Kalman 滤波进行改进，进而获取最优状态估计。

**定理 3.1** 假设 $k_{S_{k-1}+i} \in (k-1, k], i = 1, 2, \cdots, N_k$，其中 $S_{k-1}$ 表示 $k-1$ 时刻之前所有的观测数据个数，$N_k$ 表示时间区间 $(k-1, k]$ 中的观测数据个数。动态模型 (3.1) 和模型 (3.2) 可改写为

$$x(k+1) = Ax(k) + w(k), \quad k = 1, 2, \cdots \tag{3.4}$$

$$\bar{z}(k) = \bar{C}(k)x(k) + \bar{v}(k) \tag{3.5}$$

其中

$$\bar{z}(k) = [z^{\mathrm{T}}(k_{S_{k-1}+1}) \quad z^{\mathrm{T}}(k_{S_{k-1}+2}) \quad \cdots \quad z^{\mathrm{T}}(k_{S_{k-1}+N_k})]^{\mathrm{T}} \tag{3.6}$$

$$\bar{C}(k) = \begin{bmatrix} C((k_{S_{k-1}+1} - k + 1)I_n + (k - k_{S_{k-1}+1})A^{-1}) \\ C((k_{S_{k-1}+2} - k + 1)I_n + (k - k_{S_{k-1}+2})A^{-1}) \\ \vdots \\ C((k_{S_{k-1}+N_k} - k + 1)I_n + (k - k_{S_{k-1}+N_k})A^{-1}) \end{bmatrix} \tag{3.7}$$

其中，$I_n$ 表示 $n$ 维单位矩阵。$\bar{v}(k)$ 是零均值高斯分布的，且与系统噪声相关，即 $S_{\bar{v}w}(k) = E[\bar{v}(k)w^{\mathrm{T}}(k-1)] \neq 0$。$\bar{v}(k)$ 的方差阵 $\bar{R}(k)$ 和 $\bar{v}(k)$ 与 $w(k-1)$ 之间的协方差阵 $S_{\bar{v}w}(k)$ 可由下面的公式计算：

$$
\bar{R}(k) = \begin{bmatrix}
\bar{R}_{11}(k) & \bar{R}_{12}(k) & \cdots & \bar{R}_{1N_k}(k) \\
\bar{R}_{21}(k) & \bar{R}_{22}(k) & \cdots & \bar{R}_{2N_k}(k) \\
\vdots & \vdots & & \vdots \\
\bar{R}_{N_k1}(k) & \bar{R}_{N_k2}(k) & \cdots & \bar{R}_{N_kN_k}(k)
\end{bmatrix}
\tag{3.8}
$$

$$
\bar{R}_{ij}(k) = \begin{cases}
R + (k - k_{S_{k-1}+i})^2 CA^{-1}QA^{-\mathrm{T}}C^{\mathrm{T}}, & i = j = 1, 2, \cdots, N_k \\
(k - k_{S_{k-1}+i})(k - k_{S_{k-1}+j})CA^{-1}QA^{-\mathrm{T}}C^{\mathrm{T}}, & 1 \leqslant i < j \leqslant N_k \\
\bar{R}_{ji}^{\mathrm{T}}(k), & 1 \leqslant j < i \leqslant N_k
\end{cases}
\tag{3.9}
$$

$$
S_{\bar{v}w}(k) = \begin{bmatrix}
(k_{S_{k-1}+1} - k)CA^{-1}Q \\
(k_{S_{k-1}+2} - k)CA^{-1}Q \\
\vdots \\
(k_{S_{k-1}+N_k} - k)CA^{-1}Q
\end{bmatrix}
\tag{3.10}
$$

**证明**　由题设可知，$k_{S_{k-1}+i} \in (k-1, k]$，因此，状态 $x(k_{S_{k-1}+i})$ 可由 $x(k-1)$ 和 $x(k)$ 采用下式来近似：

$$
x(k_{S_{k-1}+i}) = (k_{S_{k-1}+i} - k + 1)x(k) + (k - k_{S_{k-1}+i})x(k-1)
\tag{3.11}
$$

基于模型 (3.1)，可得

$$
\begin{aligned}
x(k_{S_{k-1}+i}) &= (k_{S_{k-1}+i} - k + 1)x(k) + (k - k_{S_{k-1}+i})x(k-1) \\
&= (k_{S_{k-1}+i} - k + 1)x(k) + (k - k_{S_{k-1}+i})[A^{-1}x(k) \\
&\quad - A^{-1}w(k-1)] \\
&= [(k_{S_{k-1}+i} - k + 1)I_n + (k - k_{S_{k-1}+i})A^{-1}]x(k) \\
&\quad - (k - k_{S_{k-1}+i})A^{-1}w(k-1)
\end{aligned}
\tag{3.12}
$$

其中，$I_n$ 表示 $n$ 维单位矩阵。

再利用观测方程 (3.2) 可得

$$
\begin{aligned}
z(k_{S_{k-1}+i}) &= Cx(k_{S_{k-1}+i}) + v(k_{S_{k-1}+i}) \\
&= C[(k_{S_{k-1}+i} - k + 1)I_n + (k - k_{S_{k-1}+i})A^{-1}]x(k) \\
&\quad - (k - k_{S_{k-1}+i})CA^{-1}w(k-1) + v(k_{S_{k-1}+i})
\end{aligned}
\tag{3.13}
$$

将 $(k-1, k]$ 中的 $N_k$ 个观测 $z(k_{S_{k-1}+i})(i = 1, 2, \cdots, N_k)$ 集中起来，利用上式可得

$$\bar{z}(k) = \begin{bmatrix} z(k_{S_{k-1}+1}) \\ z(k_{S_{k-1}+2}) \\ \vdots \\ z(k_{S_{k-1}+N_k}) \end{bmatrix} = \bar{C}(k)x(k) + \bar{v}(k) \tag{3.14}$$

其中

$$\bar{C}(k) = \begin{bmatrix} C((k_{S_{k-1}+1} - k + 1)I_n + (k - k_{S_{k-1}+1})A^{-1}) \\ C((k_{S_{k-1}+2} - k + 1)I_n + (k - k_{S_{k-1}+2})A^{-1}) \\ \vdots \\ C((k_{S_{k-1}+N_k} - k + 1)I_n + (k - k_{S_{k-1}+N_k})A^{-1}) \end{bmatrix} \tag{3.15}$$

$$\bar{v}(k) = \begin{bmatrix} v(k_{S_{k-1}+1}) - (k - k_{S_{k-1}+1})CA^{-1}w(k-1) \\ v(k_{S_{k-1}+2}) - (k - k_{S_{k-1}+2})CA^{-1}w(k-1) \\ \vdots \\ v(k_{S_{k-1}+N_k}) - (k - k_{S_{k-1}+N_k})CA^{-1}w(k-1) \end{bmatrix} \tag{3.16}$$

由式 (3.16) 和系统描述 (原系统噪声和观测噪声为不相关零均值白噪声), 可知 $\bar{v}(k)$ 是零均值高斯分布的, 其方差阵为

$$\bar{R}(k) = E[\bar{v}(k)\bar{v}^{\mathrm{T}}(k)] = \begin{bmatrix} \bar{R}_{11}(k) & \bar{R}_{12}(k) & \cdots & \bar{R}_{1N_k}(k) \\ \bar{R}_{21}(k) & \bar{R}_{22}(k) & \cdots & \bar{R}_{2N_k}(k) \\ \vdots & \vdots & & \vdots \\ \bar{R}_{N_k1}(k) & \bar{R}_{N_k2}(k) & \cdots & \bar{R}_{N_kN_k}(k) \end{bmatrix} \tag{3.17}$$

容易证明, $\bar{R}_{ij}(k)$ 可由式 (3.9) 计算, $i, j = 1, 2, \cdots, N_k$。

由式 (3.16) 可以看出, $\bar{v}(k)$ 与系统噪声 $w(k-1)$ 相关, 它们的互相关矩阵可由下式计算:

$$S_{\bar{v}w}(k) = E[\bar{v}(k)w^{\mathrm{T}}(k-1)]$$

$$= E\left[ \begin{bmatrix} v(k_{S_{k-1}+1}) - (k - k_{S_{k-1}+1})CA^{-1}w(k-1) \\ v(k_{S_{k-1}+2}) - (k - k_{S_{k-1}+2})CA^{-1}w(k-1) \\ \vdots \\ v(k_{S_{k-1}+N_k}) - (k - k_{S_{k-1}+N_k})CA^{-1}w(k-1) \end{bmatrix} w^{\mathrm{T}}(k-1) \right]$$

$$
= \begin{bmatrix} (k_{S_{k-1}+1} - k)CA^{-1}Q \\ (k_{S_{k-1}+2} - k)CA^{-1}Q \\ \vdots \\ (k_{S_{k-1}+N_k} - k)CA^{-1}Q \end{bmatrix} \tag{3.18}
$$

**注解 3.3**　由式 (3.8) 和式 (3.9)，$\bar{R}(k)$ 可改写为

$$
\bar{R}(k) = \begin{bmatrix} (k - k_{S_{k-1}+1})^2 I_m & \cdots & (k - k_{S_{k-1}+1})(k - k_{S_{k-1}+N_k})I_m \\ \vdots & & \vdots \\ (k - k_{S_{k-1}+1})(k - k_{S_{k-1}+N_k})I_m & \cdots & (k - k_{S_{k-1}+N_k})^2 I_m \end{bmatrix}
$$

$$
\cdot \begin{bmatrix} CA^{-1}QA^{-T}C^T & & \\ & \ddots & \\ & & CA^{-1}QA^{-T}C^T \end{bmatrix} + \begin{bmatrix} R & & \\ & \ddots & \\ & & R \end{bmatrix} \tag{3.19}
$$

其中，$I_m$ 为 $m$ 维单位矩阵。

**注解 3.4**　下面我们将通过一个例子说明怎么用定理 3.1 进行 Kalman 滤波。设某传感器的观测如图 3.2 所示，利用定理 3.1，可得新系统的观测向量为

$$
\bar{z}(k) = z(k), \quad k = 1,2,3,4,5 \tag{3.20}
$$

$$
\bar{z}(6) = [\, z^T(6) \quad z^T(7) \quad z^T(8) \,]^T \tag{3.21}
$$

$$
\bar{z}(7) = 0 \tag{3.22}
$$

$$
\bar{z}(8) = [z^T(9) \quad z^T(10)]^T \tag{3.23}
$$

$$
\bar{z}(9) = z(11) \tag{3.24}
$$

$$
\bar{z}(10) = z(12) \tag{3.25}
$$

对应以上公式观测向量的观测矩阵为

$$
\bar{C}(k) = C, \quad k = 1,2,3,4,7,9,10 \tag{3.26}
$$

$$
\bar{C}(5) = (k_5 - 4)C + (5 - k_5)CA^{-1} \tag{3.27}
$$

$$
\bar{C}(6) = \begin{bmatrix} (k_6 - 5)C + (6 - k_6)CA^{-1} \\ (k_7 - 5)C + (6 - k_7)CA^{-1} \\ (k_8 - 5)C + (6 - k_8)CA^{-1} \end{bmatrix} \tag{3.28}
$$

$$
\bar{C}(8) = \begin{bmatrix} (k_9 - 7)C + (8 - k_9)CA^{-1} \\ C \end{bmatrix} \tag{3.29}
$$

新系统的观测误差 $\bar{v}(k)$ 的方差为

$$\bar{R}(k) = R, \quad k = 1, 2, 3, 4, 7, 9, 10 \tag{3.30}$$

$$\bar{R}(5) = R + (5 - k_5)^2 C A^{-1} Q A^{-T} C^T \tag{3.31}$$

$$\bar{R}(6) = \begin{bmatrix} (6-k_6)^2 I_m & (6-k_6)(6-k_7) I_m & (6-k_6)(6-k_8) I_m \\ (6-k_6)(6-k_7) I_m & (6-k_7)^2 I_m & (6-k_7)(6-k_8) I_m \\ (6-k_6)(6-k_8) I_m & (6-k_7)(6-k_8) I_m & (6-k_8)^2 I_m \end{bmatrix}$$

$$\cdot \begin{bmatrix} C A^{-1} Q A^{-T} C^T & & \\ & C A^{-1} Q A^{-T} C^T & \\ & & C A^{-1} Q A^{-T} C^T \end{bmatrix}$$

$$+ \begin{bmatrix} R & & \\ & R & \\ & & R \end{bmatrix} \tag{3.32}$$

$$= \begin{bmatrix} \bar{R}_{11}(6) & \bar{R}_{12}(6) & \bar{R}_{13}(6) \\ \bar{R}_{21}(6) & \bar{R}_{22}(6) & \bar{R}_{23}(6) \\ \bar{R}_{31}(6) & \bar{R}_{32}(6) & \bar{R}_{33}(6) \end{bmatrix}$$

其中

$$\begin{cases} \bar{R}_{11}(6) = R + (6 - k_6)^2 C A^{-1} Q A^{-T} C^T \\ \bar{R}_{12}(6) = (6 - k_6)(6 - k_7) C A^{-1} Q A^{-T} C^T \\ \bar{R}_{13}(6) = (6 - k_6)(6 - k_8) C A^{-1} Q A^{-T} C^T \\ \bar{R}_{21}(6) = \bar{R}_{12}^T(6) = (6 - k_6)(6 - k_7) C A^{-1} Q A^{-T} C^T \\ \bar{R}_{22}(6) = R + (6 - k_7)^2 C A^{-1} Q A^{-T} C^T \\ \bar{R}_{23}(6) = (6 - k_7)(6 - k_8) C A^{-1} Q A^{-T} C^T \\ \bar{R}_{31}(6) = \bar{R}_{13}^T(6) = (6 - k_6)(6 - k_8) C A^{-1} Q A^{-T} C^T \\ \bar{R}_{32}(6) = \bar{R}_{23}^T(6) = (6 - k_7)(6 - k_8) C A^{-1} Q A^{-T} C^T \\ \bar{R}_{33}(6) = R + (6 - k_8)^2 C A^{-1} Q A^{-T} C^T \end{cases} \tag{3.33}$$

新模型的观测噪声 $\bar{v}(k)$ 和系统噪声 $w(k-1)$ 之间的互相关矩阵为

$$S_{\bar{v}w}(k) = 0, \quad k = 1, 2, 3, 4, 7, 9, 10 \tag{3.34}$$

$$S_{\bar{v}w}(5) = (k_5 - 5) C A^{-1} Q \tag{3.35}$$

$$S_{\bar{v}w}(6) = \begin{bmatrix} (k_6 - 6) C A^{-1} Q \\ (k_7 - 6) C A^{-1} Q \\ 0 \end{bmatrix} \tag{3.36}$$

$$S_{\bar{v}w}(8) = \begin{bmatrix} (k_9 - 8)CA^{-1}Q \\ 0 \end{bmatrix} \tag{3.37}$$

下面将推导状态 $x(k)$ 的最优估计。

**定理 3.2**　假设某系统如式 (3.1) 和式 (3.2) 所示, 则状态 $x(k)$ 的最优估计可由下面各式计算得到:

$$\hat{x}(k|k) = \hat{x}(k|k-1) + K(k)[\bar{z}(k) - \bar{C}(k)\hat{x}(k|k-1)] \tag{3.38}$$

$$P(k|k) = [I - K(k)\bar{C}(k)]P(k|k-1) - K(k)S_{\bar{v}w}(k) \tag{3.39}$$

$$\hat{x}(k|k-1) = A\hat{x}(k-1|k-1) \tag{3.40}$$

$$P(k|k-1) = AP(k-1|k-1)A^{\mathrm{T}} + Q \tag{3.41}$$

$$K(k) = [P(k|k-1)\bar{C}^{\mathrm{T}}(k) + S_{\bar{v}w}^{\mathrm{T}}(k)]$$
$$\cdot [\bar{C}(k)P(k|k-1)\bar{C}^{\mathrm{T}}(k) + \bar{R}(k) + \bar{C}(k)S_{\bar{v}w}^{\mathrm{T}}(k)$$
$$+ S_{\bar{v}w}(k)\bar{C}^{\mathrm{T}}(k)]^{-1} \tag{3.42}$$

其中, $\bar{z}(k)$、$\bar{C}(k)$、$\bar{R}(k)$ 和 $S_{\bar{v}w}(k)$ 由定理 3.1 计算给出。

**证明**　利用 Kalman 滤波理论, 只需证明式 (3.42) 和式 (3.39)。

利用正交定理, 有

$$E[\tilde{x}(k|k)\bar{z}^{\mathrm{T}}(k)] = 0 \tag{3.43}$$

其中

$$\begin{aligned} \tilde{x}(k|k) &= x(k) - \hat{x}(k|k) \\ &= x(k) - \hat{x}(k|k-1) - K(k)[\bar{z}(k) - \bar{C}(k)\hat{x}(k|k-1)] \\ &= \tilde{x}(k|k-1) - K(k)[\bar{C}(k)x(k) + \bar{v}(k) - \bar{C}(k)\hat{x}(k|k-1)] \\ &= \tilde{x}(k|k-1) - K(k)\bar{C}(k)\tilde{x}(k|k-1) - K(k)\bar{v}(k) \end{aligned} \tag{3.44}$$

将式 (3.44) 和式 (3.5) 代入式 (3.43) 可得

$$\begin{aligned} &E[\tilde{x}(k|k)\bar{z}^{\mathrm{T}}(k)] \\ ={}& E\{[\tilde{x}(k|k-1) - K(k)\bar{C}(k)\tilde{x}(k|k-1) - K(k)\bar{v}(k)][\bar{C}(k)\hat{x}(k|k-1) \\ &+ \bar{C}(k)\tilde{x}(k|k-1) + \bar{v}(k)]^{\mathrm{T}}\} \\ ={}& E[\tilde{x}(k|k-1)\hat{x}^{\mathrm{T}}(k|k-1)]\bar{C}^{\mathrm{T}}(k) + E[\tilde{x}(k|k-1)\tilde{x}^{\mathrm{T}}(k|k-1)]\bar{C}^{\mathrm{T}}(k) \\ &+ E[\tilde{x}(k|k-1)\bar{v}^{\mathrm{T}}(k)] - K(k)\bar{C}(k)E[\tilde{x}(k|k-1)\hat{x}^{\mathrm{T}}(k|k-1)]\bar{C}^{\mathrm{T}}(k) \\ &- K(k)\bar{C}(k)E[\tilde{x}(k|k-1)\tilde{x}^{\mathrm{T}}(k|k-1)]\bar{C}^{\mathrm{T}}(k) \\ &- K(k)\bar{C}(k)E[\tilde{x}(k|k-1)\bar{v}^{\mathrm{T}}(k)] - K(k)E[\bar{v}(k)\hat{x}^{\mathrm{T}}(k|k-1)]\bar{C}^{\mathrm{T}}(k) \end{aligned} \tag{3.45}$$

$$- K(k)E[\bar{v}(k)\tilde{x}^{\mathrm{T}}(k|k-1)]\bar{C}^{\mathrm{T}}(k) - K(k)E[\bar{v}(k)\bar{v}^{\mathrm{T}}(k)]$$

$$= P(k|k-1)\bar{C}^{\mathrm{T}}(k) + P_{\tilde{x}\bar{v}}(k|k-1) - K(k)\bar{C}(k)P(k|k-1)\bar{C}^{\mathrm{T}}(k)$$

$$\quad - K(k)\bar{C}(k)P_{\tilde{x}\bar{v}}(k|k-1)$$

$$\quad - K(k)P_{\bar{v}\tilde{x}}(k|k-1)\bar{C}^{\mathrm{T}}(k) - K(k)\bar{R}(k)$$

$$= 0$$

因此

$$\begin{aligned} K(k) = &[P(k|k-1)\bar{C}^{\mathrm{T}}(k) + P_{\tilde{x}\bar{v}}(k|k-1)][\bar{C}(k)P(k|k-1)\bar{C}^{\mathrm{T}}(k)\\ &+\bar{R}(k) + \bar{C}(k)P_{\tilde{x}\bar{v}}(k|k-1) + P_{\bar{v}\tilde{x}}(k|k-1)\bar{C}^{\mathrm{T}}(k)]^{-1} \end{aligned} \quad (3.46)$$

其中

$$\begin{aligned} \tilde{x}(k|k-1) &= x(k) - \hat{x}(k|k-1)\\ &= Ax(k-1) + w(k-1) - A\hat{x}(k-1|k-1)\\ &= A\tilde{x}(k-1|k-1) + w(k-1) \end{aligned} \quad (3.47)$$

$$\begin{aligned} P_{\bar{v}\tilde{x}}(k|k-1) &= E[\bar{v}(k)\tilde{x}^{\mathrm{T}}(k|k-1)]\\ &= E\left\{ \begin{bmatrix} v(k_{S_{k-1}+1}) - (k - k_{S_{k-1}+1})CA^{-1}w(k-1)\\ v(k_{S_{k-1}+2}) - (k - k_{S_{k-1}+2})CA^{-1}w(k-1)\\ \vdots\\ v(k_{S_{k-1}+N_k}) - (k - k_{S_{k-1}+N_k})CA^{-1}w(k-1) \end{bmatrix} \right.\\ &\quad \left. \cdot [A\tilde{x}(k-1|k-1) + w(k-1)]\right\}\\ &= \begin{bmatrix} (k_{S_{k-1}+1} - k)CA^{-1}Q\\ (k_{S_{k-1}+2} - k)CA^{-1}Q\\ \vdots\\ (k_{S_{k-1}+N_k} - k)CA^{-1}Q \end{bmatrix}\\ &= S_{\bar{v}w}(k) \end{aligned} \quad (3.48)$$

$$P_{\tilde{x}\bar{v}}(k|k-1) = E[\tilde{x}(k|k-1)\bar{v}^{\mathrm{T}}(k)] = P_{\bar{v}\tilde{x}}^{\mathrm{T}}(k|k-1) = S_{\bar{v}w}^{\mathrm{T}}(k) \quad (3.49)$$

将上面两式代入式 (3.46)，可得式 (3.42)。

下面将推导估计误差协方差矩阵 $P(k|k)$。

利用式 (3.44)，有

$$
\begin{aligned}
P(k|k) &= E[\tilde{x}(k|k)\tilde{x}^{\mathrm{T}}(k|k)]\\
&= E\{[\tilde{x}(k|k-1) - K(k)\bar{C}(k)\tilde{x}(k|k-1) - K(k)\bar{v}(k)]\\
&\quad \cdot [\tilde{x}(k|k-1) - K(k)\bar{C}(k)\tilde{x}(k|k-1) - K(k)\bar{v}(k)]^{\mathrm{T}}\}\\
&= [I - K(k)\bar{C}(k)]P(k|k-1)[I - K(k)\bar{C}(k)]^{\mathrm{T}} + K(k)\bar{R}(k)K^{\mathrm{T}}(k)\\
&\quad - [I - K(k)\bar{C}(k)]P_{\tilde{x}\bar{v}}(k|k-1)K^{\mathrm{T}}(k) - K(k)P_{\bar{v}\tilde{x}}(k|k-1)\\
&\quad \cdot [I - K(k)\bar{C}(k)]^{\mathrm{T}} \\
&= [I - K(k)\bar{C}(k)]P(k|k-1)[I - K(k)\bar{C}(k)]^{\mathrm{T}} + K(k)\bar{R}(k)K^{\mathrm{T}}(k)\\
&\quad - [I - K(k)\bar{C}(k)]S_{\bar{v}w}^{\mathrm{T}}(k)K^{\mathrm{T}}(k) - K(k)S_{\bar{v}w}(k)[I - K(k)\bar{C}(k)]^{\mathrm{T}}
\end{aligned}
\tag{3.50}
$$

将式 (3.42) 代入上式, 经过整理可得式 (3.39)。事实上

$$
\begin{aligned}
P(k|k) &= [I - K(k)\bar{C}(k)]P(k|k-1)[I - K(k)\bar{C}(k)]^{\mathrm{T}} + K(k)\bar{R}(k)K^{\mathrm{T}}(k)\\
&\quad - [I - K(k)\bar{C}(k)]S_{\bar{v}w}^{\mathrm{T}}(k)K^{\mathrm{T}}(k) - K(k)S_{\bar{v}w}(k)[I - K(k)\bar{C}(k)]^{\mathrm{T}}\\
&= P(k|k-1) - K(k)\bar{C}(k)P(k|k-1) - P(k|k-1)\bar{C}^{\mathrm{T}}(k)K^{\mathrm{T}}(k)\\
&\quad + K(k)\bar{C}(k)P(k|k-1)\bar{C}^{\mathrm{T}}(k)K^{\mathrm{T}}(k) + K(k)\bar{R}(k)K^{\mathrm{T}}(k)\\
&\quad - S_{\bar{v}w}^{\mathrm{T}}(k)K^{\mathrm{T}}(k) + K(k)\bar{C}(k)S_{\bar{v}w}^{\mathrm{T}}(k)K^{\mathrm{T}}(k) - K(k)S_{\bar{v}w}(k)\\
&\quad + K(k)S_{\bar{v}w}(k)\bar{C}^{\mathrm{T}}(k)K^{\mathrm{T}}(k)\\
&= K(k)[\bar{C}(k)P(k|k-1)\bar{C}^{\mathrm{T}}(k) + \bar{R}(k) + \bar{C}(k)S_{\bar{v}x}^{\mathrm{T}}(k)\\
&\quad + S_{\bar{v}w}(k)\bar{C}^{\mathrm{T}}(k)]K^{\mathrm{T}}(k) + P(k|k-1) - K(k)\bar{C}(k)P(k|k-1)\\
&\quad - P(k|k-1)\bar{C}^{\mathrm{T}}(k)K^{\mathrm{T}}(k) - S_{\bar{v}w}^{\mathrm{T}}(k)K^{\mathrm{T}}(k) - K(k)S_{\bar{v}w}(k)
\end{aligned}
\tag{3.51}
$$

将上式中第一项第一个 $K(k)$ 用式 (3.42) 代入可得

$$
\begin{aligned}
P(k|k) &= [P(k|k-1)\bar{C}^{\mathrm{T}}(k) + S_{\bar{v}w}^{\mathrm{T}}(k)]K^{\mathrm{T}}(k) + P(k|k-1)\\
&\quad - K(k)\bar{C}(k)P(k|k-1) - P(k|k-1)\bar{C}^{\mathrm{T}}(k)K^{\mathrm{T}}(k)\\
&\quad - S_{\bar{v}w}^{\mathrm{T}}(k)K^{\mathrm{T}}(k) - K(k)S_{\bar{v}w}(k)\\
&= [I - K(k)\bar{C}(k)]P(k|k-1) - K(k)S_{\bar{v}w}(k)
\end{aligned}
\tag{3.52}
$$

**注解 3.5**　在定理 3.2 中, 我们假设 $N_k \geqslant 1$。在实际问题中, 可能有 $N_k = 0$, 即在时刻 $k-1$ 和 $k$ 之间没有观测值。在这种情况下, 就不需要对上一步的状态估计进行更新, 即有 $K(k) = 0$。利用定理 3.2, 此时状态估计和状态估计误差协方差由下式计算:

$$
\hat{x}(k|k) = \hat{x}(k|k-1) = A\hat{x}(k-1|k-1)
\tag{3.53}
$$

$$
P(k|k) = P(k|k-1) = AP(k-1|k-1)A^{\mathrm{T}} + Q
\tag{3.54}
$$

**注解 3.6** 简单起见, 本章没有考虑观测延迟、丢包和故障情形。在实际问题中, 特别是在观测数据需要通过网络传输时, 观测数据的延迟、丢包和错序经常是无法避免的。在这种情况下, 为得到最优的估计, 常常还需要研究量化和鲁棒估计方法。参考文献 [112]、[123]、[157]、[159]、[160]、[163]、[164], 本章提出的变速率、非均匀采样修正 Kalman 滤波还可以进行推广。本章的算法还可以参考文献 [165] 推广到不确定模型的 Kalman 滤波。本章的算法已经发表在 *International Journal of System Science* 上[166]。

状态估计过程流程图如图 3.3 所示, 其中, 虚线框表示不均匀采样系统修正的 Kalman 滤波。

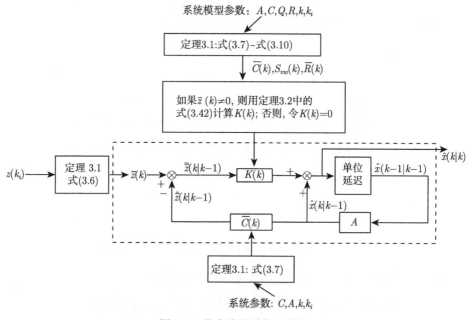

图 3.3    状态估计过程示意图

## 3.4    算法性能分析

本节将分析定理 3.2 所示的算法性能。

**引理 3.1** 假设利用 $k-1$ 时刻之前的所有观测数据已经获得了 $k-1$ 时刻状态 $x(k-1)$ 的最优估计 $\hat{x}(k-1|k-1)$ 和 $P(k-1|k-1)$, 而 $\hat{x}(k|k)$ 和 $\hat{\bar{x}}(k|k)$ 分别表示利用 $(k-1,k]$ 中的 $N_k$ 或 $\bar{N}_k$ 个数据对 $\hat{x}(k-1|k-1)$ 进行更新获得的 $k$ 时刻状态 $x(k)$ 的估计值, 相应的估计误差协方差阵为 $P(k|k)$ 和 $\bar{P}(k|k)$。那么, 如果 $\bar{N}_k \geqslant N_k \geqslant 0$, 必然有 $\bar{P}(k|k) \leqslant P(k|k)$。

**证明**　利用定理 3.2 可知，当 $\bar{N}_k \geqslant N_k \geqslant 1$ 时，为了获得 $k$ 时刻的估计，需要将 $\bar{N}_k$ 或 $N_k$ 个观测数据扩维并利用扩维后的观测向量对状态的预测值 $\hat{x}(k|k-1) = A\hat{x}(k-1|k-1)$ 进行更新。这一过程与集中式数据融合的思想是一致的。由数据融合的相关理论可知，参与融合的数据越多估计效果越好，因此，此时有 $\bar{P}(k|k) \leqslant P(k|k)$ [153]。若 $\bar{N}_k = N_k = 0$，由定理 3.2 可知，$\bar{P}(k|k) = P(k|k) = AP(k-1|k-1)A^{\mathrm{T}} + Q$，此时该引理结论依然成立。若 $N_k = 0$，$\bar{N}_k > 0$，那么利用 Kalman 滤波理论 (估计值优于预测值) 可知，$\bar{P}(k|k) \leqslant P(k|k)$ [167]。综上，引理得证。

引理 3.1 表明，在一段时间内观测数据利用得越充分，所得到的估计结果越好。这和人的常识也是相符的。

利用引理 3.1 和文献 [88]，还可得如下引理。

**引理 3.2**　将 $[0,k]$ 划分为周期为 $T = 1$ 的 $k$ 个时间区间，用 $\tilde{N}_k$ 表示观测数据大于等于 1 的时间区间个数，则 $0 \leqslant \tilde{N}_k \leqslant k$。记 $\lambda_k = \tilde{N}_k/k$。那么，$1 - \lambda_k$ 即表示 $k$ 时刻前在长度为 $T$ 的周期内没有观测数据的区间个数所占的比例，简称为丢包率。令 $\lambda = \lim\limits_{k\to\infty} \lambda_k$，那么，如果 $\lambda_c \leqslant \lambda < 1$，估计误差方差阵 $P(k|k)$ 是有界的，其中，$1 - \dfrac{1}{\alpha^2} \leqslant \lambda_c < 1$，$\alpha$ 是不稳定矩阵 $A$ 的谱半径。

利用引理 3.1 和引理 3.2，易证下面的结论。

**定理 3.3**　设 $\hat{x}(k|k)$ 和 $P(k|k)$ 表示利用定理 3.2，基于 $k$ 时刻之前的观测数据获得的对状态 $x(k)$ 的最优估计和估计误差方差阵，$\lambda$ 表示如引理 3.2 所示"丢包率"，那么，如果 $0 \leqslant \lambda < 1 - \lambda_c$，有

$$E[P(k|k)] < \infty \tag{3.55}$$

其中，$1 - \dfrac{1}{\alpha^2} \leqslant \lambda_c < 1$，$\alpha$ 是不稳定矩阵 $A$ 的谱半径；$E[\cdot]$ 表示期望。

**注解 3.7**　文献 [88] 中，$\lambda_c$ 是用于描述均匀采样观测系统的丢包率的一个量。文献 [88] 指出，对于不稳定的系统矩阵 $A$，如果丢包率 $\lambda_c$ 满足 $1 - \dfrac{1}{\alpha^2} \leqslant \lambda_c < 1$，那么利用 Kalman 滤波得到的状态估计误差协方差矩阵的期望是有界的。本章中，观测数据的获取是非均匀的。在前面的系统描述中也提到，如果将时间轴以固定周期划分的话，在某些周期，会出现没有观测数据的情况。此时的情况等同于文献 [88] 所示数据丢包。而引理 3.1 同时表明，在某一个周期内，观测数据多于一个时，得到的估计结果会比只有一个观测数据时得到的结果更优。因此，如果引理 3.2 所示"丢包率" $\lambda$ 满足 $1 - \dfrac{1}{\alpha^2} \leqslant \lambda_c \leqslant \lambda < 1$，就可以推出本章定理 3.2 给出的状态估计的误差方差阵是期望有界的。因此，本章给出的变速率非均匀采样 Kalman 滤波

算法是有效的。

## 3.5   仿真实例

本节通过一个具体的仿真实例介绍本章定理 3.2 提出的算法如何使用，并验证其有效性。

设有一个传感器对某一目标进行变采样非均匀观测，仿真时，该观测可以通过设定随机变量 $r \in (0,1)$，当 $r \leqslant 0.5$ 时，在区间 $(k-1,k)$ 内有观测，且采样时间为 $k-r\,(k=1,2,\cdots)$，那么这个模型满足 3.2 节的问题描述。模型参数取为：$A = 0.906$，$C = 1$，$Q = 0.01\mathrm{m}^2$，$R = 0.01\mathrm{m}^2$。初始条件为：$x_0 = 10\mathrm{m}$，$P_0 = 10\mathrm{m}^2$。

蒙特卡罗仿真结果如图 3.4～ 图 3.6 所示，其中，"KF" 和 "PA" 分别表示标准 Kalman 滤波和本章提出的修正 Kalman 滤波算法。

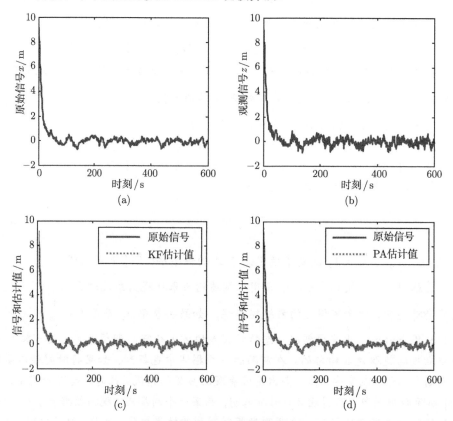

图 3.4   真实值、观测值和估计曲线

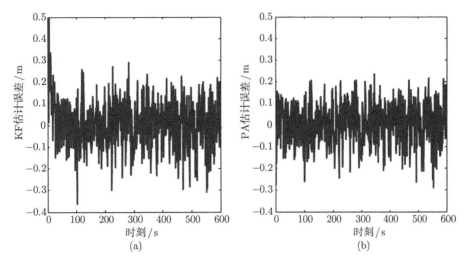

图 3.5 对应于图 3.4 中 (c) 和 (d) 的状态估计误差

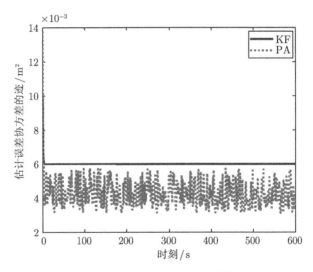

图 3.6 状态估计误差协方差的迹

图 3.4 中，(a) 表示原始信号，(b) 表示观测信号，(c) 和 (d) 中的虚线分别表示利用标准 Kalman 滤波 (KF) 和本章提出的修正 Kalman 滤波 (PA) 得到的状态估计结果，为了方便对比，在 (c) 和 (d) 中同时用实线画出了原始信号。图 3.5 中，(a) 和 (b) 分别表示某一次仿真对应的 Kalman 滤波和本章提出的修正 Kalman 滤波误差曲线。图 3.6 所示为标准 Kalman 滤波 (实线) 和本章算法修正 Kalman 滤波 (虚线) 得到的估计误差协方差的迹。

从图 3.4 和图 3.5 可以看出，本章提出的修正 Kalman 滤波优于经典 Kalman

滤波, 因为修正 Kalman 滤波曲线更贴近原始信号, 修正 Kalman 滤波的估计误差更贴近零。从图 3.6 可以看出, 经典 Kalman 滤波误差协方差的迹曲线高于修正 Kalman 滤波误差协方差的迹曲线, 因此, 从估计误差协方差的迹来看, 修正 Kalman 滤波也是有效的。

更改观测误差方差的大小分别进行仿真试验的结果如表 3.1 所示, 其中的统计误差是 50 次蒙特卡罗仿真的统计平均。由表 3.1 可以看出, 无论就哪种情况, 都有修正 Kalman 滤波的误差统计平均小于经典 Kalman 滤波的, 因此, 修正 Kalman 滤波是有效的。

**表 3.1    状态估计误差绝对值均值**

| 观测噪声方差/m² | 误差绝对值均值 (单次仿真)/m | | 误差绝对值均值 (统计平均)/m | |
| --- | --- | --- | --- | --- |
| $R$ | KF | PA | KF | PA |
| 0.01 | 0.0862 | 0.0758 | 0.0188 | 0.0102 |
| 0.25 | 0.1375 | 0.1305 | 0.0257 | 0.0189 |
| 1 | 0.1562 | 0.1556 | 0.0287 | 0.0226 |

综上, 本节的仿真结果表明本章提出的变速率非均匀采样修正 Kalman 滤波算法是有效的。

**注解 3.8**    在本例中, 以 $R = 0.01$ 为例, 下面我们将具体介绍一下观测信息是如何利用的。设第 1 个观测数据和第 2 个观测数据分别是在时刻 1 和 3/2 获得的。而第 3 个观测数据是在时刻 2 之后的某一个时刻才获得的。那么, 利用定理 3.1, 在 $k = 1$ 时刻, 有

$$\bar{z}(1) = z(1), \quad \bar{C}(1) = C = 1, \quad \bar{R}(1) = R = 0.01, \quad S_{\bar{v}w}(1) = 0, \quad S_1 = N_1 = 1$$
$$(3.56)$$

因此, 利用定理 3.2, $\hat{x}(1|1)$ 和 $P(1|1)$ 可由式 (3.38)~式 (3.42) 得到, 这和经典 Kalman 滤波没有什么不同。在 $k = 2$ 时刻, 由定理 3.1, 可得

$$\begin{cases} \bar{z}(2) = z\left(\dfrac{3}{2}\right) \\[2mm] \bar{C}(2) = \dfrac{1}{2}C(I + A^{-1}) = 1.0519 \\[2mm] \bar{R}(2) = \bar{R}_{11}(2) = R + \dfrac{1}{4}CA^{-1}QA^{-\mathrm{T}}QA^{-\mathrm{T}}C^{\mathrm{T}} = 0.013 \\[2mm] S_{\bar{v}w}(2) = -\dfrac{1}{2}CA^{-1}Q = -0.0055 \\[2mm] N_2 = 1, S_2 = N_1 + N_2 = 2 \end{cases} \quad (3.57)$$

利用定理 3.2, 第 2 个时刻的估计 $\hat{x}(2|2)$ 和 $P(2|2)$ 可由式 (3.38)~式 (3.42) 计算,

这和经典的 Kalman 滤波是不同的。类似的，依次下去可得 $k$ 时刻的估计 $\hat{x}(k|k)$ 和 $P(k|k)$，$k \geqslant 3$。

**注解 3.9**　需要说明的是，本例中经典 Kalman 滤波是这样利用的：如果在 $(k-1, k]$ 上没有观测，则 $\hat{x}(k|k) = \hat{x}(k|k-1)$，$P(k|k) = P(k|k-1)$。否则，$(k-1, k]$ 上的观测视为 $k$ 时刻的观测顺序的对 $\hat{x}(k|k-1)$ 进行更新。由于 $(k-1, k]$ 上观测数据的获取是随机的，粗暴地将它们视为都是在 $k$ 时刻获取的不够准确，这也是本质上为什么本章的算法优于经典 Kalman 滤波方法的一个原因。

# 3.6　本　章　小　结

当观测以变采样率、非均匀获取时，本章对经典的 Kalman 滤波算法进行了修正，给出了一种有效的数据融合状态估计算法。本章的算法不仅是经典 Kalman 滤波算法的一种推广，也可以看做经典的丢包情况下修正 Kalman 滤波的进一步推广。理论分析和仿真实例表明，本章提出的算法是有效的。本章算法可推广应用于智能车、飞机、轮船等任意可视为点目标的目标导航、定位、跟踪与检测，还可推广应用于解决网络化控制的一些问题。

# 第4章 多尺度 Kalman 滤波及基于多尺度测量预处理的数据融合

## 4.1 引　言

小波分析是从 20 世纪 80 年代起迅速发展起来的一门新兴学科，它具有理论深刻和应用广泛的双重意义，是傅里叶分析划时代的发展结果。小波分析是目前国际上公认的最新的时间–频率分析工具[168, 169]，由于其"自适应性"和"数学显微镜"性质，使之成为许多学科共同关注的焦点，是众多科技工作者爱不释手的分析工具。

从小波变换的数学理论来说，它是继傅里叶变换之后纯粹数学和应用数学完美结合的又一光辉典范。从纯粹数学的角度来讲，小波分析是调和分析这一重要学科大半个世纪以来的工作结晶；从应用科学和技术的角度来说，小波变换又是计算机应用、信号处理、图像分析、非线性科学和工程技术近几年来在方法上的重要突破。实际上，小波变换在它的产生、发展、完善和应用的整个过程中都广泛受惠于计算机科学、信号和图像处理科学、应用数学和纯粹数学、物理科学和地球物理学等，加之众多科学研究领域和工程技术应用领域的专家、学者和工程师的共同努力，所以现在它已经成为科学研究和工程技术应用中涉及面极其广泛的一个热门话题。

在自然界和工程实践中，许多现象或过程都具有多尺度特征或多尺度效应，如地形地貌、许多物理过程 (湍流) 等；人们对现象或过程的观察及测量往往也是在不同尺度 (分辨级) 上进行的，例如，对同一场景拍摄的多幅图像往往具有不同的分辨率。小波变换给出了信号的一种时间尺度分解，这种分解为研究对象的多尺度分析提供了可能。当有多个传感器对同一目标进行观测时，不同传感器的观测常常是在不同尺度上得到的。理论分析表明，无论现象或过程是否具有多尺度特性，观测信号是否在不同尺度或分辨级上得到，利用多尺度算法同具有先验信息的动态系统的估计、辨识理论相结合，都能获取更多信息，从而降低问题的不确定性或复杂性[2]。为了在不同尺度上提取观测信息，获得目标状态的最优估计，需要将传统的随时间递推的 Kalman 滤波方法进行适当的推广，这就是多尺度 Kalman 滤波方法。

在过程控制等领域, 故障检测与诊断是保证系统安全可靠运行的重要环节之一。因此对被检测信号观测、提取及状态估计精度的高低, 直接关系到故障诊断的准确性与否。在大多数情况下, 由于受电磁波、噪声和外界环境的干扰, 加之传感器自身性能等因素的影响, 部分传感器可能产生较大的测量误差甚至发生故障, 以致造成控制系统的误动作, 严重时还会损坏设备。因此研究采用多传感器组合的信号测量, 不仅能够防止上述问题的出现, 还可以大大提高信号状态估计的精度和可靠性。实际应用中, 多传感器在对同一目标进行观察及测量时, 往往是在不同分辨级上进行的, 因此, 要使这些传感器协同起来, 就必须将具有不同采样率的多传感器系统进行信息融合[2, 55]。

另外, 近年来, 基于小波变换的量测 (测量) 数据预处理技术是提高滤波和估计精度的有效途径。由于多尺度分析能最大限度地提取信号中各种有用信息, 而在时域和频域均具有良好局部特性的离散小波变换起着连接各尺度间桥梁的作用, 其低通滤波效应能有效地抑制测量噪声。事实上, 当假设测量是在某一尺度上获得时, 测量信息往往被噪声所淹没; 而应用小波变换将测量信息向粗尺度分解, 由于小波变换特有的低通滤波属性, 能有效地抑制测量噪声, 相应提高测量的信噪比。

在不同尺度上对某一现象或过程进行研究的理论称为多尺度系统理论。利用多尺度系统理论充分提取观测信息以获得目标状态最优估计的过程与方法称为多尺度估计理论。与传统的 Kalman 滤波方法不同, 多尺度 Kalman 滤波除了传统意义上的时间变量, 又增加了尺度的概念。为便于系统的理解多尺度 Kalman 滤波, 本章将从小波分析的基本概念、多尺度分析理论出发, 逐步推出多尺度 Kalman 滤波, 并介绍一种基于多尺度测量预处理的数据融合状态估计方法。该方法对各个传感器的测量信息分别进行预处理后, 运用分布式多传感器数据融合技术, 给出了基于多传感器多尺度测量预处理的信号去噪新方法; 在最细尺度上获得状态基于全局信息的融合估计结果, 从而丰富了多传感器数据融合技术。最后利用本章提出的多传感器多尺度信息融合算法进行了仿真实验, 结果表明本章的算法是有效的。

# 4.2　小波分析概述

## 4.2.1　小波变换的定义与基本性质

**定义 4.1**(连续小波变换)　设 $x(t) \in L^2(\mathbb{R})$, $\psi(t) \in L^2(\mathbb{R})$, 且 $\psi(t)$ 满足容许性条件[168]:

$$C_\psi = \int_{-\infty}^{+\infty} \frac{\left|\hat{\psi}(\omega)\right|^2}{|\omega|} d\omega < +\infty \tag{4.1}$$

则连续小波变换定义为

$$WT_x(a,b) = \frac{1}{\sqrt{|a|}} \int_{-\infty}^{\infty} x(t)\overline{\psi}\left(\frac{t-b}{a}\right) \mathrm{d}t, \quad a \neq 0 \tag{4.2}$$

或用内积形式记作

$$WT_x(a,b) = \langle x, \psi_{a,b} \rangle \tag{4.3}$$

其中

$$\psi_{a,b}(t) = \frac{1}{\sqrt{|a|}} \psi\left(\frac{t-b}{a}\right) \tag{4.4}$$

通常称满足容许性条件 (4.1) 的可积函数 $\psi(t)$ 为一基本小波或母小波, $\psi_{a,b}(t)$ 是由母小波生成的小波。

对于小波母函数 $\psi(t)$, 由条件 (4.1) 必有

$$\hat{\psi}(0) = 0 \tag{4.5}$$

从而等价地有

$$\int_{-\infty}^{+\infty} \psi(t)\mathrm{d}t = 0 \tag{4.6}$$

这就是说, $\psi(t)$ 与整个横轴所围面积的代数和是零, 因此, $\psi(t)$ 的图形应是在横轴上下波动的 "小波", 故称其为小波。

连续小波具有以下重要性质[168]。

**性质 4.1** (线性性)  一个多分量信号的小波变换等于各个分量的小波变换之和。

**性质 4.2** (平移不变性)  若 $x(t) \leftrightarrow WT_x(a,b)$ , 则

$$x(t-\tau) \leftrightarrow WT_x(a, b-\tau) \tag{4.7}$$

其中, $x(t) \leftrightarrow WT_x(a,b)$ 表示 $WT_x(a,b)$ 为 $x(t)$ 的小波变换。该性质表明, 信号平移的小波变换等于小波变换后再做相应的平移变换。

**性质 4.3** (伸缩共变性)  若 $x(t) \leftrightarrow WT_x(a,b)$ , 则

$$x(ct) \leftrightarrow \frac{1}{\sqrt{c}} WT_x(ca, cb), \quad c > 0 \tag{4.8}$$

**性质 4.4** (自相似性)  对应于不同尺度参数 $a$ 和不同平移参数 $b$ 的连续小波变换之间是自相似的。

**性质 4.5** (冗余性)  连续小波变换中存在信息表述的冗余度。

本质上，连续小波变换是将一维信号 $x(t)$ 等距映射到二维尺度–时间 $(a,b)$ 平面，其自由度明显增加，从而使得小波变换含有冗余度。小波变换在不同 $(a,b)$ 点之间的相互关联度增加了分析和解释小波变换结果的困难。因此，小波变换的冗余度应尽可能减小，这是小波分析的主要问题之一。

像任何一种线性变换用作信号重构时都应满足完全重构的要求一样，对小波变换的基本要求之一也是完全重构。这一要求直接决定对基本函数 $\psi(t)$ 的约束条件。

小波变换的重构公式为

$$x(t) = C_\psi^{-1} \int_{-\infty}^{\infty} \int_{-\infty}^{\infty} WT_x(a,b) \bar{\psi}_{a,b}(t) \frac{\mathrm{d}a}{|a|^2} \mathrm{d}b \tag{4.9}$$

其中

$$C_\psi = \int_{-\infty}^{\infty} \frac{\left|\hat{\psi}(a)\right|^2}{|a|} \mathrm{d}a \tag{4.10}$$

欲实现上述完全重构，必须要求 $C_\psi < \infty$，也就是

$$\int_{-\infty}^{\infty} \frac{\left|\hat{\psi}(\omega)\right|^2}{|\omega|} \mathrm{d}\omega < \infty \tag{4.11}$$

这就是从信号完全重构的角度对基本小波 $\psi(t)$ 提出的约束条件，常简称为**完全重构条件**。

由于基本小波 $\psi(t)$ 生成的小波 $\psi_{a,b}(t)$ 在小波变换中对被分析的信号起着观测窗的作用，所以 $\psi(t)$ 还应满足一般窗函数的约束条件：

$$\int_{-\infty}^{\infty} |\psi(t)| \, \mathrm{d}t < \infty \tag{4.12}$$

故 $\hat{\psi}(\omega)$ 是一个连续函数。这意味着，为了满足完全重构条件式 (4.11)，$\hat{\psi}(\omega)$ 在原点必须等于零，即

$$\hat{\psi}(0) = \int_{-\infty}^{\infty} \psi(t) \mathrm{d}t = 0 \tag{4.13}$$

这恰好是前面提到的任何一个小波都必须遵守的容许性条件。

离散小波变换是通过对连续小波变换的离散化来定义的。

**定义 4.2** (离散小波变换)　令 $a = a_0^j$，$b = k a_0^j b_0$，则对应于式 (4.4) 的离散小波为[2, 168]

$$\psi_{j,k}(t) = a_0^{-j/2} \psi(a_0^{-j} t - k b_0) \tag{4.14}$$

离散化小波系数可表示为

$$c_{j,k} = \int_{-\infty}^{\infty} x(t)\overline{\psi}_{j,k}(t)\mathrm{d}t = \langle x, \psi_{j,k} \rangle \tag{4.15}$$

将以上两式代入式 (4.9)，立即得到实际数值计算时使用的重构公式：

$$x(t) = c \sum_{j=-\infty}^{\infty} \sum_{k=-\infty}^{\infty} c_{j,k}\psi_{j,k}(t) \tag{4.16}$$

其中，$c$ 是一个与信号无关的常数。参数 $a_0$ 和 $b_0$ 大小的改变，使小波具有了"变焦距"的功能，其选择一般要满足完全重构条件。特别的，取 $a_0 = 2$，$b_0 = 1$，则式 (4.14) 可写为

$$\psi_{j,k}(t) = 2^{-j/2}\psi(2^{-j}t - k) \tag{4.17}$$

这就是被广泛应用的二进制小波。

### 4.2.2  多尺度分析

多尺度分析是在 $L^2(\mathbb{R})$ 函数空间内，将函数 $x(t)$ 描述为一列近似函数的极限。每一个近似都是函数 $x(t)$ 的平滑逼近，而且具有越来越细的近似函数。这些近似在不同尺度上得到，多尺度分析由此而得名。用严格的数学语言来叙述，我们有多尺度分析的下列数学定义。

**定义 4.3**  空间 $L^2(\mathbb{R})$ 内的多尺度分析是指构造 $L^2(\mathbb{R})$ 空间内的一个子空间列 $\{V_j, j \in \mathbb{Z}\}$，使它具备以下性质[168]：

(1) 单调性 (包容性)：

$$\cdots \subset V_2 \subset V_1 \subset V_0 \subset V_{-1} \subset V_{-2} \subset \cdots \tag{4.18}$$

或简写为 $V_{j+1} \subset V_j, \forall j \in \mathbb{Z}$；

(2) 逼近性：

$$\mathrm{close}\left\{\bigcup_{j=-\infty}^{\infty} V_j\right\} = L^2(\mathbb{R}), \qquad \bigcap_{j=-\infty}^{\infty} V_j = \{0\} \tag{4.19}$$

(3) 伸缩性：

$$\phi(t) \in V_j \Leftrightarrow \phi(2t) \in V_{j-1} \tag{4.20}$$

(4) 平移不变性：

$$\phi(t) \in V_j \Leftrightarrow \phi(t - 2^{-j}k) \in V_j, \quad \forall k \in \mathbb{Z} \tag{4.21}$$

(5) Riesz **基存在性**: *存在 $\phi(t) \in V_0$, 使得 $\{\phi(t-2^{-j}k), k \in \mathbb{Z}\}$ 构成 $V_j$ 的* Riesz **基**。

若令 $A_j$ 是用分辨率 $2^{-j}$ 逼近信号 $x(t)$ 的算子,则在分辨率 $2^{-j}$ 的所有逼近函数 $g(t)$ 中, $A_j x(t)$ 是最类似于 $x(t)$ 的函数,即

$$\|g(t) - x(t)\| \geqslant \|A_j x(t) - x(t)\|, \quad \forall g(t) \in V_j \tag{4.22}$$

也就是说,逼近算子 $A_j$ 是在向量空间 $V_j$ 上的正交投影 (投影定理),这一性质称**为多尺度分析的类似性**。

由于逼近算子 $A_j$ 是在向量空间 $V_j$ 上的正交投影,所以为了能够在数值上具体表征这一算子,必须事先求出 $V_j$ 的正交基。下面的定理表明,这类正交基可以通过一个唯一函数 $\phi(t)$ 的伸缩和平移来定义。

**定理 4.1**　令 $V_j(j \in \mathbb{Z})$ 是空间 $L^2(\mathbb{R})$ 的一个多尺度逼近,则存在一个唯一的函数 $\phi(t) \in L^2(\mathbb{R})$, 使得[168]

$$\phi_{j,k} = 2^{-j/2}\phi(2^{-j}t - k), \quad k \in \mathbb{Z} \tag{4.23}$$

必定是 $V_j$ 的一个标准正交基,其中 $\phi(t)$ 称为尺度函数。

上述定理告诉我们,任何 $V_j$ 的正交基都可以通过式 (4.23) 构造。或者说,先将尺度函数用 $2^{-j}$ 做伸缩,然后在一网格 (其间隔与 $2^{-j}$ 成正比) 内将伸缩后的结果平移,这样就可以构造任何 $V_j$ 空间的正交基。注意,式中 $2^{-j/2}$ 是为了使正交基的 $L^2$ 范数等于 1(从而得到标准正交基)。

现在我们讨论定理中子空间 $V_j$ 的正交基的建立问题。事实上,建立这个正交基的最终目标是构造正交小波基。因此,除了由尺度函数 $\phi(2^{-j}t)$ 生成的尺度子空间 $V_j$ 外,自然还应该引入由小波函数 $\psi(2^{-j}t)$ 生成的小波子空间,我们把它定义为 $W_j = \text{close}\{\psi_{j,k} : k \in \mathbb{Z}\}, j \in \mathbb{Z}$。由 $V_j$ 子空间的包容关系 $V_{j+1} \subset V_j$ 知,在正交小波基的构造中,至少应该保证

$$V_j = V_{j+1} \oplus W_{j+1}, \quad \forall j \in \mathbb{Z} \tag{4.24}$$

和

$$W_{j+1} \perp V_{j+1} \tag{4.25}$$

对所有的 $j \in \mathbb{Z}$ 恒成立。符号 $\oplus$ 表示"正交和",从这个意义上讲,我们称 $W_{j+1}$ 是 $V_{j+1}$ 在 $V_j$ 上的正交补。特别的,若 $j = 0$, 则式 (4.24) 直接给出尺度函数 $\phi(t)$ 与小波函数 $\psi(t)$ 之间的正交性,即 $\langle \phi(t-l), \psi(t-k) \rangle = \delta_{kl}$。

反复使用式 (4.24) 和式 (4.25),又可以将逼近写作

$$L^2(\mathbb{R}) = \underset{j \in \mathbb{Z}}{\oplus} W_j = \cdots \oplus W_{-1} \oplus W_0 \oplus W_1 \oplus \cdots \tag{4.26}$$

这一结果告诉我们: 分辨率为 $2^0 = 1$ 的多尺度分析子空间 $V_0$ 可以用有限多个子空间来逼近, 即有

$$V_0 = V_1 \oplus W_1 = V_2 \oplus W_2 \oplus W_1 = \cdots = V_N \oplus W_N \oplus W_{(N-1)} \oplus \cdots \oplus W_2 \oplus W_1 \tag{4.27}$$

若令 $x_j \in V_j$ 代表函数 $x \in L^2(\mathbb{R})$ 的分辨率为 $2^{-j}$ 的逼近 (即函数 $x$ 的 "粗糙像" 或 "模糊像"), 而 $d_j \in V_j$ 代表逼近的误差 (我们称之为 $x$ 的 "细节"), 则式 (4.27) 意味着

$$x_0 = x_1 + d_1 = x_2 + d_2 + d_1 = \cdots = x_N + d_N + d_{N-1} + \cdots + d_2 + d_1 \tag{4.28}$$

注意到 $x \approx x_0$, 所以上式可简写为

$$x \approx x_0 = x_N + \sum_{i=1}^{N} d_i \tag{4.29}$$

这表明, 对于能量有限的信号, 可以对其在不同分辨率下进行描述。并且, 任何函数 $x \in L^2(\mathbb{R})$ 都可以根据分辨率为 $2^{-N}$ 时的粗糙像和分辨率为 $2^{-j}$ 的细节 "完全重构"[2,4]。这恰好是后面介绍的著名的 Mallat 塔式重构算法的思想。

从包容关系 $V_0 \subset V_{-1}$, 我们很容易得到尺度函数 $\phi(t)$ 的一个极为有用的性质。注意到 $\phi_{0,0}(t) \in V_0 \subset V_{-1}$, 所以 $\phi(t) = \phi_{0,0}(t)$ 可以利用 $V_{-1}$ 子空间的基函数 $\phi_{-1,k}(t) = 2^{1/2}\phi(2t-k)$ 展开, 令展开系数为 $h(k)$, 立即有

$$\phi(t) = \sqrt{2} \sum_{k=-\infty}^{\infty} h(k)\phi(2t-k) \tag{4.30}$$

这就是**尺度函数的双尺度方程**。

另一方面, 由于 $V_{-1} = V_0 \oplus W_0$, 故 $\psi(t) = \psi_{0,0}(t) \in W_0 \subset V_{-1}$, 这意味着小波基函数 $\psi(t)$ 可以用 $V_{-1}$ 子空间的正交基 $\phi_{-1,k}(t) = 2^{1/2}\phi(2t-k)$ 展开:

$$\psi(t) = \sqrt{2} \sum_{k=-\infty}^{\infty} g(k)\phi(2t-k) \tag{4.31}$$

此即**小波函数的双尺度方程**。

双尺度方程式 (4.30) 和式 (4.31) 表明, 小波 $\psi_{j,k}(t)$ 可由尺度函数 $\phi(t)$ 的平移和伸缩的线性组合获得, 其构造归结为 $\{h(k)\}$ 和 $\{g(k)\}$ 滤波器的设计。

综合以上分析, 为了使 $\phi_{j,k}(t) = 2^{-j/2}\phi(2^{-j}t - k)$ 构成 $V_j$ 子空间的正交基, 生成元 $\phi(t)$ 即尺度函数应该具备下列基本性质:

(1) 尺度函数容许性条件: $\displaystyle\int_{-\infty}^{\infty}\phi(t)\mathrm{d}t = 1$;

(2) 能量归一化条件: $\|\phi\|_2^2 = 1$;

(3) 尺度函数 $\phi(t)$ 本身应该满足正交性, 即 $\langle\phi(t-l),\phi(t-k)\rangle = \delta_{kl}, \forall k, l \in \mathbb{Z}$;

(4) 尺度函数 $\phi(t)$ 与基本小波函数 $\psi(t)$ 正交, 即 $\langle\phi(t),\psi(t)\rangle = 0$;

(5) 跨尺度的尺度函数 $\phi(t)$ 和 $\phi(2t)$ 满足双尺度方程 (4.30);

(6) 基小波 $\psi(t)$ 与尺度函数 $\phi(t)$ 相关, 即满足小波函数的双尺度方程 (4.31)。

将尺度函数的容许条件 $\displaystyle\int_{-\infty}^{\infty}\phi(t)\mathrm{d}t = 1$ 与小波的容许条件 $\displaystyle\int_{-\infty}^{\infty}\psi(t)\mathrm{d}t = 0$ 做一比较可知, 尺度函数的傅里叶变换 $\hat{\phi}(\omega)$ 具有低通滤波特性, 而小波的傅里叶变换 $\hat{\psi}(\omega)$ 则具有高通滤波特性。

利用尺度函数和小波函数的双尺度方程, 还可以得到几个很有用的定理。这里我们不加证明的给出, 有兴趣的读者可参考文献 [2] 和 [168]。

**定理 4.2**(标准正交小波函数的构造)

(1) $\{\phi(t-n)\}$ 是标准正交系的充要条件是

$$|H(\omega)|^2 + |H(\omega + \pi)|^2 = 1 \tag{4.32}$$

(2) $\{\psi(t-n)\}$ 是标准正交系的充要条件是

$$|G(\omega)|^2 + |G(\omega + \pi)|^2 = 1 \tag{4.33}$$

(3) 尺度函数 $\phi(t)$ 和小波基函数 $\psi(t)$ 正交的充要条件为

$$H(\omega)\bar{G}(\omega) + H(\omega + \pi)\bar{G}(\omega + \pi) = 1 \tag{4.34}$$

其中

$$\begin{cases} H(\omega) = \displaystyle\sum_{k=-\infty}^{\infty} \frac{h(k)}{\sqrt{2}} \mathrm{e}^{-\mathrm{j}\omega k} \\ G(\omega) = \displaystyle\sum_{k=-\infty}^{\infty} \frac{g(k)}{\sqrt{2}} \mathrm{e}^{-\mathrm{j}\omega k} \end{cases} \tag{4.35}$$

分别为低通和高通滤波器, 且 $G$ 是 $H$ 的镜像滤波器。$G$ 和 $H$ 也常称为是二次镜像滤波器组。而 $h(k)$ 和 $g(k)$ 分别称为尺度系数和小波系数, 并且有

$$G(\omega) = \mathrm{e}^{-\mathrm{j}\omega}H^*(\omega + \pi) \tag{4.36}$$

$$g(k) = (-1)^{1-k}\bar{h}(1-k), \quad \forall k \in \mathbb{Z} \tag{4.37}$$

**定理 4.3** 设 $V_j(j \in \mathbb{Z})$ 是一多尺度向量空间列, $\phi(t)$ 是尺度函数, 并且 $H(\omega)$ 是式 (4.35) 定义的滤波器。若令 $\psi(t)$ 的傅里叶变换 $\hat{\psi}(\omega)$ 为

$$\hat{\psi}(\omega) = G\left(\frac{\omega}{2}\right) \hat{\phi}\left(\frac{\omega}{2}\right) \tag{4.38}$$

其中, 滤波器 $G(\omega)$ 由式 (4.35) 给定, 则函数 $\psi(t)$ 是 (标准) 正交小波。

由上述定理, 正交小波 $\psi(t)$ 可由下式计算:

$$\begin{aligned} \psi(t) &= \frac{1}{2\pi} \int_{-\infty}^{\infty} \hat{\psi}(\omega) \mathrm{e}^{\mathrm{j}\omega t} \mathrm{d}\omega \\ &= \frac{1}{2\pi} \int_{-\infty}^{\infty} G\left(\frac{\omega}{2}\right) \hat{\phi}\left(\frac{\omega}{2}\right) \mathrm{e}^{\mathrm{j}\omega t} \mathrm{d}\omega \end{aligned} \tag{4.39}$$

它决定于尺度函数 $\phi(t)$ 的傅里叶变换 $\hat{\phi}(\omega)$ 和滤波器 $G$ 的频率传递函数 $G(\omega)$。而滤波器 $G$ 可通过式 (4.36) 或式 (4.37) 由滤波器 $H$ 直接计算得到。因此, 正交小波的计算归结为尺度函数 $\phi(t)$ 和滤波器冲激响应即尺度系数 $h(k)$ 的决定。

**定理 4.4** 设 $\sum\limits_{n=-\infty}^{\infty} h(n) = 1$, 则尺度系数和小波系数满足

$$\begin{cases} \sum\limits_{n=-\infty}^{\infty} h(n)h(n-2k) = \dfrac{1}{2}\delta_{k0} \\ \sum\limits_{n=-\infty}^{\infty} g(n)g(n-2k) = \dfrac{1}{2}\delta_{k0} \\ \sum\limits_{n=-\infty}^{\infty} h(n)g(n-2k) = 0 \\ \sum\limits_{n=-\infty}^{\infty} g(n)h(n-2k) = 0 \end{cases} \tag{4.40}$$

### 4.2.3 Mallat 算法

Mallat 给出了用来分解和重建的金字塔算法[170, 171]。算法的基本思想是: 假定我们已经计算出一函数或信号 $x \in L^2(\mathbb{R})$ 在分辨率 $2^{-j}$ 下的离散逼近 $A_j x$, 则 $x(t)$ 在分辨率 $2^{j+1}$ 下的离散逼近 $A_{j+1} x$ 可通过离散低频滤波器对 $A_j x$ 滤波获得。这里我们仅就一维信号来说明这一问题。

令 $\phi(t)$ 和 $\psi(t)$ 分别是函数 $x(t)$ 在 $2^0$ 分辨率逼近下的尺度函数和小波函数。对于 $c^0 = (c_n^0) \in L^2(\mathbb{Z})$, 令

$$x(t) = \sum_n c_n^0 \phi(t-n) \tag{4.41}$$

则 $x(t)$(下文简记为 $x$) 是 $V_0$ 中的元素。对 $x$ 可以用多尺度分析工具计算它的近似信息和细节信息。由于 $V_0 = V_1 + W_1$, $x$ 可以分解为 $V_1$ 和 $W_1$ 中的元素

$$x = A_1 x + D_1 x \tag{4.42}$$

它们可以用规范正交基展开

$$A_1 x = \sum_k c_k^1 \phi_{1,k} \tag{4.43}$$

$$D_1 x = \sum_k d_k^1 \psi_{1,k} \tag{4.44}$$

序列 $c^1 = \{c_k^1\}$ 代表了原始数据 $c^0$ 的近似, $d^1 = \{d_k^1\}$ 代表了 $c^0$ 和 $c^1$ 之间的信息差。

由于 $\phi_{1,k}$ 是 $V_1$ 的标准正交基, 所以

$$c_k^1 = \langle \phi_{1,k}, A_1 x \rangle = \langle \phi_{1,k}, x - D_1 x \rangle = \langle \phi_{1,k}, x \rangle = \sum_n c_n^0 \langle \phi_{1,k}, \phi_{0,n} \rangle \tag{4.45}$$

这里

$$\begin{aligned}\langle \phi_{1,k}, \phi_{0,n} \rangle &= 2^{-1/2} \int_{-\infty}^{+\infty} \phi\left(\frac{1}{2}x - k\right) \bar\phi\,(x - n)\,\mathrm{d}x \\ &= 2^{-1/2} \int_{-\infty}^{+\infty} \phi\left(\frac{1}{2}x\right) \bar\phi\,(x - (n - 2k))\,\mathrm{d}x\end{aligned} \tag{4.46}$$

这样式 (4.45) 可写为

$$c_k^1 = \sum_n h(n - 2k)c_n^0 \tag{4.47}$$

其中

$$h(n) = \langle \phi_{1,0}, \phi_{0,n} \rangle = 2^{-1/2} \int_{-\infty}^{+\infty} \phi\left(\frac{1}{2}x\right) \bar\phi\,(x - n)\,\mathrm{d}x \tag{4.48}$$

类似的, 有

$$d_k^1 = \sum_n g(n - 2k)c_n^0 \tag{4.49}$$

$$g(n) = 2^{-1/2} \int_{-\infty}^{+\infty} \psi\left(\frac{1}{2}x\right) \bar\phi\,(x - n)\,\mathrm{d}x \tag{4.50}$$

$d^1$ 和 $c^1$ 作为 $c^0$ 的函数, $c^1$ 是 $c^0$ 的平滑信息, $d^1$ 代表了两者的差别信息, $h(n)$ 和 $g(n)$ 由给定的多尺度分析确定。

如果定义 $l^2(\mathbb{Z})$ 到 $l^2(\mathbb{Z})$ 的算子 $H$ 和 $G$:

$$(Ha)_k = \sum_n h(n - 2k)a_n \tag{4.51}$$

$$(Ga)_k = \sum_n g(n - 2k)a_n \tag{4.52}$$

则式 (4.47) 和式 (4.49) 分别可写为

$$c^1 = Hc^0 \tag{4.53}$$

$$d^1 = Gc^0 \tag{4.54}$$

上述过程可以递归地进行。

由于 $A_1x \in V_1 = V_2 + W_2$, 可有

$$A_1x = A_2x + D_2x \tag{4.55}$$

$$A_2x = \sum_k c_k^2 \phi_{2,k} \tag{4.56}$$

$$D_2x = \sum_k d_k^2 \psi_{2,k} \tag{4.57}$$

这里

$$c_k^2 = \langle \phi_{2,k}, A_2x \rangle = \langle \phi_{1,k}, A_1x \rangle = \sum c_n^1 \langle \phi_{2,k}, \phi_{1,n} \rangle \tag{4.58}$$

易证

$$\langle \phi_{(j+1),k}, \phi_{j,n} \rangle = h(n - 2k), \quad j \in \mathbb{Z} \tag{4.59}$$

即有

$$c_k^2 = \sum_n h(n - 2k)c_n^1 \tag{4.60}$$

或

$$c^2 = Hc^1 \tag{4.61}$$

类似的, 有

$$d^2 = Gc^1 \tag{4.62}$$

上述过程可以进行任意次, 对于第 $j$ 次, 有

$$A_{j-1}x = A_jx + D_jx = \sum_k c_k^j \phi_{j,k} + \sum_k d_k^j \psi_{j,k} \tag{4.63}$$

$$c^{j+1} = Hc^j, \quad d^{j+1} = Gc^j \tag{4.64}$$

这就是分解公式。$c^{j+1}$ 是原始信号越来越低的分辨尺度下的平滑信息, $d^{j+1}$ 代表了 $c^j$ 和 $c^{j+1}$ 的区别信息。$c^{j+1}$ 和 $d^{j+1}$ 可由金字塔算法得到, 如图 4.1 所示为小波分解示意图。

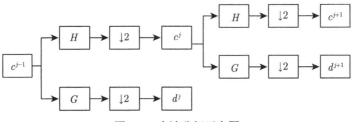

图 4.1 小波分解示意图

接着讨论小波重构问题。假设分解 $L$ 次之后, 得到 $d^1, d^2, \cdots, d^L$ 和 $c^L$。当已知 $c^j$ 和 $d^j$, 由

$$A_{j-1}x = A_jx + D_jx = \sum_k c_k^j \phi_{j,k} + \sum_k d_k^j \psi_{j,k} \tag{4.65}$$

得

$$
\begin{aligned}
c_n^{j-1} &= \langle \phi_{j-1,n}, A_{j-1}x \rangle \\
&= \sum_k c_k^j \langle \phi_{j-1,n}, \phi_{j,k} \rangle + \sum_k d_k^j \langle \phi_{j-1,n}, \psi_{j,k} \rangle \\
&= \sum_k \bar{h}(n-2k)c_k^j + \sum_k \bar{g}(n-2k)d_k^j
\end{aligned}
\tag{4.66}
$$

或

$$c_k^{j-1} = \sum_n \bar{h}(k-2n)c_n^j + \sum_n \bar{g}(k-2n)d_n^j \tag{4.67}$$

也可写为

$$c^{j-1} = H^*c^j + G^*d^j \tag{4.68}$$

这里 $H^*$ 和 $G^*$ 分别是 $H$ 和 $G$ 的对偶算子。小波重构示意图如图 4.2 所示。

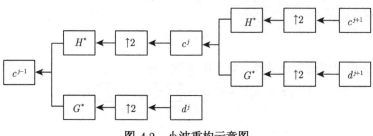

图 4.2　小波重构示意图

简单地说，Mallat 算法的基本思想是：将待处理的信号用正交变换在不同尺度进行分解，分解到粗尺度上的信号称之为平滑信号；在细尺度上存在，而在粗尺度上消失的信号称之为细节信号。设在尺度 $i$ 上，对给定的信号序列 $x_i(n) \in V_i \subset l^2(\mathbb{Z})(k \in \mathbb{Z})$，通过一个脉冲响应是 $h(n)$ 的低通滤波器可以获得粗尺度上的平滑信号 $x_{V,i+1}(n) \in V_{i+1}$（尺度 $i+1$）：

$$x_{V,i+1}(n) = \sum_k h(k - 2n)x_i(k) \tag{4.69}$$

通过脉冲响应是 $g(n)$ 的高通滤波器可获得相应的细节信号 $x_{D,i+1}(n) \in W_{i+1}$：

$$x_{D,i+1}(n) = \sum_n g(k - 2n)x_i(k) \tag{4.70}$$

原始信号 $x_i(n)$ 可由 $x_{V,i+1}(n)$ 和 $x_{D,i+1}(n)$ 完全重构。重构式为

$$x_i(n) = \sum_k h(n - 2k)x_{V,i+1}(k) + \sum_k g(n - 2k)x_{D,i+1}(k) \tag{4.71}$$

## 4.3　多尺度 Kalman 滤波

一类单传感器单模型动态系统为

$$x(k + 1) = A(k)x(k) + w(k) \tag{4.72}$$

$$z(k) = C(k)x(k) + v(k) \tag{4.73}$$

其中，$x(k) \in \mathbb{R}^{n \times 1}$ 是尺度 $L$ 上 $k$ 时刻的 $n$ 维状态向量；矩阵 $A(k) \in \mathbb{R}^{n \times n}$ 是系统矩阵；系统建模噪声 $w(k) \in \mathbb{R}^{n \times 1}$ 是一零均值随机序列，方差为 $Q(k)$。由一个传感器对系统进行观测，其值是 $z(k)$，$C(k) \in \mathbb{R}^{p \times n}(p \leqslant n)$ 是观测矩阵，观测噪声 $v(k) \in \mathbb{R}^{m \times 1}$ 为零均值高斯白噪声，方差为 $R(k)$。初始状态 $x(0)$ 的均值为 $x_0$，方差为 $P_0$。并假设 $x(0)$、$w(k)$、$v(k)$ 之间互不相关。下面用多尺度 Kalman 滤波方法给出状态 $x(k)$ 的最优估计。

为将信号从尺度 $L$ 分解到尺度 $i(L+1 \leqslant i \leqslant N)$，可将状态向量和测量向量分割成长度为 $M = 2^{N-L}$ 的数据块

$$\bar{x}(m) = [x^{\mathrm{T}}(mM+1) \quad x^{\mathrm{T}}(mM+2) \quad \cdots \quad x^{\mathrm{T}}(mM+M)]^{\mathrm{T}} \tag{4.74}$$

$$\bar{z}(m) = [z^{\mathrm{T}}(mM+1) \quad z^{\mathrm{T}}(mM+2) \quad \cdots \quad z^{\mathrm{T}}(mM+M)]^{\mathrm{T}} \tag{4.75}$$

则由式 (4.72) 和式 (4.73)，有

$$\bar{x}(m+1) = \bar{A}(m)\bar{x}(m) + \bar{B}(m)\bar{w}(m) \tag{4.76}$$

$$\bar{z}(m) = \bar{C}(m)\bar{x}(m) + \bar{v}(m) \tag{4.77}$$

其中

$$\bar{A}(m) = \begin{bmatrix} \dfrac{1}{M}\displaystyle\prod_{r=M}^{1} A(mM+r) & \dfrac{1}{M}\displaystyle\prod_{r=M}^{2} A(mM+r) & \cdots & \dfrac{1}{M}\displaystyle\prod_{r=M}^{M} A(mM+r) \\ 0 & \dfrac{1}{M-1}\displaystyle\prod_{r=M+1}^{2} A(mM+r) & \cdots & \dfrac{1}{M-1}\displaystyle\prod_{r=M+1}^{M} A(mM+r) \\ \vdots & \vdots & & \vdots \\ 0 & 0 & \cdots & \displaystyle\prod_{r=2M-1}^{M} A(mM+r) \end{bmatrix} \tag{4.78}$$

$$\bar{B}(m) = \begin{bmatrix} \dfrac{1}{M}\displaystyle\prod_{r=M}^{2} A(mM+r) & \dfrac{1}{M}\displaystyle\prod_{r=M}^{3} A(mM+r) & \cdots & 0 \\ 0 & \dfrac{1}{M-1}\displaystyle\prod_{r=M+1}^{2} A(mM+r) & \cdots & 0 \\ \vdots & \vdots & & \vdots \\ 0 & 0 & \cdots & I \end{bmatrix} \tag{4.79}$$

噪声 $\bar{w}(m) = [w^{\mathrm{T}}(mM+1) \quad w^{\mathrm{T}}(mM+2) \quad \cdots \quad w^{\mathrm{T}}(mM+2M-1)]^{\mathrm{T}}$ 的方差为 $\bar{Q}(m) = \mathrm{diag}\{Q(mM+1),\ Q(mM+2),\cdots,Q(mM+2M-1)\}$。观测矩阵为 $\bar{C}(m) = \mathrm{diag}\{C(mM+1),\ C(mM+2),\cdots,C(mM+M)\}$，观测噪声为 $\bar{v}(m) = [v^{\mathrm{T}}(mM+1) \quad v^{\mathrm{T}}(mM+2) \quad \cdots \quad v^{\mathrm{T}}(mM+M)]^{\mathrm{T}}$，其均值为零，方差为 $\bar{R}(m) = \mathrm{diag}\{R(mM+1),\ R(mM+2),\cdots,R(mM+M)\}$。

尺度 $L$ 上的信号 $\bar{x}(m)$ 向各个粗尺度 $i$ 分解，生成各个尺度上的平滑信号 $\bar{x}_{V,i}(m)(L+1 \leqslant i \leqslant N)$ 和相应的细节信号 $\bar{x}_{D,l}(m)(L+1 \leqslant l \leqslant i)$：

$$\bar{x}_{V,i}(m) = \prod_{r=i}^{L+1} \bar{H}_r \bar{x}(m) \tag{4.80}$$

$$\bar{x}_{D,l}(m) = \bar{G}_l \prod_{r=l-1}^{L+1} \bar{H}_r \bar{x}(m) \tag{4.81}$$

其中

$$\bar{H}_r = L_r^{\mathrm{T}} \mathrm{diag}\{H_r, H_r, \cdots, H_r\} L_{r-1} \tag{4.82}$$

$$\bar{G}_r = L_r^{\mathrm{T}} \mathrm{diag}\{G_r, G_r, \cdots, G_r\} L_{r-1} \tag{4.83}$$

$H_{i-1}$ 和 $G_{i-1}$ 是相应的尺度算子与小波算子。$L_r \in \mathbb{R}^{nM_r \times nM_L}$ 是将数据块 $\bar{x}(m)$ 变换成适应于小波变换形式的线性算子，例如，$x = [(x_{11}, x_{12}) \quad (x_{21}, x_{22})]^{\mathrm{T}}$，其线性变换很容易写成

$$\begin{bmatrix} x_{11} \\ x_{21} \\ x_{12} \\ x_{22} \end{bmatrix} = Lx = \begin{bmatrix} 1 & 0 & 0 & 0 \\ 0 & 0 & 1 & 0 \\ 0 & 1 & 0 & 0 \\ 0 & 0 & 0 & 1 \end{bmatrix} x \tag{4.84}$$

由第 4.2.2 节可知

$$\begin{cases} \bar{H}_r^{\mathrm{T}} \bar{H}_r + \bar{G}_r^{\mathrm{T}} \bar{G}_r = I \\ \begin{bmatrix} \bar{H}_r \bar{H}_r^{\mathrm{T}} & \bar{H}_r \bar{G}_r^{\mathrm{T}} \\ \bar{G}_r \bar{H}_r^{\mathrm{T}} & \bar{G}_r \bar{G}_r^{\mathrm{T}} \end{bmatrix} = \begin{bmatrix} I & 0 \\ 0 & I \end{bmatrix} \end{cases} \tag{4.85}$$

由式 (4.80) 和式 (4.81) 可得

$$\bar{\bar{x}}(m+1) = \bar{\bar{A}}(m)\bar{\bar{x}}(m) + \bar{\bar{w}}(m) \tag{4.86}$$

其中

$$\bar{\bar{x}}(m) = \bar{T}_i \bar{x}(m) = \begin{bmatrix} \bar{x}_{V,i}(m) \\ \bar{x}_{D,i}(m) \\ \bar{x}_{D,i-1}(m) \\ \vdots \\ \bar{x}_{D,L+2}(m) \\ \bar{x}_{D,L+1}(m) \end{bmatrix} \tag{4.87}$$

$$\bar{\bar{A}}(m) = \bar{T}_i \bar{A}(m) \bar{T}_i^{\mathrm{T}} \tag{4.88}$$

$$\bar{T}_i = \begin{bmatrix} \prod\limits_{r=i}^{L+1} \bar{H}_r \\ \bar{G}_i \prod\limits_{r=i-1}^{L+1} \bar{H}_r \\ \bar{G}_{i-1} \prod\limits_{r=i-2}^{L+1} \bar{H}_r \\ \vdots \\ \bar{G}_{L+2}\bar{H}_{L+1} \\ \bar{G}_{L+1} \end{bmatrix} \tag{4.89}$$

$$\bar{\bar{w}}(m) = \bar{T}_i \bar{w}(m) \tag{4.90}$$

且有

$$E[\bar{\bar{w}}(m)] = 0 \tag{4.91}$$

$$E[\bar{\bar{w}}(m)\bar{w}(m)^{\mathrm{T}}] = \bar{\bar{Q}}(m) = \bar{T}_i \bar{Q}(m) \bar{T}_i^{\mathrm{T}} \tag{4.92}$$

由式 (4.85) 和式 (4.89) 可得

$$\bar{T}_i^{\mathrm{T}} T_i = I \tag{4.93}$$

由式 (4.87) 和式 (4.77) 可改写为

$$\bar{z}(m) = \bar{\bar{C}}(m)\bar{\bar{x}}(m) + \bar{v}(m) \tag{4.94}$$

其中

$$\bar{\bar{C}}(m) = \bar{C}(m)\bar{T}_i \tag{4.95}$$

对系统模型 (4.86) 和观测模型 (4.94) 组成的系统进行 Kalman 滤波，可得

$$\hat{\bar{\bar{x}}}(m+1|m+1) = \hat{\bar{\bar{x}}}(m+1|m) + \bar{\bar{K}}(m+1)[\bar{z}(m+1) \\ -\bar{\bar{C}}(m+1)\hat{\bar{\bar{x}}}(m+1|m)] \tag{4.96}$$

$$\bar{\bar{P}}(m+1|m+1) = [I - \bar{\bar{K}}(m+1)\bar{\bar{C}}(m+1)]\bar{\bar{P}}(m+1|m) \tag{4.97}$$

其中

$$\hat{\bar{\bar{x}}}(m+1|m) = \bar{\bar{A}}(m)\hat{\bar{\bar{x}}}(m|m) \tag{4.98}$$

$$\bar{\bar{P}}(m+1|m) = \bar{\bar{A}}(m)\bar{\bar{P}}(m|m)\bar{\bar{A}}(m)^{\mathrm{T}} + \bar{\bar{Q}}(m) \tag{4.99}$$

$$\bar{\bar{K}}(m+1) = \bar{\bar{P}}(m+1|m)\bar{\bar{C}}^{\mathrm{T}}(m+1)[\bar{\bar{C}}(m+1)\bar{\bar{P}}(m+1|m)\bar{\bar{C}}(m+1)^{\mathrm{T}}$$
$$+ \bar{\bar{Q}}(m+1)]^{-1} \tag{4.100}$$

因此，我们得到 $\hat{\bar{\bar{x}}}(m|m)$，$m = 0, 1, 2, \cdots$。

根据小波变换的综合形式，可以得到状态在不同尺度上的估计

$$\hat{\bar{x}}_{l-1}(m|m) = \bar{H}_l^{\mathrm{T}}\hat{\bar{x}}_{V,l}(m|m) + \bar{G}_l^{\mathrm{T}}\hat{\bar{x}}_{D,l}(m|m), \quad l = L+1, L+2, \cdots, i \tag{4.101}$$

那么，最细尺度 1 上数据的多尺度估计由下式给出：

$$\hat{\bar{x}}(m|m) = T_i^{\mathrm{T}} \begin{bmatrix} \hat{\bar{x}}_{V,i}(m|m) \\ \hat{\bar{x}}_{D,i}(m|m) \\ \hat{\bar{x}}_{D,i-1}(m|m) \\ \vdots \\ \hat{\bar{x}}_{D,L+1}(m|m) \end{bmatrix} \tag{4.102}$$

## 4.4  基于多尺度测量预处理的数据融合

### 4.4.1  系统描述

考虑一类单模型多传感器分布式动态系统

$$x(k+1) = A(k)x(k) + w(k) \tag{4.103}$$
$$z_i(k_i) = C_i(k_i)x_i(k_i) + v_i(k_i) \tag{4.104}$$

其中，指标 $i(i = L, L+1, \cdots, N)$ 表示尺度，$L$ 表示最细尺度，$N$ 表示最粗尺度；$x(k) \in \mathbb{R}^{n\times 1}$ 是状态向量；$A(k) \in \mathbb{R}^{n\times n}$ 为系统矩阵；$z_i(k_i) \in \mathbb{R}^{m_i\times 1}$ 为尺度 $i$ 上的传感器对状态的观测值；$C_i(k_i) \in \mathbb{R}^{m_i\times n}$ 是相应的观测阵。本章假设传感器采样率之间为 2 倍关系。系统噪声 $w(k)$ 和观测噪声 $v_i(k_i)$ 为互不相关的、零均值的白噪声序列，且满足

$$E\left[w(k)w^{\mathrm{T}}(j)\right] = Q(k)\delta_{kj} \tag{4.105}$$
$$E\left[v_i(k_i)v_i^{\mathrm{T}}(k_j)\right] = R_i(k_i)\delta_{k_ik_j} \tag{4.106}$$

状态变量的初始值 $x(0)$ 为一随机向量，且有

$$E[x(0)] = x_0 \tag{4.107}$$
$$E\{[x(0)-x_0][x(0)-x_0]^{\mathrm{T}}\} = P_0 \tag{4.108}$$

假设 $x(0)$、$w(k)$、$v_i(k_i)$ 之间互不相关。

### 4.4.2　信号的多尺度表示

若将信号序列 $\{x_i(k_i)\}_{k\in\mathbb{Z}}$ 分割成长度为 $M_i = 2^{N-i}(i = L, \cdots, N$，并记 $M \overset{\text{def}}{=} M_L)$ 的数据块

$$X_i(m) = [x_i^{\text{T}}(mM_i + 1) \quad x_i^{\text{T}}(mM_i + 2) \quad \cdots \quad x_i^{\text{T}}(mM_i + M_i)]^{\text{T}} \tag{4.109}$$

则状态变量数据块 $X_L(m + 1)$ 与 $X_L(m)$ 之间的动态关系为[55]

$$X_L(m + 1) = A_L(m)X_L(m) + W_L(m) \tag{4.110}$$

其中

$$A_L(m) = \text{diag}\left\{\prod_{k=M}^{1} A(mM + k), \cdots, \prod_{k=2M-1}^{M} A(mM + k)\right\} \tag{4.111}$$

$$W_L(m) = B_L(m) \begin{bmatrix} w(mM + 1) \\ \vdots \\ w(mM + M) \\ \vdots \\ w(mM + 2M - 1) \end{bmatrix} \tag{4.112}$$

$$B_L(m) = \begin{bmatrix} \prod_{k=M}^{2} A(mM + k) & \prod_{k=M}^{3} A(mM + k) & \cdots & I & \cdots & 0 \\ 0 & \prod_{k=M+1}^{3} A(mM + k) & \cdots & A(N, mM + M + 1) & \cdots & 0 \\ \vdots & \vdots & & \vdots & & \vdots \\ 0 & 0 & \cdots & \prod_{k=2M-1}^{M+1} A(mM + k) & \cdots & I \end{bmatrix}$$
$$\tag{4.113}$$

$W_L(m)$ 具有统计特性

$$E[W_L(m)] = 0 \tag{4.114}$$

$$E[W_L(m)W_m^{\text{T}}(N)] = B_L(m)Q_L(m)B_L^{\text{T}}(m) \tag{4.115}$$

这里

$$Q_L(m) = \text{diag}\{Q(mM + 1), Q(N, mM + 2), \cdots, Q(mM + 2M - 1)\} \tag{4.116}$$

同样, 若将尺度 $i$ 上的观测值和观测误差也写成形如式 (4.109) 的数据块形式, 并分别记为 $Z_i(m)$、$V_i(m)$, 则有

$$Z_i(m) = \bar{C}_i(m)X_L(m) + V_i(m) \tag{4.117}$$

其中

$$\bar{C}_i(m) = \text{diag}\{C_i(mM_i + 1)\delta(i), \cdots, C_i(mM_i + M_i)\delta(i)\} \tag{4.118}$$

$\delta(i)$ 是 $n \times n2^{N-i}$ 维矩阵, 其最后 $n$ 列为一单位阵, 而其余元素均为零元; $V_i(m)$ 具有统计特性

$$E[V_i(m)] = 0 \tag{4.119}$$

$$E[V_i(m)V_i^{\text{T}}(m)] = \bar{R}_i(m) \tag{4.120}$$

这里

$$\bar{R}_i(m) = \text{diag}\{R_i(mM_i + 1), R_i(mM_i + 2), \cdots, R_i(mM_i + M_i)\} \tag{4.121}$$

### 4.4.3　基于小波变换的多尺度测量预处理

基于小波变换的多尺度测量预处理方法的基本思想是: 对测量信号 (如 $Z = \{z(k)\}_{k\in\mathbb{Z}}$) 进行离散小波变换, 根据系统的先验信息和细节信号的统计特性进行分析, 对细节信号做阈值处理, 再由离散小波逆变换重构量测, 作为新的测量值 ($\bar{Z} = \{\bar{z}(k)\}_{k\in\mathbb{Z}}$)。利用离散小波变换, 从原始尺度 (最细尺度)1 开始分解 $m(1 \leqslant m \leqslant N - L)$ 次, 可以获得尺度 $L+1, L+2, \cdots, L+m$ 上的平滑信号 $Z_{V,j}$ 和细节信号 $Z_{D,j}$, $j = L+1, L+2, \cdots, L+m$:

$$z_{V,i+1}(n) = \sum_k h(k - 2n)z_{V,i}(k) \tag{4.122}$$

$$z_{D,i+1}(n) = \sum_k g(k - 2n)z_{V,i}(k) \tag{4.123}$$

其中, $Z_{D,i} = \{z_{D,i}(n)\}_{n\in\mathbb{Z}}$, $Z_{V,i} = \{z_{V,i}(n)\}_{n\in\mathbb{Z}}$, $i = L+1, L+2, \cdots, L+m; m = 1, 2, \cdots, N - L$。

对细节信号 $Z_{D,i} = \{z_{D,i}(n)\}_{n\in\mathbb{Z}}$ 进行预处理后记为 $\bar{Z}_{D,i} = \{\bar{z}_{D,i}(n)\}_{n\in\mathbb{Z}}$, 利用小波的重构公式, 尺度 $i$ 上新的测量 $\bar{Z}_{V,i}$ 可由尺度 $i+1$ 上的平滑信号 $Z_{V,i+1}$ 和处理后的细节 $\bar{Z}_{D,i+1}$ 重构得到

$$\bar{z}_{V,i}(n) = \sum_k h(n - 2k)z_{V,i+1}(k) + \sum_k g(n - 2k)\bar{z}_{D,i+1}(k) \tag{4.124}$$

同样，用尺度 $j = L+1, L+2, \cdots, L+m$ 上的细节信号 $Z_{D,j}$ 预处理后新的细节 $\bar{Z}_{D,j}$ 代替原来的细节信号，再利用尺度 $m+L$ 上的平滑信号 $Z_{V,m+L}$ 可重构尺度 $L$ 上的量测值。因此，对量测信号 $Z = \{z(k)\}_{k\in\mathbb{Z}}$ 分解 $m$ 次对细节信号处理后再重构到原始尺度 $L$，可得到原始尺度 $L$ 上的 $m$ 个预处理后的量测 $\bar{Z}_{V,L+1}, \bar{Z}_{V,L+2}, \cdots, \bar{Z}_{V,L+m}$。以 $\bar{Z}_{V,L+1}, \bar{Z}_{V,L+2}, \cdots, \bar{Z}_{V,L+m}$ 中任一个或其加权平均为新的量测，记为 $Z^* = \{z^*(k)\}_{k\in\mathbb{Z}}$，并用它代替原量测信号 $Z = \{z(k)\}_{k\in\mathbb{Z}}$ 作为新的测量信号。

综上所述，一般说来，基于小波变换的信号的消噪过程可分为三个步骤：

(1) 信号的小波分解。选择一个小波并进行 $m$ 层小波分解。

(2) 小波分解高频系数的阈值处理。对第 1 层到第 $m$ 层的每一层高频系数，选择合适的阈值进行量化处理。

(3) 小波重构。根据小波分解的第 $m$ 层的低频系数和经过阈值处理后的第一层到第 $m$ 层高频系数，进行小波重构。

利用小波变换对信号进行消噪处理，重要的是选择一个好的小波以及选取适当的阈值。选择小波时，一般要求其具有良好的时频局部性，可以很好地显示出突变信息，进行消噪处理。除了本章具体的消噪 (预处理) 方法外，针对具体情形，也可直接利用现有小波包中的阈值处理方案。一般说来，阈值处理的实现方法有两种，即软阈值和硬阈值。而阈值的选取规则一般有以下几种：

(1) 无偏似然估计原理的自适应阈值选择。它是一个软件阈值估计器。对一个给定的阈值 $T$，得到它的似然估计，再将其最小化，得到所选的阈值。

(2) 固定阈值选择，等于 sqrt(2 * log(length(x)))。

(3) 最优阈值选择。它是以上两种阈值的综合。一般说来，当信噪比比较大时，用固定阈值；当信噪比比较小或扰动比较大时，用软阈值估计器确定阈值。

(4) 极大极小值原理选择阈值。选择的原理是按照最小均方误差法则进行的。

### 4.4.4　基于多传感器多尺度测量预处理的信号去噪方法

利用上述基于小波变换的阈值处理方法，对尺度 $i$ 上的观测信号 $Z_i(m)$ 进行预处理，并记为 $\bar{Z}_i(m)$。为了描述算法，假设已得到第 $m$ 个状态向量块 $X_L(m)$ 基于全局信息的融合估计值 $\hat{X}(m|m)$ 和相应的估计误差协方差矩阵 $P(m|m)$，则有

$$\hat{X}(m+1|m+1) = P(m+1|m+1)\left[\sum_{i=L}^{N} P_i^{-1}(m+1|m+1)\hat{X}_i(m+1|m+1)\right.$$

$$\left. - (N-1)P^{-1}(m+1|m)\hat{X}(m+1|m)\right] \tag{4.125}$$

$$P^{-1}(m+1|m+1) = \sum_{i=L}^{N} [P_i^{-1}(m+1|m+1) - (N-1)P^{-1}(m+1|m)] \quad (4.126)$$

其中

$$
\begin{aligned}
\hat{X}_i(m+1|m+1) = {} & \hat{X}(m+1|m) + K_i(m+1)[\bar{Z}_i(m+1) \\
& - C_i(m+1)\hat{X}(m+1|m)]
\end{aligned}
\quad (4.127)
$$

$$\hat{X}(m+1|m) = A_L(m)\hat{X}(m|m) \quad (4.128)$$

$$P(m+1|m) = A_L(m)P(m|m)A_L^{\mathrm{T}}(m) + B_L(m)Q_L(m)B_L^{\mathrm{T}}(m) \quad (4.129)$$

$$
\begin{aligned}
K_i(m+1) = {} & P(m+1|m)C_i^{\mathrm{T}}(m+1)[C_i(m+1)P(m+1|m) \\
& \cdot C_i^{\mathrm{T}}(m+1) + R_i(m+1)]^{-1}
\end{aligned}
\quad (4.130)
$$

$$P_i(m+1|m+1) = [I - K_i(m+1)C_i(m+1)]P(m+1|m) \quad (4.131)$$

式 (4.125)~ 式 (4.131) 称为多尺度测量预处理的多传感器数据融合方程。需要说明的是，将式 (4.127) 中的 $\bar{Z}_i(m+1)$ 换成 $Z_i(m+1)$ 就是普通意义下的集中式多传感器信息融合算法。

## 4.5  仿 真 实 例

在动态系统式 (4.103) 和式 (4.104) 中，设最细尺度 $L = 1$，最粗尺度 $N = 3$，$A = 0.906$，$C_i = 1.0$，$i = 1, 2, 3$，$Q = 1.0$。初始条件为：$x_0 = 10$，$P_0 = 10$。取 $R_1 = 10$，$R_2 = 1$，$R_3 = 0.1$。本例将给出利用第 4.4 节介绍的算法进行状态融合估计的仿真结果。

本例利用 Haar 小波，用软阈值的方法对各个传感器的观测信号分别进行预处理。

图 4.3 ~ 图 4.7 是本例的仿真曲线。其中，图 4.3 比较了只利用传感器 1 的信息直接进行 Kalman 滤波，或者利用本章第 4.4 节的算法对观测数据进行小波变换去噪预处理后再进行 Kalman 滤波的估计曲线和相应的误差曲线。图 4.4 和 4.5 分别比较了融合两个传感器 (传感器 1 和传感器 2) 和融合三个传感器之后直接 Kalman 滤波或对观测进行预处理后 Kalman 滤波融合的估计结果。从图 4.3~ 图 4.5 可以看出，无论是否进行多传感器数据融合，先对观测数据进行预处理后再使用都能得到更好的估计结果。表明本章提出的多尺度小波去噪预处理方法是有效的。

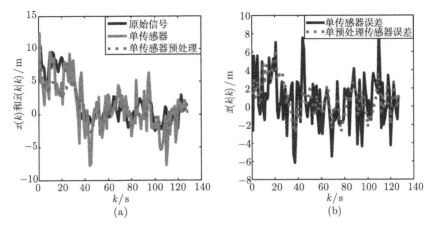

图 4.3　单传感器 Kalman 滤波与预处理后 Kalman 滤波的仿真比较

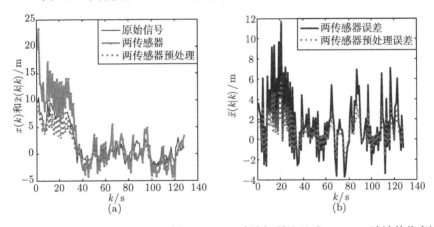

图 4.4　融合传感器 1 和传感器 2 进行 Kalman 滤波与预处理后 Kalman 滤波的仿真比较

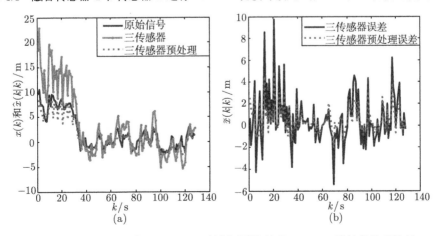

图 4.5　融合三个传感器 Kalman 滤波与预处理后 Kalman 滤波的仿真比较

图 4.6 比较了只利用传感器 1 的数据 Kalman 滤波，或者融合三个传感器的数据后 Kalman 的状态估计结果。从中可以看出，数据融合算法是有效的。图 4.7 和图 4.6 的区别在于，在对传感器 1 的数据进行 Kalman 滤波或对三个传感器的数据进行融合估计前，首先对观测数据进行了预处理。可以看出，都进行去噪预处理后，融合估计的结果依然优于单传感器的估计结果。

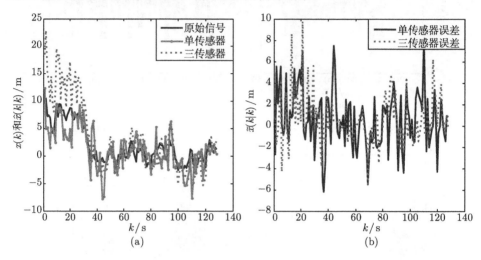

图 4.6　单传感器 Kalman 滤波与融合三个传感器 Kalman 滤波的仿真比较

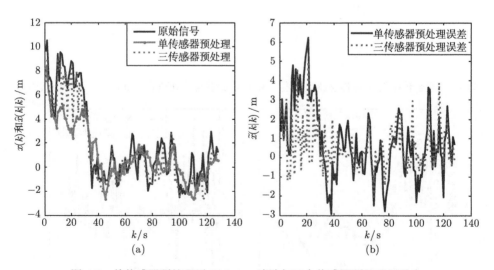

图 4.7　单传感器预处理后 Kalman 滤波与三个传感器预处理后融合
Kalman 滤波的仿真比较

综合图 4.3～图 4.7，本节的仿真结果表明：

(1) 在利用同样观测数据的条件下, 对观测数据进行小波变换去噪预处理比不进行预处理能得到更好的估计结果, 如图 4.3～ 图 4.5 所示;

(2) 直接利用原始观测数据进行 Kalman 滤波情况下, 参与融合的传感器数据越多, 得到的估计效果越好, 参见图 4.6;

(3) 在对观测数据都进行小波分解去噪预处理条件下, 参与状态估计的数据越多 (多传感器融合), 得到的估计结果越好, 参见图 4.7。

综合 (2) 和 (3) 即有: 不管是否对测量信号进行预处理, 融合多个传感器的估计结果都优于单个传感器的相应情况, 即数据融合算法是有效的。而 (1) 则表明无论参与 Kalman 滤波的数据多少, 对观测数据进行小波变换去噪预处理比不进行预处理都能得到更好的估计结果。因此, 综上, 本节的仿真表明本章提出的基于多尺度测量预处理的多传感器数据融合估计算法是有效的。

## 4.6　本 章 小 结

本章主要介绍了基于小波变换的多尺度 Kalman 滤波。首先, 对小波变换的基本理论, 包括连续小波变换、离散小波变换、多尺度分析、Mallat 算法等进行了介绍。随后, 在多尺度系统理论的框架下, 介绍了多尺度 Kalman 滤波方法, 并建立了一种基于多传感器多尺度测量预处理的多传感器数据融合算法, 在最细尺度上获得了基于全局信息的融合估计结果, 并针对具体应用实例, 对算法的有效性进行了计算机仿真实验。

需要说明的是, 本章只介绍了单小波的多尺度分析。当 $V_j$ 需要由多个尺度函数张成时, 对应的会有多个小波母函数。此时的小波分解和重构就是目前研究较多的多小波。此外, 本章介绍的是标准的多尺度分析。事实上, 多尺度分析的外延可以拓宽。对于多尺度分析的定义关键在于定义 4.3 中的 (1)、(2) 两条, 分辨率也并不一定局限于 $2^{-j}$, 可以是 $n^{-j}$ ($n, j$ 是任意整数)。此时, 可以证明: 式 (4.24)～ 式 (4.29) 依然成立。称这种拓宽外延之后的多尺度分析为广义多尺度分析, 基于此, 可以研究更加广泛的信号类。特别的, 广义多尺度分析为多速率数据融合估计提供了一个很好的研究平台。

# 第5章 基于线性系统的多速率传感器数据融合估计

## 5.1 引　言

早期关于多传感器数据融合状态估计问题的研究一般都假设各个传感器之间的观测速率相同。然而，在实际系统中，由于各种原因，例如，信号变化速率相差很大，检测装置的采样周期各不相同，要求系统各处都采用单一的采样周期同时采样是不实际的，甚至是不可能的。因此，怎样将具有不同观测速率 (或采样速率) 的多个传感器获得的信息进行有效的融合就成为目前亟待解决的问题。

现有的多速率滤波器设计的方法存在以下缺点[56]：①需要状态和观测的扩维，这将导致计算量的成倍增加；②需要根据采样率的不同和问题的不同，有针对性地设计滤波器，较为繁琐；③存在长时间的延迟，实时性差。因此，不能有效地解决多速率数据融合估计的问题。

本章首先给出了一种形式上更加简便的分块数据融合状态估计算法。然而，如前所述，由于这里对状态进行了扩维，因此，计算量比较大。为了减少计算量，本章随后在不插值、状态和观测不扩维的情况下给出了两种解决多速率传感器线性动态系统的数据融合状态估计问题的方案。并证明了融合多个传感器获得的最高采样率下状态的估计值优于单传感器的 Kalman 滤波结果，而减少任何一个传感器的信息所获得的估计值的误差协方差都将增大。针对机动目标跟踪实例进行了仿真，验证了算法的实用性和有效性。

## 5.2　问题描述

有 $N$ 个传感器同时进行观测的同步、多速率传感器、单模型离散线性动态系统可描述为[56, 172]

$$x(k+1) = A(k)x(k) + G(k)u(k) + \Gamma(k)w(k) \tag{5.1}$$

$$z_i(k) = C_i(k)x_i(k) + y_i(k) + v_i(k), \quad i = 1, 2, \cdots, N \tag{5.2}$$

其中，$x(k) \in \mathbb{R}^{n \times 1}$ 表示最高采样速率 $S_1$ 下 $k$ 时刻的状态变量；$A(k) \in \mathbb{R}^{n \times n}$ 是系统矩阵；$u(k) \in \mathbb{R}^{n \times 1}$ 是控制项；$G(k) \in \mathbb{R}^{n \times n}$ 是一已知矩阵；$\Gamma(k) \in \mathbb{R}^{n \times n}$ 表示已知的矩阵增益，系统噪声 $w(k) \in \mathbb{R}^{n \times 1}$ 是高斯白噪声，满足

$$E[w(k)] = 0 \qquad (5.3)$$

$$E[w(k)w^{\mathrm{T}}(l)] = Q(k)\delta_{kl} \qquad (5.4)$$

$z_i(k) \in \mathbb{R}^{q_i \times 1}(q_i \leqslant n)$ 表示采样率为 $S_i$ 的第 $i$ 个传感器的第 $k$ 次观测, 满足

$$S_i = S_1/n_i, \quad i = 1, 2, \cdots, N \qquad (5.5)$$

其中, $n_i$ 是已知的正整数, $n_1 = 1$。因此, 传感器 $i$ 和 $j$ 之间采样速率之比为

$$S_i/S_j = n_j/n_i \qquad (5.6)$$

$C_i(k) \in \mathbb{R}^{q_i \times n}$ 表示观测矩阵; $y_i(k) \in \mathbb{R}^{q_i \times 1}$ 是非随机的观测系统误差, 在采样间隔内为常数; 观测误差 $v_i(k) \in \mathbb{R}^{q_i \times 1}$ 是高斯白噪声, 满足

$$E[v_i(k)] = 0 \qquad (5.7)$$

$$E[v_i(k)v_j^{\mathrm{T}}(l)] = R_i(k)\delta_{ij}\delta_{kl} \qquad (5.8)$$

$$E[v_i(k)w^{\mathrm{T}}(l)] = 0, \quad k, l > 0 \qquad (5.9)$$

式 (5.2) 中, $i(1 \leqslant i \leqslant N)$ 表示传感器。传感器 1 具有最高采样率。传感器 $i = N$ 具有最低的采样率。传感器 $i = 2, 3, \cdots, N - 1$ 的采样速率介于二者之间。$\{k\}$ 表示时间序列。对于传感器 1, $k$ 表示时刻; 而对于传感器 $i(2 \leqslant i \leqslant N)$, $k$ 表示传感器的第 $k$ 次采样, 其所对应的采样时刻为 $\{n_i k\}$ , 即

$$x_i(k) = x(n_i k), \quad i = 1, 2, \cdots, N \qquad (5.10)$$

为了便于理解, 以图 5.1 为例说明本章各传感器和时间、采样点的对应关系。其中, 画出了 3 个传感器, 传感器 1 具有最高采样速率, 而传感器 3 具有最低采样速率。横轴表示时刻, 纵轴表示传感器。不同传感器之间采样率之比为 $S_1 : S_2 = 2 : 1$ 和 $S_2 : S_3 = 3 : 2$。

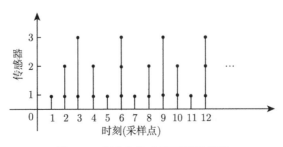

图 5.1　多速率传感器采样示意图

初始状态向量 $x(0)$ 是一个随机变量，满足

$$E[x(0)] = x_0 \tag{5.11}$$

$$E\{[x(0) - x_0][x(0) - x_0]^{\mathrm{T}}\} = P_0 \tag{5.12}$$

并假设 $x(0)$、$w(k)$ 和 $v_i(k)$ 统计独立。

本章的目的在于融合各个传感器的观测信息获得最高采样率下状态的最优估计值。

## 5.3　线性动态系统的多速率多传感器数据融合估计

### 5.3.1　基于状态分块的融合估计算法

#### 1. 分块线性模型的建立

**定理 5.1**　对 $i = 2, 3, \cdots, N$，设同步多速率传感器动态系统的系统描述如 5.2 节所示，则基于传感器 $i(1 \leqslant i \leqslant N)$ 的动态系统模型可写为[56]

$$X(k+1) = A_1(k)X(k) + G_1(k)u_1(k) + \varGamma_1(k)W_1(k) \tag{5.13}$$

$$Z_i(k) = \bar{C}_i(k)X(k) + Y_i(k) + V_i(k) \tag{5.14}$$

其中

$$X(k) = [x^{\mathrm{T}}((k-1)M+1) \quad x^{\mathrm{T}}((k-1)M+2) \quad \cdots \quad x^{\mathrm{T}}(kM)]^{\mathrm{T}} \tag{5.15}$$

$$u_1(k) = [u^{\mathrm{T}}(kM) \quad u^{\mathrm{T}}(kM+1) \quad \cdots \quad u^{\mathrm{T}}(kM+M-1)]^{\mathrm{T}} \tag{5.16}$$

$$Z_i(k) = [z_i^{\mathrm{T}}((k-1)M_i+1) \quad z_i^{\mathrm{T}}((k-1)M_i+2) \quad \cdots \quad z_i^{\mathrm{T}}(kM_i)]^{\mathrm{T}} \tag{5.17}$$

$$Y_i(k) = [y_i^{\mathrm{T}}((k-1)M_i+1) \quad y_i^{\mathrm{T}}((k-1)M_i+2) \quad \cdots \quad y_i^{\mathrm{T}}(kM_i)]^{\mathrm{T}} \tag{5.18}$$

$$A_1(k) = \begin{bmatrix} 0 & 0 & \cdots & A(kM) \\ 0 & 0 & \cdots & A(kM+1)A(kM) \\ \vdots & \vdots & & \vdots \\ 0 & 0 & \cdots & \displaystyle\prod_{l=M-1}^{0} A(kM+l) \end{bmatrix} \tag{5.19}$$

$$G_1(k) = \begin{bmatrix} G(kM) & 0 & \cdots & 0 \\ A(kM+1)G(kM) & G(kM+1) & \cdots & 0 \\ \vdots & \vdots & & \vdots \\ \prod_{l=M-1}^{1} A(kM+l)G(kM) & \prod_{l=M-1}^{2} A(kM+l)G(kM+1) & \cdots & G(kM+M-1) \end{bmatrix}$$

$$\tag{5.20}$$

$$\Gamma_1(k) = \begin{bmatrix} \Gamma(kM) & 0 & \cdots & 0 \\ A(kM+1)\Gamma(kM) & \Gamma(kM+1) & \cdots & 0 \\ \vdots & \vdots & & \vdots \\ \prod_{l=M-1}^{1} A(kM+l)\Gamma(kM) & \prod_{l=M-1}^{2} A(kM+l)\Gamma(kM+1) & \cdots & \Gamma(kM+M-1) \end{bmatrix}$$

$$\tag{5.21}$$

$$\bar{C}_i(k) = \mathrm{diag}\{C_i((k-1)M_i+1)I_{n_{i,1}}, C_i((k-1)M_i+2)I_{n_{i,2}}, \cdots, C_i(kM_i)I_{n_{i,M}}\} \tag{5.22}$$

而 $M = m(n_1, n_2, \cdots, n_N)$ 表示 $n_1, n_2, \cdots, n_N$ 的最小公倍数；$M_i = M/n_i(i = 1, 2, \cdots, N)$；$I_{n_{i,j}}$ 是 $n \times nM$ 维的矩阵，它由 $M$ 块 $n$ 维矩阵组成，其中第 $j \times n_i$ 块为单位阵，其余为零矩阵。

$W_1(k)$ 和 $V_i(k)$ 是互不相关的零均值高斯白噪声序列，满足

$$E[W_1(k)] = 0 \tag{5.23}$$

$$E[W_1(k)W_1^{\mathrm{T}}(j)] = \bar{Q}_1(k)\delta_{kj} \tag{5.24}$$

$$E[V_i(k)] = 0 \tag{5.25}$$

$$E[V_i(k)V_j^{\mathrm{T}}(l)] = \bar{R}_i(k)\delta_{ij}\delta_{kl}, \quad i, j = 1, 2, \cdots, N; k, l = 1, 2, \cdots \tag{5.26}$$

$$E[W_1(k)V_j^{\mathrm{T}}(l)] = 0, \quad j = 1, 2, \cdots, N; k, l = 1, 2, \cdots \tag{5.27}$$

其中

$$Q_1(k) = \mathrm{diag}\{Q(kM), Q(kM+1), \cdots, Q(kM+M-1)\} \tag{5.28}$$

$$\bar{R}_i(k) = \mathrm{diag}\{R_i((k-1)M_i+1), R_i((k-1)M_i+2), \cdots, R_i(kM_i)\} \tag{5.29}$$

**证明**　将信号序列 $\{x(k_i), i = 1, 2, \cdots, N\}_{k \in \mathbb{Z}}$ 分割成长度为 $M_i$ 的数据块形式，即

$$X_i(k) = \begin{bmatrix} x_i^{\mathrm{T}}((k-1)M_i+1) & x_i^{\mathrm{T}}((k-1)M_i+2) & \cdots & x_i^{\mathrm{T}}(kM_i) \end{bmatrix}^{\mathrm{T}} \tag{5.30}$$

则当 $i = 1$ 时，$M_1 = M$，$x_1(k) = x(k)$，并且

$$X(k) = \begin{bmatrix} x^{\mathrm{T}}((k-1)M+1) & x^{\mathrm{T}}((k-1)M+2) & \cdots & x^{\mathrm{T}}(kM) \end{bmatrix}^{\mathrm{T}} \tag{5.31}$$

由式 (5.1) 有

$$x(kM+1) = A(kM)x(kM) + G(kM)u(kM) + \Gamma(kM)w(kM) \tag{5.32}$$

$$\begin{aligned} x(kM+2) = & A(kM+1)A(kM)x(kM) + A(kM+1)G(kM)u(N,kM) \\ & + G(kM+1)u(kM+1) + A(kM+1)\Gamma(kM)w(kM) \\ & + \Gamma(kM+1)w(kM+1) \end{aligned} \tag{5.33}$$

$$\vdots$$

$$\begin{aligned} x(kM+M) \ = \ & A(kM+M-1)x(kM+M-1) \\ & + G(kM+M-1)u(kM+M-1) \\ & + \Gamma(kM+M-1)w(kM+M-1) \\ = \ & \prod_{l=M-1}^{0} A(kM+l)x(kM) \\ & + \sum_{m=0}^{M-2} \prod_{l=M-1}^{m+1} A(kM+l)G(kM+m)u(kM+m) \\ & + G(kM+M-1)u(kM+M-1) \\ & + \sum_{m=0}^{M-2} \prod_{l=M-1}^{m+1} A(kM+l)\Gamma(kM+m)w(kM+m) \\ & + \Gamma(kM+M-1)w(kM+M-1) \end{aligned} \tag{5.34}$$

因此

$$X(k+1) = A_1(k)X(k) + G_1(k)u_1(k) + \Gamma_1(k)W_1(k) \tag{5.35}$$

其中

$$W_1(k) = \begin{bmatrix} w(kM) \\ w(kM+1) \\ \vdots \\ w(kM+M-1) \end{bmatrix} \tag{5.36}$$

而 $X(k)$、$A_1(k)$、$G_1(k)$、$u_1(k)$ 和 $\Gamma_1(k)$ 分别由式 (5.15)、式 (5.19)、式 (5.20)、式 (5.16) 和式 (5.21) 计算。

由式 (5.36)、式 (5.3) 和式 (5.4)，有式 (5.23)、式 (5.24) 和式 (5.28)。

下面推导观测方程。

由式 (5.10) 可得

$$x_i((k-1)M_i+j) = [\, 0 \quad \cdots \quad 0 \quad I_{n_i} \quad 0 \quad \cdots \quad 0 \,]X(k) \tag{5.37}$$

其中，$I_{n_i} = [\, 0 \quad 0 \quad \cdots \quad I_n \,]$ 是一个 $n \times nn_i$ 维的矩阵，它由 $n_i$ 个 $n$ 维矩阵组成，其中除最后一个 $n$ 维矩阵为单位阵外，其余全为零。因此

$$X_i(k) \overset{\text{def}}{=} \begin{bmatrix} x(i,(k-1)M_i+1) \\ x(i,(k-1)M_i+2) \\ \vdots \\ x(i,(k-1)M_i+M_i) \end{bmatrix} = \begin{bmatrix} I_{n_i} & 0 & \cdots & 0 \\ 0 & I_{n_i} & \cdots & 0 \\ \vdots & \vdots & & \vdots \\ 0 & 0 & \cdots & I_{n_i} \end{bmatrix} X(k) \tag{5.38}$$

进而

$$Z_i(k) = \bar{C}_i(k)X(k) + Y_i(k) + V_i(k) \tag{5.39}$$

其中

$$V_i(k) = \begin{bmatrix} v_i((k-1)M_i+1) \\ v_i((k-1)M_i+2) \\ \vdots \\ v_i(kM_i) \end{bmatrix} \tag{5.40}$$

而 $Z_i(k)$、$\bar{C}_i(k)$、$Y_i(k)$ 分别由式 (5.17)、式 (5.22) 和式 (5.18) 给出。由式 (5.7)、式 (5.8)、式 (5.9) 和式 (5.40)，有式 (5.25)、式 (5.26)、式 (5.27) 和式 (5.29)。

### 2. 基于分块线性模型的数据融合状态估计算法

在上一小节，针对每一个传感器 $i(1 \leqslant i \leqslant N)$，已经建立起了动态模型。分别利用每一个动态模型，进行标准 Kalman 滤波，可得状态基于传感器 $i$ 的观测信息的估计值 $\hat{X}_{i,1}(k|k)$ 和相应的估计误差协方差阵 $P_{i,1}(k|k)$。引入融合的线性无偏估计

$$\hat{X}(k|k) = \sum_{i=1}^{N} \alpha_{i,k} \hat{X}_{i,1}(k|k) \tag{5.41}$$

其中

$$\alpha_{i,k} = \left( \sum_{j=1}^{N} P_{j,1}^{-1}(k|k) \right)^{-1} P_{i,1}^{-1}(k|k) \tag{5.42}$$

则对应于融合估计值 $\hat{X}(k|k)$ 的估计误差协方差阵为[34]

$$P(k|k) = \left( \sum_{i=1}^{N} P_{i,1}^{-1}(k|k) \right)^{-1} \tag{5.43}$$

且由上式可得

$$P(k|k) < P_{i,1}(k|k), \quad i = 1, 2, \cdots, N \tag{5.44}$$

由式 (5.15) 和式 (5.41) 可得 $\hat{x}_b(l|l)(l = 1, 2, \cdots)$。由式 (5.44) 可得, $P(l|l) < P_{1,1}(l|l)$。进而有: $P_b(l|l) < P_1(l|l)$。其中, $\hat{x}_b(l|l)$ 表示对 $x(l)$ 的融合估计; $P_b(l|l)$ 表示由 $P(l|l)$ 获得的 $\hat{x}_b(l|l)$ 的估计误差协方差矩阵; 而 $P_1(l|l)$ 则表示基于传感器 1[模型 (5.1) 和模型 (5.2)] 进行 Kalman 滤波的估计误差协方差矩阵。

### 5.3.2 两种分布式数据融合状态估计算法

1. 模型的建立

**定理 5.2**    设具有 $N$ 个传感器的单模型动态系统如 5.2 节所示, 则对 $i = 1, 2, \cdots, N$, 动态模型 (5.1) 和模型 (5.2) 可改写如下:

$$x_i(k + 1) = A_i(k)x(k_i) + G_i(k)u_i(k) + \Gamma_i(k)w_i(k) \tag{5.45}$$

$$z_i(k) = C_i(k)x_i(k) + y_i(k) + v_i(k) \tag{5.46}$$

其中, $w_i(k)$ 和 $v_i(k)$ 是互不相关的零均值高斯白噪声, 满足

$$E[w_i(k)] = 0 \tag{5.47}$$

$$E[w_i(k)w_i^{\mathrm{T}}(l)] = Q_i(k)\delta_{kl} \tag{5.48}$$

$$E[v_i(k)] = 0 \tag{5.49}$$

$$E[v_i(k)v_j^{\mathrm{T}}(l)] = R_i(k)\delta_{ij}\delta_{kl} \tag{5.50}$$

$$E[w_i(k)v_j^{\mathrm{T}}(l)] = 0, \quad i, j = 1, 2, \cdots, N; k, l = 1, 2, \cdots \tag{5.51}$$

和

$$A_i(k) = \prod_{l=n_i-1}^{0} A(n_ik + l) \tag{5.52}$$

$$G_i(k) = \left[ \prod_{l=n_i-1}^{1} A(n_ik + l)G(n_ik) \quad \prod_{l=n_i-1}^{2} A(n_ik + l)G(n_ik + 1) \quad \cdots \quad G(n_ik + n_i - 1) \right] \tag{5.53}$$

$$u_i(k) = \left[ \begin{array}{cccc} u^{\mathrm{T}}(n_i k) & u^{\mathrm{T}}(n_i k + 1) & \cdots & u^{\mathrm{T}}(n_i k + n_i - 1) \end{array} \right]^{\mathrm{T}} \tag{5.54}$$

$$\Gamma_i(k) = \left[ \begin{array}{cccc} \prod_{l=n_i-1}^{1} A(n_i k + l)\Gamma(n_i k) & \prod_{l=n_i-1}^{2} A(n_i k + l)\Gamma(n_i k + 1) & \cdots & \Gamma(n_i k + n_i - 1) \end{array} \right]$$
$$\tag{5.55}$$

$$Q_i(k) = \mathrm{diag}\{Q(n_i k), Q(n_i k + 1), \cdots, Q(n_i k + n_i - 1)\} \tag{5.56}$$

**特别的**, 对于 $i = 1$, 有 $x_1(k) = x(k)$, $A_1(k) = A(k)$, $G_1(k) = G(k)$, $u_1(k) = u(k)$, $\Gamma_1(k) = \Gamma(k)$, $w_1(k) = w(k)$, $Q_1(k) = Q(k)$。

　　**证明**　由式 (5.10), 对于 $i = 2, 3, \cdots, N$, 有

$$\begin{aligned} x_i(k+1) &= x(n_i k + n_i) \\ &= A(n_i k + n_i - 1)x(n_i k + n_i - 1) + G(n_i k + n_i - 1) \\ &\quad \cdot u(n_i k + n_i - 1) + \Gamma(n_i k + n_i - 1)w(n_i k + n_i - 1) \\ &= \prod_{l=n_i-1}^{0} A(n_i k + l)x(n_i k) + G(n_i k + n_i - 1)u(n_i k + n_i - 1) \\ &\quad + \sum_{m=0}^{n_i-2} \prod_{l=n_i-1}^{m+1} A(n_i k + l)G(n_i k + m)u(n_i k + m) \\ &\quad + \sum_{m=0}^{n_i-2} \prod_{l=n_i-1}^{m+1} A(n_i k + l)\Gamma(n_i k + m)w(n_i k + m) \\ &\quad + \Gamma(n_i k + n_i - 1)w(n_i k + n_i - 1) \\ &\stackrel{\mathrm{def}}{=} A_i(k)x(k_i) + G_i(k)u_i(k) + \Gamma_i(k)w_i(k) \end{aligned} \tag{5.57}$$

其中, $A_i(k)$、$G_i(k)$ 和 $u_i(k)$ 分别由式 (5.52)、式 (5.53) 和式 (5.54) 计算。且

$$\sum_{m=0}^{n_i-2} \prod_{l=n_i-1}^{m+1} A(n_i k + l)\Gamma(n_i k + m)w(n_i k + m) + \Gamma(n_i k + n_i - 1)w(n_i k + n_i - 1)$$
$$= \left[ \begin{array}{cccc} \prod_{l=n_i-1}^{1} A(n_i k + l)\Gamma(n_i k) & \prod_{l=n_i-1}^{2} A(n_i k + l)\Gamma(n_i k + 1) & \cdots & \Gamma(n_i k + n_i - 1) \end{array} \right]$$
$$\cdot \left[ \begin{array}{cccc} w^{\mathrm{T}}(n_i k) & w^{\mathrm{T}}(n_i k + 1) & \cdots & w^{\mathrm{T}}(n_i k + n_i - 1) \end{array} \right]^{\mathrm{T}} \tag{5.58}$$
$$\stackrel{\mathrm{def}}{=} \Gamma_i(k)w_i(k)$$

其中, $\Gamma_i(k)$ 由式 (5.55) 给出, 且

$$w_i(k) = \left[ \begin{array}{cccc} w^{\mathrm{T}}(n_i k) & w^{\mathrm{T}}(n_i k + 1) & \cdots & w^{\mathrm{T}}(n_i k + n_i - 1) \end{array} \right]^{\mathrm{T}} \tag{5.59}$$

因此，由式 (5.3) 和式 (5.59) 可得式 (5.47)。由式 (5.4) 和式 (5.59) 可得式 (5.48) 和式 (5.56)。由式 (5.7)～ 式 (5.9) 可得式 (5.49)～ 式 (5.51)。

**2. 分布式无反馈数据融合状态估计算法**

本小节将利用分布式数据融合结构对具有不同采样率的多个传感器的观测数据进行有机融合。

首先，对系统 (5.45) 和系统 (5.46) 进行 Kalman 滤波可得对应于传感器 $i$ 的状态估计值和相应的估计误差协方差，分别为 $\hat{x}_i(k|k)$ 和 $P_i(k|k)$, $i = 1, 2, \cdots, N$。

其次，实时融合各个传感器的观测信息，以获得最细尺度上 $x(k)$ 的融合估计值 $\hat{x}_f(k|k)$ 和相应的估计误差协方差阵 $P_f(k|k)$。融合算法如下：

(1) 若对任意 $i = 2, 3, \cdots, N, n_i|k \neq 0$，则 $\hat{x}_f(k|k) = \hat{x}_1(k|k)$, $P_f(k|k) = P_1(k|k)$。

(2) 若存在 $i_1, i_2, \cdots, i_j (2 \leqslant i_1, i_2, \cdots, i_j, j \leqslant N)$ 满足 $k \bmod n_{i_p} = 0, p = 1, 2, \cdots, j$，则令 $l_p = \dfrac{k}{n_{i_p}}$，由下式计算 $\hat{x}_f(k|k)$ 和 $P_f(k|k)$：

$$\hat{x}_f(k|k) = \alpha_1(k)\hat{x}_1(k|k) + \sum_{p=1}^{j} \alpha_{i_p}(k)\hat{x}_{i_p}(l_p|l_p) \tag{5.60}$$

$$P_f(k|k) = \left( P_1^{-1}(k|k) + \sum_{p=1}^{j} P_{i_p}^{-1}(l_p|l_p) \right)^{-1} \tag{5.61}$$

其中

$$\alpha_1(k) = \left( P_1^{-1}(k|k) + \sum_{p=1}^{j} P_{i_p}^{-1}(l_p|l_p) \right)^{-1} P_1^{-1}(k|k) \tag{5.62}$$

$$\alpha_{i_p}(k) = \left( P_1^{-1}(k|k) + \sum_{p=1}^{j} P_{i_p}^{-1}(l_p|l_p) \right)^{-1} P_{i_p}^{-1}(l_p|l_p) \tag{5.63}$$

多速率传感器分布式无反馈数据融合算法流程图如图 5.2 所示。

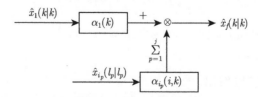

图 5.2　多速率传感器分布式无反馈数据融合估计示意图

### 3. 有反馈分布式数据融合状态估计算法

本小节将对多速率传感器的观测数据采用有反馈分布式结构进行融合。

记 $x(k)$ 的融合估计值为 $\hat{x}(k|k)$，相应的估计误差协方差阵为 $P(k|k)$，则有反馈分布式融合过程由下列步骤给出。

(1) 对于 $k = 1, 2, \cdots$，若对任意的 $i = 2, 3, \cdots, N$，有 $k \bmod n_i \neq 0$，则

$$\hat{x}(k|k) = \hat{x}_1(k|k) \tag{5.64}$$

$$P(k|k) = P_1(k|k) \tag{5.65}$$

其中

$$\hat{x}_1(k|k) = \hat{x}(k|k-1) + K_1(k)[z_1(k) - C_1(k)\hat{x}(k|k-1) - y_1(k)] \tag{5.66}$$

$$\hat{x}(k|k-1) = A(k-1)\hat{x}(k-1|k-1) + G(k-1)u(k-1) \tag{5.67}$$

$$\begin{aligned} P(k|k-1) = {} & A(k-1)P(k-1|k-1)A^{\mathrm{T}}(k-1) \\ & + \Gamma(k-1)Q(k-1)\Gamma^{\mathrm{T}}(k-1) \end{aligned} \tag{5.68}$$

$$K_1(k) = P(k|k-1)C_1^{\mathrm{T}}(k)[C_1(k)P(k|k-1)C_1^{\mathrm{T}}(k) + R_1(k)]^{-1} \tag{5.69}$$

$$P_1(k|k) = [I - K_1(k)C_1(k)]P(k|k-1) \tag{5.70}$$

(2) 对于 $k = 1, 2, \cdots$，若存在 $i(2 \leqslant i \leqslant N)$ 满足 $k \bmod n_i = 0$，则记 $l = \dfrac{k}{n_i}$，有

$$\hat{x}(k|k) = \alpha_1(k)\hat{x}_1(k|k) + \alpha_i(k)\hat{x}_i(l|l) \tag{5.71}$$

$$P(k|k) = \left[ P_1^{-1}(k|k) + P_i^{-1}(l|l) \right]^{-1} \tag{5.72}$$

其中，$\hat{x}_1(k|k)$、$P_1(k|k)$ 分别由式 (5.66) 和式 (5.70) 计算，并且

$$\hat{x}_i(l|l) = \hat{x}_i(l|l-1) + K_i(l)[z_i(l) - C_i(l)\hat{x}_i(l|l-1) - y_i(l)] \tag{5.73}$$

$$\hat{x}_i(l|l-1) = A_i(l-1)\hat{x}_i(l-1|l-1) + G_i(l-1)u_i(l-1) \tag{5.74}$$

$$\begin{aligned} P_i(l|l-1) = {} & A_i(l-1)P_i(l-1|l-1)A_i^{\mathrm{T}}(l-1) \\ & + \Gamma_i(l-1)Q_i(l-1)\Gamma_i^{\mathrm{T}}(l-1) \end{aligned} \tag{5.75}$$

$$K_i(l) = P_i(l|l-1)C_i^{\mathrm{T}}(l)[C_i(l)P_i(l|l-1)C_i^{\mathrm{T}}(l) + R_i(l)]^{-1} \tag{5.76}$$

$$P_i(l|l) = [I - K_i(l)C_i(l)]P_i(l|l-1) \tag{5.77}$$

加权矩阵为

$$\begin{aligned} \alpha_1(k) &= \left[ P_1^{-1}(k|k) + P_i^{-1}(l|l) \right]^{-1} P_1^{-1}(k|k) \\ &= P_i(l|l) \left[ P_1(N, k|k) + P(i, l|l) \right]^{-1} \end{aligned} \tag{5.78}$$

$$\alpha_i(k) = I - \alpha_1(k) \tag{5.79}$$

(3) 对于 $k = 1, 2, \cdots$，若存在 $i_1, i_2, \cdots, i_j (2 \leqslant i_1, i_2, \cdots, i_j, j \leqslant N)$ 满足 $k \bmod n_{i_p} = 0, p = 1, 2, \cdots, j$，则

$$\hat{x}(k|k) = \alpha_1(k)\hat{x}_1(k|k) + \sum_{p=1}^{j} \alpha_{i_p}(k)\hat{x}_{i_p}(l_p|l_p) \tag{5.80}$$

$$P(k|k) = \left( P_1^{-1}(k|k) + \sum_{p=1}^{j} P_{i_p}^{-1}(l_p|l_p) \right)^{-1} \tag{5.81}$$

其中，$l_p = \dfrac{k}{n_{i_p}}$，$p = 1, 2, \cdots, j$。$\hat{x}_1(k|k)$、$P_1(k|k)$ 分别由式 (5.66) 和式 (5.70) 计算，并且

$$\hat{x}_{i_p}(l_p|l_p) = \hat{x}_{i_p}(l_p|l_p - 1) + K_{i_p}(l_p)[z_{i_p}(l_p) - C_{i_p}(l_p)\hat{x}_{i_p}(l_p|l_p - 1) - y_{i_p}(l_p)] \tag{5.82}$$

$$\hat{x}_{i_p}(l_p|l_p - 1) = A_{i_p}(l_p - 1)\hat{x}(k - n_{i_p}|k - n_{i_p}) + G_{i_p}(l_p - 1)u_{i_p}(l_p - 1) \tag{5.83}$$

$$P_{i_p}(l_p|l_p - 1) = A_{i_p}(l_p - 1)P(k - n_{i_p}|k - n_{i_p})A_{i_p}^{\mathrm{T}}(l_p - 1)$$
$$+ \Gamma_{i_p}(l_p - 1)Q_{i_p}(l_p - 1)\Gamma_{i_p}^{\mathrm{T}}(l_p - 1) \tag{5.84}$$

$$K_{i_p}(l_p) = P_{i_p}(l_p|l_p - 1)C_{i_p}^{\mathrm{T}}(l_p)[C_{i_p}(l_p)P_{i_p}(l_p|l_p - 1)C_{i_p}^{\mathrm{T}}(l_p)$$
$$+ R_{i_p}(l_p)]^{-1} \tag{5.85}$$

$$P_{i_p}(l_p|l_p) = [I - K_{i_p}(l_p)C_{i_p}(l_p)]P_{i_p}(l_p|l_p - 1) \tag{5.86}$$

加权矩阵为

$$\alpha_1(k) = \left( P_1^{-1}(k|k) + \sum_{p=1}^{j} P_{i_p}^{-1}(l_p|l_p) \right)^{-1} P_1^{-1}(k|k) \tag{5.87}$$

$$\alpha_{i_p}(k) = \left( P_1^{-1}(k|k) + \sum_{p=1}^{j} P_{i_p}^{-1}(l_p|l_p) \right)^{-1} P_{i_p}^{-1}(l_p|l_p) \tag{5.88}$$

多速率传感器有反馈分布式状态融合估计算法如图 5.3 所示，其中，length 表示最高采样率采样点数，模块 1、模块 2 和模块 3 如图 5.4 所示。

**注解 5.1** 图 5.4 给出了当 $k \bmod n_{i_p} = 0$ 时的多速率多传感器状态融合估计算法示意图。其中，模块 1 是尺度 1 上的 Kalman 滤波过程[161,162]。模块 2 表示尺度 $i_p$ 上修正的 Kalman 滤波过程，其中包括两个重要步骤，即反馈环节和更新环节。在反馈环节 (模块 2 的右半部分)，状态 $x_{i_p}(l_p)$ 的预测，即 $\hat{x}_{i_p}(l_p|l_p - 1)$ 可基于 $\hat{x}(k - n_{i_p}|k - n_{i_p})$ 得到。在更新环节，利用观测信息 $z_{i_p}(l_p)$ 对 $\hat{x}_{i_p}(l_p|l_p - 1)$ 进行了

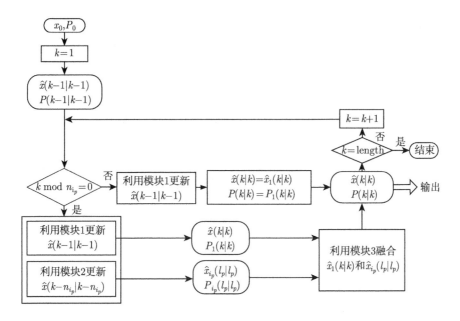

图 5.3　多速率传感器有反馈分布式融合估计示意图

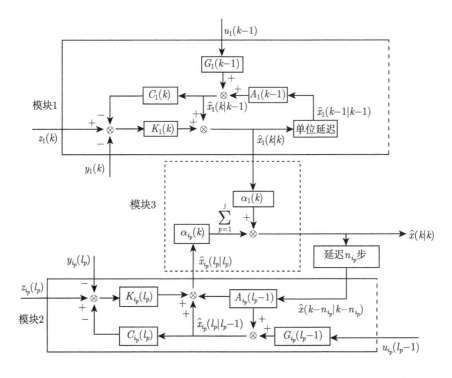

图 5.4　多速率传感器有反馈分布式融合在 $k \bmod n_{i_p} = 0$ 时的估计示意图

更新, 从而得到 $\hat{x}_{i_p}(l_p|l_p)$。模块 3 是融合模块, 将基于传感器 1 和传感器 $i_p$ 的信息所获得的估计值 $\hat{x}_1(k|k)$ 和 $\hat{x}_{i_p}(l_p|l_p)$ 进行了融合, 从而获得了 $x(k)$ 的最优融合估计值 $\hat{x}(k|k)$。

### 4. 分布式融合算法的有效性证明

**定理 5.3**　对任意正整数 $k = 1, 2, \cdots$, 利用 5.3.2 节中第 2 小节和第 3 小节的算法, 融合 $L(1 \leqslant L \leqslant N-1)$ 个传感器 (含传感器 1) 可得状态 $x(k)$ 的融合估计值和相应的估计误差, 分别记为 $\hat{x}_L(k|k)$ 和 $P_L(k|k)$。融合所有传感器的观测信息所获得的状态 $x(k)$ 的相应的估计值和估计误差协方差阵记为 $\hat{x}_f(k|k)$ 和 $P_f(k|k)$, 则

$$P_f(k|k) < \min\{P_j(k|k), j = 1, 2, \cdots, N-1\} \tag{5.89}$$

**证明**　若存在 $i(1 \leqslant i \leqslant N-1)$ 满足 $k \bmod n_i = 0$, 则由式 (5.61) 或式 (5.81) 有

$$P_f(k|k) < P_1(k|k) \tag{5.90}$$

记满足式 (5.90) 的最小的 $k$ 为 $k^*$, 则由 Kalman 滤波理论可知, 对任意的 $k \geqslant k^*$, 式 (5.90) 均成立。其中, $P_1(k|k)$ 表示基于传感器 1 的观测信息所获得的对 $x(k)$ 的估计误差协方差。事实上, 当 $k = 1$ 时, 有 $k \bmod n_{i_p} = 0, p = 2, 3, \cdots, N$, 因此, 对任意 $k = 1, 2, \cdots$, 式 (5.90) 成立。类似的, 由 Kalman 滤波理论以及式 (5.61) 或式 (5.81), 可证式 (5.89)。

**注解 5.2**　从 $N$ 个传感器中选取 $L$ 个有多种选法, 一般的, 对于 $1 \leqslant L \leqslant N-1$, 选择不同的 $L$ 个传感器所获得的估计值和估计误差协方差阵都会不相同。定理 5.3 中, $\hat{x}_L(k|k)$ 和 $P_L(k|k)$ 应该理解为是任意选中的一种情况下的融合估计值和估计误差协方差。

**注解 5.3**　由定理 5.3 可得 $P_f(k|k) < P_1(k|k)$, 即融合估计误差协方差矩阵小于只利用传感器 1 的观测信息 Kalman 滤波的结果。由式 (5.89) 可知, 当减少任意一个传感器的信息 (传感器 1 除外) 时, 估计误差协方差都将增大。也就是说, 在获得融合估计值的过程中, 所利用的传感器越多, 估计效果越好, 这和直观的想法是一致的。

**注解 5.4**　由文献 [34] 可以看出, 传统的有反馈分布式数据融合算法是 5.3.2 节第 3 小节所介绍的算法在 $n_i = 1(i = 2, 3, \cdots, N)$ 时的特例。

**注解 5.5**　由式 (5.43) 和定理 5.3 可知, 上面介绍的三种算法都是有效的。5.3.1 节的算法因为牵涉到状态的扩维, 因此, 计算量比较大, 建模也较为复杂。5.3.2 节介绍的两种算法由于采用完全分布式结构, 不需要对状态或观测扩维, 因此, 大大减少了计算量。比较起来, 5.3.2 节第 2 小节的算法比第 3 小节的算法更简单, 但

是后者由于采用了有反馈的分布式结构，因此，通常具有更好的估计效果和更好的容错性能。

## 5.4 仿真实例

为验证本章提出的三种数据融合估计算法的有效性，本节将对一个机动目标跟踪的例子进行仿真实验，并将其与文献 [19] 介绍的多速率滤波估计算法进行比较。为了说明有反馈分布式结构相对于无反馈分布式结构的容错性，下面将在某一个传感器在某一个时刻发生跳变故障的情况下，对两种方法进行仿真实验。

机动目标跟踪的二阶线性系统由下式给出[19]：

$$x(k+1) = A(k)x(k) + G(k)u(k) + \Gamma(k)w(k) \tag{5.91}$$

$$z_i(k) = C_i(k)x(k_i) + y_i(k) + v_i(k), \quad i = 1, 2, \cdots, N \tag{5.92}$$

其中，$N = 2$，即该实验将融合两个传感器的信息对目标状态进行估计。$n_2 = 5$，即传感器 1 的观测速率是传感器 2 观测速率的 5 倍。系统参数为

$$A(k) = \begin{bmatrix} 1 & 1 \\ 0 & 1 \end{bmatrix}, \quad u(k) = \begin{bmatrix} 0 \\ 0 \end{bmatrix} \tag{5.93}$$

$$Q(k) = \begin{bmatrix} 1 & 0 \\ 0 & 1 \end{bmatrix}, \quad \Gamma(k) = \begin{bmatrix} 0.5 & 0 \\ 0 & 1 \end{bmatrix} \tag{5.94}$$

$$C_1(k) = \begin{bmatrix} 1 & 0 \end{bmatrix}, \quad C_2(k) = \begin{bmatrix} 0 & 1 \end{bmatrix} \tag{5.95}$$

$$R_1(k) = 1, \quad R_2(k) = 0.25, \quad y_i(k) = 0, \quad i = 1, 2 \tag{5.96}$$

初始条件为

$$x_0 = [0 \quad 0]^{\mathrm{T}}, \quad P_0 = \mathrm{diag}\{10, 1\} \tag{5.97}$$

表 5.1 列出了分别利用本章提出的三种算法以及文献 [19] 中多速率滤波器组的算法对状态进行估计的误差绝对值均值，所给出的结果是 20 次蒙特卡罗仿真的统计结果。其中，方法 (i) 表示利用高采样率传感器数据 Kalman 滤波的结果，方法 (ii) 表示本章 5.3.1 节提出的分块融合估计算法，方法 (iii) 和方法 (iv) 分别表示无反馈分布式融合估计法和有反馈分布式融合估计法，方法 (v) 是文献 [19] 介绍的多速率滤波器组的方法。

表 5.1　无故障条件下状态估计误差绝对值均值

| 维数 | (i) | (ii) | (iii) | (iv) | (v) |
|------|------|------|-------|------|------|
| 1 | 0.9972 | 0.7224 | 0.6982 | 0.6918 | 0.7808 |
| 2 | 1.2491 | 0.8523 | 0.7364 | 0.7301 | 1.0024 |

为了比较各种算法在容错性方面的效果，这里在传感器 1 的第一维在 30s 处增加了一个 2 倍的乘性突变故障。表 5.2 是在传感器 1 发生故障时，用各种方法得出的估计误差绝对值均值。

表 5.2    有故障条件下状态估计误差绝对值均值

| 维数 | (i) | (ii) | (iii) | (iv) | (v) |
|------|--------|--------|--------|--------|--------|
| 1 | 1.1771 | 0.9275 | 0.9247 | 0.9226 | 0.9574 |
| 2 | 1.3119 | 0.9165 | 0.7786 | 0.7675 | 1.1139 |

从表 5.1 和表 5.2 可以看出，无论是在发生故障还是没有发生故障的时候，本章介绍的三种数据融合状态估计算法的任何一个都优于多速率滤波器组的方法。三种方法比较起来，有反馈分布式算法略优于无反馈分布式算法。而无反馈分布式算法和分块算法比较起来，效果相当。

图 5.5～ 图 5.7 画出了蒙特卡罗仿真的第一维曲线。其中，图 5.5 表示真实信号 (实线) 和传感器 1 的观测 (虚线)。其中，图 5.5(a) 表示传感器 1 无故障的情况，而图 5.5(b) 则表示传感器 1 在 30s 的时候发生跳变故障时的情况。图 5.6 和图 5.7 分别画出了无故障和有故障条件下的机动目标跟踪的仿真曲线。其中，X 表示真实信号，Z 表示观测信号；X-(i)、X-(ii)、X-(iii)、X-(iv) 和 X-(v) 分别表示用方法 (i)、(ii)、(iii)、(iv)、(v) 获得的状态的估计结果；error-(i)、error-(ii)、error-(iii)、error-(iv) 和 error-(v) 则表示相应的估计误差曲线。

从图 5.5(a) 可以看出，与原始信号相比，传感器 1 的观测存在噪声污染的情况。而由图 5.5(b) 可以看出，传感器 1 的观测不仅存在噪声污染，而且存在明显的突变故障。

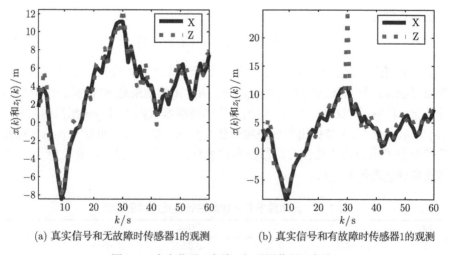

(a) 真实信号和无故障时传感器1的观测          (b) 真实信号和有故障时传感器1的观测

图 5.5    真实信号 (实线) 与观测信号 (虚线)

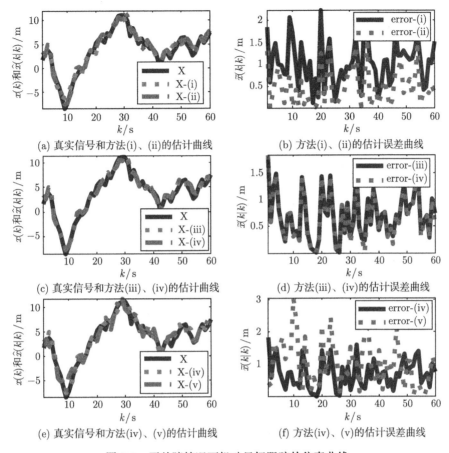

(a) 真实信号和方法(i)、(ii)的估计曲线

(b) 方法(i)、(ii)的估计误差曲线

(c) 真实信号和方法(iii)、(iv)的估计曲线

(d) 方法(iii)、(iv)的估计误差曲线

(e) 真实信号和方法(iv)、(v)的估计曲线

(f) 方法(iv)、(v)的估计误差曲线

图 5.6　无故障情况下机动目标跟踪的仿真曲线

由图 5.6(a) 可以看出，与方法 (i) 相比，用方法 (ii) 得出的状态的估计曲线更贴近于真实信号，而从图 5.6(b) 可以看出，方法 (ii) 的估计误差绝对值比方法 (i) 的更接近于零。这表明方法 (ii) 优于方法 (i)，即本章介绍的分块融合算法优于基于高采样率的传感器信息 Kalman 滤波的结果。类似的，分析图 5.6(c)~ (f) 可知，有反馈分布式融合算法 (算法 (iv)) 略优于无反馈分布式融合算法 (算法 (iii))，而有反馈分布式融合算法明显优于多速率滤波器组的方法 (算法 (v))。

观察图 5.7(a) 可以看出，与方法 (i) 相比，基于方法 (ii) 获得的状态的估计曲线更接近于真实信号，特别是在发生故障的时候，方法 (ii) 具有比较好的容错性能。从图 5.7(b) 可以看出，在传感器 1 发生突变故障的地方，对应于方法 (ii) 的估计误差绝对值明显小于方法 (i) 的，这进一步表明了分块数据融合算法 (方法 (ii)) 的容错性优于 Kalman 滤波器 (方法 (i))。类似的，分析图 5.7(c)~ (f) 可知，在容错性能方面，方法 (iv) 优于方法 (iii) 和方法 (v)。

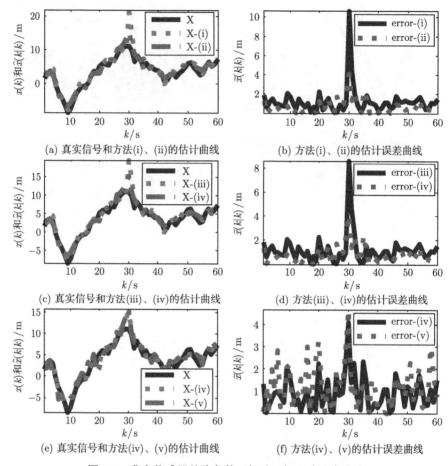

图 5.7　发生传感器故障条件下机动目标跟踪仿真曲线

总之，本节的实验表明，本章提出的几种数据融合估计算法都是有效的。

## 5.5　本 章 小 结

本章针对具有任意采样速率的多传感器单模型动态系统，分别采用集中式、无反馈分布式和有反馈分布式三种结构对不同传感器获取的信息进行了实时融合，给出了几种有效的数据融合状态估计算法。在线性方差最小意义下，证明了算法的有效性。将算法用于机动目标跟踪，说明了该算法在应用方面的可行性。算法可进一步推广用于组合导航、过程监控、故障检测和容错等应用领域。

# 第6章 随机丢包情况下多速率传感器鲁棒融合估计

## 6.1 引　言

在线性动态系统描述下，第 5 章介绍了三种不同的数据融合方法，在不考虑数据丢包的条件下，给出了收敛的状态估计结果。然而，众所周知，数据在传输过程中会有丢失，分系统短时间不正常工作没有输出时也会造成局部数据丢失；由于遮挡、干扰、机动目标高动态等因素的影响，也会造成丢失观测数据的情况。因此，对数据丢失是否鲁棒无论是在理论上还是在应用上都是一个很重要的衡量算法好坏的指标。

文献 [173] 在观测数据存在不规律丢失情况下，给出了鲁棒的状态估计算法，然而，该方法是基于单速率动态系统给出的。本章我们将考虑多速率多传感器动态系统的情况。针对时变线性动态系统，在不同传感器以不同采样率对同一目标进行观测，并且各个传感器的观测数据存在不规律丢失情况下，给出一种有效的数据融合算法。算法的基本思想是：通过数学推导，将多速率传感器数据融合转化为单速率传感器数据融合问题，并采用修正的联邦 Kalman 滤波器进行状态估计。本章介绍的算法不需要对状态或观测进行扩维，计算量适当，从而保证了算法的实时性。在观测数据丢失的时刻，采用外推的观测值代替错误的观测数据，从而避免了算法的发散。理论分析和仿真实验验证了算法的有效性。

## 6.2　问题描述

在观测数据以一定概率丢失时，有 $N$ 个传感器对同一目标进行观测的多速率传感器离散线性动态系统可描述为

$$x(k+1) = A(k)x(k) + G(k)u(k) + \Gamma(k)w(k) \tag{6.1}$$

$$z(i, k_i) = \gamma(i, k_i)C(i, k_i)x(i, k_i) + v(i, k_i), \quad i = 1, 2, \cdots, N \tag{6.2}$$

其中，$x(k) \in \mathbb{R}^{n \times 1}$ 表示最高采样速率 $S_1$ 下 $k$ 时刻的状态变量；$A(k) \in \mathbb{R}^{n \times n}$ 是系统矩阵；$u(k) \in \mathbb{R}^{n \times 1}$ 是控制项；$G(k) \in \mathbb{R}^{n \times n}$ 为控制增益，是一已知矩阵；$\Gamma(k) \in \mathbb{R}^{n \times n}$ 为误差增益矩阵；系统噪声 $w(k) \in \mathbb{R}^{n \times 1}$ 是零均值的高斯白噪声，方差为 $Q(k)$；$z(i, k_i) \in \mathbb{R}^{q_i \times 1}(q_i \leqslant n)$ 表示采样率为 $S_i$ 的第 $i$ 个传感器的第 $k_i$ 次观测，传感器的采样率 $S_i$ 满足下列关系：

$$S_i = \frac{S_1}{l_i}, \quad i = 1, 2, \cdots, N \tag{6.3}$$

其中，$l_i$ 是已知的正整数，并且 $l_1 = 1$；$C(i, k_i) \in \mathbb{R}^{q_i \times n}$ 表示观测矩阵；观测误差 $v(i, k_i) \in \mathbb{R}^{q_i \times 1}$ 是零均值的高斯白噪声，方差为 $R(i, k_i)$；$\gamma(i, k_i) \in \mathbb{R}$ 是用于描述数据不规律丢失的一个随机变量。本章假设 $\gamma(i, k_i)$ 是服从伯努利分布的 0-1 序列，且对 $i = 1, 2, \cdots, N$，有

$$\text{Prob}\{\gamma(i, k_i) = 1\} = E[\gamma(i, k_i)] \stackrel{\text{def}}{=} \bar{\gamma}_i \tag{6.4}$$

其中，$\bar{\gamma}_i$ 是一个已知的正常数，并假设 $\gamma(i, k_i)$ 与 $w(k)$、$v_i(k)$ 和 $x(0)$ 统计独立。因此，有

$$\text{Prob}\{\gamma(i, k_i) = 0\} = 1 - \bar{\gamma}_i \tag{6.5}$$

$$\sigma_{\gamma_i}^2 \stackrel{\text{def}}{=} E\{[\gamma(i, k_i) - \bar{\gamma}_i]^2\} = (1 - \bar{\gamma}_i)\bar{\gamma}_i \tag{6.6}$$

式 (6.2) 中，$i(1 \leqslant i \leqslant N)$ 表示传感器，传感器 1 具有最高采样率，传感器 $N$ 具有最低的采样率。传感器 $i = 2, 3, \cdots, N-1$ 的采样速率介于二者之间。$\{k_i\}$ 表示时间序列。$k$ 表示时刻，而对应于传感器 $i(2 \leqslant i \leqslant N)$ 的 $k_i$ 表示传感器 $i$ 的第 $k_i$ 次采样，其所对应的采样时刻为 $\{l_i(k_i - 1) + 1\}$，即

$$x(i, k_i) = x(l_i(k_i - 1) + 1), \quad i = 1, 2, \cdots, N \tag{6.7}$$

其中，$l_1 = 1, k_1 = k$，即 $x(1, k_1) = x(k)$。

本章假设初始状态向量 $x(0)$ 是一个随机变量，其均值和方差分别为 $x_0$ 和 $P_0$，并且 $x(0)$、$w(k)$、$v(i, k_i)$ 和 $\gamma(i, k_i)$ 之间彼此统计独立。

本章将基于上述动态系统，融合各个传感器的观测信息，给出状态 $x(k)$ 的最优估计值。

## 6.3　基于不完全观测数据的多速率传感器融合估计算法

### 6.3.1　模型约简

下面，首先将多速率系统转化为单速率系统。

**定理 6.1**　设线性单模型多速率多传感器动态系统的数学描述如 6.2 节所示，则对应于传感器 $i(1 \leqslant i \leqslant N)$ 的状态空间模型可写为[174, 175]

$$x(k+1) = A(k)x(k) + G(k)u(k) + \Gamma(k)w(k) \tag{6.8}$$

$$z_i(k) = \gamma_i(k)C_i(k)x(k) + v_i(k), \quad i = 1, 2, \cdots, N \tag{6.9}$$

其中, $w(k)$ 和 $v_i(k)$ 是统计独立的零均值高斯白噪声, 其方差分别为 $Q(k)$ 和 $R_i(k)$, 并且有

$$
C_i(k) = \begin{cases} C(i,k_i), & k = l_i(k_i-1)+1 \\ C(i,k_i)\prod_{l=1}^{j-1} A^{-1}(l_i(k_i-1)+l), & k = l_i(k_i-1)+j; j = 2,3,\cdots,l_i \end{cases}
$$

$$(6.10)$$

$$
R_i(k) = \begin{cases} R(i,k_i), & k = l_i(k_i-1)+1 \\ \bar{\gamma}_i C(i,k_i)\Big[\sum_{p=1}^{j-1}\Big(\prod_{l=1}^{p} A^{-1}(l_i(k_i-1)+l)Q(l_i(k_i-1)+p) \\ \quad \cdot \prod_{l=p}^{1} A^{-\mathrm{T}}(l_i(k_i-1)+l)\Big)\Big]C^{\mathrm{T}}(i,k_i)+R(i,k_i), & k=l_i(k_i-1)+j; j=2,3,\cdots,l_i \end{cases}
$$

$$(6.11)$$

$$
\gamma_i(k) = \gamma(i,k_i), \quad k = l_i(k_i-1)+j; \; j = 1,2,\cdots,l_i \tag{6.12}
$$

$$
z_i(k) = z(i,k_i), \quad k = l_i(k_i-1)+j; \; j = 1,2,\cdots,l_i \tag{6.13}
$$

**证明**　由式 (6.1) 可知

$$
x(l_i(k_i-1)+2) = A(l_i(k_i-1)+1)x(l_i(k_i-1)+1) + w(l_i(k_i-1)+1) \tag{6.14}
$$

对 $j = 3,4,\cdots,l_i$ , 有

$$
\begin{aligned} x(l_i(k_i-1)+j) &= A(l_i(k_i-1)+j-1)x(l_i(k_i-1)+j-1) \\ &\quad + w(l_i(k_i-1)+j-1) \\ &= \prod_{l=j-1}^{1} A(l_i(k_i-1)+l)x(l_i(k_i-1)+1) \\ &\quad + \sum_{p=1}^{j-2}\prod_{l=j-1}^{p+1} A(l_i(k_i-1)+l)w(l_i(k_i-1)+p) \\ &\quad + w(l_i(k-1)+j-1) \end{aligned} \tag{6.15}
$$

因此, 对 $j = 2,3,\cdots,l_i$ , 有

$$
\begin{aligned} x(l_i(k_i-1)+1) &= \prod_{l=1}^{j-1} A^{-1}(l_i(k_i-1)+l)x(l_i(k_i-1)+j) \\ &\quad - \sum_{p=1}^{j-1}\prod_{l=1}^{p} A^{-1}(l_i(k_i-1)+l)w(l_i(k_i-1)+p) \end{aligned} \tag{6.16}
$$

由式 (6.2) 和式 (6.7) 可得

$$z(i, k_i) = \gamma(i, k_i)C(i, k_i)x(i, k_i) + v(i, k_i)$$
$$= \gamma(i, k_i)C(i, k_i)x(l_i(k_i - 1) + 1) + v(i, k_i) \qquad (6.17)$$

根据上述两式，对 $j = 2, 3, \cdots, l_i$ ，有

$$z(i, k_i) = \gamma(i, k_i)C(i, k_i)x(i, k_i) + v(i, k_i)$$
$$= \gamma(i, k_i)C(i, k_i)x(l_i(k_i - 1) + 1) + v(i, k_i)$$
$$= \gamma(i, k_i)C(i, k_i)\left[\prod_{l=1}^{j-1} A^{-1}(l_i(k_i - 1) + l)x(l_i(k_i - 1) + j)\right]$$
$$- \gamma(i, k_i)C(i, k_i)\left[\sum_{p=1}^{j-1}\prod_{l=1}^{p} A^{-1}(l_i(k_i - 1) + l)w(l_i(k_i - 1) + p)\right]$$
$$+ v(i, k_i) \qquad (6.18)$$
$$= \gamma(i, k_i)C(i, k_i)\prod_{l=1}^{j-1} A^{-1}(l_i(k_i - 1) + l)x(l_i(k_i - 1) + j)$$
$$- \gamma(i, k_i)C(i, k_i)\left[\sum_{p=1}^{j-1}\prod_{l=1}^{p} A^{-1}(l_i(k_i - 1) + l)w(l_i(k_i - 1) + p)\right]$$
$$+ v(i, k_i)$$

若记

$$C_i(k) = \begin{cases} C(i, k_i), & k = l_i(k_i - 1) + 1 \\ C(i, k_i)\prod_{l=1}^{j-1} A^{-1}(l_i(k_i - 1) + l), & k = l_i(k_i - 1) + j; j = 2, 3, \cdots, l_i \end{cases}$$
$$\qquad (6.19)$$

$$v_i(k) = \begin{cases} v(i, k_i), & k = l_i(k_i - 1) + 1 \\ v(i, k_i) - \gamma(i, k_i)C(i, k_i)\left[\sum_{p=1}^{j-1}\prod_{l=1}^{p} A^{-1}(l_i(k_i - 1) + l) \right. \\ \left. \cdot w(l_i(k_i - 1) + p)\right], & k = l_i(k_i - 1) + j; j = 2, 3, \cdots, l_i \end{cases}$$
$$\qquad (6.20)$$

$$\gamma_i(k) = \gamma(i, k_i), \quad k = l_i(k_i - 1) + j; \ j = 1, 2, \cdots, l_i \qquad (6.21)$$

则由式 (6.17)、式 (6.18)，有

$$z_i(k) = \gamma_i(k)C_i(k)x(k) + v_i(k) \qquad (6.22)$$

其中，$k = l_i(k_i - 1) + j; j = 1, 2, \cdots, l_i$。并且

$$z_i(k) = z(i, k_i), \quad k = l_i(k_i - 1) + j; \ j = 1, 2, \cdots, l_i \tag{6.23}$$

同时，由式 (6.20)，当 $k = l_i(k_i - 1) + 1$ 时，有

$$R_i(k) = E[v_i(k)v_i^{\mathrm{T}}(k)] = E[v(i, k_i)v^{\mathrm{T}}(i, k_i)] = R(i, k_i) \tag{6.24}$$

而当 $k = l_i(k_i - 1) + j(j = 2, 3, \cdots, l_i)$ 时，由于假设系统噪声 $w(k)(k = 1, 2, \cdots)$ 是白噪声，且系统噪声 $w(k)$ 和观测噪声 $v(i, k_i)$ 不相关。同时，考虑到

$$E[\gamma(i, k_i)\gamma^{\mathrm{T}}(i, k_i)] = \sigma_{\gamma_i}^2 + \bar{\gamma}_i^2 = \bar{\gamma}_i \tag{6.25}$$

因此，有

$$
\begin{aligned}
R_i(k) &= E[v_i(k)v_i^{\mathrm{T}}(k)] \\
&= E\left[ \left\{ v(i, k_i) - \gamma(i, k_i)C(i, k_i)\left[ \sum_{p=1}^{j-1}\prod_{l=1}^{p} A^{-1}(l_i(k_i-1)+l)w(l_i(k_i-1)+p) \right] \right\} \right. \\
&\qquad \left. \cdot \left\{ v(i, k_i) - \gamma(i, k_i)C(i, k_i)\left[ \sum_{p=1}^{j-1}\prod_{l=1}^{p} A^{-1}(l_i(k_i-1)+l)w(l_i(k_i-1)+p) \right] \right\}^{\mathrm{T}} \right] \\
&= \bar{\gamma}_i C(i, k_i)\left[ \sum_{p=1}^{j-1}(\prod_{l=1}^{p} A^{-1}(l_i(k_i-1)+l)Q(l_i(k_i-1)+p)\prod_{l=p}^{1} A^{-\mathrm{T}}(l_i(k_i-1)+l)) \right] \\
&\qquad \cdot C^{\mathrm{T}}(i, k_i) + R(i, k_i)
\end{aligned}
\tag{6.26}
$$

下面将证明 $v_i(k)$ 是白噪声，且与系统噪声 $w(k)$ 统计无关。事实上，由式 (6.20) 和 $v(i, k_i)$ 与 $w(k)$ 的统计无关性可知 $v_i(k)$ 是白噪声，并且，当 $k = l_i(k_i - 1) + 1$ 时，$v_i(k)$ 与 $w(k)$ 是无关的。而当 $k = l_i(k_i - 1) + j(j = 2, 3, \cdots, l_i)$ 时，由式 (6.20) 和系统白噪声的性质，可得

$$
\begin{aligned}
&E[v_i(k)w^{\mathrm{T}}(k)] \\
&= E\left[ \left\{ v(i, k_i) - \gamma(i, k_i)C(i, k_i)\left[ \sum_{p=1}^{j-1}\prod_{l=1}^{p} A^{-1}(l_i(k_i-1)+l)w(l_i(k_i-1)+p) \right] \right\} \right. \\
&\qquad \left. \cdot w^{\mathrm{T}}(k) \right] \\
&= E\left[ \left\{ v(i, k_i) - \gamma(i, k_i)C(i, k_i)\left[ \sum_{p=1}^{j-1}\prod_{l=1}^{p} A^{-1}(l_i(k_i-1)+l)w(l_i(k_i-1)+p) \right] \right\} \right. \\
&\qquad \left. \cdot w^{\mathrm{T}}(l_i(k_i-1)+j) \right] \\
&= 0
\end{aligned}
\tag{6.27}
$$

即 $v_i(k)$ 与 $w(k)$ 统计无关。

### 6.3.2 融合算法

下面将对定理 6.1 建立的模型采用有反馈分布式融合结构进行融合估计，以得到状态 $x(k)$ 的最优估计。

设在时刻 $k$，基于该时刻之前所有观测数据得到的最优融合估计和估计误差协方差阵分别为 $\hat{x}(k|k)$ 和 $P(k|k)$，则它们可由下面各式计算：

$$\hat{x}(k|k) = P(k|k) \sum_{i=1}^{N} P_i^{-1}(k|k)\hat{x}_i(k|k) \tag{6.28}$$

$$P(k|k) = \left( \sum_{i=1}^{N} P_i^{-1}(k|k) \right)^{-1} \tag{6.29}$$

$$\hat{x}(k|k-1) = A(k-1)\hat{x}(k-1|k-1) + G(k-1)u(k-1) \tag{6.30}$$

$$P(k|k-1) = A(k-1)P(k-1|k-1)A^{\mathrm{T}}(k-1) \\ + \Gamma(k-1)Q(k-1)\Gamma^{\mathrm{T}}(k-1) \tag{6.31}$$

$$\hat{x}_i(k|k) = \hat{x}(k|k-1) + K_i(k)[z_i(k) - C_i(k)\hat{x}(k|k-1)] \tag{6.32}$$

$$P_i(k|k) = [I - K_i(k)C_i(k)]P(k|k-1) \tag{6.33}$$

$$K_i(k) = \begin{cases} 0, & k \in M(k) \\ P(k|k-1)C_i^{\mathrm{T}}(k)[C_i(k)P(k|k-1)C_i^{\mathrm{T}}(k) + R_i(k)]^{-1}, & k \notin M(k) \end{cases} \tag{6.34}$$

其中

$$M(k) = \{k \| \|E\{[z_i(k) - C_i(k)\hat{x}(k|k-1)][z_i(k) - C_i(k)\hat{x}_i(k|k-1)]^{\mathrm{T}}\} \\ - R_i(k)\| \leqslant \varepsilon\} \tag{6.35}$$

$\|\cdot\|$ 表示范数，$\varepsilon$ 表示一个给定的很小的正数。

可以证明，本节介绍的上述算法是收敛的。事实上，由式 (6.29)、式 (6.31) 和式 (6.34) 可得

$$\begin{aligned} P(k|k) &= \left( \sum_{i=1}^{N} P_i^{-1}(k|k) \right)^{-1} \leqslant P_i(k|k) \\ &= [I - K_i(k)C_i(k)]P(k|k-1) \leqslant P(k|k-1) \\ &= A(k-1)P(k-1|k-1)A^{\mathrm{T}}(k-1) + \Gamma(k-1)Q(k-1)\Gamma^{\mathrm{T}}(k-1) \quad (6.36) \\ &\leqslant A(k-1)P(k-1|k-1)A^{\mathrm{T}}(k-1) \\ &\leqslant \prod_{j=k-1}^{0} A(j)P_0 \prod_{j=0}^{k-1} A^{\mathrm{T}}(j) \end{aligned}$$

即算法收敛。

**注解 6.1**  *式 (6.35) 所示的集合 $M(k)$ 事实上是丢失数据时刻的集合。在 $k$ 时刻，当第 $i$ 个传感器的观测数据 $z(i, k_i)$ 丢失情况下，在得到估计值 $\hat{x}_i(k|k)$ 时，没有观测数据可用，因此，不需要对状态进行更新，即 $K_i(k) = 0$。此时，$\hat{x}_i(k|k) = \hat{x}(k|k-1)$，$P_i(k|k) = P(k|k-1)$。*

# 6.4  仿真实例

将 INS 和 GPS 相结合，可以互相取长补短，大大提高导航系统的精度和可靠性。然而，这种组合导航依然不能满足现代战争对各种战略、战术武器导航精度的要求。此外，GPS 非常容易受电磁干扰，此时，INS 将被迫独立工作，这必将导致较大的导航误差。为解决这一问题，需要一种能够精确修正系统误差的辅助手段对主导航系统实施修正。景象匹配 (SM) 方法无疑是一个很好的选择。SM 是通过搜索机载传感器拍摄的实时图在预存在飞机上的基准图中的位置来实现导航定位的。SM 技术不容易受电磁干扰，正好弥补了 GPS 的不足；同时，定位精度高，可用于修正 INS 漂移引起的误差。因此，将 SINS、GPS 和 SM 进行适当的组合，无疑将大大提高导航系统的精度和可靠性。

本节将以 SM 辅助 SINS/GPS 组合导航系统为例，仿真说明本章算法的可行性和有效性。在东北天导航坐标系中，为了确定载体的状态，组合导航系统的状态可取为 $x = [\ x_e\ \ v_e\ \ a_e\ \ x_n\ \ v_n\ \ a_n\ \ x_u\ \ v_u\ \ a_u\ ]^{\mathrm{T}}$，其中 $x_e$、$v_e$、$a_e$、$x_n$、$v_n$、$a_n$、$x_u$、$v_u$、$a_u$ 分别表示东向位置、东向速度、东向加速度、北向位置、北向速度、北向加速度、天向位置、天向速度和天向加速度。SM 传感器实时拍摄地面图像，通过搜索实时图在基准图中的位置可给出载体的东、北向位置数据，即 $\hat{x}_e$ 和 $\hat{x}_n$。SINS 可以给出载体在各个方向的位置、速度和加速度，GPS 可以给出东、北、天向的位置和速度数据。

从上述分析可知，为了确定载体的状态，利用 SINS、GPS 和 SM 分别对目标进行观测的组合导航系统可用 6.2 节所示进行数学描述。其中，取 $u(k) = 0$，$\Gamma(k) = I$。$z(i, k_i) \in \mathbb{R}^{q_i}(q_i \leqslant n)$ 表示 SINS$(i = 1)$、GPS$(i = 2)$ 和 SM$(i = 3)$ 第 $k_i$ 次的观测值。

观测矩阵 $C(i, k_i) \in \mathbb{R}^{q_i \times n}$ 为

$$C(1, k) = C(1, k_1) = I_9 \tag{6.37}$$

$$C(2, k_2) = \begin{bmatrix} 1 & 0 & 0 & 0 & 0 & 0 & 0 & 0 & 0 \\ 0 & 1 & 0 & 0 & 0 & 0 & 0 & 0 & 0 \\ 0 & 0 & 0 & 1 & 0 & 0 & 0 & 0 & 0 \\ 0 & 0 & 0 & 0 & 1 & 0 & 0 & 0 & 0 \\ 0 & 0 & 0 & 0 & 0 & 0 & 1 & 0 & 0 \\ 0 & 0 & 0 & 0 & 0 & 0 & 0 & 1 & 0 \end{bmatrix} \tag{6.38}$$

$$C(3, k_3) = \begin{bmatrix} 1 & 0 & 0 & 0 & 0 & 0 & 0 & 0 & 0 \\ 0 & 0 & 0 & 1 & 0 & 0 & 0 & 0 & 0 \end{bmatrix} \tag{6.39}$$

其中, $I_9$ 表示 9 阶单位矩阵。

设某飞机在某固定高度以近似匀加速飞行, 系统矩阵和系统噪声方差分别为[5, 174]

$$A(k) = \begin{bmatrix} 1 & T & T^2/2 & 0 & 0 & 0 & 0 & 0 & 0 \\ 0 & 1 & T & 0 & 0 & 0 & 0 & 0 & 0 \\ 0 & 0 & 1 & 0 & 0 & 0 & 0 & 0 & 0 \\ 0 & 0 & 0 & 1 & T & T^2/2 & 0 & 0 & 0 \\ 0 & 0 & 0 & 0 & 1 & T & 0 & 0 & 0 \\ 0 & 0 & 0 & 0 & 0 & 1 & 0 & 0 & 0 \\ 0 & 0 & 0 & 0 & 0 & 0 & 1 & T & T^2/2 \\ 0 & 0 & 0 & 0 & 0 & 0 & 0 & 1 & T \\ 0 & 0 & 0 & 0 & 0 & 0 & 0 & 0 & 1 \end{bmatrix} \tag{6.40}$$

和

$$Q(k) = \begin{bmatrix} 1 & T & T^2/2 & 0 & 0 & 0 & 0 & 0 & 0 \\ 0 & 1 & T & 0 & 0 & 0 & 0 & 0 & 0 \\ 0 & 0 & 1 & 0 & 0 & 0 & 0 & 0 & 0 \\ 0 & 0 & 0 & 1 & T & T^2/2 & 0 & 0 & 0 \\ 0 & 0 & 0 & 0 & 1 & T & 0 & 0 & 0 \\ 0 & 0 & 0 & 0 & 0 & 1 & 0 & 0 & 0 \\ 0 & 0 & 0 & 0 & 0 & 0 & 1 & T & T^2/2 \\ 0 & 0 & 0 & 0 & 0 & 0 & 0 & 1 & T \\ 0 & 0 & 0 & 0 & 0 & 0 & 0 & 0 & 1 \end{bmatrix}^2 \cdot \sigma_w^2 \tag{6.41}$$

其中, $\sigma_w^2 = 5$, $T = 1$。

观测误差方差分别为

$$R(1, k) = R(1, k_1) \tag{6.42}$$
$$= \mathrm{diag}\{9 \times 10^4, 10^{-2}, 10^{-8}, 9 \times 10^4, 10^{-2}, 10^{-8}, 9 \times 10^4, 10^{-2}, 10^{-8}\}$$
$$R(2, k_2) = \mathrm{diag}\{2500, 10^{-2}, 2500, 10^{-2}, 2500, 10^{-2}\} \tag{6.43}$$
$$R(3, k_3) = \mathrm{diag}\{100, 100\} \tag{6.44}$$

设初始条件为

$$x_0 = \begin{bmatrix} 20000 & 0 & 0 & 20000 & 300 & 0 & 800 & 0 & 0 \end{bmatrix}^{\mathrm{T}} \tag{6.45}$$
$$P_0 = \mathrm{diag}\{100, 16, 1, 100, 16, 1, 100, 16, 1\} \tag{6.46}$$

下面将利用 6.3 节的算法实时给出 SM 辅助 SINS/GPS 组合导航的结果, 即实时给出各个时刻组合导航系统的位置、速度和加速度等信息。

本节在下列两种不同的采样比之下对算法进行蒙特卡罗仿真。两种情况下, SINS、GPS 和 SM 的数据丢失概率分别假设为 $10^{-4}$ 和 $10^{-2}$:

(1) SINS、GPS 和 SM 传感器的采样率是相同的;

(2) SINS、GPS 和 SM 的采样率之比为 $10:5:1$, 即 GPS 的采样率是 SINS 的 $\dfrac{1}{2}$, 而 SM 传感器的采样率是 SINS 的 $\dfrac{1}{10}$。

仿真结果如图 6.1~ 图 6.6 所示。其中, 图 6.1 和图 6.6 分别是两种情况下的观测曲线, 图 6.2 和图 6.3 分别是第 (1) 种情况下东向和北向的位置估计误差, 图 6.4 和图 6.5 分别是第 (2) 种情况下东向和北向的位置估计误差。

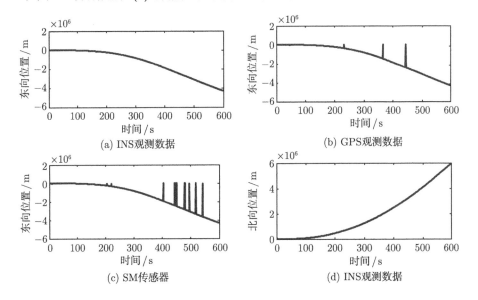

(a) INS观测数据　　　　　　　　(b) GPS观测数据

(c) SM传感器　　　　　　　　(d) INS观测数据

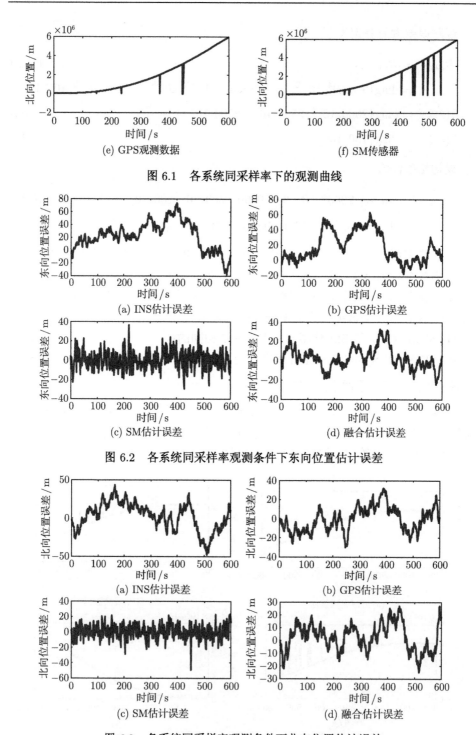

(e) GPS观测数据

(f) SM传感器

图 6.1    各系统同采样率下的观测曲线

(a) INS估计误差

(b) GPS估计误差

(c) SM估计误差

(d) 融合估计误差

图 6.2    各系统同采样率观测条件下东向位置估计误差

(a) INS估计误差

(b) GPS估计误差

(c) SM估计误差

(d) 融合估计误差

图 6.3    各系统同采样率观测条件下北向位置估计误差

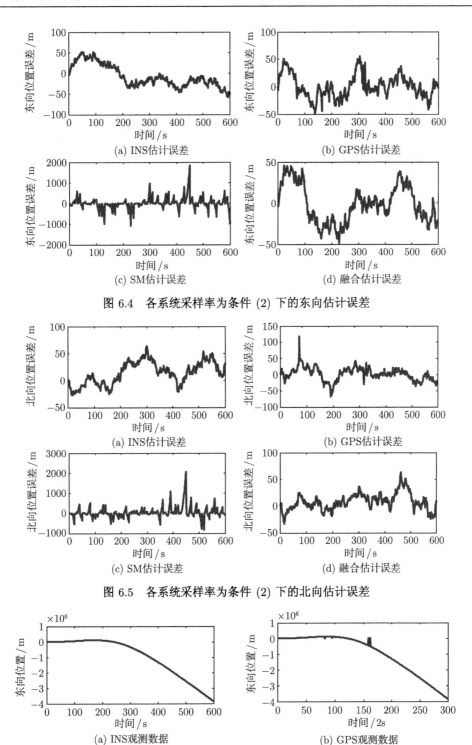

(a) INS估计误差

(b) GPS估计误差

(c) SM估计误差

(d) 融合估计误差

图 6.4　各系统采样率为条件 (2) 下的东向估计误差

(a) INS估计误差

(b) GPS估计误差

(c) SM估计误差

(d) 融合估计误差

图 6.5　各系统采样率为条件 (2) 下的北向估计误差

(a) INS观测数据

(b) GPS观测数据

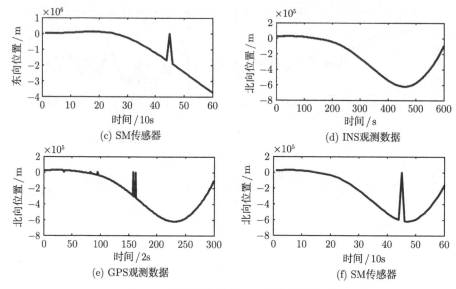

图 6.6　采样率为条件 (2) 下的观测曲线

　　从本节的仿真实验结果可以看出，本章介绍的数据融合算法可用于组合导航系统，算法在应用方面是可行的、有效的。

# 6.5　本章小结

　　本章在传感器存在不规律数据丢失情况下，给出了一种有效的多速率动态系统的建模方法，利用该方法可将多速率线性系统转化为同速率线性系统，从而简化了矛盾；基于建立的模型和修正的联邦 Kalman 滤波方法，对多速率传感器的数据进行了融合；在融合之前，基于每一个传感器系统，分别估计状态。在估计的过程中，由于考虑到了数据不规律丢失的影响并对其进行了适当处理，因而，从理论上保证了算法不发散。以组合导航的实例为例，仿真说明了算法的有效性。本章算法可推广应用于目标跟踪、状态监控、故障诊断和容错等军、民事应用领域。

# 第7章 时不变线性系统的异步多速率传感器数据融合估计

## 7.1 引　言

第 5 章和第 6 章介绍了多个传感器以不同采样速率同步对目标进行观测的数据融合问题。然而，事实上，在实际应用中，不同的传感器对目标的观测往往是异步的[58,61,62,65,66,176-179]。因此，异步多速率传感器动态系统的数据融合状态融合估计的研究具有更大的实际意义和应用价值。

在第 1 章已经提到了异步数据融合和多速率数据融合状态估计的研究现状。到目前为止，异步数据融合的方法主要有插值或最小二乘的方法[58, 61] 和序贯式处理的方法[53, 59, 60] 等。前者的缺点主要是实时性差，操作不够简便，并且很难获得最优解。后者虽然跟踪精度较高，但是它的计算量过大并且可能不现实。这两种方法主要是针对同速率异步数据融合的问题提出来的。

在多速率异步数据融合估计方面，主要有基于滤波器设计的方法和基于多尺度系统理论的方法。前者因为需要根据采样率的不同用不同的方法设计不同的滤波器，比较复杂，且实时性差。基于多尺度系统理论的方法是研究多速率异步数据融合问题的热点工具[14, 16, 26, 27, 49, 54, 57, 180]。国外主要的研究小组有：以 MIT 的 Willsky 所在的研究小组[14, 16, 27, 49, 180]、Wright State University 的教授 Hong[36, 37] 以及 Cristi 和 Tummala[57] 等。国内的研究小组主要有西北工业大学潘泉课题组的张磊[52] 以及目前在北京航空航天大学的赵巍[54] 等的研究小组，还有杭州电子科技大学的文成林教授[2] 所在的研究小组。Willsky 等从 1989 年至今在多尺度系统理论方面开展了广泛的研究，包括理论和应用，在第 1 章已做了介绍。而 Hong 的研究主要是以目标跟踪为背景展开的。潘泉等所在的研究小组是 Hong 工作的推广。文成林等的研究工作主要是以 Willsky 的多尺度系统理论为基础针对状态融合估计展开的，并提出了多尺度估计理论的概念。上述诸多研究小组的工作各有其优缺点。然而，这些工作一般假设不同传感器之间的采样率是 2 的整数倍关系，并且基于小波分析和 Kalman 滤波等给出算法。因为二进制小波发展的比较完善，因此，他们的研究一般都是基于二进制小波进行的。应用 M 带小波和有理小波有望能将现有的部分研究成果推广到多速率的情况。然而，一方面，M 带小波和有理小波远没有二进制小波发展得那么完善；另一方面，基于多尺度系统理论的方法存在其他的一些缺点, 例如, 白噪声的保持性很难满足, 信号的完全重构性对于有限长的信号比较难以满足, 实时性比较差, 计算量较大等。因此, 异步多速率数据融合状态估计问题的解决需要探索新的思路。

本章针对不同传感器之间呈任何整数倍采样关系的一类多速率传感器动态系统, 在保持好实时性的条件下, 有效地解决了异步多速率数据融合问题。在最小方差意义下, 证明了融合任意 $i(i > 1)$ 个传感器获得的状态的估计值都优于单传感器 Kalman 滤波的结果, 而减少任一传感器的信息所获得的估计误差协方差都将增大。仿真结果验证了算法的实用性和有效性。

## 7.2  问题描述

有 $N$ 个传感器异步进行观测的时不变多传感器单模型线性动态系统可描述为[29]

$$x(k+1) = Ax(k) + w(k) \tag{7.1}$$

$$z_i(k_i) = C_i x_i(k_i) + v_i(k_i), \quad i = 1, 2, \cdots, N \tag{7.2}$$

动态系统在最高采样率下 (最细尺度 1) 进行建模, 其中, $x(k) \in \mathbb{R}^{n \times 1}$ 是最细尺度上 $k$ 时刻的状态变量, $k_1 = k$, $x_1(k_1) = x(k)$; $A \in \mathbb{R}^{n \times n}$ 是系统矩阵; 模型误差 $w(k) \in \mathbb{R}^{n \times 1}$ 是高斯白噪声, 满足

$$E[w(k)] = 0 \tag{7.3}$$

$$E[w(k)w^{\mathrm{T}}(l)] = Q(k)\delta_{kl} \tag{7.4}$$

$N$ 个观测序列 (方程 (7.2)) 具有不同的采样率, 且彼此之间的采样是异步的, 采样率之间呈正整数倍关系, 即

$$S_j = n_{j+1} S_{j+1}, \quad j = 1, 2, \cdots, N-1 \tag{7.5}$$

其中, $n_j(j = 1, 2, \cdots, N)$ 表示已知的正整数, 并记 $n_1 = 1$; $z_i(k_i) \in \mathbb{R}^{q_i \times 1}(q_i \leqslant n)$ 表示采样率为 $S_i$ 的第 $i$ 个传感器的第 $k_i$ 次观测; $C_i \in \mathbb{R}^{q_i \times n}$ 表示观测矩阵; 观测误差 $v_i(k_i) \in \mathbb{R}^{q_i \times 1}$ 是高斯白噪声, 满足

$$E[v_i(k_i)] = 0 \tag{7.6}$$

$$E[v_i(k_i)v_j^{\mathrm{T}}(l_j)] = R_i(k_i)\delta_{ij}\delta_{k_i l_j} \tag{7.7}$$

$$E[v_i(k_i)w^{\mathrm{T}}(l)] = 0, \quad k_i, l > 0 \tag{7.8}$$

初始状态向量 $x(0)$ 是一个随机变量，满足

$$E[x(0)] = x_0 \qquad (7.9)$$

$$E\{[x(0) - x_0][x(0) - x_0]^{\mathrm{T}}\} = P_0 \qquad (7.10)$$

并假设 $x(0)$、$w(k)$ 和 $v_i(k_i)$ 统计独立。

式 (7.2) 中，$i(1 \leqslant i \leqslant N)$ 表示传感器，同时也表示尺度。具有最高采样率的传感器 1 对应于最细尺度。最粗尺度的传感器 $i = N$ 具有最低的采样率。传感器 $i = 2, 3, \cdots, N - 1$ 的采样速率介于两者之间，依次降低。

为便于理解，以图 7.1 为例说明本章各传感器、尺度和时间、采样点的对应关系。其中，画出了 3 个传感器 (尺度)，尺度 1 对应具有最高采样速率的传感器，而尺度 3 表示最粗尺度 (传感器 3 具有最低采样速率)。横轴表示时刻，纵轴表示尺度。不同传感器之间采样率之比为 $S_1 : S_2 : S_3 = 6 : 3 : 1$。

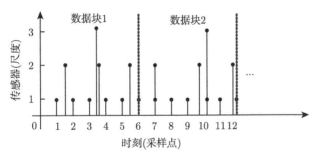

图 7.1 多传感器异步多速率采样示意图

本章的目的是融合利用各个传感器的观测信息，获得最高采样率尺度 1 下状态的最优估计值。

**注解 7.1** 具有最高采样率的传感器 1 可分为长度为 $\prod\limits_{j=2}^{N} n_j$ 的数据块。例如，在图 7.1 中，数据块长度为 $n_2\, n_3 = 2 \times 3 = 6$。具有最高采样率的传感器的采样是均匀的，其中采样点和时刻是一一对应的，而传感器 $i(2 \leqslant i \leqslant N)$ 的采样可以是非均匀的。在每个数据块时间长度内，传感器 $i(2 \leqslant i \leqslant N - 1)$ 需要采 $\prod\limits_{j=i+1}^{N} n_j$ 次，传感器 $N$ 只采样 1 次，即不同传感器之间的采样是多速率异步的。

## 7.3　尺度递归融合估计算法

### 7.3.1　多尺度状态空间模型

本节将建立 $i(2 \leqslant i \leqslant N)$ 尺度上的状态空间模型。

**定理 7.1**　利用多尺度系统理论, 粗尺度 $i$ 上的状态可以用较细尺度 $i-1$ 上状态的低通滤波或滑动平均近似。因此, 可假设 $x_i(k_i) = \dfrac{1}{n_i}\left(\displaystyle\sum_{m=0}^{n_i-1} A_{i-1}^m\right) x_{i-1}(n_i(k_i-1)+1)$, 那么 $i(2 \leqslant i \leqslant N)$ 尺度上的状态空间模型为[29]

$$x_i(k_i+1) = A_i x_i(k_i) + w_i(k_i) \tag{7.11}$$

$$z_i(k_i) = C_i x_i(k_i) + v_i(k_i) \tag{7.12}$$

其中, $w_i(k_i)$ 和 $v_i(k_i)$ 是零均值的高斯白噪声序列, 满足

$$E[w_i(k_i)w_i^{\mathrm{T}}(l_i)] = Q_i \delta_{k_i l_i} \tag{7.13}$$

$$E[v_i(k_i)v_j^{\mathrm{T}}(l_j)] = R_i \delta_{ij}\delta_{k_i l_j} \tag{7.14}$$

$$E[w_i(k_i)v_j^{\mathrm{T}}(l_j)] = 0, \quad i,j = 1,2,\cdots,N-1; k,l = 1,2,\cdots \tag{7.15}$$

和

$$A_i = A_{i-1}^{n_i} \tag{7.16}$$

$$Q_i = \frac{1}{n_i^2}\left(\sum_{m=0}^{n_i-1} A_{i-1}^m\right) \sum_{m=0}^{n_i-1}\left(A_{i-1}^m Q_{i-1} A_{i-1}^{m,\mathrm{T}}\right)\left(\sum_{m=0}^{n_i-1} A_{i-1}^m\right)^{\mathrm{T}} \tag{7.17}$$

其中, $A_{i-1}^{m,\mathrm{T}}$ 表示矩阵 $A_{i-1}^m$ 的转置。

**证明**　设最细尺度、尺度 1 上的状态方程由式 (7.1) 给出。对尺度 $i = 2,3,\cdots,N$, 现在假设已知尺度 $i-1$ 上的状态方程满足式 (7.11), 需要证明尺度 $i$ 上的状态方程满足式 (7.11)。

由

$$x_i(k_i) = \frac{1}{n_i}\left(\sum_{m=0}^{n_i-1} A_{i-1}^m\right) x_{i-1}(n_i(k_i-1)+1) \tag{7.18}$$

以及归纳假设, 有

$$\begin{aligned}
x_i(k_i+1) &= \frac{1}{n_i}\left(\sum_{m=0}^{n_i-1} A_{i-1}^m\right) x_{i-1}(n_i k_i + 1) \\
&= \frac{1}{n_i}\left(\sum_{m=0}^{n_i-1} A_{i-1}^m\right)\left[A_{i-1}x_{i-1}(n_i k_i) + w_{i-1}(n_i k_i)\right] \\
&= \frac{1}{n_i}\left(\sum_{m=0}^{n_i-1} A_{i-1}^m\right)\left[A_{i-1}^2 x_{i-1}(n_i k_i - 1) + A_{i-1}w_{i-1}(n_i k_i - 1)\right. \\
&\quad \left. + w_{i-1}(n_i k_i)\right]
\end{aligned}$$

$$= \frac{1}{n_i} \left( \sum_{m=0}^{n_i-1} A_{i-1}^m \right) \left\{ A_{i-1}^{n_i} x_{i-1}(n_i(k_i-1)+1) \right.$$

$$\left. + \sum_{m=0}^{n_i-1} A_{i-1}^m w_{i-1}(n_i k_i - m) \right\}$$

$$= A_{i-1}^{n_i} x_i(k_i) + \frac{1}{n_i} \left( \sum_{m=0}^{n_i-1} A_{i-1}^m \right) \sum_{m=0}^{n_i-1} A_{i-1}^m w_{i-1}(n_i k_i - m)$$

$$\overset{\text{def}}{=} A_i x_i(k_i) + w_i(k_i) \tag{7.19}$$

其中, $A_i = A_{i-1}^{n_i}$, 且

$$w_i(k_i) = \frac{1}{n_i} \left( \sum_{m=0}^{n_i-1} A_{i-1}^m \right) \sum_{m=0}^{n_i-1} A_{i-1}^m w_{i-1}(n_i k_i - m) \tag{7.20}$$

对随机序列 $w_i(k_i)$, 利用归纳法和期望的线性性质可知

$$E[w_i(k_i)] = E \left[ \frac{1}{n_i} \left( \sum_{m=0}^{n_i-1} A_{i-1}^m \right) \sum_{m=0}^{n_i-1} A_{i-1}^m w_{i-1}(n_i k_i - m) \right] = 0 \tag{7.21}$$

并且

$$E[w_i(k_i) w_i^{\mathrm{T}}(l_i)] = E \left\{ \left[ \frac{1}{n_i} \left( \sum_{m=0}^{n_i-1} A_{i-1}^m \right) \sum_{m=0}^{n_i-1} A_{i-1}^m w_{i-1}(n_i k_i - m) \right] \right.$$

$$\left. \cdot \left[ \frac{1}{n_i} \left( \sum_{m=0}^{n_i-1} A_{i-1}^m \right) \sum_{m=0}^{n_i-1} A_{i-1}^m w_{i-1}(n_i l_i - m) \right]^{\mathrm{T}} \right\} \tag{7.22}$$

$$= Q_i \delta_{k_i l_i}$$

其中, $Q_i$ 如式 (7.17) 所示。

另外, 由式 (7.8) 及式 (7.20), 利用归纳法和期望的线性性质, 易证式 (7.15) 成立。

### 7.3.2　尺度递归状态融合估计算法

**引理 7.1**　设矩阵 $A \in \mathbb{R}^{n \times n}$, $\lambda_1, \lambda_2, \cdots, \lambda_s$ $(s \leqslant n)$ 是 $A$ 的特征值, 且 $|\lambda_i| < 1 (i = 1, 2, \cdots, s)$, 则对任意自然数 $p$, $\sum_{i=0}^{p-1} A^i = I + A + \cdots + A^{p-1}$ 均可逆。

**证明**　设 $A$ 的特征值是 $\lambda$, 则 $\sum_{i=0}^{p-1} A^i = I + A + \cdots + A^{p-1}$ 的特征值为 $1 + \lambda + \cdots + \lambda^{p-1}$。又由 $1 - \lambda^p = (1 + \lambda + \cdots + \lambda^{p-1})(1 - \lambda)$ 可知 $1 + \lambda + \cdots + \lambda^{p-1} = 0$ 的根都位于单位圆上。故而 $|\lambda| < 1$, 则 $|1 + \lambda + \cdots + \lambda^{p-1}| > 0$, 故 $\sum_{i=0}^{p-1} A^i$ 可逆。

由定理 7.1 可得最粗尺度 $i = N$ 上的动态系统为

$$x_N(k_N + 1) = A_N x_N(k_N) + w_N(k_N) \tag{7.23}$$

$$z_N(k_N) = C_N x_N(k_N) + v_N(k_N) \tag{7.24}$$

则最粗尺度上的滤波方程为

$$\hat{x}_N(k_N + 1|k_N + 1) = \hat{x}_N(k_N + 1|k_N) + K_N(k_N + 1)[z_N(k_N + 1) \\ - C_N \hat{x}_N(k_N + 1|k_N)] \tag{7.25}$$

其中

$$\hat{x}_N(k_N + 1|k_N) = A_N \hat{x}_N(k_N|k_N) \tag{7.26}$$

$$P_N(k_N + 1|k_N) = A_N P_N(k_N|k_N) A_N^{\mathrm{T}} + Q_N \tag{7.27}$$

$$K_N(k_N + 1) = P_N(k_N + 1|k_N) C_N^{\mathrm{T}} [C_N P_N(k_N + 1|k_N) C_N^{\mathrm{T}} + R_N]^{-1} \tag{7.28}$$

$$P_N(k_N + 1|k_N + 1) = [I - K_N(k_N + 1)C_N] P_N(k_N + 1|k_N) \tag{7.29}$$

下面将从 $\hat{x}_N(k_N|k_N)$、$P_N(k_N|k_N)$ 开始利用定理 7.1 中已建立的多尺度模型 (7.11) 和模型 (7.12)，综合不同尺度上的观测信息，对目标状态进行递归融合，以在最细尺度 1 上得到目标状态基于全局信息的融合估计结果。

定义

$$\hat{x}_{i|i}(k_i|k_i) \overset{\text{def}}{=} E[x_i(k_i)|Z_1^{k_i}(i)], \quad i = 1, 2, \cdots, N \tag{7.30}$$

$$\hat{x}_{i|i+1}(k_i|k_i) \overset{\text{def}}{=} E[x_i(k_i)|\bar{Z}_1^{k_i}(i)], \quad i = 1, 2, \cdots, N-1 \tag{7.31}$$

$$\hat{x}_i(k_i|k_i) \overset{\text{def}}{=} E[x_i(k_i)|Z_1^{k_i}(i), \bar{Z}_1^{k_i}(i)], \quad i = 1, 2, \cdots, N \tag{7.32}$$

其中

$$Z_1^{k_i}(i) \overset{\text{def}}{=} \{z_i(1), z_i(2), \cdots, z_i(k_i)\} \tag{7.33}$$

$$\bar{Z}_1^{k_i}(i) \overset{\text{def}}{=} \{Z_1^{\left[\frac{k_i}{n_{i-1} n_{i-2} \cdots n_j}\right]}(j), j = i+1, i+2, \cdots, N\} \tag{7.34}$$

式 (7.34) 中，$Z_1^{\left[\frac{k}{n_{i-1} n_{i-2} \cdots n_j}\right]}(j)$ 表示由传感器 $j(j = i+1, i+2, \cdots, N)$ 观测到的第 1 到第 $\left[\dfrac{k}{n_{i-1} n_{i-2} \cdots n_j}\right]$ 个观测值；相应的，式 (7.33) 中 $Z_1^{k_i}(i)$ 表示由传感器 $i$ 观测到的第 1 个到第 $k_i$ 个观测值；$\hat{x}_i(k_i|k_i)$ 表示基于尺度 $i$ 上的观测值 $Z_1^{k_i}(i)$ 和所有粗尺度上的观测值 $\bar{Z}_1^{k_i}(i)$ 所获得的 $x_i(k_i)$ 的估计值；$k = 1, 2, \cdots$ 表示采样点。式 (7.34) 中 $[a]$ 表示不小于 $a$ 的最小正整数。

设对于 $j=0$ 及 $j \geqslant N+1$, 有 $\bar{Z}_1^{k_i}(j) \overset{\text{def}}{=} \varnothing$, 则异步多速率多传感器信息融合估计算法由下面的定理给出。

**定理 7.2**　对任意 $k=1,2,\cdots$, 若已知尺度 $i$ 上目标状态 $x_i(k_i)$ 基于观测信息 $Z_1^{k_i}(i)$ 和 $\bar{Z}_1^{k_i}(i)$ 的估计值 $\hat{x}_i(k_i|k_i)$ 和相应的估计误差协方差阵 $P_i(k_i|k_i)$, 则在尺度 $i-1$ 上 $(i=N,N-1,\cdots,2)$:

(1) 基于观测信息 $Z_1^q(i-1)$ 和 $\bar{Z}_1^q(i-1)$, $x_{i-1}(q)(q \overset{\text{def}}{=} n_i(k_i-1)+1)$ 的线性无偏估计值和相应的估计误差协方差阵由下式给出:

$$\hat{x}_{i-1}(q|q) = \alpha_1(i-1,q)\hat{x}_{i-1|i-1}(q|q) + \alpha_2(i-1,q)\hat{x}_{i-1|i}(q|q) \tag{7.35}$$

$$P_{i-1}(q|q) = \left[ P_{i-1|i}^{-1}(q|q) + P_{i-1|i-1}^{-1}(q|q) \right]^{-1} \tag{7.36}$$

(2) 基于观测信息 $Z_1^l(i-1)$ 和 $\bar{Z}_1^l(i-1)$, $x_{i-1}(l)(n_i(k_i-1)+1 < l \leqslant n_ik_i)$ 的线性无偏估计值和相应的估计误差协方差阵由下式给出:

$$\hat{x}_{i-1}(l|l) = \hat{x}_{i-1}(l|l-1) + K_{i-1}(l)[z_{i-1}(l) - C_{i-1}\hat{x}_{i-1}(l|l-1)] \tag{7.37}$$

$$P_{i-1}(l|l) = [I - K_{i-1}(l)C_{i-1}]P_{i-1}(l|l-1) \tag{7.38}$$

其中

$$\alpha_1(i-1,q) = P_{i-1|i}(q|q)\left[P_{i-1|i}(q|q) + P_{i-1|i-1}(q|q)\right]^{-1} \tag{7.39}$$

$$\alpha_2(i-1,q) = I - \alpha_1(i-1,q) \tag{7.40}$$

$$\hat{x}_{i-1|i}(q|q) = n_i\left(\sum_{m=0}^{n_i-1} A_{i-1}^m\right)^{-1}\hat{x}_i(k_i|k_i) \tag{7.41}$$

$$P_{i-1|i}(q|q) = n_i^2\left(\sum_{l=0}^{n_i-1} A_{i-1}^m\right)^{-1} P_i(k_i|k_i)\left(\sum_{l=0}^{n_i-1} A_{i-1}^m\right)^{-T} \tag{7.42}$$

$$\hat{x}_{i-1|i-1}(q|q) = \hat{x}_{i-1}(q|q-1) + K_{i-1}(q)[z_{i-1}(q) - C_{i-1}\hat{x}_{i-1}(q|q-1)] \tag{7.43}$$

$$P_{i-1|i-1}(q|q) = [I - K_{i-1}(q)C_{i-1}]P_{i-1}(q|q-1) \tag{7.44}$$

对 $s = q,l$, 有

$$\hat{x}_{i-1}(s|s-1) = A_{i-1}\hat{x}_{i-1}(s-1|s-1) \tag{7.45}$$

$$P_{i-1}(s|s-1) = A_{i-1}P_{i-1}(s-1|s-1)A_{i-1}^T + Q_{i-1} \tag{7.46}$$

$$K_{i-1}(s) = P_{i-1}(s|s-1)C_{i-1}^T[C_{i-1}P_{i-1}(s|s-1)C_{i-1}^T + R_{i-1}]^{-1} \tag{7.47}$$

当尺度从 $N$, $N-1$, $\cdots$ 递归到最后 $i=2$，可得 $\hat{x}_1(k_1|k_1)$ 和 $P_1(k_1|k_1)$，则它们即为 $x_1(k_1)$ 的最优融合估计值。由于 $x(k) = x_1(k_1)$，因此，若记 $\hat{x}_r(k|k) = \hat{x}_1(k_1|k_1)$ 和 $P_r(k|k) = P_1(k_1|k_1)$，则 $\hat{x}_r(k|k)$ 和 $P_r(k|k)$ 即为状态 $x(k)$ 在最细尺度上获得的沿着尺度融合 $N$ 个传感器的观测信息的结果。

**证明**    最粗尺度上状态的估计事实上是直接 Kalman 滤波的结果，因此，所获得的估计值 $\hat{x}_N(k_N|k_N)$ 是线性无偏估计，且在方差最小意义下是最优的，自然也是在估计误差协方差的迹最小意义下最优的。现在，假设估计值 $\hat{x}_i(k_i|k_i)$ 是 $x_i(k_i)$ 的线性最优无偏估计 $(k_i = 1, 2, \cdots)$，则需要证明 $\hat{x}_{i-1}(k_{i-1}|k_{i-1})$ 是 $x_{i-1}(k_{i-1})$ 的线性最优无偏估计 $(k_{i-1} = 1, 2, \cdots)$。

由式 (7.18) 和引理 7.1 可得式 (7.41)，因此有

$$
\begin{aligned}
\tilde{x}_{i-1|i}(q|q) &= x_{i-1}(q) - \hat{x}_{i-1|i}(q|q) \\
&= n_i \left( \sum_{m=0}^{n_i-1} A_{i-1}^m \right)^{-1} x_i(k_i) - n_i \left( \sum_{m=0}^{n_i-1} A_{i-1}^m \right)^{-1} \hat{x}_i(k_i|k_i) \\
&= n_i \left( \sum_{m=0}^{n_i-1} A_{i-1}^m \right)^{-1} \tilde{x}_i(k_i|k_i)
\end{aligned}
\tag{7.48}
$$

对上式两边取期望并利用其线性性质可得

$$
E[\tilde{x}_{i-1|i}(q|q)] = n_i \left( \sum_{m=0}^{n_i-1} A_{i-1}^m \right)^{-1} E[\tilde{x}_i(k_i|k_i)] = 0
\tag{7.49}
$$

即 $\hat{x}_{i-1|i}(q|q)$ 是 $x_{i+1}(q)$ 的线性无偏估计，且其相应的估计误差协方差阵为

$$
\begin{aligned}
P_{i-1|i}(q|q) &= E[\tilde{x}_{i-1|i}(q|q)\tilde{x}_{i-1|i}^{\mathrm{T}}(q|q)] \\
&= n_i^2 \left( \sum_{m=0}^{n_i-1} A_{i-1}^m \right)^{-1} P_i(k_i|k_i) \left( \sum_{m=0}^{n_i-1} A_{i-1}^m \right)^{-\mathrm{T}}
\end{aligned}
\tag{7.50}
$$

下面证明式 (7.35)~ 式 (7.40) 和式 (7.43)~ 式 (7.47)。由文献 [46] 可得

$$
\begin{aligned}
\alpha_1(i-1, q) &= \left[ P_{i-1|i}^{-1}(q|q) + P_{i-1|i-1}^{-1}(q|q) \right]^{-1} P_{i-1|i-1}^{-1}(q|q) \\
&= P_{i-1|i}(q|q) \left[ P_{i-1|i}(q|q) + P_{i-1|i-1}(q|q) \right]^{-1}
\end{aligned}
\tag{7.51}
$$

因此有式 (7.39) 和式 (7.40)。

由 Kalman 滤波理论以及式 (7.40) 可证由式 (7.35) 给出的 $\hat{x}_{i-1}(q|q)$ 是 $x_{i+1}(q)$ 的线性无偏估计，且其估计误差协方差阵由式 (7.36) 给出。

此外, 有

$$\mathrm{tr}P_{i-1}(q|q) \leqslant \min\left\{\mathrm{tr}P_{i-1|i}(q|q), \mathrm{tr}P_{i-1|i-1}(q|q)\right\} \tag{7.52}$$

进一步由 Kalman 滤波理论, 可得式 (7.37)、式 (7.38)、式 (7.43) ∼ 式 (7.47)。

**注解 7.2**　递归融合估计算法流程图如图 7.2 所示。算法的主要思想和证明的思路如下: 对 $2 \leqslant i \leqslant N$ 和 $k = 1, 2, \cdots$, 在估计误差协方差的迹最小意义下, 假设 $\hat{x}_i(k_i|k_i)$ 是 $x_i(k_i)$ 的最优线性无偏估计, 需要证明 $\hat{x}_{i-1}(k_{i-1}|k_{i-1})$ 是 $x_{i-1}(k_{i-1})$ 的最优无偏估计。首先, 由于 $\hat{x}_N(k_N|k_N)$ 和 $P_N(k_N|k_N)$ 是利用最粗尺度上的系统方程直接 Kalman 滤波得到的, 因此是方差最小意义下最优的, 自然也是方差的迹最小意义下最优的。由 $\hat{x}_i(k_i|k_i)$ 利用图 7.3 中的模块 1-1 可得 $\hat{x}_{i-1|i}(q|q)$。由式 (7.49) 可证明其无偏性。对 $\hat{x}_{i-1|i}(q|q)$ 和 $i-1$ 尺度上直接 Kalman 滤波获得的 $\hat{x}_{i-1|i-1}(q|q)$, 利用图 7.3 所示模块 1-2 进行数据融合可得 $\hat{x}_{i-1}(q|q)$。由 Kalman 滤波递归公式, 易证 $\hat{x}_{i-1}(q|q)$ 的无偏性。对 $\hat{x}_{i-1}(q|q)$ 利用图 7.4 中模块 2 重复 $n_i$ 次可得 $\hat{x}_{i-1}(l|l)(n_i(k_i-1)+2 \leqslant l \leqslant n_i k_i)$ 和 $\hat{x}_{i-1|i-1}(n_i k_i+1|n_i k_i+1)$。它们的无偏性可以利用 Kalman 滤波基本理论证明。将此过程沿尺度进行递归, 最后, 可得融合所有传感器信息的最细尺度状态 $x(k)$ 的最优估计值。

**注解 7.3**　图 7.2 中方框中的点表示估计值。一个方框中的 2 个节点分别表示以两种不同的方式获取的该点的估计值。方框中上面的一点是利用模块 2 进行 Kalman 滤波获得的, 而下面一点是利用模块 1-1 的递归过程获得的。最终的估计值是利用模块 1-2 将其进行融合的结果。图 7.2 中不同传感器采样率之比为 $S_1 : S_2 = 2 : 1$ 和 $S_2 : S_3 = 3 : 1$, 与图 7.1 所示相同。

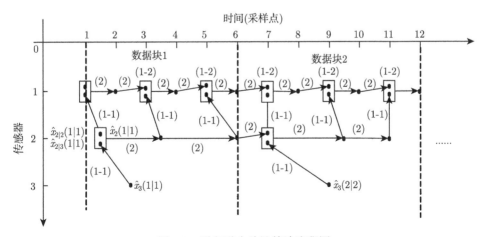

图 7.2　递归融合估计算法流程图

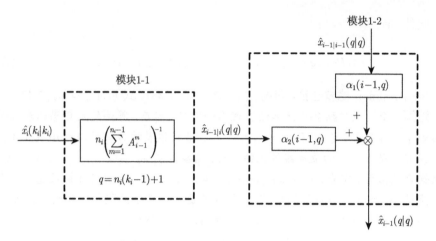

图 7.3　递归融合估计算法模块 1

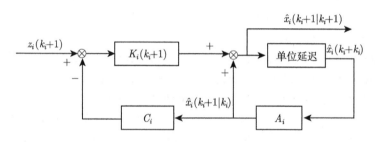

图 7.4　递归融合估计算法模块 2

接下来将证明一个重要的结论，即如果减少任意一个传感器的信息，所获得的估计误差协方差阵的迹都将增加。为此，先介绍两个引理。

**引理 7.2**　对 $k = 1, 2, \cdots$，假设 $\hat{x}_i^1(k_i|k_i)$ 和 $\hat{x}_i^2(k_i|k_i)$ 是 $x_i(k_i)$ 的无偏估计，且 $\hat{x}_i^1(k_i|k_i) \prec \hat{x}_i^2(k_i|k_i)$。$\hat{x}_i^1(k_i+1|k_i+1)$ 和 $\hat{x}_i^2(k_i+1|k_i+1)$ 分别是基于 $\hat{x}_i^1(k_i|k_i)$ 和 $x_i^2(k_i|k_i)$ 直接 Kalman 滤波的结果，则 $\hat{x}_i^1(k_i+1|k_i+1) \prec \hat{x}_i^2(k_i+1|k_i+1)$。其中 "$\prec$" 表示前者的估计误差协方差阵的迹小于等于后者。

**证明**　由标准 Kalman 滤波公式可以很容易的证明该引理，详细过程略。

**引理 7.3**　假设尺度 $i(2 \leqslant i \leqslant N)$ 上的动态模型由定理 7.1 给出。对 $k = 1, 2, \cdots$，$\hat{x}_{i-1}^*(k_{i-1}|k_{i-1})$ 和 $P_{i-1}^*(k_{i-1}|k_{i-1})$ 分别表示利用传感器 $i-1$ 的观测信息获得的 $x_{i-1}(k_{i-1})$ 的估计值和相应的估计误差协方差阵。$\hat{x}_{i-1}(k_{i-1}|k_{i-1})$ 和 $P_{i-1}(k_{i-1}|k_{i-1})$ 表示融合传感器 $i-1$ 和传感器 $i$ 获得的 $x_{i-1}(k_{i-1})$ 的估计值和相应的估计误差协方差。可以证明

$$\text{tr} P_{i-1}(k_{i-1}|k_{i-1}) \leqslant \text{tr} P_{i-1}^*(k_{i-1}|k_{i-1}) \tag{7.53}$$

**证明**　首先，当 $k_{i-1} = 1$ 时，$P_{i-1}^*(1|1) = P_{i-1|i-1}(1|1)$。因此

$$\mathrm{tr}P_{i-1}(1|1) \leqslant \min\{\mathrm{tr}P_{i-1|i-1}(1|1), \mathrm{tr}P_{i-1|i}(1|1)\} \leqslant \mathrm{tr}P_{i-1}^*(1|1) \tag{7.54}$$

设对于任意 $k_{i-1} > 1$，有

$$\mathrm{tr}P_{i-1}(k_{i-1}-1|k_{i-1}-1) \leqslant \mathrm{tr}P_{i-1}^*(k_{i-1}-1|k_{i-1}-1) \tag{7.55}$$

由 Kalman 滤波理论可知[2, 42, 134]

$$P_{i-1}^{-1}(k_{i-1}|k_{i-1}) = C_{i-1}^{\mathrm{T}} R_{i-1}^{-1} C_{i-1} + P_{i-1}^{-1}(k_{i-1}|k_{i-1}-1) \tag{7.56}$$

类似的，对于直接 Kalman 滤波也有

$$P_{i-1}^{*,-1}(k_{i-1}|k_{i-1}) = C_{i-1}^{\mathrm{T}} R_{i-1}^{-1} C_{i-1} + P_{i-1}^{*,-1}(k_{i-1}|k_{i-1}-1) \tag{7.57}$$

由式 (7.46) 知

$$P_{i-1}(k_{i-1}|k_{i-1}-1) = A_{i-1} P_{i-1}(k_{i-1}-1|k_{i-1}-1) A_{i-1}^{\mathrm{T}} + Q_{i-1} \tag{7.58}$$

类似的，有

$$P_{i-1}^*(k_{i-1}|k_{i-1}-1) = A_{i-1} P_{i-1}^*(k_{i-1}-1|k_{i-1}-1) A_{i-1}^{\mathrm{T}} + Q_{i-1} \tag{7.59}$$

比较式 (7.58) 和式 (7.59)，利用式 (7.55)，可得

$$\mathrm{tr}P_{i-1}(k_{i-1}|k_{i-1}-1) \leqslant \mathrm{tr}P_{i-1}^*(k_{i-1}|k_{i-1}-1) \tag{7.60}$$

由式 (7.56)、式 (7.57) 和式 (7.60)，可得

$$\mathrm{tr}P_{i-1}(k_{i-1}|k_{i-1}) \leqslant \mathrm{tr}P_{i-1}^*(k_{i-1}|k_{i-1}) \tag{7.61}$$

当 $k_{i-1} = q$ 时，类似的可以证明 $\mathrm{tr}P_{i-1|i-1}(k_{i-1}|k_{i-1}) \leqslant \mathrm{tr}P_{i-1}^*(k_{i-1}|k_{i-1})$。利用式 (7.52)，有

$$\mathrm{tr}P_{i-1}(k_{i-1}|k_{i-1}) \leqslant \mathrm{tr}P_{i-1|i-1}(k_{i-1}|k_{i-1}) \tag{7.62}$$

因此，式 (7.53) 成立。

**定理 7.3**　对任意正整数 $k = 1, 2, \cdots$，利用定理 7.2，融合任意 $L(1 \leqslant L \leqslant N)$ 个传感器 (含传感器 1)，可得 $x(k)$ 的估计值 $\hat{x}^L(k|k)$ 和估计误差协方差阵 $P^L(k|k)$，则有

$$\mathrm{tr}P^N(k|k) \leqslant \min\{\mathrm{tr}P^j(k|k), j = 1, 2, \cdots, N-1\} \tag{7.63}$$

**证明**　记 $q_1 \overset{\text{def}}{=} n_{i-1}(k_{i-1}-1)+1$，$q_2 \overset{\text{def}}{=} n_i n_{i-1}(k_{i-1}-1)+1$，则 $q_2 = n_i(q_1-1)+1$。假设已经获得了估计值 $\hat{x}_{i-1}(k_{i-1}|k_{i-1})(k_{i-1}=1,2,\cdots)$，则由定理 7.2、引理 7.2 和引理 7.3，只需证明

$$\hat{x}_{i-1|i}(q_2|q_2) \prec \hat{x}_{i-1|i+1}(q_2|q_2) \tag{7.64}$$

其中

$$\hat{x}_{i-1|i}(q_2|q_2) \overset{\text{def}}{=} n_i \left( \sum_{m=0}^{n_i-1} A_{i-1}^m \right)^{-1} \hat{x}_i(q_1|q_1) \tag{7.65}$$

$$\hat{x}_{i-1|i+1}(q_2|q_2) \overset{\text{def}}{=} n_i n_{i-1} \left( \sum_{m=0}^{n_i n_{i-1}-1} A_{i-1}^m \right)^{-1} \hat{x}_{i-1}(k_{i-1}|k_{i-1}) \tag{7.66}$$

事实上，式 (7.64) 是显然成立的，因为由定理 7.2，有

$$\begin{aligned}
\hat{x}_i(q_1|q_1) &= \alpha_1(i,q_1)\hat{x}(i|i,q_1|q_1) + \alpha_2(i,q_1)\hat{x}_{i|i-1}(q_1|q_1) \\
&\prec \hat{x}_{i|i-1}(q_1|q_1) \\
&= n_{i-1} \left( \sum_{m=0}^{n_{i-1}-1} A_i^m \right)^{-1} \hat{x}_{i-1}(k_{i-1}|k_{i-1})
\end{aligned} \tag{7.67}$$

因此，由式 (7.16) 和式 (7.41) 可知

$$\begin{aligned}
\hat{x}_{i-1|i}(q_2|q_2) &= n_i \left( \sum_{m=0}^{n_i-1} A_{i-1}^m \right)^{-1} \hat{x}_i(q_1|q_1) \\
&\prec n_i \left( \sum_{m=0}^{n_i-1} A_{i-1}^m \right)^{-1} n_{i-1} \left( \sum_{m=0}^{n_{i-1}-1} A_i^m \right)^{-1} \hat{x}_{i-1}(k_{i-1}|k_{i-1}) \\
&= n_i n_{i-1} \left[ \left( \sum_{m=0}^{n_{i-1}-1} A_i^m \right) \cdot \left( \sum_{m=0}^{n_i-1} A_{i-1}^m \right) \right]^{-1} \hat{x}_{i-1}(k_{i-1}|k_{i-1}) \\
&= n_i n_{i-1} \left[ \left( \sum_{m=0}^{n_{i-1}-1} A_{i-1}^{mn_i} \right) \cdot \left( \sum_{m=0}^{n_i-1} A_{i-1}^m \right) \right]^{-1} \hat{x}_{i-1}(k_{i-1}|k_{i-1}) \\
&= n_i n_{i-1} \left( \sum_{m=0}^{n_i n_{i-1}-1} A_{i-1}^m \right)^{-1} \hat{x}_{i-1}(k_{i-1}|k_{i-1}) \\
&= \hat{x}_{i-1|i+1}(q_2|q_2)
\end{aligned} \tag{7.68}$$

利用引理 7.2，对任意 $k=1,2,\cdots$，有

$$\hat{x}_{i-1|i}(k|k) \prec \hat{x}_{i-1|i+1}(k|k) \tag{7.69}$$

**推论 7.1**　对任意 $k = 1, 2, \cdots$，设利用第 1 个传感器的观测信息直接 Kalman 滤波获得的状态 $x(k)$ 的估计值和相应的估计误差协方差分别为 $\hat{x}^*(k|k)$ 和 $P^*(k|k)$，而用本节的算法融合 $N$ 个传感器的观测值获得的状态估计值和估计误差协方差分别为 $\hat{x}^{**}(k|k)$ 和 $P^{**}(k|k)$，则有

$$\mathrm{tr}\{P^{**}(k|k)\} \leqslant \mathrm{tr}\{P^*(k|k)\} \tag{7.70}$$

**注解 7.4**　定理 7.3 表明，当减少任意一个传感器的信息 (传感器 1 除外)，估计误差协方差的迹都将增大，即所利用的信息越多，估计效果越好。而推论 7.1 表明，融合估计误差协方差不大于只利用传感器 1 的观测信息 Kalman 滤波的结果。

**注解 7.5**　从 $N$ 个传感器中选取 $L$ 个有多种选法，一般的，对于 $2 \leqslant L \leqslant N$，选择不同的 $L$ 个传感器所获得的估计值和估计误差协方差阵都会不相同。定理 7.3 中，$\hat{x}^L(k|k)$ 和 $P^L(k|k)$ 应该理解为是任意选中的一种情况下的融合估计值和估计误差协方差。

**注解 7.6**　为减少算法的计算量，式 (7.39) 和式 (7.40) 中的 $\alpha_1(i-1, q)$ 和 $\alpha_2(i-1, q)$ 可替换为[43]

$$\alpha_1(i-1, q) = \frac{\mathrm{tr}P_{i-1|i}(q|q)}{\mathrm{tr}P_{i-1|i}(q|q) + \mathrm{tr}P_{i-1|i-1}(q|q)} \tag{7.71}$$

$$\alpha_2(i-1, q) = 1 - \alpha_1(i-1, q) \tag{7.72}$$

此时，式 (7.36) 应改写为

$$P_{i-1}(q|q) = \alpha_1^2(i-1, q)P_{i-1|i-1}(q|q) + \alpha_2^2(i-1, q)P_{i-1|i}(q|q) \tag{7.73}$$

在此情况下，定理 7.3 和推论 7.1 依然成立。

**注解 7.7**　问题描述中的假设"$A$ 的所有特征值都位于单位圆内"不是必需的。事实上，该假设可修正为"对任意正整数 $p$，$\sum\limits_{i=0}^{p-1} A^i$ 是可逆的"。下一节的仿真就是在此假设下进行的。

**注解 7.8**　如果将式 (7.5) 替换为

$$S_1 = n_j S_j, \quad 1 \leqslant j \leqslant N \tag{7.74}$$

则本章的算法可以推广用于更广泛的不同采样速率多传感器的数据融合问题，其中，传感器 $i$ 和 $j$ 的采样比，即 $\dfrac{S_i}{S_j} = \dfrac{n_j}{n_i}$ 可以是任意的有理数。在此情况下，容易证明定理 7.3 的结论依然成立。

## 7.4　基于混合式结构的融合估计算法

本节的系统描述与 7.2 节的系统描述类似。唯一不同之处在于，最细尺度传感器 1 与各个尺度传感器之间的采样比略有不同，本节假设传感器 $i$ 的采样率 $S_i$ 与具有最高采样率的传感器 1 的采样率 $S_1$ 之间呈正整数倍采样关系，即

$$S_i = S_1/n_i, \quad i = 1, 2, \cdots, N \tag{7.75}$$

其中，$n_i \ (i = 1, 2, \cdots, N)$ 表示已知的正整数，其中，$n_1 = 1$。

通过多尺度分析和多尺度系统理论，量测值 $z_i(k_i)$ "观测" 到的状态可以写成如下形式：

$$x_i(k_i) = \frac{1}{n_i} \left( \sum_{m=0}^{n_i-1} A^m \right) x(n_i(k_i - 1) + 1), \quad i = 1, 2, \cdots, N \tag{7.76}$$

其中，$n_i$ 是第 1 个传感器对第 $i \ (i = 1, 2, \cdots, N)$ 个传感器的采样比率。

根据式 (7.2) 和式 (7.76)，有[181]

$$\begin{aligned}
z_i(k_i) &= C_i x_i(k_i) + v_i(k_i) \\
&= \frac{1}{n_i} C_i \left( \sum_{m=0}^{n_i-1} A^m \right) x(n_i(k_i - 1) + 1) + v_i(k_i) \\
&= \bar{C}_i x(n_i(k_i - 1) + 1) + v_i(k_i)
\end{aligned} \tag{7.77}$$

其中

$$\bar{C}_i = \frac{1}{n_i} C_i \left( \sum_{m=0}^{n_i-1} A^m \right) \tag{7.78}$$

当 $(k_i - 1) \bmod n_i = 0$，式 (7.77) 可以写成

$$z_i \left( \frac{k_i - 1}{n_i} + 1 \right) = \bar{C}_i x(k_i) + v_i \left( \frac{k_i - 1}{n_i} + 1 \right) \tag{7.79}$$

对于任意的 $i = 1, 2, \cdots, N$，定义

$$Z_1^{k_i}(i) \overset{\text{def}}{=} \{z_i(1), z_i(2), \cdots, z_i(k_i)\} \tag{7.80}$$

和

$$\hat{x}_c(k|k) \overset{\text{def}}{=} E\{x(k) | Z_1^{\left[\frac{k}{n_i}\right]}(i), i = 1, 2, \cdots, N\} \tag{7.81}$$

其中，$Z_1^{k_i}(i)$ 表示第 $i$ 个传感器观测到的从第一个到第 $k_i$ 个量测值。$\hat{x}_c(k|k)$ 表示融合 $k$ 时刻前所有观测数据的状态最优估计，数学上等于 $x(k)$ 在 $\{Z_1^{[\frac{k}{n_i}]}(i)\}_{i=1,2,\cdots,N}$ 下的条件期望。

基于式 (7.1) 和式 (7.79)，本节将会给出一个数据融合状态估计算法。将 $x(k)$ 的融合状态估计和相应的估计误差协方差分别表示为 $\hat{x}_c(k|k)$ 和 $P_c(k|k)$，则它们可以通过利用定理 7.4 中的混合结构求得，该结构中量测值被分为两组，一组是具有最高采样率的传感器观测到的量测值，一组是其他采样率的传感器观测到的量测值。状态估计 $\hat{x}_c(k|k)$ 可以通过依次对两组数据进行预测和两次更新得到。

**定理 7.4**　假设已经得到状态估计 $\hat{x}_c(k-1|k-1)$ 及相应的估计误差协方差 $P(k-1|k-1)$，则 $\hat{x}_c(k|k)$ 和 $P_c(k|k)$ 可以由下面几个步骤得到[181]：

(1) 对于 $k=1,2,\cdots$，如果对于任意的 $i=2,3,\cdots,N$ 都有 $(k-1)\bmod n_i \neq 0$，则

$$\hat{x}_c(k|k) = \hat{x}_c(k|k-1) + K_c(k)[z_1(k) - C_1\hat{x}_c(k|k-1)] \tag{7.82}$$

$$P_c(k|k) = [I - K_c(k)C_1]P_c(k|k-1) \tag{7.83}$$

其中

$$\hat{x}_c(k|k-1) = A\hat{x}_c(k-1|k-1) \tag{7.84}$$

$$P_c(k|k-1) = AP_c(k-1|k-1)A^{\mathrm{T}} + Q \tag{7.85}$$

$$K_c(k) = P_c(k|k-1)C_1^{\mathrm{T}}[C_1 P_c(k|k-1)C_1^{\mathrm{T}} + R_1]^{-1} \tag{7.86}$$

(2) 对于 $k=1,2,\cdots$，如果存在一个 $i=2,3,\cdots,N$ 满足 $(k-1)\bmod n_i = 0$，则

$$\hat{x}_c(k|k) = \hat{x}_1(k|k) + K_i(k)\left[z_i\left(\frac{k-1}{n_i}+1\right) - \bar{C}_i\hat{x}_1(k|k)\right] \tag{7.87}$$

$$P_c(k|k) = [I - K_i(k)\bar{C}_i]P_1(k|k) \tag{7.88}$$

其中

$$\hat{x}_1(k|k) = \hat{x}_c(k|k-1) + K_1(k)[z_1(k) - C_1\hat{x}_c(k|k-1)] \tag{7.89}$$

$$P_1(k|k) = [I - K_1(k)C_1]P_c(k|k-1) \tag{7.90}$$

$$\hat{x}_c(k|k-1) = A\hat{x}_c(k-1|k-1) \tag{7.91}$$

$$P_c(k|k-1) = AP_c(k-1|k-1)A^{\mathrm{T}} + Q \tag{7.92}$$

$$K_1(k) = P_c(k|k-1)C_1^{\mathrm{T}}[C_1 P_c(k|k-1)C_1^{\mathrm{T}} + R_1]^{-1} \tag{7.93}$$

$$K_i(k) = P_1(k|k)\bar{C}_i^{\mathrm{T}}[\bar{C}_i P_1(k|k)\bar{C}_i^{\mathrm{T}} + R_i]^{-1} \tag{7.94}$$

(3) 对 $k = 1, 2, \cdots$, 如果存在 $i_1, i_2, \cdots, i_j$, $2 \leqslant i_1, i_2, \cdots, i_j \leqslant N$ 满足 $(k - 1) \bmod n_{i_p} = 0, p = 1, 2, \cdots, j$, 那么

$$\hat{x}_c(k|k) = \hat{x}_1(k|k) + K_{i_{1,2,\cdots,j}}(k)[z_{i_{1,2,\cdots,j}}(k) - \bar{C}_{i_{1,2,\cdots,j}}\hat{x}_1(k|k)] \tag{7.95}$$

$$P_c(k|k) = [I - K_{i_{1,2,\cdots,j}}(k)\bar{C}_{i_{1,2,\cdots,j}}]P_1(k|k) \tag{7.96}$$

其中, $\hat{x}_1(k|k)$ 和 $P_1(k|k)$ 由式 (7.89) 和式 (7.90) 计算, 并且, 其中

$$z_{i_{1,2,\cdots,j}}(k) = \left[ z_{i_1}^{\mathrm{T}}\left(\frac{k-1}{n_{i_1}}+1\right) \quad z_{i_2}^{\mathrm{T}}\left(\frac{k-1}{n_{i_2}}+1\right) \quad z_{i_j}^{\mathrm{T}}\left(\frac{k-1}{n_{i_j}}+1\right) \right]^{\mathrm{T}} \tag{7.97}$$

$$\bar{C}_{i_{1,2,\cdots,j}} = \mathrm{diag}\{\bar{C}_{i_1}, \bar{C}_{i_2}, \cdots, \bar{C}_{i_j}\} \tag{7.98}$$

$$R_{i_{1,2,\cdots,j}} = \mathrm{diag}\{R_{i_1}, R_{i_2}, \cdots, R_{i_j}\} \tag{7.99}$$

$$K_{i_{1,2,\cdots,j}}(k) = P_1(k|k)\bar{C}_{i_{1,2,\cdots,j}}^{\mathrm{T}}[\bar{C}_{i_{1,2,\cdots,j}}P_1(k|k)\bar{C}_{i_{1,2,\cdots,j}}^{\mathrm{T}} + R_{i_{1,2,\cdots,j}}]^{-1} \tag{7.100}$$

**证明**　由式 (7.81), 有

$$
\begin{aligned}
\hat{x}_c(k|k) &= E\{x(k)|Z_1^{[\frac{k}{n_i}]}(i), i = 1, 2, \cdots, N\} \\
&= E\{x(k)|Z_1^k(1), Z_1^{[\frac{k}{n_i}]-1}(i), i = 2, 3, \cdots, N\} \\
&\quad + K_{i_{1,2,\cdots,j}}(k)\tilde{z}_{i_{1,2,\cdots,j}}(k|k-1) \\
&= \hat{x}_1(k|k) + K_{i_{1,2,\cdots,j}}(k)\tilde{z}_{i_{1,2,\cdots,j}}(k|k-1) \\
&= E\{x(k)|Z_1^{[\frac{k}{n_i}]-1}(i), i = 1, 2, \cdots, N\} + K_1(k)\tilde{z}_1(k|k-1) \\
&\quad + K_{i_{1,2,\cdots,j}}(k)\tilde{z}_{i_{1,2,\cdots,j}}(k|k-1) \\
&= \hat{x}_c(k|k-1) + K_1(k)\tilde{z}_1(k|k-1) + K_{i_{1,2,\cdots,j}}(k)\tilde{z}_{i_{1,2,\cdots,j}}(k|k-1)
\end{aligned} \tag{7.101}
$$

其中

$$
\begin{aligned}
\tilde{z}_1(k|k-1) &= z_1(k) - E[z_1(k)|Z_1^{k-1}(1)] \\
&= z_1(k) - E[C_1 x_1(k) + v_1(k)|Z_1^{k-1}(1)] \\
&= z_1(k) - C_1 E[x_1(k)|Z_1^{k-1}(1)] \\
&= z_1(k) - C_1 \hat{x}_c(k|k-1)
\end{aligned} \tag{7.102}
$$

类似的, 有

$$
\begin{aligned}
&\tilde{z}_{i_{1,2,\cdots,j}}(k|k-1) \\
&= z_{i_{1,2,\cdots,j}}(k) - E\{z_{i_{1,2,\cdots,j}}(k)|Z_1^k(1), Z_1^{[\frac{k}{n_i}]-1}(i), i = 2, 3, \cdots, N\}
\end{aligned}
$$

$$= z_{i_{1,2,\cdots,j}}(k) - E\{\bar{C}_{i_{1,2,\cdots,j}}x(k) + \bar{v}_{i_{1,2,\cdots,j}}(k)|Z_1^k(1), Z_1^{[\frac{k}{n_i}]-1}(i),$$

$$i = 2, 3, \cdots, N\}$$

$$= z_{i_{1,2,\cdots,j}}(k) - \bar{C}_{i_{1,2,\cdots,j}}\hat{x}_1(k|k) \tag{7.103}$$

其中

$$\bar{v}_{i_{1,2,\cdots,j}}(k) = \left[\bar{v}_{i_1}^{\mathrm{T}}\left(\frac{k-1}{n_{i_1}}+1\right) \quad \bar{v}_{i_2}^{\mathrm{T}}\left(\frac{k-1}{n_{i_2}}+1\right) \quad \bar{v}_{i_j}^{\mathrm{T}}\left(\frac{k-1}{n_{i_j}}+1\right)\right]^{\mathrm{T}} \tag{7.104}$$

从式 (7.101) ~ 式 (7.103), 有

$$\hat{x}_1(k|k) = \hat{x}_c(k|k-1) + K_1(k)[z_1(k) - C\hat{x}_c(k|k-1)] \tag{7.105}$$

和

$$\hat{x}_c(k|k) = \hat{x}_1(k|k) + K_{i_{1,2,\cdots,j}}(k)[z_{i_{1,2,\cdots,j}}(k) - \bar{C}_{i_{1,2,\cdots,j}}\hat{x}_1(k|k)] \tag{7.106}$$

利用正交定理[41], 有

$$E[\tilde{x}_1(k|k)\hat{x}_1^{\mathrm{T}}(k|k)] = 0 \tag{7.107}$$

其中

$$\tilde{x}_1(k|k) = x(k) - \hat{x}_1(k|k) \tag{7.108}$$

将式 (7.105) 和 $i = 1$ 时的式 (7.2) 代入式 (7.108), 可得

$$\tilde{x}_1(k|k) = x(k) - \hat{x}_c(k|k-1) - K_1(k)[z_1(k) - C_1\hat{x}_c(k|k-1)]$$

$$= x(k) - \hat{x}_c(k|k-1) - K_1(k)[C_1x(k) + v_1(k) - C_1\hat{x}_c(k|k-1)]$$

$$= \tilde{x}_c(k|k-1) - K_1(k)C_1\tilde{x}_c(k|k-1) - K_1(k)v_1(k) \tag{7.109}$$

$$= [I - K_1(k)C_1]\tilde{x}_c(k|k-1) - K_1(k)v_1(k)$$

其中

$$\tilde{x}_c(k|k-1) = x(k) - \hat{x}_c(k|k-1) \tag{7.110}$$

将式 (7.105) 和式 (7.109) 代入式 (7.107), 并利用

$$E[\tilde{x}_c(k|k-1)\tilde{x}_c^{\mathrm{T}}(k|k-1)] = 0 \tag{7.111}$$

有

$$K_1(k) = P_c(k|k-1)C_1^{\mathrm{T}}[C_1 P_c(k|k-1)C_1^{\mathrm{T}} + R_1]^{-1} \tag{7.112}$$

其中

$$P_c(k|k-1) = E[\tilde{x}_c(k|k-1)\tilde{x}_c^{\mathrm{T}}(k|k-1)] \tag{7.113}$$

类似的, 利用式 (7.107) 和

$$E[\tilde{x}_c(k|k)\hat{x}_c^{\mathrm{T}}(k|k)] = 0 \tag{7.114}$$

有

$$K_{i_{1,2,\cdots,j}}(k) = P_1(k|k)\bar{C}_{i_{1,2,\cdots,j}}^{\mathrm{T}}[\bar{C}_{i_{1,2,\cdots,j}} P_1(k|k)\bar{C}_{i_{1,2,\cdots,j}}^{\mathrm{T}} + R_{i_{1,2,\cdots,j}}]^{-1} \tag{7.115}$$

其中, $\bar{C}_{i_{1,2,\cdots,j}}$ 由式 (7.98) 计算, 并且其中

$$\begin{aligned}
R_{i_{1,2,\cdots,j}} &= E[\bar{v}_{i_{1,2,\cdots,j}}(k)\bar{v}_{i_{1,2,\cdots,j}}^{\mathrm{T}}(k)] \\
&= \mathrm{diag}\{R(i_1), R(i_2), \cdots, R(i_j)\}
\end{aligned} \tag{7.116}$$

$$P_1(k|k) = E[\tilde{x}_1(k|k)\tilde{x}_1^{\mathrm{T}}(k|k)] \tag{7.117}$$

由式 (7.106) 和式 (7.79)、式 (7.97)、式 (7.115), 可推出式 (7.96)。

图 7.5 说明了本章第 7.4 节提出的多速率传感器混合式数据融合步骤。

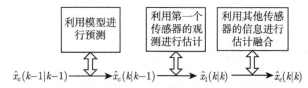

图 7.5　异步多速率传感器数据融合算法示意图

由式 (7.88) 和式 (7.94), 有

$$\begin{aligned}
P_c(k|k) &= [I - K_i(k)\bar{C}_i]P_1(k|k) \\
&= P_1(k|k) - K_i(k)\bar{C}_i P_1(k|k) \\
&= P_1(k|k) - P_1(k|k)\bar{C}_i^{\mathrm{T}}[\bar{C}_i P_1(k|k)\bar{C}_i^{\mathrm{T}} + R_i]^{-1}\bar{C}_i P_1(k|k) \\
&< P_1(k|k)
\end{aligned} \tag{7.118}$$

因此, 由式 (7.118) 和 $k = 1$ 时 $(k-1) \bmod n_i = 0(i = 1, 2, \cdots, N)$, 可以很容易地证明对任意的 $k = 1, 2, \cdots$, 融合后的状态估计在最小方差意义下比传感器 1 的 Kalman 滤波要好。

## 7.5　两种分布式融合估计算法

本节系统描述与第 7.4 节系统描述相同。

首先, 建立多尺度系统模型。

**定理 7.5**　假设 $x_i(k_i) = \dfrac{1}{n_i}\left(\displaystyle\sum_{m=0}^{n_i-1} A^m\right) x(n_i(k_i-1)+1)$, 那么 $i(2 \leqslant i \leqslant N)$
尺度上的状态空间模型为[174]

$$x_i(k_i+1) = A_i x_i(k_i) + w_i(k_i) \tag{7.119}$$

$$z_i(k_i) = C_i x_i(k_i) + v_i(k_i) \tag{7.120}$$

其中, $w_i(k_i)$ 和 $v_i(k_i)$ 是零均值的高斯白噪声序列, 满足

$$E[w_i(k_i)w_i^{\mathrm{T}}(l_i)] = Q_i \delta_{k_i l_i} \tag{7.121}$$

$$E[v_i(k_i)v_j^{\mathrm{T}}(l_j)] = R_i \delta_{ij} \delta_{k_i l_j} \tag{7.122}$$

$$E[w_i(k_i)v_j^{\mathrm{T}}(l_j)] = 0, i, \quad j = 1, 2, \cdots, N-1; k, l = 1, 2, \cdots \tag{7.123}$$

和

$$A_i = A^{n_i} \tag{7.124}$$

$$Q_i = \frac{1}{n_i^2}\left(\sum_{m=0}^{n_i-1} A^m\right) \sum_{m=0}^{n_i-1} \left(A^m Q A^{m,\mathrm{T}}\right) \left(\sum_{m=0}^{n_i-1} A^m\right)^{\mathrm{T}} \tag{7.125}$$

其中, $A^{m,\mathrm{T}}$ 表示矩阵 $A^m$ 的转置。

**证明**　由假设条件可知

$$
\begin{aligned}
x_i(k_i+1) &= \frac{1}{n_i}\left(\sum_{m=0}^{n_i-1} A^m\right) x(n_i k_i+1) \\
&= \frac{1}{n_i}\left(\sum_{m=0}^{n_i-1} A^m\right) (A x(n_i k_i) + w(n_i k_i)) \\
&= \frac{1}{n_i}\left(\sum_{m=0}^{n_i-1} A^m\right) \left[ A^{n_i} x(n_i(k_i-1)+1) + \sum_{m=0}^{n_i-1} A^m w(n_i k_i - m) \right] \\
&= A^{n_i} x_i(k_i) + \frac{1}{n_i}\left(\sum_{m=0}^{n_i-1} A^m\right) \sum_{m=0}^{n_i-1} A^m w(n_i k_i - m) \tag{7.126} \\
&\overset{\mathrm{def}}{=} A_i x_i(k_i) + w_i(k_i)
\end{aligned}
$$

其中, $A_i = A^{n_i}$, 且

$$w_i(k_i) = \frac{1}{n_i} \left( \sum_{m=0}^{n_i-1} A^m \right) \sum_{m=0}^{n_i-1} A^m w(n_i k_i - m) \tag{7.127}$$

对随机序列 $w_i(k_i)$, 利用归纳法和期望的线性性质可知

$$E[w_i(k_i)] = E\left[ \frac{1}{n_i} \left( \sum_{m=0}^{n_i-1} A^m \right) \sum_{m=0}^{n_i-1} A^m w(n_i k_i - m) \right] = 0 \tag{7.128}$$

并且

$$
\begin{aligned}
&E[w_i(k_i) w_i^{\mathrm{T}}(l_i)] \\
=&E\Bigg\{ \left[ \frac{1}{n_i} \left( \sum_{m=0}^{n_i-1} A^m \right) \sum_{m=0}^{n_i-1} A^m w(n_i k_i - m) \right] \\
&\cdot \left[ \frac{1}{n_i} \left( \sum_{m=0}^{n_i-1} A^m \right) \sum_{m=0}^{n_i-1} A^m w(n_i l_i - m) \right]^{\mathrm{T}} \Bigg\} \\
=&Q_i \delta_{k_i l_i}
\end{aligned}
\tag{7.129}
$$

其中, $Q_i$ 如式 (7.125) 所示。

另外, 由式 (7.8) 及式 (7.127), 利用归纳法和期望的线性性质, 易证式 (7.123) 成立。

### 7.5.1　递归联邦分布式融合估计

为了得到状态融合算法, 引入下列记号:

$$\hat{x}_i(k_i|k_i) \overset{\text{def}}{=} E[x_i(k_i)|Z_1^{k_i}(i)] \tag{7.130}$$

$$\hat{x}_{1|i}(k|k) \overset{\text{def}}{=} E\{x(k)|Z_1^{\left[\frac{k}{n_i}\right]}(i)\} \tag{7.131}$$

$$\hat{x}_f(k|k) \overset{\text{def}}{=} E\{x(k)|Z_1^k(1), Z_1^{\left[\frac{k}{n_2}\right]}(2), \cdots, Z_1^{\left[\frac{k}{n_N}\right]}(N)\} \tag{7.132}$$

其中

$$Z_1^{k_i}(i) \overset{\text{def}}{=} \{z_i(1), z_i(2), \cdots, z_i(k_i)\} \tag{7.133}$$

表示传感器 $i$ 的第 1 到第 $k_i$ 个观测值。"$[\cdot]$" 表示大于等于 "$\cdot$" 的最小正整数。

递归联邦分布式融合估计算法由下述定理给出。

**定理 7.6**　对任意 $k = 1, 2, \cdots$，设融合 $N$ 个传感器获得的估计值和估计误差方差阵分别为 $\hat{x}_f(k|k)$ 和 $P_f(k|k)$，则有[174]

$$\hat{x}_f(k|k) = \sum_{i=1}^{N} \alpha_i(k)\hat{x}_{1|i}(k|k) \tag{7.134}$$

$$P_f(k|k) = \left(\sum_{i=1}^{N} P_{1|i}^{-1}(k|k)\right)^{-1} \tag{7.135}$$

其中

$$\alpha_i(k) = P_f(k|k)P_{1|i}^{-1}(k|k), \quad i = 1, 2, \cdots, N \tag{7.136}$$

$$\hat{x}_{1|i}(k|k) = n_i A^{l-1} \left(\sum_{m=0}^{n_i-1} A^m\right)^{-1} \hat{x}_i(j|j), \quad k = n_i(j-1) + l; l = 1, \cdots, n_i \tag{7.137}$$

$$P_{1|i}(k|k) = n_i^2 A^{l-1} \left(\sum_{m=0}^{n_i-1} A^m\right)^{-1} P_i(j|j) \left(\sum_{m=0}^{n_i-1} A^m\right)^{-T} A^{(l-1),T}$$

$$+ \sum_{p=1}^{l-1} A^{l-1-p} Q(k-l+p) A^{(l-1-p),T} \tag{7.138}$$

$$k = n_i(j-1) + l; l = 1, 2, \cdots, n_i$$

其中，$n_1 = 1$，$A^0 = I$。$\hat{x}_i(j|j)$ 和 $P_i(j|j)$ 表示利用方程 (7.1) 和方程 (7.2)(对 $i = 1$) 或利用方程 (7.119) 和方程 (7.120)(对 $i = 2, 3, \cdots, N$) 对传感器 $i$ 进行 Kalman 滤波的结果。

**证明**　由式 (7.1)，对 $l = 1, 2, \cdots, n_i$，有

$$x(n_i(k_i-1)+l) = A^{l-1} x(n_i(k-1)+1) + \sum_{p=1}^{l-1} A^{l-1-p} w(n_i(k_i-1)+p) \tag{7.139}$$

其中，对任意函数 $f(\cdot)$，当 $l \leqslant 1$ 时，定义 $\sum\limits_{p=1}^{l-1} f(p) \stackrel{\text{def}}{=} 0$。

方程 (7.139) 可改写为

$$x(n_i^2(k-1)+1) = A^{1-l}\Bigg[x(n_i(k_i-1)+l)$$

$$- \sum_{p=1}^{l-1} A^{l-1-p} w(n_i(k_i-1)+p)\Bigg] \tag{7.140}$$

由定理 7.5 的假设, 有

$$x(n_i(k-1)+1) = n_i \left( \sum_{m=0}^{n_i-1} A^m \right)^{-1} x_i(k_i) \tag{7.141}$$

由式 (7.139) 和式 (7.141), 有

$$x(n_i(k_i-1)+l) = n_i A^{l-1} \left( \sum_{m=0}^{n_i-1} A^m \right)^{-1} x_i(k_i)$$
$$+ \sum_{p=1}^{l-1} A^{l-1-p} w(n_i(k_i-1)+p) \tag{7.142}$$

方程 (7.142) 可写为

$$x_i(k_i) = \frac{1}{n_i} \left( \sum_{m=0}^{n_i-1} A^m \right) A^{1-l} \Big[ x(n_i(k_i-1)+l)$$
$$- \sum_{p=1}^{l-1} A^{l-1-p} w(n_i(k_i-1)+p) \Big] \tag{7.143}$$

对 $l = 1, 2, \cdots, n_i$, 由式 (7.142), 有

$$\hat{x}_{1|i}(n_i(k_i-1)+l|n_i(k_i-1)+l)$$
$$= E\{x(n_i(k_i-1)+l)|Z_1^{\left[\frac{n_i(k_i-1)+l}{n_i}\right]}(i)\}$$
$$= E\left[ x(n_i(k_i-1)+l)|Z_1^{k_i}(i) \right]$$
$$= E\Big[ n_i A^{l-1} \left( \sum_{m=0}^{n_i-1} A^m \right)^{-1} x_i(k_i) \tag{7.144}$$
$$+ \sum_{p=1}^{l-1} A^{l-1-p} w(n_i(k_i-1)+p)|Z_1^{k_i}(i) \Big]$$
$$= n_i A^{l-1} \left( \sum_{m=0}^{n_i-1} A^m \right)^{-1} \hat{x}_i(k_i|k_i)$$

即, 对 $k = n_i(j-1)+l; l = 1, 2, \cdots, n_i$, 有

$$\hat{x}_{1|i}(k|k) = n_i A^{l-1} \left( \sum_{m=0}^{n_i-1} A^m \right)^{-1} \hat{x}_i(j|j) \tag{7.145}$$

由式 (7.142) 和式 (7.144), 有

$$
\begin{aligned}
\tilde{x}_{1|i}(n_i(k-1)+l) &= x(n_i(k_i-1)+l) - \hat{x}_{1|i}(n_i(k_i-1)+l|n_i(k_i-1)+l) \\
&= n_i A^{l-1} \left( \sum_{m=0}^{n_i-1} A^m \right)^{-1} \tilde{x}_i(k_i|k_i) \\
&\quad + \sum_{p=1}^{l-1} A^{l-1-p} w(n_i(k_i-1)+p)
\end{aligned}
\tag{7.146}
$$

因此

$$
\begin{aligned}
&P_{1|i}(n_i(k_i-1)+l|n_i(k_i-1)+l) \\
&= E\left[ \tilde{x}_{1|i}(n_i(k-1)+l)\tilde{x}_{1|i}^{\mathrm{T}}(n_i(k-1)+l) \right] \\
&= n_i A^{l-1} \left( \sum_{m=0}^{n_i-1} A^m \right)^{-1} P_i(k_i|k_i) \left( \sum_{m=0}^{n_i-1} A^m \right)^{-\mathrm{T}} A^{(l-1),\mathrm{T}} \\
&\quad + \sum_{p=1}^{l-1} A^{l-1-p} Q(n_i(k-1)+p) A^{(l-1-p),\mathrm{T}}
\end{aligned}
\tag{7.147}
$$

方程 (7.147) 可改写为

$$
\begin{aligned}
P_{1|i}(k|k) &= n_i^2 A^{l-1} \left( \sum_{m=0}^{n_i-1} A^m \right)^{-1} P_i(j|j) \left( \sum_{m=0}^{n_i-1} A^m \right)^{-\mathrm{T}} A^{(l-1),\mathrm{T}} \\
&\quad + \sum_{p=1}^{l-1} A^{l-1-p} Q(k-l+p) A^{(l-1-p),\mathrm{T}} \\
&\quad k = n_i(j-1)+l; l = 1,2,\cdots,n_i
\end{aligned}
\tag{7.148}
$$

由式 (7.132), 有

$$
\begin{aligned}
\hat{x}_f(k|k) &\overset{\text{def}}{=} E\{ x(k)|Z_1^k(1), Z_1^{\left[\frac{k}{n_{N-1}}\right]}(N-1), \cdots, Z_1^{\left[\frac{k}{n_2}\right]}(2) \} \\
&= \sum_{i=1}^{N} P_f(k|k) P_{1|i}^{-1}(k|k) E\{ x(k)|Z_1^{\left[\frac{k}{n_i}\right]}(i) \} \\
&= \sum_{i=1}^{N} P_f(k|k) P_{1|i}^{-1}(k|k) \hat{x}_{1|i}(k|k)
\end{aligned}
\tag{7.149}
$$

对于 $i = 1,2,\cdots,N$, 记

$$
\alpha_i(k) = P_f(k|k) P_{1|i}^{-1}(k|k)
\tag{7.150}
$$

则应有

$$\sum_{i=1}^{N} \alpha_i(k) = I \tag{7.151}$$

式 (7.149) 可改写为式 (7.134)。将式 (7.150) 代入式 (7.151)，可得式 (7.135)。

由式 (7.135)，可以很容易地证明定理 7.6 给出的算法是收敛的。

### 7.5.2　有反馈分布式融合估计

由定理 7.5 和引理 7.1，基于有反馈分布式融合结构，状态 $x(k)$ 的融合估计值 $\hat{x}_d(k|k)$ 和估计误差协方差矩阵 $P_d(k|k)$ 可由下面各步给出[174]：

(i) 对于 $k = 1, 2, \cdots$，若对于所有 $i = 2, 3, \cdots, N$，$(k-1) \bmod n_i \neq 0$，则

$$\hat{x}_d(k|k) = \hat{x}_d(k|k-1) + K_1(k)[z_1(k) - C_1\hat{x}_d(k|k-1)] \tag{7.152}$$

$$P_d(k|k) = [I - K_1(k)C_1]P_d(k|k-1) \tag{7.153}$$

其中

$$\hat{x}_d(k|k-1) = A\hat{x}_d(k-1|k-1) \tag{7.154}$$

$$P_d(k|k-1) = AP_d(k-1|k-1)A^{\mathrm{T}} + Q \tag{7.155}$$

$$K_1(k) = P_d(k|k-1)C_1^{\mathrm{T}}[C_1 P_d(k|k-1)C_1^{\mathrm{T}} + R_1]^{-1} \tag{7.156}$$

(ii) 对于 $k = 1, 2, \cdots$，若存在 $i(2 \leqslant i \leqslant N)$ 满足 $(k-1) \bmod n_i \neq 0$，则

$$\hat{x}_d(k|k) = \alpha_1(k)\hat{x}_1(k|k) + \alpha_i(k)\hat{x}_{1|i}(k|k) \tag{7.157}$$

$$P_d(k|k) = \left[P_1^{-1}(k|k) + P_{1|i}^{-1}(k|k)\right]^{-1} \tag{7.158}$$

其中

$$\hat{x}_1(k|k) = \hat{x}_d(k|k-1) + K_1(k)[z_1(k) - C_1\hat{x}_d(k|k-1)] \tag{7.159}$$

$$P_1(k|k) = [I - K_1(k)C_1]P_d(k|k-1) \tag{7.160}$$

$\hat{x}_d(k|k-1)$、$P_d(k|k-1)$ 和 $K_1(k)$ 分别由式 (7.154)~ 式 (7.156) 计算。并且有

$$\hat{x}_{1|i}(k|k) = n_i \left(\sum_{m=0}^{n_i-1} A^m\right)^{-1} \hat{x}_i(l|l), \quad l = (k-1)/n_i + 1 \tag{7.161}$$

$$P_{1|i}(k|k) = n_i^2 \left(\sum_{m=0}^{n_i-1} A^m\right)^{-1} P_i(l|l) \left(\sum_{m=0}^{n_i-1} A^m\right)^{-\mathrm{T}} \tag{7.162}$$

其中

$$\hat{x}_i(l|l) = \hat{x}_i(l|l-1) + K_i(l)[z_i(l) - C_i\hat{x}_i(l|l-1)] \tag{7.163}$$

$$\hat{x}_i(l|l-1) = A_i\hat{x}_{1|i}(l-1|l-1) \tag{7.164}$$

$$\hat{x}_{1|i}(l-1|l-1) = \frac{1}{n_i}\left(\sum_{m=0}^{n_i-1} A^m\right)\hat{x}(k-n_i|k-n_i) \tag{7.165}$$

$$P_{1|i}(l-1|l-1) = \frac{1}{n_i^2}\left(\sum_{m=0}^{n_i-1} A^m\right)P(k-n_i|k-n_i)\left(\sum_{m=0}^{n_i-1} A^m\right)^{\mathrm{T}} \tag{7.166}$$

$$P_i(l|l-1) = A_i P_{1|i}(l-1|l-1)A_i^{\mathrm{T}} + Q_i \tag{7.167}$$

$$K_i(l) = P_i(l|l-1)C_i^{\mathrm{T}}[C_i P_i(l|l-1)C_i^{\mathrm{T}} + R_i]^{-1} \tag{7.168}$$

$$P_i(l|l) = [I - K_i(l)C_i]P_i(l|l-1) \tag{7.169}$$

加权矩阵由下式计算:

$$\begin{aligned}\alpha_1(k) &= \left[P_1^{-1}(k|k) + P_{1|i}^{-1}(k|k)\right]^{-1}P_1^{-1}(k|k) \\ &= P_{1|i}(k|k)\left[P_1(k|k) + P_{1|i}(k|k)\right]^{-1}\end{aligned} \tag{7.170}$$

$$\alpha_i(k) = I - \alpha_1(k) \tag{7.171}$$

(iii) 一般说来, 对 $k = 1, 2, \cdots$ , 若存在 $i_1, i_2, \cdots, i_j(2 \leqslant i_1, i_2, \cdots, i_j, j \leqslant N)$ 满足 $(k-1) \bmod n_{i_p} = 0$, $p = 1, 2, \cdots, j$, 则

$$\hat{x}_d(k|k) = \alpha_1(k)\hat{x}_1(k|k) + \sum_{p=1}^{j}\alpha_{i_p}(k)\hat{x}_{1|i_p}(k|k) \tag{7.172}$$

$$P_d(k|k) = \left[P_1^{-1}(k|k) + \sum_{p=1}^{j}P_{1|i_p}^{-1}(k|k)\right]^{-1} \tag{7.173}$$

其中, $\hat{x}_1(k|k)$ 和 $P_1(k|k)$ 由式 (7.159) 和式 (7.160) 计算。并且

$$\hat{x}_{1|i_p}(k|k) = n_{i_p}\left(\sum_{m=0}^{n_i-1} A^m\right)^{-1}\hat{x}_{i_p}(l_p|l_p), \quad l_p = (k-1)/n_{i_p} + 1 \tag{7.174}$$

$$P_{1|i_p}(k|k) = n_{i_p}^2\left(\sum_{m=0}^{n_i-1} A^m\right)^{-1}P_{i_p}(l_p|l_p)\left(\sum_{m=0}^{n_{i_p}-1} A^m\right)^{-\mathrm{T}} \tag{7.175}$$

其中, 对 $p = 1, 2, \cdots, j$, 有

$$\hat{x}_{i_p}(l_p|l_p) = \hat{x}_{i_p}(l_p|l_p - 1) + K_{i_p}(l_p)[z_{i_p}(l_p) - C_{i_p}\hat{x}_{i_p}(l_p|l_p - 1)] \tag{7.176}$$

$$\hat{x}_{i_p}(l_p|l_p - 1) = A_{i_p}\hat{x}_{1|i_p}(l_p - 1|l_p - 1) \tag{7.177}$$

$$\hat{x}_{1|i_p}(l_p - 1|l_p - 1) = \frac{1}{n_{i_p}}\left(\sum_{m=0}^{n_i-1} A^m\right)\hat{x}(k - n_{i_p}|k - n_{i_p}) \tag{7.178}$$

$$P_{1|i_p}(l_p - 1|l_p - 1) = \frac{1}{n_{i_p}^2}\left(\sum_{m=0}^{n_i-1} A^m\right)P(k - n_{i_p}|k - n_{i_p})\left(\sum_{m=0}^{n_i-1} A^m\right)^{\mathrm{T}} \tag{7.179}$$

$$P_{i_p}(l_p|l_p - 1) = A_{i_p}P_{1|i_p}(l_p - 1|l_p - 1)A_{i_p}^{\mathrm{T}} + Q_{i_p} \tag{7.180}$$

$$K_{i_p}(l_p) = P_{i_p}(l_p|l_p - 1)C_{i_p}^{\mathrm{T}}[C_{i_p}P_{i_p}(l_p|l_p - 1)C_{i_p}^{\mathrm{T}} + R_{i_p}]^{-1} \tag{7.181}$$

$$P_{i_p}(l_p|l_p) = [I - K_{i_p}(l_p)C_{i_p}]P_{i_p}(l_p|l_p - 1) \tag{7.182}$$

加权矩阵可由下面两式计算:

$$\alpha_1(k) = \left[P_1^{-1}(k|k) + \sum_{p=1}^{j} P_{1|i_p}^{-1}(k|k)\right]^{-1} P_1^{-1}(k|k) \tag{7.183}$$

$$\alpha_{i_p}(k) = \left[P_1^{-1}(k|k) + \sum_{p=1}^{j} P_{1|i_p}^{-1}(k|k)\right]^{-1} P_{1|i_p}^{-1}(k|k), \quad p = 1, 2, \cdots, j \tag{7.184}$$

有反馈分布式异步多速率传感器状态融合估计算法如图 7.6 所示, 其中, length 表示估计时间, 模块 1、模块 2 和模块 3 如图 7.7 所示。其中, 模块 1 是尺度 1 上的 Kalman 滤波过程。模块 2 表示尺度 $i_p$ 上修正的 Kalman 滤波过程, 其中包括两个重要步骤, 即反馈环节和更新环节。反馈环节, 即模块 2 的右半部分, 是对状态 $x_{i_p}(l_p)$ 的预测, 即 $\hat{x}_{i_p}(l_p|l_p - 1)$ 基于 $\hat{x}(k - n_{i_p}|k - n_{i_p})$ 得到。在更新环节, 利用观测信息 $z_{i_p}(l_p)$ 对 $\hat{x}_{i_p}(l_p|l_p - 1)$ 进行了更新, 从而得到 $\hat{x}_{i_p}(l_p)$。模块 3 是融合模块, 将基于传感器 1 和传感器 $i_p$ 的信息所获得的估计值 $\hat{x}_1(k|k)$ 和 $\hat{x}_{i_p}(l_p|l_p)$ 进行了融合, 从而获得了 $x(k)$ 的融合估计值 $\hat{x}_d(k|k)$。

**定理 7.7**  对任意正整数 $k = 1, 2, \cdots$, 融合 $L$ $(1 \leqslant L \leqslant N)$ 个传感器 (总包括传感器 1) 获得的状态 $x(k)$ 的估计值和误差协方差阵分别记为 $\hat{x}_L^*(k|k)$ 和 $P_L^*(k|k)$, 则 $P_N^*(k|k) \leqslant \min\left\{P_j^*(k|k), \ j = 1, 2, \cdots, N - 1\right\}$。

**证明**  对任意 $k = 1, 2, \cdots$, 若存在 $i$ $(1 \leqslant i \leqslant N - 1)$ 满足 $(k-1) \bmod n_i = 0$, 则由式 (7.158) 可知

$$P_N^*(k|k) \leqslant P_1^*(k|k) \tag{7.185}$$

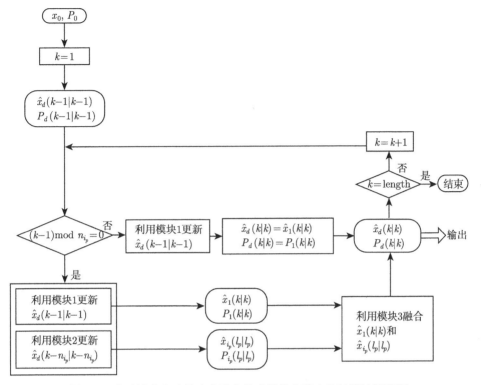

图 7.6　有反馈分布式异步多速率传感器状态融合估计算法流程图

其中，$P_1^*(k|k)$ 表示基于传感器 1 的观测信息 Kalman 滤波得到的 $x(k)$ 的估计误差协方差；而 $P_N^*(k|k)$ 表示融合 $N$ 个传感器的信息利用上面介绍的算法获得的状态 $x(k)$ 的估计误差协方差阵。记满足式 (7.185) 的最小的 $k$ 为 $k^*$，则由 Kalman 滤波技术可知，对所有的 $k \geqslant k^*$，式 (7.185) 均成立。而事实上，当 $k = 1$ 时，有 $(k-1) \bmod n_{i_p} = 0$ $(p = 1, 2, \cdots, N-1)$，因此，对所有的 $k = 1, 2, \cdots$，式 (7.185) 成立。类似的，由式 (7.173) 和 Kalman 滤波技术可知下式成立，即对 $k = 1, 2, \cdots$，有

$$P_N^*(k|k) \leqslant \min\left\{P_j^*(k|k),\ j = 1, 2, \cdots, N-1\right\} \qquad (7.186)$$

**注解 7.9**　由算法描述和定理 7.7 可知，$P_d(k|k) \leqslant P_1(k|k)$ $(k = 1, 2, \cdots)$，即在方差最小意义下，融合 $N$ 个传感器的观测信息获得的估计值要优于基于单个传感器进行 Kalman 滤波的结果。此外，由于算法避免了状态和观测的扩维，因此，也就同时避免了包括估计误差协方差矩阵扩维后求逆等大的计算量。因此，算法的计算量适当、具有较好的实时性。

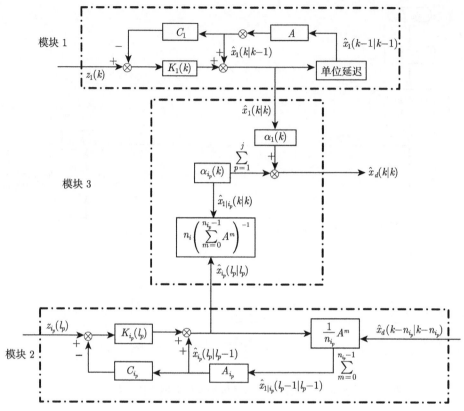

图 7.7  在 $(k-1) \mod n_{i_p} = 0$ 时的有反馈分布式状态融合估计示意图

# 7.6  仿真实例

## 7.6.1  尺度递归融合估计算法仿真

本小节将通过仿真验证融合算法的实用性、有效性。仿真实例来自文献 [37]。

设有三个传感器对同一目标进行观测，系统描述如 7.2 节所示，三个传感器之间的采样率之比如图 7.1 所示，即 $N = 3$, $n_2 = 2$, $n_3 = 3$, $S_1 : S_2 = 2 : 1$, $S_2 : S_3 = 3 : 1$。系统模型参数为[37]

$$A = \begin{bmatrix} \cos(1°) & -\dfrac{1}{2}\sin(1°) \\ 2\sin(1°) & \cos(1°) \end{bmatrix} \tag{7.187}$$

$$C_1 = C_2 = C_3 = \begin{bmatrix} 1 & 0 \\ 0 & 1 \end{bmatrix} \tag{7.188}$$

初值为

$$x_0 = [10 \quad 0]^{\mathrm{T}}, \quad P_0 = \mathrm{diag}\{4, 4\} \tag{7.189}$$

系统误差协方差为 $Q = \mathrm{diag}\{0.01, 0.01\}$。观测误差协方差阵为数量矩阵，对角线的数值如表 7.1 所示。

表 7.1　观测误差协方差

| 情况 | $R_1$ | $R_2$ | $R_3$ |
|------|-------|-------|-------|
| 1 | 9.0 | 1.0 | 0.01 |
| 2 | 4.0 | 1.0 | 0.01 |
| 3 | 9.0 | 1.0 | 0.04 |
| 4 | 4.0 | 1.0 | 0.04 |

针对 4 组不同的情况 (四种不同的观测误差协方差阵)，分别进行 20 次蒙特卡罗仿真，其统计结果如表 7.2 和表 7.3 所示。其中，各种方法分别为：

(i) 利用单个传感器 (传感器 1)Kalman 滤波；

(ii) 利用本章 7.3 节的算法融合传感器 1 和传感器 2；

(iii) 利用本章 7.3 节的算法融合传感器 1 和传感器 3；

(iv) 利用本章 7.3 节的算法融合 3 个传感器所获得的估计误差绝对值均值 (MAVEEs)，即 $\dfrac{1}{M}\displaystyle\sum_{k=1}^{M} |\tilde{x}(k)|$。

表 7.2　估计误差绝对值均值比较表 (第一维)

| 情况 | (i) | (ii) | (iii) | (iv) | (v) |
|------|-----|------|-------|------|-----|
| 1 | 0.3175 | 0.2819 | 0.1592 | 0.1525 | 0.2891 |
| 2 | 0.2892 | 0.2298 | 0.1503 | 0.1453 | 0.2727 |
| 3 | 0.4440 | 0.3146 | 0.1418 | 0.1403 | 0.3566 |
| 4 | 0.3143 | 0.2402 | 0.1690 | 0.1638 | 0.2492 |

表 7.3　估计误差绝对值均值比较表 (第二维)

| 情况 | (i) | (ii) | (iii) | (iv) | (v) |
|------|-----|------|-------|------|-----|
| 1 | 0.5713 | 0.4066 | 0.2167 | 0.2071 | 0.5164 |
| 2 | 0.4161 | 0.2944 | 0.1365 | 0.1297 | 0.3562 |
| 3 | 0.7723 | 0.3725 | 0.1515 | 0.1506 | 0.5603 |
| 4 | 0.4456 | 0.3168 | 0.1791 | 0.1667 | 0.3379 |

为了将本章 7.3 节的算法和 Hong 的算法[37] 的有效性进行比较，表 7.2 和表 7.3 同时列出了 (v) 利用 Hong 的算法融合传感器 1 和 2 的结果。其中，$M$ 是传感器 1 的采样点数，这里 $M = 360$。

分别比较表 7.2 和表 7.3 的第 (i)、(ii)、(iv) 列和第 (i)、(iii)、(iv) 列可以看出，估计误差绝对值均值 (MAVEEs) 呈递减的趋势，表明对于四种情况的任何一种情况，融合 1 和 2 或 1 和 3 两个传感器得到的估计误差绝对值均值均小于仅利用第 1 个传感器的观测信息 Kalman 滤波的结果；而融合 3 个传感器的 MAVEEs 更小于只融合其中 2 个的情况。因此，表 7.2 和表 7.3 表明本章 7.3 节提出的多传感器递归融合估计算法是有效的。

当不同传感器之间的采样率之比为 $2:1$ 时，用 Hong 的算法也可以进行多传感器数据融合状态估计。在这种情况下，为了和 Hong 的算法做比较，可以观察表 7.2 和表 7.3 的第 (ii) 和第 (v) 列可见：对每种情况的每一维，利用本章 7.3 节提出的算法得到的 MAVEEs 均小于用 Hong 的算法得出的结果。因此，本章 7.3 节的算法比 Hong 的算法更加有效。

图 7.8 和图 7.9 画出了观测误差协方差取第 2 种情况下的仿真结果。

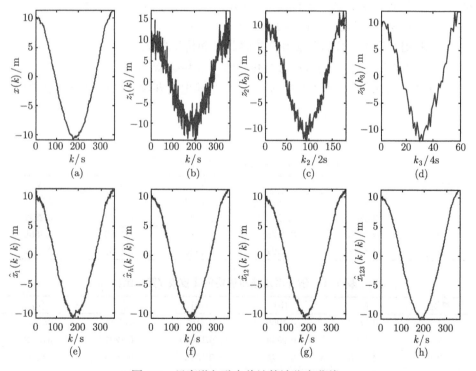

图 7.8　尺度递归融合估计算法仿真曲线

图 7.8 中，横轴表示时间 (或采样点)，纵轴表示观测值。(a)∼(d) 依次表示真实信号曲线，以及传感器 1、传感器 2、传感器 3 的观测曲线；(e)∼(h) 分别表示利用第 1 个传感器的信息 Kalman 滤波获得的估计曲线、利用 Hong 的算法融合传

感器 1 和 2 的估计曲线、利用本章 7.3 节算法融合传感器 1 和 2 的估计曲线和利用本章 7.3 节算法融合 3 个传感器的估计曲线。

从图 7.8 可以看出，相对于真实信号曲线，3 个传感器的观测数据都存在不同程度的噪声污染。还可以看出，与利用第 1 个传感器的观测信息 Kalman 滤波获得的估计曲线、用 Hong 的算法融合传感器 1 和 2 的估计曲线，以及用本章 7.3 节的算法融合传感器 1、2 的估计曲线相比，融合 3 个传感器的估计曲线更贴近于真实信号。类似的可以看出，用本章 7.3 节的算法融合传感器 1、2 的估计曲线比用 Hong 的算法融合传感器 1 和 2 的估计曲线更贴近于真实曲线，即本章 7.3 节的算法优于 Kalman 滤波器和 Hong 的算法。

对应于图 7.8 的 (e)~(h) 所示的各种估计曲线，图 7.9 画出了其对应情况的估计误差协方差的迹。其中，横轴表示采样点或时刻，纵轴表示迹的数值。实线、虚线、点画线和点线分别表示利用第 1 个传感器 Kalman 滤波获得的估计误差协方差的迹、利用 Hong 的算法融合传感器 1 和传感器 2 的估计误差协方差的迹、利用本章 7.3 节的算法融合传感器 1 和传感器 2 的估计误差协方差的迹，以及利用本章 7.3 节的算法融合 3 个传感器所得到的估计误差协方差的迹。从图 7.9 可以很清楚地看出，实线、虚线、点画线和点线依次递减。即由图 7.9 可知，本章 7.3 节介绍的多速率多传感器多尺度递归状态融合估计算法是有效的。

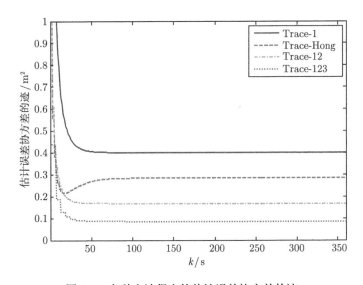

图 7.9　各种方法得出的估计误差协方差的迹

综上所述，本小节的仿真实验验证了本章 7.3 节所提出的沿尺度递归融合估计算法的有效性。

### 7.6.2　混合式融合估计算法仿真

这部分我们将给出仿真实例对本章 7.4 节提出的算法进行验证，同时，也将该算法与 7.3 节所示算法进行仿真比较。

设有两个传感器对目标进行独立观测，系统模型满足式 (7.1) 和式 (7.2)，其中，$N = 2$，且 $n_2 = 2$。相关参数如下[29, 37]：

$$A = \begin{bmatrix} \cos(1^\circ) & -\dfrac{1}{2}\sin(1^\circ) \\ 2\sin(1^\circ) & \cos(1^\circ) \end{bmatrix}, \quad C_2 = C_1 = I_2$$

初始值为

$$x_0 = [10 \quad 0]^{\mathrm{T}}, \quad P_0 = 4I_2$$

系统噪声协方差和量测噪声协方差为 $Q = 0.01I_2$。两个传感器的测量误差协方差分别为 $R_1 = I_2$ 和 $R_2 = 0.01I_2$。

100 次蒙特卡罗仿真结果如表 7.4、图 7.10 和图 7.11 所示。

**表 7.4　状态估计误差绝对值的均值**

| 维数 | 方法 (i) | 方法 (ii) | 方法 (iii) |
|---|---|---|---|
| 1 | 0.2512 | 0.1110 | 0.0880 |
| 2 | 0.2773 | 0.1378 | 0.0905 |

表 7.4 列出了状态估计误差的绝对值均值 (MAVEEs)，由式 $\dfrac{1}{M}\sum_{k=1}^{M}|\tilde{x}_c(k)|$ 定义，其中 $M = 360$ 是传感器 2 的采样数，而 1 和 2 分别表示状态的第一个和第二个分量。列表里的值分别基于下面的方法得到：

(i) 通过传感器 1 得到 Kalman 滤波估计[41]；

(ii) 利用文献 [29](即本章 7.3 节) 中的递归算法得到的融合估计结果；

(iii) 利用本章 7.4 节算法得到的融合估计结果。

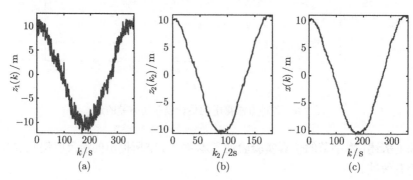

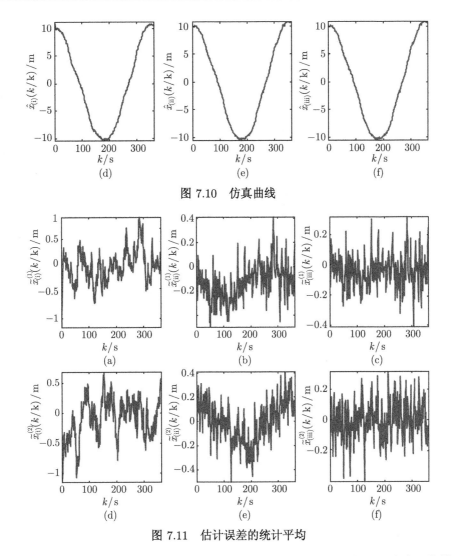

图 7.10　仿真曲线

图 7.11　估计误差的统计平均

表中的值越小表示估计性能越好，从表 7.4 可以看出，本章 7.4 节给出的算法明显好于另外两种算法，可见本章 7.4 节算法是有效的。

图 7.10 显示了系统的状态值、量测值及目标第一个分量的状态估计。其中，图 7.10(a) 和 (b) 分别表示传感器 1 和 2 的量测值；图 7.10(c) 表示原始信号值；图 7.10(d)~(f) 依次分别表示用方法 (i)、(ii) 和 (iii) 获得的状态估计。

图 7.11 显示了三种方法在 100 次蒙特卡罗仿真后的状态估计误差统计均值。图 7.11(a)~(f) 依次分别表示使用方法 (i)、(ii) 和 (iii) 得到的第一个状态分量的估计误差统计均值，以及第二个状态分量的估计误差统计均值。

从图 7.10 和图 7.11 可以看出，本章 7.4 节提出的方法优于最高采样率的传感

器 (尺度 1) 得到的 Kalman 滤波估计和本章 7.3 节中的方法。

**注解 7.10** 从考虑估计误差的角度来看, 仿真结果表明本章 7.4 节给出的算法比本章 7.3 节中的算法要好, 这似乎与 [29] 中声称是最优的算法矛盾。我们可以更加仔细地分析两种算法。在本章第 7.3 节, 为了得到融合状态估计, 状态先在不同尺度下进行估计, 然后进行融合。在融合局部状态估计的时候, 采用了联邦 Kalman 滤波器, 但局部估计之间的误差协方差没有考虑。实际上, 局部状态估计在很多情况下都是相关的。在本章 7.4 节中, 直接使用量测值得到融合状态估计。因此, 本章 7.4 节的算法能得到更好的结果。

### 7.6.3 分布式融合估计算法仿真

本部分将仿真验证本章 7.5 节提出的两种分布式融合估计算法的有效性。仿真实例依然采用第 6 章所示 SM 辅助 SINS/GPS 进行组合导航的例子。其中, SINS、GPS 和 SM 分别为第 1、第 2 和第 3 个传感器, 三个传感器的采样率之比为 SINS : GPS : SM=1 : 1/2 : 1/5。$z_i(k_i) \in \mathbb{R}^{q_i}(q_i \leqslant n)$ 表示 SINS($i = 1$)、GPS($i = 2$) 和 SM($i = 3$) 第 $k_i$ 次的观测值。观测矩阵为

$$C_1 = I_9 \tag{7.190}$$

$$C_2 = \begin{bmatrix} 1 & 0 & 0 & 0 & 0 & 0 & 0 & 0 & 0 \\ 0 & 1 & 0 & 0 & 0 & 0 & 0 & 0 & 0 \\ 0 & 0 & 0 & 1 & 0 & 0 & 0 & 0 & 0 \\ 0 & 0 & 0 & 0 & 1 & 0 & 0 & 0 & 0 \\ 0 & 0 & 0 & 0 & 0 & 0 & 1 & 0 & 0 \\ 0 & 0 & 0 & 0 & 0 & 0 & 0 & 1 & 0 \end{bmatrix} \tag{7.191}$$

$$C_3 = \begin{bmatrix} 1 & 0 & 0 & 0 & 0 & 0 & 0 & 0 & 0 \\ 0 & 0 & 0 & 1 & 0 & 0 & 0 & 0 & 0 \end{bmatrix} \tag{7.192}$$

系统矩阵和系统误差协方差分别为

$$A = \begin{bmatrix} 1 & T & T^2/2 & 0 & 0 & 0 & 0 & 0 & 0 \\ 0 & 1 & T & 0 & 0 & 0 & 0 & 0 & 0 \\ 0 & 0 & 1 & 0 & 0 & 0 & 0 & 0 & 0 \\ 0 & 0 & 0 & 1 & T & T^2/2 & 0 & 0 & 0 \\ 0 & 0 & 0 & 0 & 1 & T & 0 & 0 & 0 \\ 0 & 0 & 0 & 0 & 0 & 1 & 0 & 0 & 0 \\ 0 & 0 & 0 & 0 & 0 & 0 & 1 & T & T^2/2 \\ 0 & 0 & 0 & 0 & 0 & 0 & 0 & 1 & T \\ 0 & 0 & 0 & 0 & 0 & 0 & 0 & 0 & 1 \end{bmatrix} \tag{7.193}$$

和

$$Q = \mathrm{diag}\{T^4/4, T^2/2, 1, T^4/4, T^2/2, 1, T^4/4, T^2/2, 1\} \cdot \sigma_w^2 \qquad (7.194)$$

其中，$\sigma_w = 7.5$，$T = 0.5$。

初始值和观测误差方差分别为

$$x_0 = \begin{bmatrix} 4444800 & 150 & 0 & 12889920 & 140 & 0 & 800 & 0 & 0 \end{bmatrix}^{\mathrm{T}} \qquad (7.195)$$

$$P_0 = \mathrm{diag}\{100, 16, 1, 100, 16, 1, 100, 16, 1\} \qquad (7.196)$$

和

$$R_1 = \mathrm{diag}\{2500, 10^{-2}, 10^{-8}, 2500, 10^{-2}, 10^{-8}, 2500, 10^{-2}, 10^{-8}\} \qquad (7.197)$$

$$R_2 = \mathrm{diag}\{900, 10^{-2}, 900, 10^{-2}, 900, 10^{-2}\} \qquad (7.198)$$

$$R_3 = \mathrm{diag}\{25, 25\} \qquad (7.199)$$

100 次蒙特卡罗仿真结果如表 7.5 和图 7.12～ 图 7.17 所示。其中，表 7.5 是估计误差绝对值的统计平均值。从表中可以看出，7.5 节提出的两种算法都是有效的，两种融合估计算法均优于传统的 Kalman 滤波。并且，和 7.5.2 节的算法相比，7.5.1 节的算法更优。

表 7.5　误差绝对值的统计平均值

| 算法 | 东向位置/m | 北向位置/m | 东向速度/(m/s) | 北向速度/(m/s) |
|---|---|---|---|---|
| Kalman 滤波 | 5.4853 | 5.3175 | 0.0799 | 0.0802 |
| 递归联邦分布式融合 | 3.5936 | 3.5002 | 0.0682 | 0.0686 |
| 有反馈分布式融合 | 5.0638 | 5.0149 | 0.0682 | 0.0686 |

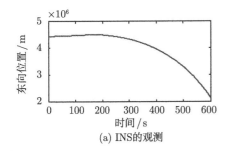

(a) INS的观测

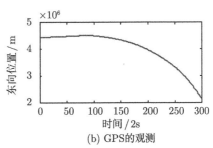

(b) GPS的观测

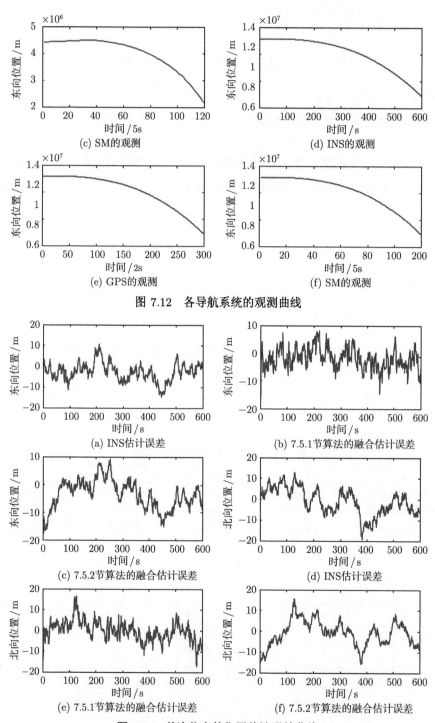

图 7.12　各导航系统的观测曲线

图 7.13　单次仿真的位置估计误差曲线

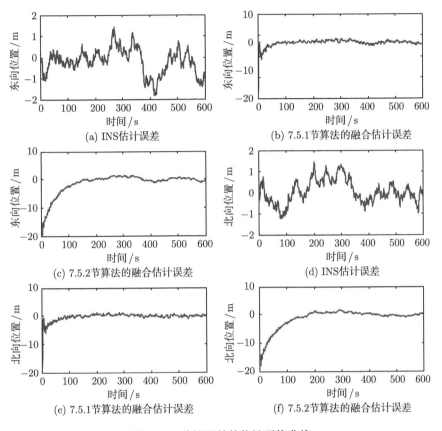

图 7.14    估计误差的统计平均曲线

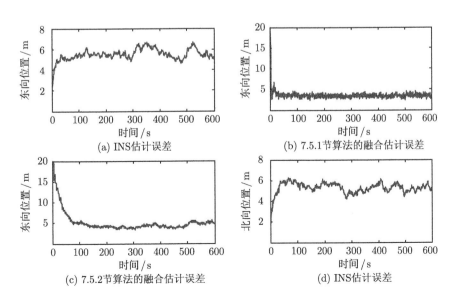

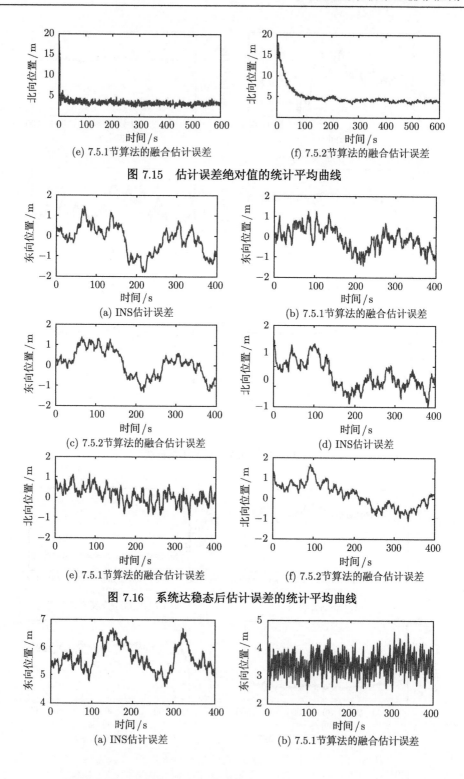

(e) 7.5.1节算法的融合估计误差　　　　　　　　(f) 7.5.2节算法的融合估计误差

图 7.15　　估计误差绝对值的统计平均曲线

(a) INS估计误差　　　　　　　　　　　　(b) 7.5.1节算法的融合估计误差

(c) 7.5.2节算法的融合估计误差　　　　　　　　(d) INS估计误差

(e) 7.5.1节算法的融合估计误差　　　　　　　　(f) 7.5.2节算法的融合估计误差

图 7.16　　系统达稳态后估计误差的统计平均曲线

(a) INS估计误差　　　　　　　　　　　　(b) 7.5.1节算法的融合估计误差

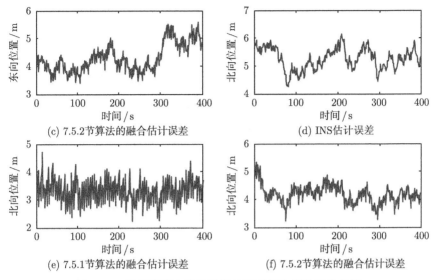

(c) 7.5.2节算法的融合估计误差　　　　　　(d) INS估计误差

(e) 7.5.1节算法的融合估计误差　　　　　　(f) 7.5.2节算法的融合估计误差

图 7.17　系统达稳态后估计误差绝对值的统计平均曲线

　　图 7.12 所示是 SINS、GPS 和 SM 的仿真观测曲线。图 7.13 所示是一次仿真的位置估计误差曲线，图 7.14 和图 7.15 所示为 100 次蒙特卡罗仿真的统计平均情况，它们分别为估计误差的统计平均曲线和估计误差绝对值的统计平均曲线。图 7.16 和图 7.17 为系统达稳态后估计误差和估计误差绝对值的统计平均曲线。从图 7.13～图 7.17 可以看出，无论是单次导航的情况，还是 100 次蒙特卡罗仿真的情况，都有 7.5 节提出的算法是有效的。

　　综上所述，本部分的仿真结果表明 7.5 节提出的两种分布式融合估计算法是可行的、有效的。

## 7.7　本 章 小 结

　　本章对一类时不变线性动态系统的异步多速率传感器数据融合算法进行了研究，介绍了一种沿尺度递归的融合算法、两种分布式融合估计算法以及一种基于混合式融合结构的融合估计算法。理论分析和仿真实验验证了各种算法的有效性。本章的不足之处在于系统假设是时不变的，而对于更常见的时变线性系统甚至非线性系统没有做深入研究。不过对于这些情况，本章的算法具有一定的借鉴意义。本章的方法可推广应用于机动目标跟踪、组合导航、故障诊断和容错等领域。

# 第8章 时不变系统异步多速率间歇数据的 鲁棒融合估计

## 8.1 引 言

第 7 章介绍了异步多速率传感器数据融合估计算法，但没有考虑数据丢失的情况。而数据丢失在导航系统中是广泛存在的。第 6 章研究了数据丢失情况下的数据融合估计问题，然而，各传感器的采样却是同步的。

本章基于一类线性动态系统，研究不同传感器的观测数据存在不规律丢失情况下的异步、多速率数据融合问题，给出一种有效的状态融合估计算法。算法计算简单、有效，实时性强。理论分析和仿真结果验证了算法的可行性和有效性。

本章安排如下：8.2 节是问题描述；8.3 节陈述了状态估计算法；8.4 节是数值仿真；8.5 节是本章小结。

## 8.2 问 题 描 述

有 $N$ 个传感器以不同采样率异步对同一目标进行观测并以一定概率丢失数据的一类离散线性动态系统可描述为[29, 100]

$$x(k+1) = Ax(k) + w(k) \tag{8.1}$$

$$z_i(k_i) = \gamma_i(k_i)C_ix_i(k_i) + v_i(k_i), \quad i = 1, 2, \cdots, N \tag{8.2}$$

其中，$x(k) \in \mathbb{R}^n$ 是在时刻 $kT$ 的状态变量，$T$ 是具有最高采样率的传感器 1 的采样周期，本章设 $T = 1$；$k_1 = k$，$x_1(k_1) = x(k)$；$A \in \mathbb{R}^{n \times n}$ 是系统矩阵；过程噪声 $w(k) \in \mathbb{R}^{n \times 1}$ 是均值为零的高斯白噪声序列，协方差为 $Q$。

系统状态矢量 $x(k)$ 由 $N$ 个传感器测量，并且每一个传感器 $i$ 以不同采样率独立观测同一个目标。测量数据 $z_i(k_i) \in \mathbb{R}^{q_i \times 1}(q_i \leqslant n)$ 是由传感器 $i$ 以采样率 $S_i$ 观测到的第 $k_i$ 个测量结果。传感器的采样率满足

$$S_i = S_1/n_i, \quad i = 1, 2, \cdots, N \tag{8.3}$$

其中，$n_i$ 是已知的正整数，并且 $n_1 = 1$。对 $i = 1, 2, \cdots, N$，$C_i \in \mathbb{R}^{q_i \times n}$ 是测量矩阵。假设测量噪声 $v_i(k_i) \in \mathbb{R}^{q_i \times 1}$ 是均值为零的高斯白噪声，方差为 $R_i(i = 1, 2, \cdots, N)$。

初始状态矢量 $x(0)$ 是随机向量，均值为 $x_0$，估计误差协方差为 $P_0$。假设 $x(0)$、$w(k)$ 和 $v_i(k_i)$ 彼此统计独立。

变量 $\gamma_i(k_i) \in \mathbb{R}$ 是一个服从伯努利分布的随机序列，取值为 0 和 1，用来描述数据的丢失情况。假设 $\gamma_i(k_i)$ 独立于 $w(k)$、$v_i(k_i)$ 和 $x(0)$，$i = 1, 2, \cdots, N$。

本章的目的是提出一种算法，能有效地融合不同的传感器在多速率异步采样下的观测数据，在数据存在随机丢包的情况下，找到状态 $x(k)$ 的最优估计。

**注解 8.1**　和第 7 章类似，本章的系统模型建立在最细尺度，而观测是在不同尺度以不同采样速率获得的。具有高采样率的传感器对应较细尺度，具有较低采样率的传感器对应较粗尺度。

**注解 8.2**　简单起见，本章没有考虑时间延迟和测量无序的情况。把传感器 1 测量的数据分成数据块，每一块的长度 $m(n_1, n_2, \cdots, n_N)$ 是 $n_1, n_2, \cdots, n_N$ 的最小公倍数。假设传感器 1 以最高采样率均匀采样。而任何其他的传感器 $i(2 \leqslant i \leqslant N)$ 不需要均匀采样，但应该在每一块内采样 $p_i = m(n_1, n_2, \cdots, n_N)/n_i$ 次。这就意味着 $z_i(k_i)$ 可以在 $(p_i(k-1)+1)T$ 到 $(p_i k)T$ 的任一时刻得到，并且不同传感器的采样可以是异步的。例如，在图 7.1 中，传感器 1 以最高采样率均匀采样，$z_1(k)$ 在时刻 $kT$ 得到。至于传感器 2 和 3，它们的采样率分别是传感器 1 的 1/2 和 1/6，可以不用均匀采样。$z_2(k_2)$ 在时刻 $(2k-1)T$ 到 $2kT$ 之间得到。$z_3(k_3)$ 在时刻 $(6k-5)T$ 到 $6kT$ 之间得到。

## 8.3　随机丢包下的异步多速率传感器数据融合算法

当没有任何先验信息时，在尺度 $i$ 下的状态变量 $x_i(k_i)$ 可以通过最细尺度 1 下的状态向量 $x(n_i k_i)$ 通过下述线性变换来拟合[100]：

$$x_i(k_i) = \frac{1}{n_i} \left( \sum_{m=0}^{n_i-1} A^{-m} \right) x(n_i k_i) \tag{8.4}$$

其中，$n_i$ 是传感器 1 对传感器 $i$ 的采样率之比，$i = 1, 2, \cdots, N$。

**注解 8.3**　由于式 (8.4) 对本章的算法起着很重要的作用。因此，下面直观地说明一下其物理意义。

由多尺度系统理论可知，对 $i = 2, 3, \cdots, N$，$x_i(k_i)$ 可视为是状态 $x(k)$ 在尺度 $i$ 上的投影。因此，$x_i(k_i)$ 可由下式得到：

$$x_i(k_i) = \frac{1}{n_i} \sum_{l=1}^{n_i} x(n_i(k_i - 1) + l) = \frac{1}{n_i} \sum_{m=0}^{n_i-1} x(n_i k_i - m) \tag{8.5}$$

由式 (8.1), 有

$$x(n_ik_i) = A^m x(n_ik_i - m) + \sum_{p=1}^{m} A^{p-1} w(n_ik_i - p) \tag{8.6}$$

因此

$$x(n_ik_i - m) = A^{-m} \left[ x(n_ik_i) - \sum_{p=1}^{m} A^{p-1} w(n_ik_i - p) \right] \tag{8.7}$$

忽略掉噪声项, 并将式 (8.7) 代入式 (8.5), 可得

$$x_i(k_i) = \frac{1}{n_i} \left( \sum_{m=0}^{n_i-1} A^{-m} \right) x(n_ik_i) \tag{8.8}$$

由于 $x_1(k_1) = x(k)$, 故对 $i = 1$, 也有式 (8.4) 成立, 即式 (8.4) 对 $i = 1, 2, \cdots, N$ 均成立。

下面, 我们首先确立在尺度 $i(1 \leqslant i \leqslant N)$ 的状态空间模型。然后, 在尺度 $i$ 上, 用修正的 Kalman 滤波来估计状态 $x_i(k_i)$。最后, 将从尺度 $N$ 到 1 的估计重构到最细尺度 1 并融合之, 就可得到状态 $x(k)$ 在最细尺度 1 上的最优状态估计。

**定理 8.1** 尺度 $i(1 \leqslant i \leqslant N)$ 上的动态系统模型可以用以下公式来描述:

$$x_i(k_i + 1) = A_i x_i(k_i) + w_i(k_i) \tag{8.9}$$

$$z_i(k_i) = \gamma_i(k_i) C_i x_i(k_i) + v_i(k_i) \tag{8.10}$$

其中, $w_i(k_i)$ 和 $v_i(k_i)$ 是零均值高斯白噪声, 满足

$$E[w_i(k_i)w_i^{\mathrm{T}}(l_i)] = Q_i \delta_{k_il_i} \tag{8.11}$$

$$E[v_i(k_i)v_j^{\mathrm{T}}(l_j)] = R_i \delta_{ij} \delta_{k_il_j} \tag{8.12}$$

$$E[w_i(k_i)v_j^{\mathrm{T}}(l_j)] = 0, \quad i,j = 1, 2, \cdots, N-1; \; k_i, l_j = 1, 2, \cdots \tag{8.13}$$

并且

$$A_i = A^{n_i} \tag{8.14}$$

$$Q_i = \frac{1}{n_i^2} \left( \sum_{m=0}^{n_i-1} A^{-m} \right) \left( \sum_{m=0}^{n_i-1} A^m Q A^{m,\mathrm{T}} \right) \left( \sum_{m=0}^{n_i-1} A^{-m} \right)^{\mathrm{T}} \tag{8.15}$$

其中, $E[*]$ 是期望函数; $\delta_{kl}$ 是克罗尼克 (Kronecker)$\delta$ 函数; 并且 $A^{m,\mathrm{T}}$ 是 $A^m$ 的转置, $A^m$ 是 $A$ 的 $m$ 次幂。

**证明**    当 $i = 1$ 时，$n_1 = 1$，$A_1 = A^{n_1} = A$。因此，从式 (8.1) 和式 (8.2) 中，就得到在 $N = 1$ 情况下的定理 8.1。一般来说，由式 (8.4)，有

$$
\begin{aligned}
x_i(k_i + 1) &= \frac{1}{n_i}\left(\sum_{m=0}^{n_i-1} A^{-m}\right) x(n_i(k_i + 1)) \\
&= \frac{1}{n_i}\left(\sum_{m=0}^{n_i-1} A^{-m}\right)\left[Ax(n_ik_i + n_i - 1) + w(n_ik_i + n_i - 1)\right] \\
&= \frac{1}{n_i}\left(\sum_{m=0}^{n_i-1} A^{-m}\right)\left[A^{n_i}x(n_ik_i) + \sum_{m=0}^{n_i-1} A^m w(n_ik_i + n_i - 1 - m)\right] \\
&= A_i x_i(k_i) + w_i(k_i)
\end{aligned} \tag{8.16}
$$

其中

$$
A_i = A^{n_i} \tag{8.17}
$$

并且

$$
w_i(k_i) = \frac{1}{n_i}\left(\sum_{m=0}^{n_i-1} A^{-m}\right)\sum_{m=0}^{n_i-1} A^m w(n_ik_i + n_i - 1 - m) \tag{8.18}
$$

对于随机序列 $w_i(k_i)$，用数学期望的线性性质，就得到

$$
E[w_i(k_i)] = \frac{1}{n_i}\left(\sum_{m=0}^{n_i-1} A^{-m}\right)\sum_{m=0}^{n_i-1} A^m E[w(n_ik_i + n_i - 1 - m)] = 0 \tag{8.19}
$$

并且

$$
\begin{aligned}
E[w_i(k_i)w_i^{\mathrm{T}}(l_i)] &= E\left\{\left[\frac{1}{n_i}\left(\sum_{m=0}^{n_i-1} A^{-m}\right)\sum_{m=0}^{n_i-1} A^m w(n_ik_i + n_i - 1 - m)\right]\right. \\
&\quad \left. \cdot \left[\frac{1}{n_i}\left(\sum_{m=0}^{n_i-1} A^{-m}\right)\sum_{m=0}^{n_i-1} A^m w(n_il_i + n_i - 1 - m)\right]^{\mathrm{T}}\right\} \\
&= \frac{1}{n_i^2}\left(\sum_{m=0}^{n_i-1} A^{-m}\right)\left(\sum_{m=0}^{n_i-1} A^m Q A^{m,\mathrm{T}}\right)\left(\sum_{m=0}^{n_i-1} A^{-m}\right)^{\mathrm{T}} \delta_{k_il_i} \\
&= Q_i \delta_{k_il_i}
\end{aligned} \tag{8.20}
$$

其中，$A^{m,\mathrm{T}}$ 表示 $A^m$ 的转置，并且

$$
Q_i = \frac{1}{n_i^2}\left(\sum_{m=0}^{n_i-1} A^{-m}\right)\left(\sum_{m=0}^{n_i-1} A^m Q A^{m,\mathrm{T}}\right)\left(\sum_{m=0}^{n_i-1} A^{-m}\right)^{\mathrm{T}} \tag{8.21}
$$

另外，使用式 (8.18) 并利用 $w(k)$ 和 $v_i(k_i)$ 的独立性，对 $i, j = 1, 2, \cdots, N-1$; $k_i, l_j = 1, 2, \cdots$，就有

$$E[w_i(k_i)v_j^{\mathrm{T}}(l_j)] = E\left\{\left[\frac{1}{n_i}\left(\sum_{m=0}^{n_i-1} A^{-m}\right)\sum_{m=0}^{n_i-1} A^m w(n_i k_i + n_i - 1 - m)\right]v_j^{\mathrm{T}}(l_j)\right\} = 0 \tag{8.22}$$

对 $i = 1, 2, \cdots, N$，记

$$\hat{x}_i(k_i|k_i) \stackrel{\text{def}}{=} E[x_i(k_i)|Z_1^{k_i}(i)] \tag{8.23}$$

$$\hat{x}_{1|i}(k|k) \stackrel{\text{def}}{=} E\{x(k)|Z_1^{\left[\frac{k}{n_i}\right]}(i)\} \tag{8.24}$$

$$\hat{x}(k|k) \stackrel{\text{def}}{=} E\{x(k)|Z_1^k(1), Z_1^{\left[\frac{k}{n_j}\right]}(j), j = 2, 3, \cdots, N\} \tag{8.25}$$

其中

$$Z_1^{k_i}(i) \stackrel{\text{def}}{=} \{z_i(1), z_i(2), \cdots, z_i(k_i)\} \tag{8.26}$$

下面将推导 $\hat{x}(k|k)$ 的计算表达式。

应该指出：$Z_1^{k_i}(i)$ 是传感器 $i$ 测量的从 1 到第 $k_i$ 个测量结果。$\hat{x}_i(k_i|k_i)$ 是条件 $Z_1^{k_i}(i)$ 下 $x_i(k_i)$ 的期望值。$\hat{x}_{1|i}(k|k)$ 是基于传感器 $i$ 直到时刻 $kT$ 时刻的信息得到的 $x(k)$ 的期望值。$\hat{x}(k|k)$ 是基于所有传感器直到 $kT$ 时刻信息的 $x(k)$ 的期望。"$[*]$" 在式 (8.24) 和式 (8.25) 中意味着不小于 "$*$" 的最小整数。

基于文献 [34]、[88]、[182] 的结果，可以得到以下定理。

**定理 8.2**   对所有 $k = 1, 2, \cdots$，基于时刻 $kT$ 以前的所有测量值获得的 $x(k)$ 的估计值和估计误差协方差矩阵记为 $\hat{x}(k|k)$ 和 $P(k|k)$，则它们可由下式给出：

$$\hat{x}(k|k) = \sum_{i=1}^{N} \alpha_i(k_i)\hat{x}_{1|i}(k|k) \tag{8.27}$$

$$P(k|k) = \left(\sum_{i=1}^{N} P_{1|i}^{-1}(k|k)\right)^{-1} \tag{8.28}$$

其中

$$\alpha_i(k_i) = P(k|k)P_{1|i}^{-1}(k|k) \tag{8.29}$$

$$\hat{x}_{1|i}(k|k) = \begin{cases} n_i \left( \sum_{m=0}^{n_i-1} A^{-m} \right)^{-1} \hat{x}_i(l|l), & k = n_i l \\ n_i A^p \left( \sum_{m=0}^{n_i-1} A^{-m} \right)^{-1} \hat{x}_i(l|l), & k = n_i l + p; p = 1, 2, \cdots, n_i - 1 \end{cases}$$

$$(8.30)$$

$$P_{1|i}(k|k) = \begin{cases} n_i^2 \left( \sum_{m=0}^{n_i-1} A^{-m} \right)^{-1} P_i(l|l) \left( \sum_{m=0}^{n_i-1} A^{-m} \right)^{-\mathrm{T}}, & k = n_i l \\ n_i^2 A^p \left( \sum_{m=0}^{n_i-1} A^{-m} \right)^{-1} P_i(l|l) \left( \sum_{m=0}^{n_i-1} A^{-m} \right)^{-\mathrm{T}} A^{p,\mathrm{T}} + \sum_{l=0}^{p-1} A^l Q A^{l,\mathrm{T}}, \\ \qquad\qquad k = n_i l + p; \ p = 1, 2, \cdots, n_i - 1 \end{cases}$$

$$(8.31)$$

对于 $l = k/n_i$，有

$$\hat{x}_i(l|l) = \begin{cases} \hat{x}_i(l|l-1) + K_i(l)[z_i(l) - C_i \hat{x}_i(l|l-1)], & z_i(l) \in \mathcal{Z}(i,l) \\ \hat{x}_i(l|l-1), & \text{其他} \end{cases} \quad (8.32)$$

$$P_i(l|l) = \begin{cases} [I - K_i(l)C_i]P_i(l|l-1), & z_i(l) \in \mathcal{Z}(i,l) \\ P_i(l|l-1), & \text{其他} \end{cases} \quad (8.33)$$

$$\hat{x}_i(l|l-1) = A_i \hat{x}_i(l-1|l-1) \quad (8.34)$$

$$P_i(l|l-1) = A_i P_i(l-1|l-1) A_i^{\mathrm{T}} + Q_i \quad (8.35)$$

$$K_i(l) = P_i(l|l-1) C_i^{\mathrm{T}} [C_i P_i(l|l-1) C_i^{\mathrm{T}} + R_i]^{-1} \quad (8.36)$$

其中

$$\mathcal{Z}(i,l) = \{ z_i(l) | \| [z_i(l) - C_i \hat{x}_i(l|l-1)][z_i(l) - C_i \hat{x}_i(l|l-1)]^{\mathrm{T}} \| \leqslant \lambda \| R_i \| \} \quad (8.37)$$

$\| \cdot \|$ 表示范数，并且 $\lambda$ 是大于 4 的任意常数。初始条件是

$$\hat{x}_i(0|0) = x_0, \quad P_i(0|0) = P_0 \quad (8.38)$$

**证明**　下面将用数学归纳法证明该定理。

对 $i = 1$ 和 $k = 1$，从式 (8.1) 可得

$$\hat{x}_1(1|0) = Ax_0 = A\hat{x}_1(0|0) \quad (8.39)$$

因此

$$\tilde{x}_1(1|0) = x(1) - \hat{x}_1(1|0) = A\tilde{x}_1(0|0) + w(0) \quad (8.40)$$

并且

$$P_1(1|0) = E[\tilde{x}_1(1|0)\tilde{x}_1^T(1|0)] = AP_1(0|0)A^T + Q = AP_0A^T + Q \tag{8.41}$$

如果测量 $z_1(1)$ 丢失或是出错，$\hat{x}_1(1|0)$ 不需要更新。那么，就有

$$\hat{x}_1(1|1) = \hat{x}_1(1|0), \quad P_1(1|1) = P_1(1|0) \tag{8.42}$$

如果测量 $z_1(1)$ 是正常的，那么通过使用 Kalman 滤波[182]，就有

$$\hat{x}_1(1|1) = \hat{x}_1(1|0) + K_1(1)[z_1(1) - C_1\hat{x}_1(1|0)] \tag{8.43}$$

$$P_1(1|1) = [I - K_1(1)C_1]P_1(1|0) \tag{8.44}$$

其中

$$K_1(1) = P_1(1|0)C_1^T[C_1P_1(1|0)C_1^T + R_1]^{-1} \tag{8.45}$$

当 $k = 1$ 时，如果没有其它的测量值到来，那么

$$\hat{x}(1|1) = \hat{x}_1(1|1), \quad P(1|1) = P_1(1|1) \tag{8.46}$$

否则，如果存在 $z_i(1)$ 和 $n_i = 1$，那么 $\hat{x}_i(1|1)$ 和 $P_i(1|1)$ 就可以以与 $\hat{x}_1(1|1)$ 和 $P_1(1|1)$ 相同的方式产生。融合状态估计 $\hat{x}(1|1)$ 和误差协方差 $P(1|1)$ 可通过使用联邦滤波[34] 来得到。此时，式 (8.27) 和式 (8.28) 成立。在 $n_i \neq 1$ 时，显然，$z_i(1)$ 应该在时刻 $lT$ 得到。其中，$lT$ 在 $[1, n_i]T$ 内可假定服从均匀分布。因此，事件 "$z_i(1)$ 和 $z_1(1)$ 恰好在同一时刻到达" 可被视为小概率事件。因此，对 $l \in (1, n_i]$，$z_i(1)$ 将在时刻 $n_iT$ 时处理。

需要特别指出的是，因为

$$E\{[z_i(1) - C_ix_i(1)][z_i(1) - C_ix_i(1)]^T\} = R_i \tag{8.47}$$

因此，可以使用以下规则来判断测量值 $z_i(1)$ 是否丢失或异常：

$$\|[z_i(l) - C_i\hat{x}_i(l|l-1)][z_i(l) - C_i\hat{x}_i(l|l-1)]^T\| \leqslant \lambda\|R_i\| \tag{8.48}$$

其中，$\|\cdot\|$ 表示范数，$\lambda$ 可以是大于 4 的任意实数。

综上，当 $k = 1$ 时定理成立。

假设 $\hat{x}(k-1|k-1)$ 和 $P(k-1|k-1)$ 可以通过定理 8.2 得到，下面将证明 $\hat{x}(k|k)$ 和 $P(k|k)$ 也由定理 8.2 给出。

记

$$\mathcal{Z}(i, l) = \{z_i(l) | \|[z_i(l) - C_iA_i\hat{x}_i(l-1|l-1)][z_i(l) - C_iA_i\hat{x}_i(l-1|l-1)]^T\|$$
$$\leqslant \lambda\|R_i\|\} \tag{8.49}$$

那么，"$z_i(l) \notin \mathcal{Z}(i,l)$" 表示感器 $i$ 的第 $l$ 个测量丢失了。

因此，由式 (8.9) 和式 (8.23) 可得

$$\hat{x}_i(l|l) = \begin{cases} E[x_i(l)|Z_1^{l-1}(i)] + K_i(l)\{z_i(l) - C_i E[x_i(l)|Z_1^{l-1}(i)]\}, & z_i(l) \in \mathcal{Z}(i,l) \\ E[x_i(l)|Z_1^{l-1}(i)], & \text{其他} \end{cases}$$

$$= \begin{cases} \hat{x}_i(l|l-1) + K_i(l)[z_i(l) - C_i\hat{x}_i(l|l-1)], & z_i(l) \in \mathcal{Z}(i,l) \\ \hat{x}_i(l|l-1), & \text{其他} \end{cases} \tag{8.50}$$

因此，由式 (8.9)、式 (8.10) 和式 (8.50)，有

$$\tilde{x}_i(l|l) = x_i(l) - \hat{x}_i(l)$$

$$= \begin{cases} [I - K_i(l)C_i]\tilde{x}_i(l|l-1) + K_i(l)v_i(l), & z_i(l) \in \mathcal{Z}(i,l) \\ \tilde{x}_i(l|l-1), & \text{其他} \end{cases} \tag{8.51}$$

故而

$$P_i(l|l) = E[\tilde{x}_i(l|l)\tilde{x}_i^{\mathrm{T}}(l|l)]$$

$$= \begin{cases} [I - K_i(l)C_i]P_i(l|l-1), & z_i(l) \in \mathcal{Z}(i,l) \\ P_i(l|l-1), & \text{其他} \end{cases} \tag{8.52}$$

其中，$K_i(l)$ 可以使用 Kalman 滤波得到：

$$K_i(l) = P_i(l|l-1)C_i^{\mathrm{T}}[C_iP_i(l|l-1)C_i^{\mathrm{T}} + R_i]^{-1} \tag{8.53}$$

式 (8.4) 可改写为

$$x(n_il) = n_i\left(\sum_{m=0}^{n_i-1} A^{-m}\right)^{-1} x_i(l) \tag{8.54}$$

因此

$$\hat{x}_{1|i}(n_il|n_il) = E[x(n_il)|Z_1^l(i)]$$

$$= E\left[n_i\left(\sum_{m=0}^{n_i-1} A^{-m}\right)^{-1} x_i(l)|Z_1^l(i)\right]$$

$$= n_i\left(\sum_{m=0}^{n_i-1} A^{-m}\right)^{-1} E[x_i(l)|Z_1^l(i)] \tag{8.55}$$

$$= n_i\left(\sum_{m=0}^{n_i-1} A^{-m}\right)^{-1} \hat{x}_i(l|l)$$

由式 (8.1), 对于 $p = 1, 2, \cdots, n_i - 1$, 有

$$
\begin{aligned}
\hat{x}_{1|i}(n_i l + p | n_i l + p) &= E\{x(n_i l + p) | Z_1^{\left[\frac{n_i l + p}{n_i}\right]}(i)\} \\
&= E[x(n_i l + p) | Z_1^l(i)] \\
&= E\left[A^p x(n_i l) + \sum_{l=0}^{p-1} A^p w(n_i l + p - 1 - l) | Z_1^l(i)\right] \quad (8.56) \\
&= A^p E[x(n_i l) | Z_1^l(i)] \\
&= n_i A^p \left(\sum_{m=0}^{n_i - 1} A^{-m}\right)^{-1} \hat{x}_i(l|l)
\end{aligned}
$$

等式 (8.55) 和式 (8.56) 可写为

$$
\hat{x}_{1|i}(k|k) = \begin{cases}
n_i \left(\sum_{m=0}^{n_i-1} A^{-m}\right)^{-1} \hat{x}_i(l|l), & k = n_i l \\
n_i A^p \left(\sum_{m=0}^{n_i-1} A^{-m}\right)^{-1} \hat{x}_i(l|l), & k = n_i l + p;\ p = 1, 2, \cdots, n_i - 1
\end{cases}
$$

$$(8.57)$$

通过使用联邦滤波, 就有

$$
\begin{aligned}
\hat{x}(k|k) &= E\{x(k) | Z_1^k(1), Z_1^{\left[\frac{k}{n_j}\right]}(j), j = 2, 3, \cdots, N\} \\
&= \sum_{i=1}^N \alpha_i(k_i) E\{x(k) | Z_1^{\left[\frac{k}{n_i}\right]}(i)\} \quad (8.58) \\
&= \sum_{i=1}^N \alpha_i(k_i) \hat{x}_{1|i}(k|k)
\end{aligned}
$$

其中

$$
P(k|k) = \left(\sum_{i=1}^N P_{1|i}^{-1}(k|k)\right)^{-1} \quad (8.59)
$$

$$
\alpha_i(k_i) = P(k|k) P_{1|i}^{-1}(k|k) \quad (8.60)
$$

$$
P_{1|i}(k|k) = E\{[x(k) - \hat{x}_{1|i}(k|k)][x(k) - \hat{x}_{1|i}(k|k)]^{\mathrm{T}}\} \quad (8.61)
$$

下面将推导式 (8.61) 的具体计算表达式。

对 $k = n_i l$, 从式 (8.4) 和式 (8.57), 有

$$
\begin{aligned}
\tilde{x}_{1|i}(k|k) &= x(k) - \hat{x}_{1|i}(k|k) \\
&= n_i \left( \sum_{m=0}^{n_i-1} A^{-m} \right)^{-1} x_i(l) - n_i \left( \sum_{m=0}^{n_i-1} A^{-m} \right)^{-1} \hat{x}_i(l|l) \\
&= n_i \left( \sum_{m=0}^{n_i-1} A^{-m} \right)^{-1} \tilde{x}_i(l|l)
\end{aligned}
\tag{8.62}
$$

因此

$$
\begin{aligned}
P_{1|i}(k|k) &= E[\tilde{x}_{1|i}(k|k)\tilde{x}_{1|i}^{\mathrm{T}}(k|k)] \\
&= n_i^2 \left( \sum_{m=0}^{n_i-1} A^{-m} \right)^{-1} P_i(l|l) \left( \sum_{m=0}^{n_i-1} A^{-m} \right)^{-\mathrm{T}}
\end{aligned}
\tag{8.63}
$$

对 $k = n_i l + p$, $p = 1, 2, \cdots, n_i - 1$, 由式 (8.1)、式 (8.4) 和式 (8.57), 有

$$
\begin{aligned}
\tilde{x}_{1|i}(k|k) &= x(k) - \hat{x}_{1|i}(k|k) \\
&= x(n_i l + p) - \hat{x}_{1|i}(n_i l + p|n_i l + p) \\
&= A^p x(n_i l) + \sum_{l=0}^{p-1} A^l w(n_i l + p - 1 - l) - \hat{x}_{1|i}(n_i l + p|n_i l + p) \\
&= n_i A^p \left( \sum_{m=0}^{n_i-1} A^{-m} \right)^{-1} \tilde{x}_i(l|l) + \sum_{l=0}^{p-1} A^l w(n_i l + p - 1 - l)
\end{aligned}
\tag{8.64}
$$

因此

$$
\begin{aligned}
P_{1|i}(k|k) &= E[\tilde{x}_{1|i}(k|k)\tilde{x}_{1|i}^{\mathrm{T}}(k|k)] \\
&= n_i^2 \left( \sum_{m=0}^{n_i-1} A^{-m} \right)^{-1} P_i(l|l) \left( \sum_{m=0}^{n_i-1} A^{-m} \right)^{-\mathrm{T}} A^{p,\mathrm{T}} + \sum_{l=0}^{p-1} A^l Q A^{l,\mathrm{T}}
\end{aligned}
\tag{8.65}
$$

由式 (8.63) 和式 (8.65) 可得式 (8.31)。

定理证毕。

**注解 8.4**　由式 (8.47) 可以得到式 (8.48) 和式 (8.49)。原因是从问题描述部分, 我们知道 $z_i(1) - C_i x_i(1)$ 是零均值高斯白噪声序列。基于正态分布的性质, 有 $P(\|[z_i(1) - C_i \hat{x}_i(1)][z_i(1) - C_i \hat{x}_i(1)]^{\mathrm{T}}\| < 4\|R_i\|) = 0.9544$, 其中 $P(A)$ 指 $A$ 的概率。所以, 如果选择 $\lambda$ 大于 4, 那么, 在置信度大于等于 0.9544 的情况下, 式 (8.48) 是正确的。

根据定理 8.1 和定理 8.2，可以得到下面关于算法收敛性的定理。

**定理 8.3**　　定理 8.2 给出的状态融合估计算法是有效并收敛的，并且有

$$P(k|k) \leqslant P_{1|i}(k|k) \tag{8.66}$$

和

$$\lim_{k \to \infty} P(k|k) \leqslant P \tag{8.67}$$

其中，$P$ 是一个正定的常数阵。

**证明**　　由于对每一个 $i = 1, 2, \cdots, N$，$P_{1|i}(k|k)$ 是非负定的。因此，由式 (8.28)，可得式 (8.66)。事实上，一般说来，$P_{1|i}(k|k)$ 都是正定的。此时，有 $P(k|k) < P_{1|i}(k|k)$。另一方面，由定理 8.2 可得

$$
\begin{aligned}
P(k|k) &= \left( \sum_{i=1}^{N} P_{1|i}^{-1}(k|k) \right)^{-1} \\
&\leqslant \max\{\bar{P}_1(k|k), \bar{P}_1(k|k-1)\} \\
&= \max\{\bar{P}_1(k|k), A\bar{P}_1(k-1|k-1)A^{\mathrm{T}} + Q\}
\end{aligned}
\tag{8.68}
$$

因此

$$
\begin{aligned}
\lim_{k \to \infty} P(k|k) &\leqslant \lim_{k \to \infty} [\max\{\bar{P}_1(k|k), A\bar{P}_1(k-1|k-1)A^{\mathrm{T}} + Q\}] \\
&= \max\{ \lim_{k \to \infty} \bar{P}_1(k|k), \lim_{k \to \infty} [A\bar{P}_1(k-1|k-1)A^{\mathrm{T}} + Q] \} \\
&= \max\{\bar{P}_1, A\bar{P}_1 A^{\mathrm{T}} + Q\}
\end{aligned}
\tag{8.69}
$$

其中，$\bar{P}_1(k|k)$ 表示在传感器 1 没有数据丢失的理想假设下获得的 $x(k)$ 的估计误差协方差。$\bar{P}_1$ 指 $\bar{P}_1(k|k)$ 的稳态值。记

$$P = \max\{\bar{P}_1, A\bar{P}_1 A^{\mathrm{T}} + Q\} \tag{8.70}$$

可得式 (8.67)。

**注解 8.5**　　定理 8.3 表明以下两个事实：

(1) 从式 (8.66) 可以看到：融合状态估计的误差协方差比任何一个基于单个传感器信息获得的估计值的误差协方差都要小。因此，本章介绍的数据融合状态估计算法是有效的。

(2) 从式 (8.67) 可知：本章算法是收敛的。

**注解 8.6**　简单起见, 不失一般性, 在定理 8.2 中, 没有考虑局部状态估计误差相关的情况。在局部状态估计误差相关情况下, 可以将文献 [45] 中给出的算法, 按照本章所示方法推广得到:

$$\hat{x}(k|k) = \sum_{i=1}^{N} \alpha_i(k_i)\hat{x}_{1|i}(k|k) \tag{8.71}$$

$$P(k|k) = (e^{\mathrm{T}}(k)\varSigma^{-1}(k)e(k))^{-1} \tag{8.72}$$

其中

$$[\alpha_1(k) \quad \alpha_2(k) \quad \cdots \quad \alpha_N(k)]^{\mathrm{T}} = \varSigma^{-1}(k)e(k)(e^{\mathrm{T}}(k)\varSigma^{-1}(k)e(k))^{-1} \tag{8.73}$$

$$
\begin{aligned}
P_{1|ij}(k|k) &= E[\tilde{x}_{1|i}(k|k)\tilde{x}_{1|j}^{\mathrm{T}}(k|k)] \\
&= E\{[x(k)-\hat{x}_{1|i}(k|k)][x(k)-\hat{x}_{1|j}(k|k)]^{\mathrm{T}}\}
\end{aligned} \tag{8.74}
$$

其中, $e(k) = \begin{bmatrix} I_n & I_n & \cdots & I_n \end{bmatrix}^{\mathrm{T}}$ 是 $nN \times n$ 的矩阵, 并且 $I_n$ 是维数为 $n$ 的单位矩阵; $\varSigma(k) = (P_{1|ij}(k|k))$ 是一个 $nN \times nN$ 维的矩阵, 第 $ij$ 块是 $P_{1|ij}(k|k)$, $i,j = 1,2,\cdots,N$。式 (8.74) 中的 $\tilde{x}_{1|i}^{\mathrm{T}}(k|k)$ 和 $\tilde{x}_{1|j}^{\mathrm{T}}(k|k)$ 由式 (8.62) 或式 (8.64) 给出。在这种情况下, 类似于文献 [45], 通过使用施瓦茨矩阵不等式, 很容易证明定理 8.3 也是成立的。

图 8.1 是本章算法示意图。其中, 传感器个数为 $N = 2$, 两个传感器采样比为 2:1。

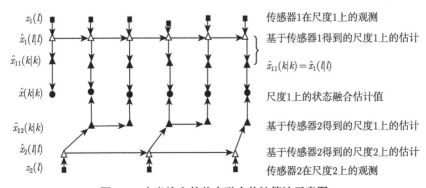

图 8.1　本章给出的状态融合估计算法示意图

## 8.4  仿 真 实 例

### 8.4.1  圆周运动的机动目标跟踪

系统模型描述如 8.2 节所示，其中假设有 3 个传感器对同一目标进行观测，3 个传感器之间的采样率之比为 $S_1 : S_2 = 2 : 1$ 和 $S_1 : S_3 = 3{:}1$，即 $N = 3$，$n_2 = 2$，$n_3 = 3$，$\bar{\gamma}_1 = 0.1$，$\bar{\gamma}_2 = 0.2$，$\bar{\gamma}_3 = 0.5$，$\sigma_i^2 = 1, i = 1, 2, 3$。系统矩阵为 $A = \begin{bmatrix} \cos(1°) & -\dfrac{1}{2}\sin(1°) \\ 2\sin(1°) & \cos(1°) \end{bmatrix}$，观测矩阵均为单位矩阵。系统误差方差为 $Q = 0.01 I_2$，观测误差方差分别为 $R_1 = I_2$，$R_2 = 0.36 I_2$ 和 $R_3 = 0.09 I_2$，其中，$I_2$ 表示 2 维单位矩阵。初始状态向量和估计误差协方差分别为 $x_0 = [\ 10 \quad 0\ ]^{\mathrm{T}}$ 和 $P_0 = 4 I_2$。

100 次蒙特卡罗仿真结果如表 8.1 和表 8.2，以及图 8.2∼ 图 8.5 所示。

表 8.1 和表 8.2 列出了估计误差绝对值的平均值，即 $\dfrac{1}{KJ}\displaystyle\sum_{j=1}^{J}\sum_{k=1}^{K}\left|\tilde{x}^j(k|k)\right|$，其中 $K = 360$ 表示传感器 1 的采样点数，$J$ 表示蒙特卡罗仿真次数，$\tilde{x}^j(k|k)$ 表示第 $j$ 次的估计误差。表 8.1 中 $J = 1$，表 8.2 中 $J = 100$。

表 8.1 和表 8.2 中的每一列分别是基于下列方法得到的估计误差的绝对值的平均值：

(i) 传感器 3 的 Kalman 滤波估计 (尺度 3)；

(ii) 传感器 2 的 Kalman 滤波估计 (尺度 2)；

(iii) 传感器 1 的 Kalman 滤波估计 (尺度 1)；

(iv) 利用文献 [29] 的算法，即本书 7.3 节的算法，得到的融合估计结果 (尺度 1)；

(v) 利用本章算法融合 3 个传感器的结果 (尺度 1)。

表 8.1 和表 8.2 中的第 2 行和第 3 行分别表示估计误差绝对值均值的第一维和第二维。从表 8.1 和表 8.2 可以看出，本章所提出的方法要优于同等条件下文献 [29] 提出的滤波算法 (即本书第 7 章 7.3 节所示算法)，也优于 Kalman 滤波。可见，本章提出的算法是有效的。

表 8.1  估计误差绝对值均值

| (i) | (ii) | (iii) | (iv) | (v) |
| --- | --- | --- | --- | --- |
| 2.3818 | 0.9566 | 0.4689 | 0.9460 | 0.3775 |
| 3.9090 | 2.1312 | 0.8431 | 1.7610 | 0.2731 |

表 8.2　统计平均的估计误差绝对值均值

| (i) | (ii) | (iii) | (iv) | (v) |
|---|---|---|---|---|
| 248.8438 | 103.5253 | 51.5473 | 103.8632 | 19.5107 |
| 496.6431 | 209.1359 | 102.5924 | 208.3927 | 24.5857 |

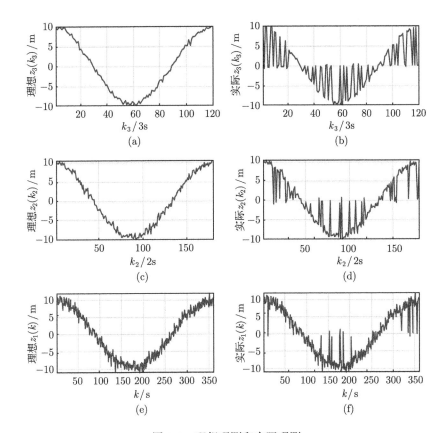

图 8.2　理想观测和实际观测

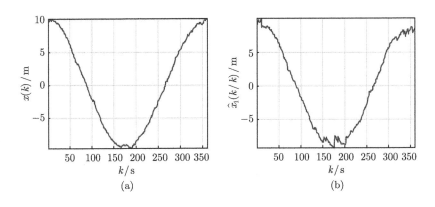

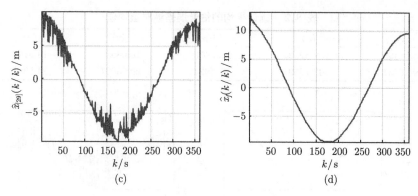

图 8.3　原始信号和估计信号曲线

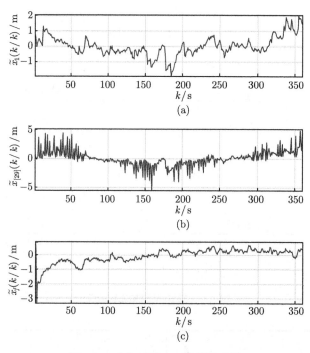

图 8.4　对应于图 8.3 的估计误差

　　从表 8.2 还可以看出，受数据不规律丢失的影响，在统计意义下，Kalman 滤波 (观察表 8.2 的第 1 到 3 列) 和文献 [29] 的方法 (观察表 8.2 的第 4 列) 都是发散的。这是因为 Kalman 滤波没有考虑数据的丢失情况。在存在数据丢失的情况下，观测将不再满足观测方程，实际观测到的值事实上是观测噪声。此时，观测误差的方差将会变得很大，实际的观测误差方差和模型中给定的模型误差方差相去甚远，因此，导致算法发散。文献 [29] 的方法由于是基于 Kalman 滤波进行的，因此，存在同样的问题。而本章的方法考虑到了观测数据丢失的情况，在观测数据丢失时，采用推算的方法，将该观测屏蔽掉了，因此，避免了滤波结果的发散。

图 8.2 画出了三个传感器观测数据的第一维，其中 (a)、(c)、(e) 表示传感器 3、2、1 的理想观测，而 (b)、(d)、(f) 表示传感器 3、2、1 的实际观测，即以给定概率丢失数据的观测结果。图 8.3 是原始信号和估计信号的第一维，其中，(a) 是原始信号，(b) 是利用最细尺度的观测信息 Kalman 滤波曲线，(c) 是文献 [29] 的算法获得的估计信号，(d) 是利用本章提出的算法得到的估计曲线。图 8.4 各子图分别是对应于图 8.3(b)~(d) 的估计误差曲线。图 8.5 是下列三种情况下获得的 100 次蒙特卡罗仿真估计误差的统计平均值：(a) 传感器 1 的 Kalman 滤波；(b) 文献 [29] 的算法；(c) 本章算法。

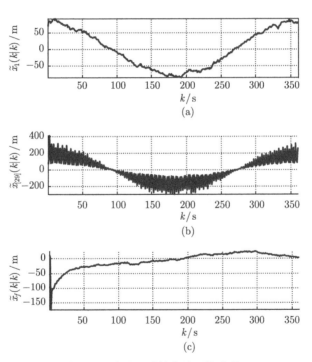

图 8.5　估计误差的统计平均曲线

分别比较图 8.2 中 (b) 和 (a)、(d) 和 (c)、(f) 和 (e)，可以看出数据的丢失是明显的。其中，图 8.2(b)、(d)、(f) 所示的观测看似复杂噪声干扰的结果。事实上，在某些时刻，当理想观测丢失的情况下，实际观测到的其实是观测噪声。

从图 8.3~ 图 8.5 可以看出，本章提出的算法是有效的。在观测数据以一定概率丢失的情况下，本章提出的算法要优于文献 [29] 介绍的融合估计算法。

### 8.4.2  目标跟踪系统的状态估计

一个具有三个传感器的某目标跟踪系统可以描述为[100]

$$x(k+1) = \begin{bmatrix} 1 & T & T^2/2 \\ 0 & 1 & T \\ 0 & 0 & 1 \end{bmatrix} x(k) + w(k) \tag{8.75}$$

$$z_i(k_i) = \gamma_i(k_i)C_i x_i(k_i) + v_i(k_i), \quad i = 1, 2, 3 \tag{8.76}$$

其中，$T$ 是采样周期；状态 $x(k) = [s(k) \quad \dot{s}(k) \quad \ddot{s}(k)]^{\mathrm{T}}$，其中，$s(k)$、$\dot{s}(k)$ 和 $\ddot{s}(k)$ 分别是目标 $kT$ 时刻的位置、速度和加速度，$z_i(k_i)(i = 1, 2, 3)$ 是三个传感器的测量结果，传感器分别测量位置、速度和加速度，即 $C_1 = [1 \ 0 \ 0]$，$C_2 = [0 \ 1 \ 0]$，$C_3 = [0 \ 0 \ 1]$；$v_i(k_i)$ 是零均值高斯白噪声，其方差为 $R_i$，并独立于系统噪声 $w(k)$。$w(k)$ 也是零均值高斯白噪声，方差为 $Q$。下面将融合三个传感器的信息来得到状态 $x(k)$ 的估计值。

在这里，设定 $T = 0.01$s，$Q = 0.01$，$R_1 = 0.25$，$R_2 = 0.09$，$R_3 = 0.01$。随机变量 $\gamma_i \in \mathbb{R}$ 是一个伯努利分布的序列，取值为 0 或 1，其均值为 $\bar{\gamma}_i$。这里，我们取 $\bar{\gamma}_1 = 0.8$，$\bar{\gamma}_2 = 0.8$，$\bar{\gamma}_3 = 0.9$，即测量数据丢失的概率分别为 0.2、0.2 和 0.1。初始值为 $x_0 = [10 \quad 0 \quad 0]^{\mathrm{T}}$ 和 $P_0 = I_3$。在给定时间段内，传感器 1、传感器 2、传感器 3 分别采样 300 步、150 步和 100 步。

蒙特卡罗仿真的结果如图 8.6~ 图 8.9、表 8.3 所示。

表 8.3    估计误差绝对值的统计均值

| 状态 | (i) | (ii) | (iii) | (iv) | (v) | (vi) |
|------|-----|------|-------|------|-----|------|
| 位置/m | 230.0571 | 13.3191 | 10.4958 | 46.7013 | 226.7272 | 2.1055 |
| 速度/(m/s) | 33.0451 | 22.2880 | 7.3700 | 9.6595 | 32.0598 | 1.9001 |
| 加速度/(m/s²) | 9.5893 | 5.2736 | 2.5496 | 7.5429 | 5.5450 | 1.1923 |

在图 8.6 中画出了三个传感器的测量曲线，其中 (a)、(c) 和 (e) 分别表示没有数据丢失的情况下，传感器 3、传感器 2、传感器 1 的测量结果。图 8.6 中的 (b)、(d) 和 (f) 分别是传感器 3、传感器 2、传感器 1 的真实测量值，其中测量结果存在丢包现象，数据丢失的概率满足给定要求。从图 8.6 可以看出，每一个传感器都存在明显的数据丢失现象。

图 8.7 所示是原始信号的第一维 (实线) 和估计信号 (虚线)，其中，(a)~(d) 的虚线分别表示：传感器 1 的 Kalman 滤波、使用文献 [133] 中的算法进行估计的结

果、使用文献 [29] 中的算法进行估计的结果、使用本章介绍的算法的估计结果。相应的估计误差曲线如图 8.8 所示。从图 8.7 和图 8.8 可以看出: 传统的 Kalman 滤波和文献 [29] 给出的算法在数据随机丢包情况下出现了发散现象。然而，文献 [133] 给出的算法和本章提到的算法是有效的。

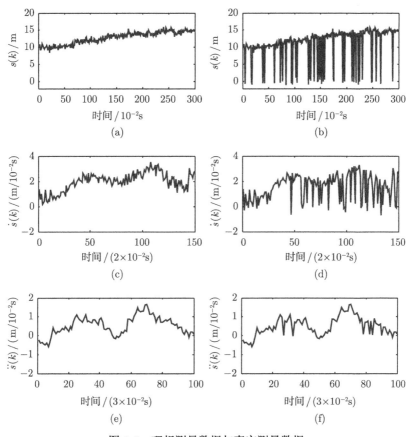

图 8.6　理想测量数据与真实测量数据

图 8.9 是 100 次蒙特卡罗仿真的统计曲线，其中 (a) 到 (d) 分别是:

(a) 传感器 1 基于 Kalman 滤波的结果；

(b) 基于文献 [133] 中算法的结果；

(c) 基于文献 [29] 中算法的结果；

(d) 使用本章算法得到的统计估计误差。

从图 8.9 可以看出，本章给出的算法在统计意义上也是有效的。然而，在统计上，文献 [133] 中的算法是发散的。

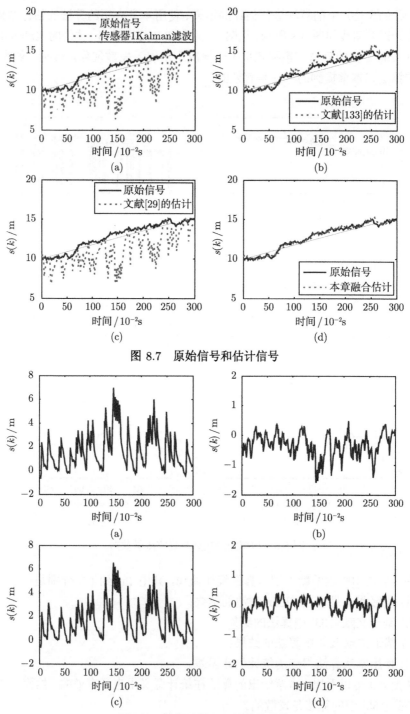

图 8.7　原始信号和估计信号

图 8.8　对应于图 8.7 的估计误差

表 8.3 给出的值是估计误差绝对值的统计平均值，由 $\dfrac{1}{KJ}\displaystyle\sum_{j=1}^{J}\sum_{k=1}^{K}|\tilde{x}_j(k|k)|$ 计算得到。其中，$K = 300$ 表示传感器 1 的采样点数；$J = 100$ 指蒙特卡罗仿真次数，而 $\tilde{x}_j(k|k)$ 指在第 $j$ 次运行的状态估计误差。

表 8.3 中各列分别表示：

(i) 基于传感器 1 的信息 Kalman 滤波；

(ii) 基于传感器 2 的信息 Kalman 滤波；

(iii) 基于传感器 3 的信息 Kalman 滤波；

(iv) 使用文献 [133] 中的算法基于传感器 1 的测量数据进行状态估计；

(v) 使用文献 [29] 中的算法融合三个传感器信息得到的状态估计；

(vi) 使用本章算法融合传感器 1~3 的结果。

表 8.3 的 2 到 4 行分别表示位置、速度和加速度的估计误差绝对值的统计平均值。

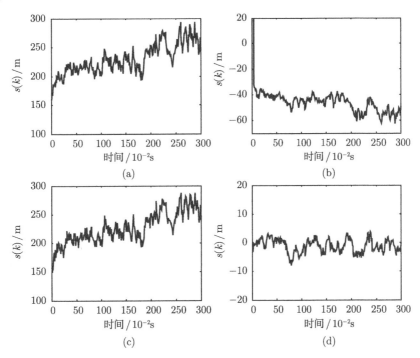

图 8.9　统计估计误差

从表 8.3 可以看出，由于测量数据的随机丢失，Kalman 滤波 (观察表 8.3 中的第 2~4 列) 和文献 [133] 与文献 [29](观察表 8.3 的第 5 列和第 6 列) 给出的算法都是发散的。原因在于：

(1) 当有测量结果随机丢失时，测量误差协方差变得很大。在这种情况下，Kalman 滤波还以与测量没丢失时相同的方式来更新，这就可能导致发散。

(2) 文献 [29] 给出的算法是 Kalman 滤波所衍生的多传感器滤波，所以，与 Kalman 滤波存在相同的问题。

(3) 文献 [133] 给出的算法把丢失的数据考虑在内，比 Kalman 滤波更有效，甚至比文献 [29] 中的融合算法更有效。从图 8.7 和图 8.8 中可以观察到：在随机一次的运行中，文献 [133] 中所示算法是有效的。然而，统计意义下，该算法却出现了发散现象。这就意味着文献 [133] 中算法的稳定性不如本章给出的算法。

(4) 本章介绍的算法对数据丢失和观测数据异常进行了筛检和适当的处理，因此，得出了收敛的估计结果。

综上，本节的仿真结果表明了本章算法的有效性。本章算法已发表在 2010 年第 6 期 *IET Signal Processing* 上，有兴趣的读者可以参考文献 [100]。

## 8.5　本 章 小 结

当有多个传感器以不同采样速率异步对同一目标进行观测，而传感器又以一定的概率随机丢失数据时，研究给出了一种有效的状态融合估计算法。理论分析和仿真结果表明，本章提出的算法是有效的。本章的方法可应用于目标跟踪、组合导航、遥感、网络化控制与容错等领域。

# 第9章 时变线性系统的异步多速率
# 传感器数据融合估计

## 9.1 引　　言

数据融合指的是利用计算机技术对按时序获得的若干传感器的观测信息在一定准则下加以自动分析、优化综合，以完成所需的决策和估计任务而进行的信息处理过程[2]。它以各种传感器为基础，多源信息为加工对象，协调优化和中心处理为核心，降低问题的不确定性为目的。其广泛应用于包括组合导航 (GPS/DVS、GPS/INS、INS/SM 等)、机动目标跟踪、指挥、控制、通信和情报等在内的诸多军事应用领域，以及包括遥感、空中交通管制、机器人与车辆的组合导航等在内的诸多民用领域。

针对多传感器同步采样的一类多速率时变线性动态系统，第 5 章和第 6 章介绍了几种数据融合状态估计算法，并证明了其有效性。第 7 章和第 8 章研究了更有意义的异步数据融合状态估计问题，不过在数学描述时，都假设系统是时不变的。本章将研究时变线性动态系统的异步多速率传感器数据融合问题，介绍两种结构和思路完全不同但同样行之有效的状态估计算法。

本章安排如下：9.2 节是问题描述；9.3 节通过扩维和速率归一化，基于联邦 Kalman 滤波，给出了一种有效的融合估计算法；9.4 节介绍了顺序式融合算法，在不扩维的情况下，对异步多速率多传感器数据进行了有机融合；9.5 节是仿真实例，最后 9.6 节是本章小结。

## 9.2 问 题 描 述

有 $N$ 个传感器异步进行观测的时变单模型多传感器线性动态系统可描述为[30]

$$x(k+1) = A(k)x(k) + w(k) \tag{9.1}$$

$$z_i(k_i) = C_i(k_i)x_i(k_i) + v_i(k_i), \quad i = 1, 2, \cdots, N \tag{9.2}$$

式 (9.1) 为系统方程。动态系统在最高采样率下 (最细尺度 1) 进行建模，其中，$x(k) \in \mathbb{R}^{n \times 1}$ 为状态向量；$A(k) \in \mathbb{R}^{n \times n}$ 是系统矩阵；系统噪声 $w(k) \in \mathbb{R}^{n \times 1}$ 是均值为零、

方差为 $Q(k)$ 的高斯白噪声, 满足

$$E[w(k)] = 0 \tag{9.3}$$

$$E[w(k)w^{\mathrm{T}}(l)] = Q(k)\delta_{kl} \tag{9.4}$$

有 $N$ 个传感器对目标进行观测, 观测方程如式 (9.2) 所示, 其中 $z_i(k_i) \in \mathbb{R}^{q_i \times 1}(q_i \leqslant n)$ 表示采样率为 $S_i$ 的第 $i$ 个传感器的第 $k_i$ 次观测. $i(1 \leqslant i \leqslant N)$ 表示传感器, 同时也表示尺度. 具有最高采样率的传感器 1 对应于最细尺度, 最粗尺度的传感器 $i = N$ 具有最低的采样率, 传感器 $i = 2, 3, \cdots, N - 1$ 的采样速率介于二者之间依次降低. 除了最高采样率的传感器外, 其他传感器的采样可以是非均匀的. 不同传感器之间的采样可以是非同步的.

式 (9.2) 中, $C_i(k_i) \in \mathbb{R}^{q_i \times n}$ 表示观测矩阵. 观测误差 $v_i(k_i) \in \mathbb{R}^{q_i \times 1}$ 是零均值高斯白噪声, 满足

$$E[v_i(k_i)] = 0 \tag{9.5}$$

$$E[v_i(k_i)v_j^{\mathrm{T}}(l_j)] = R_i(k_i)\delta_{ij}\delta_{k_i l_j} \tag{9.6}$$

$$E[v_i(k_i)w^{\mathrm{T}}(l)] = 0, \quad k_i, l > 0 \tag{9.7}$$

初始状态向量 $x(0)$ 是一个随机变量, 满足

$$E[x(0)] = x_0 \tag{9.8}$$

$$E\{[x(0) - x_0][x(0) - x_0]^{\mathrm{T}}\} = P_0 \tag{9.9}$$

并假设 $x(0)$、$w(k)$ 和 $v_i(k_i)$ 彼此统计独立.

本章将基于上述数学描述, 对异步多速率传感器数据进行融合, 给出有效的状态估计.

## 9.3 基于速率归一化和联邦 Kalman 滤波的分布式融合估计

通过分析发现, 第 7 章介绍的尺度递归的思想, 很难推广到时变系统的融合估计问题中. 考虑到在同步同速率数据的融合估计方面, 已经有许多成熟的算法. 本章试图将多速率异步的数据融合问题在形式上转化为单速率同步的情况, 从而使得问题迎刃而解.

多速率多传感器动态系统是一个很复杂的系统, 它牵涉到四个指标: 传感器、尺度、数据块和时刻. 简单起见, 本章假设传感器和尺度指标为同一个, 都用 $i$ 表示. 尺度 $i$ 上的时间序列采样用 $k_i$ 表示, 即最细尺度上, $k_1 = k$ 表示时刻, 而粗尺度 $i(i = 2, 3, \cdots, N)$ 上的 $k_i$ 表示传感器 $i$ 的第 $k_i$ 次采样. 传感器 $i$ $(i = 2, 3, \cdots, N-1)$

的第 $k_i$ 个采样点的采样时刻介于 $\prod\limits_{j=1}^{i} n_j\,(k_i-1)+1$ 和 $\prod\limits_{j=1}^{i} n_j\,k_i$ 之间。最粗尺度传感器在每个数据块采样 1 次，即不同传感器之间的采样率具有下述关系：

$$S_j = n_{j+1}S_{j+1}, \quad j = 1, 2, \cdots, N-1 \tag{9.10}$$

其中，$n_j$ 表示已知的正整数，并记 $n_1 = 1$。

式 (9.2) 中，$z_i(k_i)$ 表示第 $i$ 个传感器的第 $k_i$ 次观测所获取的观测值；$x_i(k_i)$ 是最细尺度 1 上的状态 $x(k)$ 在 $i$ 尺度上的平滑信息。本节中，它是由细尺度上若干点的状态通过 "滑动平均" 得到的 (参考下文的建模过程)。需要指出的是，具有最高采样速率的传感器 1 需要均匀采样，而传感器 $i(i = 2, 3, \cdots, N)$ 的采样可以是非均匀的。但是在每一个时间块内，传感器 $i(i = 2, 3, \cdots, N-1)$ 需要采 $\prod\limits_{j=i+1}^{N} n_j$ 次，传感器 $N$ 在每一个时间块内采样一次，即不同传感器是以不同采样率异步进行 (如图 7.1 所示)。第 7 章的系统是本章的特例，其中系统是时不变的。

### 9.3.1 异步多速率系统的速率归一化数学建模

本节将基于前面的数学描述，对状态空间模型进行改写。即，将第 9.2 节所述异步多速率线性动态系统用同步单速率线性动态系统来重新刻画。

**定理 9.1** 假设具有 $N$ 个传感器的单模型动态系统如 9.2 节所示，且

$$x_i(k) = \frac{1}{\tilde{M}_i} \sum_{l=0}^{\tilde{M}_i-1} x(\tilde{M}_i k - l) \tag{9.11}$$

其中，$\tilde{M}_i = \prod\limits_{j=1}^{i} n_j\ (i = 1, 2, \cdots, N)$，则尺度 $i$ 上的动态模型可写为[30]

$$X_N(k+1) = A_N(k)X_N(k) + W_N(k) \tag{9.12}$$

$$Z_i(k) = \bar{C}_i(k)X_N(k) + V_i(k) \tag{9.13}$$

其中

$$A_N(k) = \begin{bmatrix} 0 & 0 & \cdots & A(kM) \\ 0 & 0 & \cdots & A(kM+1)A(kM) \\ \vdots & \vdots & & \vdots \\ 0 & 0 & \cdots & \prod\limits_{l=M-1}^{0} A(kM+l) \end{bmatrix} \tag{9.14}$$

$$X_N(k) = [x^{\mathrm{T}}((k-1)M+1) \quad x^{\mathrm{T}}((k-1)M+2) \quad \cdots \quad x(kM)]^{\mathrm{T}} \tag{9.15}$$

$$Z_i(k) = [z_i((k-1)M_i+1) \quad z_i((k-1)M_i+2) \quad \cdots \quad z_i(kM_i)]^{\mathrm{T}} \tag{9.16}$$

$$\bar{C}_i(k) = \frac{1}{\tilde{M}_i} \mathrm{diag}\{C_i((k-1)M_i+1)I_{\tilde{M}_i},$$
$$C_i((k-1)M_i+2)I_{\tilde{M}_i}, \cdots, C_i(kM_i)I_{\tilde{M}_i}\} \tag{9.17}$$

而 $M_i = \prod\limits_{j=i+1}^{N} n_j$, $M = \tilde{M}_N = \prod\limits_{j=1}^{N} n_j$, $M_N \overset{\text{def}}{=} 1$。$I_{\tilde{M}_i} = [\begin{array}{cccc} I_n & I_n & \cdots & I_n \end{array}]$ 是由 $\tilde{M}_i$ 个 $n$ 维单位矩阵所组成的矩阵, 其维数为 $n \times n\tilde{M}_i$。$W_N(k)$ 和 $V_i(k)$ 都是零均值的高斯白噪声序列, 满足

$$E[W_N(k)] = 0 \tag{9.18}$$

$$E[W_N(k)W_N^{\mathrm{T}}(j)] = Q_N(k)\delta_{kj} \tag{9.19}$$

$$E[V_i(k)] = 0 \tag{9.20}$$

$$E[V_i(k)V_j^{\mathrm{T}}(l)] = \bar{R}_i(k)\delta_{ij}\delta_{kl} \tag{9.21}$$

$$E[V_i(k)W_N^{\mathrm{T}}(l)] = 0, \quad k, l > 0 \tag{9.22}$$

其中

$$B_N(k) = \begin{bmatrix} I & 0 & \cdots & 0 \\ A(kM+1) & I & \cdots & 0 \\ \vdots & \vdots & & \vdots \\ \prod\limits_{l=M-1}^{1} A(kM+l) & \prod\limits_{l=M-1}^{2} A(kM+l) & \cdots & I \end{bmatrix} \tag{9.23}$$

$$Q_N(k) = B_N(k)\mathrm{diag}\{Q(kM), Q(kM+1), \cdots, Q(kM+M-1)\}B_N^{\mathrm{T}}(k) \tag{9.24}$$

$$\bar{R}_i(k) = \mathrm{diag}\{R(i, (k-1)M_i+1), R(i, (k-1)M_i+2), \cdots, R(i, kM_i)\} \tag{9.25}$$

**证明** 由式 (9.1), 有

$$x(kM+1) = A(kM)x(kM) + w(kM) \tag{9.26}$$

$$x(kM+2) = A(kM+1)A(kM)x(kM) + A(kM+1)w(kM)$$
$$+ w(kM+1) \tag{9.27}$$

$$\vdots$$

$$x(kM+M) = \prod\limits_{l=M-1}^{0} A(kM+l)x(kM) + w(kM+M-1)$$

$$+ \sum_{m=0}^{M-2} \prod_{l=M-1}^{m+1} A(mM+l)w(kM+m) \tag{9.28}$$

因此

$$X_N(k+1) = A_N(k)X_N(k) + W_N(k) \tag{9.29}$$

其中, $X_N(k)$ 和 $A_N(k)$ 分别由式 (9.15) 和式 (9.14) 计算。$W_N(k)$ 满足下式:

$$W_N(k) = B_N(k) \begin{bmatrix} w(kM) \\ w(kM+1) \\ \vdots \\ w(kM+M-1) \end{bmatrix} \tag{9.30}$$

由上式和式 (9.3)、式 (9.4) 可得式 (9.18) 和式 (9.19), 其中, $Q_N(k)$ 由式 (9.24) 和式 (9.23) 计算。由定理假设, 即式 (9.11), 可得

$$
\begin{aligned}
x_i((k-1)M_i+1) &= \frac{1}{\tilde{M}_i} \sum_{l=0}^{\tilde{M}_i-1} x(\tilde{M}_i((k-1)M_i+1)-l) \\
&= \frac{1}{\tilde{M}_i} \sum_{l=0}^{\tilde{M}_i-1} x((k-1)M + \tilde{M}_i - l) \\
&= \frac{1}{\tilde{M}_i} \begin{bmatrix} I_n & I_n & \cdots & I_n \end{bmatrix} \begin{bmatrix} x((k-1)M+1) \\ x((k-1)M+2) \\ \vdots \\ x((k-1)M+\tilde{M}_i) \end{bmatrix} \\
&\stackrel{\text{def}}{=} \frac{1}{\tilde{M}_i} I_{\tilde{M}_i} \begin{bmatrix} x((k-1)M+1) \\ x((k-1)M+2) \\ \vdots \\ x((k-1)M+\tilde{M}_i) \end{bmatrix} \\
&= \frac{1}{\tilde{M}_i} \begin{bmatrix} I_{\tilde{M}_i} & 0 & \cdots & 0 \end{bmatrix} \begin{bmatrix} x((k-1)M+1) \\ x((k-1)M+2) \\ \vdots \\ x((k-1)M+M) \end{bmatrix} \\
&= \frac{1}{\tilde{M}_i} \begin{bmatrix} I_{\tilde{M}_i} & 0 & \cdots & 0 \end{bmatrix} X_N(k) \tag{9.31}
\end{aligned}
$$

其中，对于任意 $i = 1, 2, \cdots, N$，利用了下式所示的事实：

$$\tilde{M}_i M_i = \left( \prod_{j=1}^{i} n_j \right) \cdot \left( \prod_{j=i+1}^{N} n_j \right) = \prod_{j=1}^{N} n_j = \tilde{M}_N = M \tag{9.32}$$

式 (9.31) 中的 $I_{\tilde{M}_i} = [\ I_n\ \ \ I_n\ \ \ \cdots\ \ \ I_n\ ]$ 是一个 $n \times n\tilde{M}_i$ 维的矩阵，它由 $\tilde{M}_i$ 个 $n$ 维单位矩阵组成。$X_N(k)$ 的定义如式 (9.15) 所示。类似的，对于 $j = 2, 3, \cdots, M_i$，有

$$x_i((k-1)M_i + j) = \frac{1}{\tilde{M}_i} [\ 0\ \ \cdots\ \ 0\ \ I_{\tilde{M}_i}\ \ 0\ \ \cdots\ \ 0\ ] X_N(k) \tag{9.33}$$

其中，$[\ 0\ \ \cdots\ \ 0\ \ I_{\tilde{M}_i}\ \ 0\ \ \cdots\ \ 0\ ]$ 是 $n \times nM$ 维的矩阵。它由 $M_i$ 块 $n \times n\tilde{M}_i$ 维的矩阵组成，其第 $j$ 块为 $I_{\tilde{M}_i}$，其余块均为零。

考虑到式 (9.2)、式 (9.31) 和式 (9.33)，有

$$X_i(k) \stackrel{\text{def}}{=} \begin{bmatrix} x_i((k-1)M_i + 1) \\ x_i((k-1)M_i + 2) \\ \vdots \\ x_i((k-1)M_i + M_i) \end{bmatrix} = \frac{1}{\tilde{M}_i} \begin{bmatrix} I_{\tilde{M}_i} & 0 & \cdots & 0 \\ 0 & I_{\tilde{M}_i} & \cdots & 0 \\ \vdots & \vdots & & \vdots \\ 0 & 0 & \cdots & I_{\tilde{M}_i} \end{bmatrix} X_N(k) \tag{9.34}$$

由式 (9.2) 和式 (9.34) 可得

$$Z_i(k) = \bar{C}_i(k) X_N(k) + V_i(k) \tag{9.35}$$

其中，$Z_i(k)$ 和 $\bar{C}_i(k)$ 分别由式 (9.16) 和式 (9.17) 给出。其中的 $V_i(k)$ 满足下式：

$$V_i(k) = [\ v_i^{\mathrm{T}}((k-1)M_i + 1)\ \ v_i^{\mathrm{T}}((k-1)M_i + 2)\ \ \cdots\ \ v_i^{\mathrm{T}}(kM_i)\ ]^{\mathrm{T}} \tag{9.36}$$

由式 (9.5)~ 式 (9.7)、式 (9.30) 和式 (9.36)，可以证明式 (9.20)~ 式 (9.22)，其中，$\bar{R}_i(k)$ 由式 (9.25) 计算。

**注解 9.1**　通过将状态和观测值进行分块，利用定理 9.1，将原来的多速率多传感器动态系统式 (9.1) 和式 (9.2) 写成了式 (9.12) 和式 (9.13) 的形式。从而，把异步多速率多传感器的数据融合问题在形式上转化成了同步单速率的多传感器数据融合问题，简化了问题。在此过程中，尺度 $i$ 上的状态 $x_i(k_i)$ 是由尺度 1 上的状态 $x(k)$ 通过"滑动平均"获得的。

### 9.3.2    基于联邦 Kalman 滤波的数据融合估计

本小节将基于上一小节建立的模型,借助于联邦 Kalman 滤波技术,对异步多速率传感器的数据进行融合以给出有效的状态估计结果。

**定理 9.2**    对 $i = 1, 2, \cdots, N$, 设 $\hat{X}_{i,N}(k|k)$ 和 $P_{i,N}(k|k)$ 分别是基于模型式 (9.12) 和式 (9.13) 进行 Kalman 滤波获取的 $X_N(k)$ 的估计值和相应的估计误差协方差矩阵,且假设对于不同的 $i$, 它们互不相关。则线性最小方差意义下, $X_N(k)$ 的最优融合无偏估计为

$$\hat{X}_N(k|k) = \sum_{i=1}^{N} \alpha_{i,k} \hat{X}_{i,N}(k|k) \tag{9.37}$$

其中

$$\alpha_{i,k} = \left( \sum_{j=1}^{N} P_{j,N}^{-1}(k|k) \right)^{-1} P_{i,N}^{-1}(k|k) \tag{9.38}$$

相应的估计误差协方差矩阵为

$$P_N(k|k) = \left( \sum_{i=1}^{N} P_{i,N}^{-1}(k|k) \right)^{-1} \tag{9.39}$$

并且,可以证明

$$P_N(k|k) \leqslant P_{i,N}(k|k), \quad i = 1, 2, \cdots, N \tag{9.40}$$

**证明**    该定理可以视为是文献 [34] 的一个简单推论,具体证明略。

**注解 9.2**    由式 (9.15) 和式 (9.37) 可得 $x(k)$ 的联邦分布式融合估计 $\hat{x}_f(k|k)$ ($k = 1, 2, \cdots$) 和相应的估计误差协方差矩阵 $P_f(k|k)$。由式 (9.40) 可得 $P_f(k|k) <$ $P_{1,N}^*(k|k)$。其中, $P_{1,N}^*(k|k)$ 表示基于传感器 1 进行 Kalman 滤波得到的对 $x(k)$ 进行估计的误差协方差矩阵。

图 9.1 和图 9.2 分别是系统式 (9.12) 和式 (9.13) 进行 Kalman 滤波的过程和本节所介绍的状态融合估计算法流图。

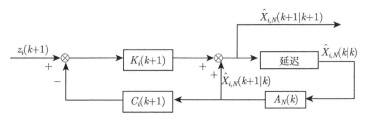

图 9.1    尺度 $i$ 上的 Kalman 滤波过程

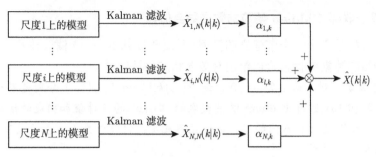

图 9.2    数据融合状态估计算法流程图

**定理 9.3**    对 $k = 1, 2, \cdots$，融合任意 $L(1 \leqslant L \leqslant N)$ 个传感器所获得的状态 $x(k)$ 的估计值和相应的误差协方差阵分别记为 $\hat{x}_L(k|k)$ 和 $P_L(k|k)$，则可以证明:

$$P_N(k|k) \leqslant \min\{P_j(k|k), j = 1, 2, \cdots, N - 1\} \tag{9.41}$$

**证明**    不失一般性，设所选取的 $L$ 个传感器为 $N - L + 1, N - L + 2, \cdots, N(1 \leqslant L \leqslant N)$。由定理 9.2，可以证明

$$P_L(k|k) = \left( \sum_{i=N-L+1}^{N} P_{i,N}^{-1}(k|k) \right)^{-1} \tag{9.42}$$

$$P_N(k|k) = \left( \sum_{i=1}^{N} P_{i,N}^{-1}(k|k) \right)^{-1} \tag{9.43}$$

由上面两个式子，可得

$$P_N(k|k) \leqslant P_L(k|k) \tag{9.44}$$

因此

$$P_N(k|k) \leqslant \min\{P_j(k|k), j = 1, 2, \cdots, N - 1\} \tag{9.45}$$

由定理 9.3，可以得出结论: 融合估计优于最细尺度上 Kalman 滤波的结果，而减少任意一个传感器的信息所获得的估计值的误差协方差阵都将增大。

**注解 9.3**    和第 7 章类似，对于 $1 \leqslant L < N$，从 $N$ 个传感器中选择不同的 $L$ 个传感器所获得的估计值和估计误差协方差阵一般都会不同。因此，定理 9.3 中的 $\hat{x}_L(k|k)$ 和 $P_L(k|k)$ 应该理解为任意选中的一种情况下的融合估计值和估计误差协方差。

**注解 9.4**    为减少算法的计算量，定理 9.2 中的 $\alpha_{i,k}$ 可替换为[43]

$$\alpha_{i,k} = \frac{\mathrm{tr} P_N(k|k)}{\mathrm{tr} P_{i,N}(k|k)} \tag{9.46}$$

此时，式 (9.39) 和式 (9.40) 应改写为

$$P_N(k|k) = \sum_{i=1}^{N} \alpha_{i,k}^2 P_{i,N}(k|k) \tag{9.47}$$

和

$$\mathrm{tr} P_N(k|k) \leqslant \mathrm{tr} P_{i,N}(k|k), \quad i = 1, 2, \cdots, N \tag{9.48}$$

在此情况下，定理 9.3 的结论弱化为

$$\mathrm{tr} P_N(k|k) \leqslant \min\{\mathrm{tr} P_j(k|k), j = 1, 2, \cdots, N-1\} \tag{9.49}$$

**注解 9.5**　如果将式 (9.10) 替换为

$$S_1 = n_j S_j, \quad 1 \leqslant j \leqslant N \tag{9.50}$$

则本节的算法可以平行推广。此时，定理 9.1 中的 $\tilde{M}_i = \prod_{j=1}^{i} n_j$ 应该修改为 $\tilde{M}_i = n_i$，相应的，应有 $M_i = M/n_i (i = 1, 2, \cdots, N)$。在此情况下，容易证明，定理 9.3 的结论依然成立。

**注解 9.6**　本节介绍的基于速率归一化和联邦 Kalman 滤波的分布式融合估计算法已发表在 2006 年的 *Aerospace Science and Technology* 上，有兴趣的读者可以参考文献 [30]。

## 9.4　异步多速率数据的顺序式融合估计

在 9.3 节，通过巧妙的数学处理，将异步多速率系统转化为同步同速率系统的形式，进而基于联邦 Kalman 滤波给出了有效的状态估计结果。不过，状态的扩维会带来不小的计算量。为了避免状态扩维，我们对该问题进行了进一步深入研究，提出了顺序式融合估计方法：首先，通过建立模型，将低采样率的观测用已知的系统模型中的状态表示出来；而后，将所有传感器分组；随后，利用第一组传感器和状态方程，可得状态的初步估计值；最后，得到状态的融合估计值。

本节系统描述与第 9.2 节系统描述类似。唯一不同之处在于，最细尺度传感器 1 与各个尺度传感器之间的采样比略有不同。本节，假设传感器 $i$ 的采样率 $S_i$ 与具有最高采样率的传感器 1 的采样率 $S_1$ 之间呈正整数倍采样关系，即

$$S_i = S_1/n_i, \quad i = 1, 2, \cdots, N \tag{9.51}$$

其中, $n_i$ $(i = 2, 3, \cdots, N)$ 表示已知的正整数, 并且 $n_1 = 1$。

本节粗尺度的状态和最细尺度状态之间用下式来进行建模[183]:

$$x_i(k_i) = \bar{A}(i, 1)x(n_i k_i), \quad i = 1, 2, \cdots, N \tag{9.52}$$

其中

$$\bar{A}(i, 1) = \frac{1}{n_i}\left[ I + \sum_{l=1}^{n_i-1} \prod_{p=l}^{n_i-1} A^{-1}(n_i(k-1)+p) \right], \quad i = 1, 2, \cdots, N \tag{9.53}$$

并记 $\bar{A}(1, 1) = I$。

由式 (9.2) 和式 (9.52), 有

$$\begin{aligned}
z_i(k_i) &= C_i(k_i)x_i(k_i) + v_i(k_i) \\
&= C_i(k_i)\bar{A}(i, 1)x(n_i k_i) + v_i(k_i) \\
&= \bar{C}_i(k_i)x(n_i k_i) + v_i(k_i)
\end{aligned} \tag{9.54}$$

其中

$$\bar{C}_i(k_i) = C_i(k_i)\bar{A}(i, 1) \tag{9.55}$$

当 $k \bmod n_i = 0$ 时, 式 (9.54) 可改写为

$$z_i\left(\frac{k}{n_i}\right) = \bar{C}_i\left(\frac{k}{n_i}\right)x(k) + v_i\left(\frac{k}{n_i}\right) \tag{9.56}$$

下面将介绍异步多速率顺序式融合估计算法。

对 $i = 1, 2, \cdots, N$, 定义

$$Z_1^{k_i}(i) \stackrel{\text{def}}{=} \{z_i(1), z_i(2), \cdots, z_i(k_i)\} \tag{9.57}$$

和

$$\hat{x}_s(k|k) \stackrel{\text{def}}{=} E\left\{ x(k) \Big| Z_1^{\left[\frac{k}{n_i}\right]}(i),\ i = 1, 2, \cdots, N \right\} \tag{9.58}$$

$$\hat{x}_i(k|k) \stackrel{\text{def}}{=} E\left\{ x(k) \Big| Z_1^{\left[\frac{k}{n_j}\right]-1}(j), j = 1, 2, \cdots, N; z_i\left(\frac{k}{n_i}\right) \right\} \tag{9.59}$$

$$\hat{x}_{i_{1,2,\cdots,l}}(k|k) \stackrel{\text{def}}{=} E\left\{ x(k) \Big| Z_1^{\left[\frac{k}{n_j}\right]-1}(j), j = 1, 2, \cdots, N; z_{i_p}\left(\frac{k}{n_{i_p}}\right), p = 1, 2, \cdots, l \right\} \tag{9.60}$$

其中, 式 (9.57) 中的 $Z_1^{k_i}(i)$ 表示传感器 $i$ 观测的第 1 到第 $k_i$ 个观测值; $\hat{x}_i(k|k)$ 表示基于传感器 $i$ 在 $k$ 时刻之前所有观测信息对状态 $x(k)$ 的估计; $\hat{x}_s(k|k)$ 表示 $x(k)$ 在信息 $\left\{ Z_1^{\left[\frac{k}{n_i}\right]}(i) \right\}_{i=1,2,\cdots,N}$ 条件下的期望, 也即融合所有观测信息得到的状态 $x(k)$ 的最优估计; $\hat{x}_{i_{1,2,\cdots,l}}(k|k)$ 为在 $\left\{ Z_1^{\left[\frac{k}{n_j}\right]-1}(j) \right\}_{j=1,2,\cdots,N} \cup \left\{ z\left(i_p, \dfrac{k}{n_{i_p}}\right) \right\}_{p=1,2,\cdots,l}$ 条件下的期望, 也即融合传感器 $i_1, i_2, \cdots, i_l$ 在 $k$ 时刻之前所有观测信息 (含时刻 $k$) 和其他传感器在 $k$ 时刻之前 (不含时刻 $k$) 所有观测信息对 $x(k)$ 的估计值; $[a]$ 表示大于等于 $a$ 的最小正整数。

记状态 $x(k)$ 的最优估计值和相应的估计误差协方差分别为 $\hat{x}_s(k|k)$ 和 $P_s(k|k)$, 则基于式 (9.1) 和式 (9.56), 状态融合估计算法由下面的定理给出。

**定理 9.4** 假设已知 $k-1$ 时刻的状态估计值 $\hat{x}_s(k-1|k-1)$ 和相应的估计误差协方差阵 $P_s(k-1|k-1)$, 那么 $k$ 时刻的状态的估计值和相应的估计误差协方差阵, 即 $\hat{x}_s(k|k)$ 和 $P_s(k|k)$, 可由下面的步骤获得[183]:

(1) 在时刻 $k=1,2,\cdots$, 若对任意 $i=2,3,\cdots,N$, $k \bmod n_i \neq 0$, 那么

$$\hat{x}_s(k|k) = \hat{x}_s(k|k-1) + K_1(k)[z_1(k) - C_1(k)\hat{x}_s(k|k-1)] \tag{9.61}$$

$$P_s(k|k) = [I - K_1(k)C_1(k)]P_s(k|k-1) \tag{9.62}$$

其中

$$\hat{x}_s(k|k-1) = A(k)\hat{x}_s(k-1|k-1) \tag{9.63}$$

$$P_s(k|k-1) = A(k)P_s(k-1|k-1)A^{\mathrm{T}}(k) + Q(k) \tag{9.64}$$

$$K_1(k) = P_s(k|k-1)C_1^{\mathrm{T}}(k)[C_1(k)P_s(k|k-1)C_1^{\mathrm{T}}(k) + R_1(k)]^{-1} \tag{9.65}$$

(2) 在时刻 $k=1,2,\cdots$, 假设存在一个传感器 $i(2 \leqslant i \leqslant N)$, 满足 $k \bmod n_i = 0$, 那么

$$\hat{x}_s(k|k) = \hat{x}_i(k|k) + K_1(k)[z_1(k) - C_1(k)\hat{x}_i(k|k)] \tag{9.66}$$

$$P_s(k|k) = [I - K_1(k)C_1(k)]P_i(k|k) \tag{9.67}$$

其中

$$\hat{x}_i(k|k) = \hat{x}_s(k|k-1) + K_i(k_i)\left[ z_i\left(\dfrac{k}{n_i}\right) - \bar{C}_i\left(\dfrac{k}{n_i}\right)\hat{x}_s(k|k-1) \right] \tag{9.68}$$

$$P_i(k|k) = \left[ I - K_i(k_i)\bar{C}_i\left(\frac{k}{n_i}\right) \right] P_s(k|k-1) \tag{9.69}$$

$$\hat{x}_s(k|k-1) = A(k)\hat{x}_s(k-1|k-1) \tag{9.70}$$

$$P_s(k|k-1) = A(k)P_s(k-1|k-1)A^{\mathrm{T}}(k) + Q(k) \tag{9.71}$$

$$K_i(k_i) = P_s(k|k-1)\bar{C}_i^{\mathrm{T}}\left(\frac{k}{n_i}\right)\left[\bar{C}_i\left(\frac{k}{n_i}\right)P_s(k|k-1)\bar{C}_i^{\mathrm{T}}\left(\frac{k}{n_i}\right) + R_i\left(\frac{k}{n_i}\right)\right]^{-1} \tag{9.72}$$

$$K_1(k) = P_i(k|k)C_1^{\mathrm{T}}(k)[C_1(k)P_i(k|k)C_1^{\mathrm{T}}(k) + R_1(k)]^{-1} \tag{9.73}$$

(3) 一般来说, 设在时刻 $k = 1, 2, \cdots$, 存在 $j$ 个传感器, 即传感器 $i_1, i_2, \cdots, i_j$ $(2 \leqslant i_1, i_2, \cdots, i_j \leqslant N)$ 满足 $k \bmod n_{i_p} = 0$ $(p = 1, 2, \cdots, j)$, 那么

$$\hat{x}_s(k|k) = x_{i_{1,2,\cdots,j}}(k|k) \tag{9.74}$$

$$P_s(k|k) = P_{i_{1,2,\cdots,j}}(k|k) \tag{9.75}$$

其中, 对 $l = 1, 2, \cdots, j$, 有

$$\begin{aligned} \hat{x}_{i_{1,2,\cdots,l}}(k|k) =& \hat{x}_{i_{1,2,\cdots,(l-1)}}(k|k) + K_{i_l}(k)\left[ z_{i_l}\left(\frac{k}{n_{i_l}}\right) \right. \\ & \left. - \bar{C}_{i_l}\left(\frac{k}{n_{i_l}}\right)\hat{x}_{i_{1,2,\cdots,(l-1)}}(k|k) \right] \end{aligned} \tag{9.76}$$

$$P_{i_{1,2,\cdots,l}}(k|k) = \left[ I - K_{i_l}(k)\bar{C}_{i_l}\left(\frac{k}{n_{i_l}}\right) \right] P_{i_{1,2,\cdots,(l-1)}}(k|k) \tag{9.77}$$

和

$$x_{i_0}(k|k) = \hat{x}_s(k|k-1) = A(k)\hat{x}_s(k-1|k-1) \tag{9.78}$$

$$P_{i_0}(k|k) = P_s(k|k-1) = A(k)P_s(k-1|k-1)A^{\mathrm{T}}(k) + Q(k) \tag{9.79}$$

$$\begin{aligned} K_{i_l}(k) =& P_{i_{1,2,\cdots,(l-1)}}(k|k)\bar{C}_{i_l}^{\mathrm{T}}\left(\frac{k}{n_{i_l}}\right)\left[ \bar{C}_{i_l}\left(\frac{k}{n_{i_l}}\right)P_{i_{1,2,\cdots,(l-1)}}(k|k)\bar{C}_{i_l}^{\mathrm{T}}\left(\frac{k}{n_{i_l}}\right) \right. \\ & \left. + R_{i_l}\left(\frac{k}{n_{i_l}}\right) \right]^{-1} \end{aligned} \tag{9.80}$$

**证明** 不失一般性, 假设在时刻 $k$, 存在 $j$ 个传感器, 即传感器 $i_1, i_2, \cdots, i_j$ $(2 \leqslant i_1, i_2, \cdots, i_j \leqslant N)$, 满足 $k \bmod n_{i_p} = 0 (p = 1, 2, \cdots, j)$, 那么, 由式 (9.58), 有

$$\hat{x}_s(k|k) = E\left\{ x(k)|Z_1^{\left[\frac{k}{n_i}\right]}(i); i = 1, 2, \cdots, N \right\} = \hat{x}_{i_{1,2},\cdots,j}(k|k)$$

$$= E\left\{ x(k)|Z_1^{\left[\frac{k}{n_i}\right]-1}(i), i = 1, 2, \cdots, N; z_{i_p}\left(\frac{k}{n_{i_p}}\right), p = 1, 2, \cdots, j \right\}$$

$$= E\left\{ x(k)|Z_1^{\left[\frac{k}{n_i}\right]-1}(i), i = 1, 2, \cdots, N; z_{i_p}\left(\frac{k}{n_{i_p}}\right), p = 1, 2, \cdots, j-1 \right\}$$

$$\quad + K_{i_j}(k)\tilde{z}_{i_j}\left(\frac{k}{n_{i_j}}\right) \tag{9.81}$$

$$= \hat{x}_{i_{1,2},\cdots,(j-1)}(k|k) + K_{i_j}(k)\tilde{z}_{i_j}\left(\frac{k}{n_{i_j}}\right)$$

由式 (9.56)，有

$$\tilde{z}_{i_j}\left(\frac{k}{n_{i_j}}\right) = z_{i_j}\left(\frac{k}{n_{i_j}}\right) - E\left\{ z_{i_j}\left(\frac{k}{n_{i_j}}\right)|Z_1^{\left[\frac{k}{n_i}\right]-1}(i), i = 1, 2, \cdots, N; z_{i_p}\left(\frac{k}{n_{i_p}}\right), \right.$$

$$\left. p = 1, 2, \cdots, j-1 \right\}$$

$$= z_{i_j}\left(\frac{k}{n_{i_j}}\right) - E\left\{ \bar{C}_{i_j}\left(\frac{k}{n_{i_j}}\right)x(k) + v_{i_j}\left(\frac{k}{n_{i_j}}\right)|Z_1^{\left[\frac{k}{n_i}\right]-1}(i), z_{i_p}\left(\frac{k}{n_{i_p}}\right), \right.$$

$$\left. i = 1, 2, \cdots, N; p = 1, 2, \cdots, j-1 \right\} \tag{9.82}$$

$$= z_{i_j}\left(\frac{k}{n_{i_j}}\right) - \bar{C}_{i_j}\left(\frac{k}{n_{i_j}}\right)x_{i_{1,2},\cdots,(j-1)}(k|k)$$

因此，由式 (9.81) 和式 (9.82)，有

$$\hat{x}_s(k|k) = \hat{x}_{i_{1,2},\cdots,j}(k|k)$$

$$= \hat{x}_{i_{1,2},\cdots,(j-1)}(k|k) + K_{i_j}(k)\left[ z_{i_j}\left(\frac{k}{n_{i_j}}\right) \right. \tag{9.83}$$

$$\left. - \bar{C}_{i_j}\left(\frac{k}{n_{i_j}}\right)\hat{x}_{i_{1,2},\cdots,(j-1)}(k|k) \right]$$

利用正交投影定理，有

$$E\left[ \tilde{x}_{i_{1,2},\cdots,j}(k|k)\hat{x}_{i_{1,2},\cdots,j}^{\mathrm{T}}(k|k) \right] = 0 \tag{9.84}$$

其中

$$\tilde{x}_{i_{1,2},\cdots,j}(k|k) = x(k) - \hat{x}_{i_{1,2},\cdots,j}(k|k) \tag{9.85}$$

将式 (9.83) 代入式 (9.85)，并利用式 (9.56)，有

$$
\begin{aligned}
\tilde{x}_{i_{1,2,\cdots,j}}(k|k) =& x(k) - \hat{x}_{i_{1,2,\cdots,j}}(k|k) \\
=& \tilde{x}_{i_{1,2,\cdots,(j-1)}}(k|k) - K_{i_j}(k)\left[z_{i_j}\left(\frac{k}{n_{i_j}}\right)\right. \\
& \left. - \bar{C}_{i_j}\left(\frac{k}{n_{i_j}}\right)\hat{x}_{i_{1,2,\cdots,(j-1)}}(k|k)\right] \\
=& \tilde{x}_{i_{1,2,\cdots,(j-1)}}(k|k) - K_{i_j}(k)\left[\bar{C}_{i_j}\left(\frac{k}{n_{i_j}}\right)\tilde{x}_{i_{1,2,\cdots,(j-1)}}(k|k)\right. \\
& \left. + v_{i_j}\left(\frac{k}{n_{i_j}}\right)\right]
\end{aligned}
\tag{9.86}
$$

其中

$$
\tilde{x}_{i_{1,2,\cdots,(j-1)}}(k|k) = x(k) - \hat{x}_{i_{1,2,\cdots,(j-1)}}(k|k)
\tag{9.87}
$$

将式 (9.83) 和式 (9.86) 代入式 (9.84)，并利用下式：

$$
E[\tilde{x}_{i_{1,2,\cdots,(j-1)}}(k|k)\hat{x}_{i_{1,2,\cdots,(j-1)}}^{\mathrm{T}}(k|k)] = 0
\tag{9.88}
$$

有

$$
\begin{aligned}
K_{i_j}(k) =& P_{i_{1,2,\cdots,(j-1)}}(k|k)\bar{C}_{i_j}^{\mathrm{T}}\left(\frac{k}{n_{i_j}}\right)\left[\bar{C}_{i_j}\left(\frac{k}{n_{i_j}}\right)P_{i_{1,2,\cdots,(j-1)}}(k|k)\right. \\
& \left. \cdot \bar{C}_{i_j}^{\mathrm{T}}\left(\frac{k}{n_{i_j}}\right) + R_{i_j}\left(\frac{k}{n_{i_j}}\right)\right]^{-1}
\end{aligned}
\tag{9.89}
$$

由式 (9.86)，利用式 (9.89)，可得

$$
\begin{aligned}
P_{i_{1,2,\cdots,j}}(k|k) =& E[\tilde{x}_{i_{1,2,\cdots,j}}(k|k)\tilde{x}_{i_{1,2,\cdots,j}}^{\mathrm{T}}(k|k)] \\
=& P_{i_{1,2,\cdots,(j-1)}}(k|k) - K_{i_j}(k)\bar{C}_{i_j}\left(\frac{k}{n_{i_j}}\right)P_{i_{1,2,\cdots,(j-1)}}(k|k) \\
=& \left[I - K_{i_j}(k)\bar{C}_{i_j}\left(\frac{k}{n_{i_j}}\right)\right]P_{i_{1,2,\cdots,(j-1)}}(k|k)
\end{aligned}
\tag{9.90}
$$

其中

$$
P_{i_{1,2,\cdots,(j-1)}}(k|k) = E[\tilde{x}_{i_{1,2,\cdots,(j-1)}}(k|k)\tilde{x}_{i_{1,2,\cdots,(j-1)}}^{\mathrm{T}}(k|k)]
\tag{9.91}
$$

对于 $l = j-1, j-2, \cdots, 1$，完全类似的方法可得式 (9.76)~ 式 (9.80)。

本节提出的顺序式信息融合状态估计示意图如图 9.3 所示。其中画出的三个传感器的观测速率满足 $S_1 : S_2 = 2 : 1$ 和 $S_1 : S_3 = 3 : 1$，黑色实心和空心方框分别表示观测值和估计值。

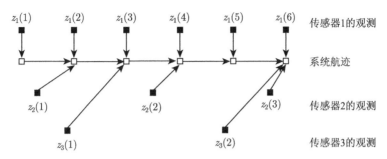

图 9.3　异步多速率传感器顺序式数据融合示意图

由式 (9.77) 可得

$$P_{i_{1,2},\cdots,l}(k|k) = \left[I - K_{i_l}(k)\bar{C}_{i_l}\left(\frac{k}{n_{i_l}}\right)\right] P_{i_{1,2},\cdots,(l-1)}(k|k)$$

$$\leqslant P_{i_{1,2},\cdots,(l-1)}(k|k) \leqslant \cdots \leqslant P_{i_1}(k|k) \qquad (9.92)$$

由于当 $k = 1$ 时, $k \mod n_i = 0 \ (i = 1, 2, \cdots, N)$, 因此由式 (9.92) 和 Kalman 滤波理论可知, 在最小方差意义下, 用本节方法所得到的状态融合估计要优于基于传感器 1 的观测直接 Kalman 滤波的结果。并且, 参与融合的传感器个数越多, 融合估计结果越好。

## 9.5　仿　真　实　例

### 9.5.1　基于联邦 Kalman 滤波的融合估计算法仿真

#### 1. 简单模型仿真

在动态系统式 (9.1) 和式 (9.2) 中, 设最细尺度为 1, 最粗尺度 $N = 3$。对 $k = 1, 2, \cdots$, $A = 0.906$, $C_i(k_i) = 1$, $i=1,2,3$。初始条件为: $x_0 = 10$, $P_0 = 10$。不同传感器之间采样率之比为 $S_1{:}S_2 = 2{:}1$ 和 $S_2{:}S_3 = 3{:}1$, 如图 7.1 所示。

设最细尺度上传感器的采样点为 120, 则 20 次蒙特卡罗仿真的统计结果如表 9.1 所示。其中, 针对 4 组系统/观测误差协方差, 给出了传感器 1(S-1)、传感器 2(S-2)、传感器 3(S-3) 的估计误差绝对值均值, 以及用本章 9.3 节算法融合传感器 1 和 2(S-12)、融合传感器 1、2、3(S-123) 的结果。为了将本章 9.3 节的算法和 Zhang 等的算法[52] 进行比较, 表 9.1 中同时列出了利用 Zhang 等的算法[52] 融合传感器 1 和 2 (Sz-12) 的结果, 其中, 在建模的时候, 利用的是 Haar 小波。

由表 9.1 可以看出, 随着系统和观测误差协方差的增加, 估计误差绝对值均值

表 9.1    估计误差绝对值均值比较

| 数据 | 1 | 2 | 3 | 4 |
|------|------|------|------|------|
| $Q$ | 1.0 | 1.0 | 4.0 | 6.0 |
| $R_1$ | 1.0 | 4.0 | 6.0 | 6.0 |
| $R_2$ | 0.1 | 1.0 | 1.0 | 4.0 |
| $R_3$ | 0.01 | 0.01 | 0.01 | 0.01 |
| S-1 | 0.6035 | 0.9834 | 1.2160 | 1.3067 |
| S-2 | 0.4847 | 0.6911 | 1.0103 | 1.4807 |
| S-3 | 0.7080 | 0.7784 | 1.3127 | 1.5682 |
| S-123 | 0.4169 | 0.5868 | 0.8416 | 1.0838 |
| S-12 | 0.4265 | 0.6456 | 0.9034 | 1.1864 |
| Sz-12 | 0.4523 | 0.6473 | 0.9561 | 1.3057 |

均增加。无论采用哪种融合算法，与基于单传感器的 Kalman 滤波结果相比，融合
得到的估计误差绝对值均值都较小，从而说明融合算法是有效的。比较表 9.1 中的
最后 2 行可以看出，对任何一种情况，利用本章 9.3 节所示算法融合传感器 1 和
2 获得的估计误差绝对值均值均小于利用 Zhang 等的算法[52] 所得的结果，由此说
明本章 9.3 节所示的算法比 Zhang 等的算法更为有效。比较 S-1、S-12、S-123 或
S-2、S-12、S-123 或 S-3、S-12、S-123 可以看出，用本章第 9.3 节算法融合三个传感
器得到的估计结果要优于只融合 2 个传感器的，而融合 2 个传感器的优于利用任
何一个传感器 Kalman 滤波的结果。这和定理 9.3 的结论是一致的。

针对表 9.1 中的第 1 种情况，画出了仿真曲线，如图 9.4~ 图 9.8 所示。其中，
图 9.4 是真实信号和各传感器的观测，其中，(a)~(d) 依次表示原始信号、传感器
1 的观测、传感器 2 的观测和传感器 3 的观测。比较图 9.4(a) 和图 9.4(b) 可以看
出，观测曲线和原始信号相比，存在噪声的干扰。图 9.4(c) 和图 9.4(d) 所示传感器
2 和传感器 3 的采样率分别是传感器 1 的 1/2 和 1/6。

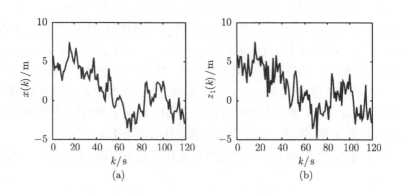

(a)                                                                    (b)

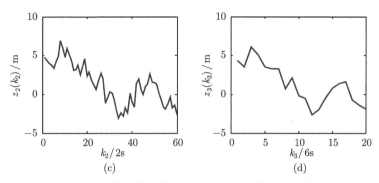

图 9.4　真实信号曲线和 3 个传感器的观测曲线

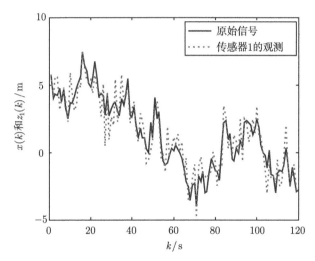

图 9.5　真实信号曲线和第 1 个传感器的观测曲线

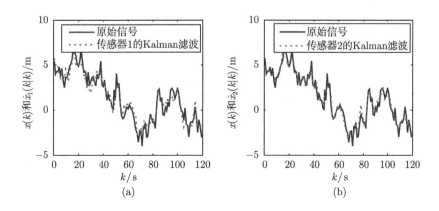

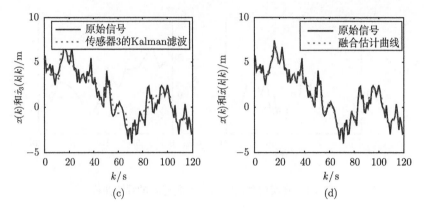

(c)                                    (d)

图 9.6　真实信号曲线、各传感器的 Kalman 滤波估计及融合估计曲线

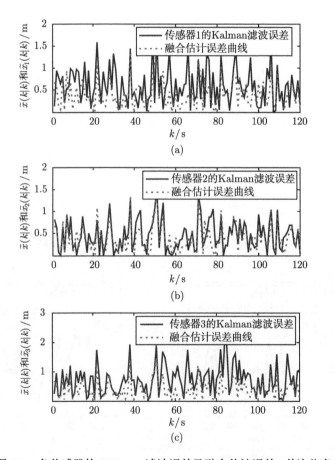

图 9.7　各传感器的 Kalman 滤波误差及融合估计误差: 单次仿真

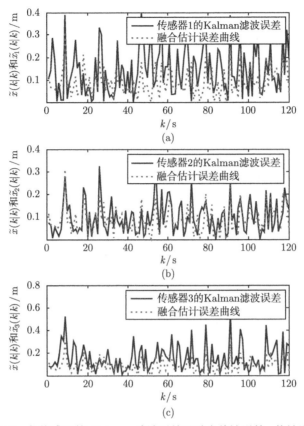

图 9.8　各传感器的 Kalman 滤波误差及融合估计误差: 统计误差

为了更清楚地比较滤波前后的效果, 图 9.5 在一个图上画出了真实信号 (实线) 和传感器 1 的观测 (虚线), 而图 9.6 画出了原始信号以及基于各传感器信息 Kalman 滤波以及用本章 9.3 算法融合三个传感器信息得到的估计曲线。观察图 9.5 可以看出, 与原始信号相比, 观测曲线的噪声污染是显然的。比较图 9.6 中各子图可以看出, 融合估计曲线要比各传感器 Kalman 滤波曲线都更贴近于原始信号曲线。因此, 本章 9.3 节所示数据融合估计算法是有效的。

图 9.7 和图 9.8 分别画出了各传感器估计误差和利用本章 9.3 节所示数据融合算法得到的估计误差情况。其中, 图 9.7 所示为单次估计误差绝对值, 图 9.8 是 20 次仿真的统计误差绝对值。从图 9.7 和图 9.8 可以看出, 融合估计误差曲线要比各传感器 Kalman 滤波误差曲线都更贴近于零。因此, 本章 9.3 节所示数据融合估计算法是有效的。

总之, 本节的仿真表明, 本章 9.3 节所介绍的联邦分布式异步多速率传感器信息融合估计算法是可行且有效的。

## 2. 目标跟踪系统仿真

考虑具有 3 个传感器的某目标跟踪系统[30, 44]

$$x(k+1) = \begin{bmatrix} 1 & T & T^2/2 \\ 0 & 1 & T \\ 0 & 0 & 1 \end{bmatrix} x(k) + w(k) \tag{9.93}$$

$$z_i(k_i) = C_i(k_i)x_i(k_i) + v_i(k_i), \quad i = 1, 2, 3 \tag{9.94}$$

其中,$T$ 表示最高采样率传感器 1 的采样间隔;状态 $x(k) = [s(k) \quad \dot{s}(k) \quad \ddot{s}(k)]^{\mathrm{T}}$, $s(k)$、$\dot{s}(k)$ 和 $\ddot{s}(k)$ 分别表示目标在 $kT$ 时刻的位置、速度和加速度;$z_i(k_i)$ ($i = 1, 2, 3$) 表示 3 个传感器的观测,它们分别观测位置、速度和加速度,即 $C_1(k_i) = [1 \quad 0 \quad 0]$, $C_2(k_i) = [0 \quad 1 \quad 0]$, $C_3(k_i) = [0 \quad 0 \quad 1]$;$v_i(k_i)$ 和 $w(k)$ 分别是观测误差和系统误差,都假设为零均值的高斯白噪声,方差分别为 $R_i$ 和 $Q$。

本节的目的是融合 3 个传感器的观测信息,以获得对目标 $x(k)$ 的最优估计。这里,取 $T = 0.01\mathrm{s}$,$Q = 1$,$R_1 = 20$,$R_2 = 15$,$R_3 = 8$。初始值为 $x_0 = 0$ 和 $P_0 = 0.1I_3$。最细尺度的传感器采样 120 次。

真实的位置信号 (实线) 及传感器 1 的观测 (虚线) 如图 9.9(a) 所示。利用传感器 1 所获得的估计误差曲线 (实线),以及融合 3 个传感器获得的估计误差曲线 (虚线) 如图 9.9(b) 所示。

由图 9.9(a) 可以看出,与原始位置信号相比,观测信号存在比较强的噪声干扰。由图 9.9(b) 可以看出,融合 3 个传感器的信息所获得的估计误差绝对值 (虚线) 小于利用传感器 1 进行 Kalman 滤波得出的结果 (实线),进一步验证本章提出的联邦分布式 Kalman 滤波算法是有效的。

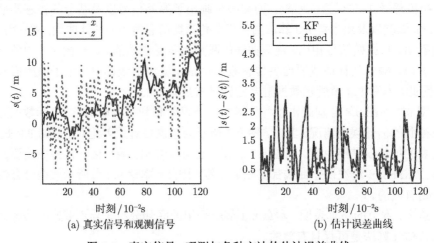

|  |  |
|---|---|
| (a) 真实信号和观测信号 | (b) 估计误差曲线 |

图 9.9　真实信号、观测与各种方法的估计误差曲线

### 9.5.2　顺序式融合估计算法仿真

有三个传感器对同一目标进行观测的某目标跟踪系统可用本章 9.2 节的系统所描述，即

$$x(k+1) = \begin{bmatrix} 1 & T & T^2/2 \\ 0 & 1 & T \\ 0 & 0 & 1 \end{bmatrix} x(k) + w(k) \tag{9.95}$$

$$z_i(k_i) = C_i(k_i)x_i(k_i) + v_i(k_i), \quad i = 1,2,3 \tag{9.96}$$

其中，$T$ 为最细尺度上传感器 1 的采样周期，这里假设 $T = 1$；状态向量为 $x(k) = [s(k)\ \ \dot{s}(k)\ \ \ddot{s}(k)]^{\mathrm{T}}$，$s(k)$、$\dot{s}(k)$ 和 $\ddot{s}(k)$ 分别表示目标状态在 $kT$ 时刻的位置，速度和加速度；$z_i(k_i)$ $(i = 1,2,3)$ 为三个传感器的观测，它们分别观测的是状态向量的位置、速度和加速度；观测矩阵为 $C_1(k_1) = [1\ \ 0\ \ 0]$，$C_2(k_2) = [0\ \ 1\ \ 0]$，$C_3(k_3) = [0\ \ 0\ \ 1]$；观测误差 $v_i(k_i)$ 是零均值的高斯白噪声，其方差为 $R_1(k_1) = 0.01I_3$，$R_2(k_2) = 0.16I_3$，$R_3(k_3) = I_3$；系统误差 $w(k)$ 也是零均值的高斯白噪声，其方差为 $Q(k) = 0.01\mathrm{diag}\{T^4/4, T, 1\}$，并假设系统噪声和观测噪声互不相关；初值为 $x(0) = [10\ \ 0\ \ 0]^{\mathrm{T}}$ 和 $P_0 = I_3$。三个传感器之间的采样率之比为 $S_1{:}S_2 = 2{:}1$ 和 $S_1{:}S_3 = 3{:}1$，其采样点数依次为 150、75 和 50。本节仿真实验的目的在于获得状态 $x(k)$ 的估计并验证本章 9.4 节所示算法的有效性。

为了验证本章所提出算法的有效性，我们用下面四种方法分别对状态 $x(k)$ 进行估计：

(i) 基于传感器 1 的信息 Kalman 滤波；

(ii) 用本章 9.4 节方法融合传感器 1 和 2；

(iii) 用本章 9.4 节方法融合传感器 1 和 3；

(iv) 用本章 9.4 节方法融合传感器 1，2 和 3。

图 9.10 是估计误差协方差的迹，其中，实线所示 Trace(Pe1)、虚线所示 Trace(Pe12)、点画线所示 Trace(Pe13)、点线所示 Trace(Pe123) 分别表示方法 (i)~ (iv) 的仿真结果。

从图 9.10 可以看出，利用本章 9.4 节所示顺序式融合估计算法得到的估计结果优于基于传感器 1 的信息 Kalman 滤波的结果 (实线)，不论是融合 2 个传感器 (虚线和点画线) 还是融合三个传感器 (点线)。从图 9.10 可以看出，融合 3 个传感器得到的估计误差协方差的迹的值小于融合 2 个传感器的，这表明多个传感器可以提供更多的信息，自然得到更好的估计结果，这和直观的想法是一致的。观察图 9.10 可以看出，其中的虚线和点画线比较难以区分大小，这是因为传感器 2 的观测速率高于传感器 3，但是其观测误差却大于传感器 3 的，因此，很难区分融合传

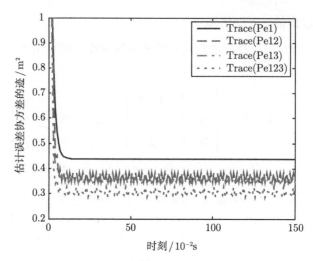

图 9.10　估计误差协方差的迹

感器 1 和 2 的效果和融合传感器 1 和 3 的结果。

利用方法 (i)∼ (iv) 获得的估计误差协方差的迹的平均值, 即 T1、T12、T13 和 T123, 以及利用方法 (i)∼ (iv) 获得的当系统达稳态后估计误差协方差的迹的平均值, 即 Ts1、Ts12、Ts13 和 Ts123, 如表 9.2 所示。其中, 系统稳态值的计算从第 10 个时刻开始。

对应于方法 (i)∼ (iv) 得到的 100 次蒙特卡罗仿真得到的估计误差绝对值的统计平均值, 即 M1、M12、M13 和 M123, 以及系统达稳态后的值, 即 Ms1、Ms12、Ms13 和 Ms123, 如表 9.3 所示。

显然, 由表 9.2 和表 9.3 可知, 本章 9.4 节的算法是有效的, 其中所列数值越小表示相对应的估计越好。

总之, 本节的仿真实验验证了本章 9.4 节算法的可行性和有效性。

表 9.2　估计误差协方差的迹

| T1 | T12 | T13 | T123 | Ts1 | Ts12 | Ts13 | Ts123 |
| --- | --- | --- | --- | --- | --- | --- | --- |
| 0.4566 | 0.3812 | 0.3689 | 0.3190 | 0.4383 | 0.3648 | 0.3530 | 0.3044 |

表 9.3　估计误差绝对值的统计平均值

| M1 | M12 | M13 | M123 | Ms1 | Ms12 | Ms13 | Ms123 |
| --- | --- | --- | --- | --- | --- | --- | --- |
| 0.3568 | 0.3209 | 0.3480 | 0.3012 | 0.3495 | 0.3187 | 0.3382 | 0.2959 |
| 0.2509 | 0.2277 | 0.1896 | 0.1785 | 0.2475 | 0.2276 | 0.1800 | 0.1761 |
| 0.1430 | 0.1358 | 0.1096 | 0.1078 | 0.1432 | 0.1355 | 0.1068 | 0.1056 |

# 9.6　本 章 小 结

　　本章在已知最细尺度的状态方程和各个尺度的观测方程的条件下,研究了基于多速率多传感器线性时变动态系统的异步数据融合状态估计问题,给出了两种有效的状态融合估计算法,即基于联邦 Kalman 滤波的分布式融合估计算法和顺序式融合估计算法,并从理论上证明了算法的有效性。仿真实验同时说明了算法的可行性和有效性。

　　本章提出的两种算法各有其优缺点。基于联邦 Kalman 滤波的数据融合算法的优点在于速率归一化建模。利用该建模方法,可将异步多速率传感器的数据融合问题形式的转化为同步单速率数据的融合问题,从而,现有的大部分数据融合算法都可以拿来使用。本章提出的顺序式融合估计算法的优点主要在于:①方法计算量适当,因为在获得融合估计值的过程中,只利用了 Kalman 滤波和线性更新公式,不存在状态的扩维和复杂矩阵求逆;②用该方法得到的状态估计是方差最小意义下最优的,因为状态增益阵是利用正交定理推得的;③方法易于推广。本章提出的两种数据融合估计算法都可以直接推广用于真实数据的融合。可应用于诸如组合导航、故障诊断、过程容错、状态的监控等实际应用领域,并在增益矩阵部分稍做修改后亦可用于不完全观测数据的融合。

# 第 10 章　异步多速率传感器线性系统的
# 建模与容错融合估计

## 10.1　引　　言

　　网络环境下的数据融合问题是目前的研究热点。由于网络的引入,数据出现了丢包、网络受限、时延、异步、多速率等问题。基于一类线性动态系统和伯努利分布公式,Wang 等研究了最优状态估计问题[133]。当测量数据的丢失服从马尔可夫分布时,基于离散时间线性系统,文献 [88] 和 [184] 研究给出了间歇过程的 Kalman 滤波方法,并且对 Kalman 滤波器的统计收敛性进行了分析。文献 [185] 针对一类具有随机参数矩阵的动态系统,在噪声相关情况下,研究了存在随机丢包数据的递归滤波问题。针对一类线性时不变动态系统,利用峰值协方差,文献 [186] 分析了数据包丢失所造成的滤波退化的估计问题,并分析了具有马尔可夫丢包特性的 Kalman 滤波的稳定性。文献 [123] 研究了网络化数据融合问题,同时考虑了数据包丢失和延迟的情况,在特定条件下,得到了一种最优状态估计。然而,对于所有这些关于不可靠测量的融合估计的研究,都没有考虑不同尺度、不同采样率的多传感器的数据融合估计问题。对于有数据包丢失的传感器网络,在文献 [187] 中,提出了一种有效的多速率分布式融合估计算法,不过,这篇论文也没有考虑异步测量的融合和多尺度观测的情况。在文献 [188] 中,提出了一种有效的异步、多速率传感器系统的状态估计算法,然而,该文没有给出如何判断所获得的观测是否可靠。

　　利用小波变换,人们开始热衷于研究多尺度分析。在不同的尺度表示信号"似乎是一件很自然的事情",原因是:所观测的对象可能具有多尺度特征或多尺度效应;并且,对特定对象的观测可能是在不同的尺度或分辨级上获得的[13]。伴随小波变换和金字塔表示法的发展,多采样率数字滤波和多尺度信号处理获得了快速发展。为了有效地和系统地描述多尺度统计信号处理算法,在 20 世纪 80 年代末期和 90 年代早期,Willsky 等提出了一个新的统计框架,即多尺度系统理论[12, 13, 47]。多尺度系统理论提出了"尺度递归"的概念。在多尺度系统理论中,"尺度扮演一个类似于时间变量的角色",因此,传统意义上的沿着时间递归的算法,在多尺度系统理论中变成沿着尺度进行递归[13]。基于多尺度系统理论框架,来自不同尺度、具有不同分辨级和采样率的观测数据得以进行有机的融合。相关研究成果包括,多分辨率分布式滤波[37],多速、多分辨率、递归 Kalman 滤波[57] 和一些多尺度建模和数据融合算法[14-16,52]，等等。

　　上面提到的多尺度建模和融合的共同理念就是建立多尺度模型，将最细尺度上的状态进行小波分解，分解到不同尺度；进而，将具有不同采样率的传感器的测量 (传感器采样率之间一般是 2 的整数倍关系) 映射到一个二叉树；把数据从粗尺度到细尺度利用小波重构公式进行融合；最后得到最细尺度上的状态估计。然而，这样做有很多问题：第一，像传统的滤波沿时间处理信号，这里沿尺度进行数据融合时，通常将一个尺度的数据分批处理，因此计算量比较大；第二，利用小波分解建立多尺度模型，系统噪声很容易混叠，在较粗的尺度上，噪声常常是相关的；第三，这种方法往往只适用于不同传感器的采样比是 2 的整数倍关系的情况，否则的话，需要用到 M 带小波变换，而 M 带小波远没有二进制小波发展得成熟，用起来也存在许多复杂的问题，这就将多尺度多速率数据融合问题复杂化了。

　　我们的工作集中在状态方程在最细尺度上进行描述，而异步、多速率观测数据在不同尺度进行描述，不同传感器的采样比是整数关系 (或者为有理数) 的数据融合问题研究。受多尺度系统理论的启发，具有不同采样率的不同传感器收集到的数据可映射到一个 $n_i$-叉树，其中 $n_i$ 是一个表示传感器之间采样比的正整数。$i = 1, 2, \cdots, N$ 表示传感器，同时也表示尺度。粗尺度的信号一般用细尺度状态的一个"动态滑动平均"来近似。利用上述思想进行多尺度建模后，我们分别用递归式、分布式和集中式数据融合结构给出了异步多速率数据融合算法[29, 30, 100]。这些算法在前面几章分别进行了介绍。

　　本章在前面工作的基础上，将算法进行进一步优化。在文献 [30] 中，为了得到融合估计结果，需要对状态和测量进行扩维，这涉及大量的计算。在文献 [29] 和 [100] 中，分别给出了一种递归式和一种分布式融合估计算法，然而，这两篇论文中的测量信息没有被最为有效地利用，因此不是最优的。在本章中，我们将重新建立多尺度模型，该模型考虑到了观测数据的采样时刻，基于此模型得到的融合估计算法提高了前几章算法的实时性和精度。

　　另外，本章还考虑了数据包丢失或传感器故障等引起的观测数据不可靠、不准确的问题。 关于数据丢包和传感器故障问题， 虽然已经有了不少的研究成果[88, 123, 133, 184, 186]，然而，关于如何判断接收到的测量是可靠的或是不可靠的，却很少有人给出合理的评价准则。受文献 [148]、[189]、[147] 中可靠性准则的启发，本章提出了一种新的判断观测数据是否可靠的判断方法，并基于该方法，给出了不可靠观测数据的融合方法。本章的状态融合估计算法比前几章的算法具有更好的实用性和鲁棒性，能解决 (但不限于) 网络数据随机丢包情况下的数据融合估计问题。

　　本章安排如下：10.2 节是问题描述；10.3 节提出了基于可靠测量和不可靠测量数据的递推融合状态估计算法；10.4 节对不可靠测量数据的融合估计算法的性能

进行了分析；10.5 节是仿真；10.6 节是本章小结。

## 10.2　问 题 描 述

考虑一类具有多个传感器的线性动态系统。已知最细尺度上的动态模型，以及 $N$ 个传感器的观测方程。$N$ 个传感器在同一时期以不同采样率在多个尺度上观察一个目标。由于网络或噪声的干扰，一些观测信息可能是不可靠的，也可能会随机丢失。假设不同的传感器分别对应于不同的尺度 (也可以相同)，我们使用 $i = 1, 2, \cdots, N$ 来表示传感器以及尺度。具有最高采样率的传感器是在最细尺度上进行观测的，具有最低采样率的传感器是在最粗尺度上进行观测的。尺度和传感器的关系呈降序关系，即传感器 1 具有最高采样率、最细尺度，传感器 $N$ 具有最低的采样率、最粗尺度。传感器 $i$ 的采样周期是传感器 1 的 $n_i$ 倍，即传感器 1 的第 $k$ 个测量结果在时刻 $k$ 获得，传感器 $i$ 的第 $k$ 个测量是在时间 $(n_i(k-1), n_i k]$ 获得的，$i = 2, 3, \cdots, N$。根据上面的假设，传感器 $i = 2, 3, \cdots, N$ 的测量是非均匀采样。

图 10.1 以三个传感器为例，给出了一个异步、多速率采样的例子。如图所示，传感器 1 具有最高的采样率和均匀采样时间 $k$。传感器 2 和 3 的采样率分别是传感器 1 的三分之一和四分之一。$y_2(k)$ 在时间 $(3(k-1), 3k]$ 内进行采样，$y_3(k)$ 在 $(4(k-1), 4k]$ 上进行采样。如本例所示，$y_2(1)$、$y_2(2)$、$y_2(3)$ 和 $y_2(4)$ 分别在时刻 2.5、4.7、7 和 10.4 进行采样；而 $y_3(1)$、$y_3(2)$ 和 $y_3(3)$ 则在时刻 3.4、6.3 和 10 上获取观测。

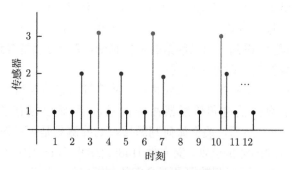

图 10.1　多速率采样示意图

具有 $N$ 个传感器的离散时间线性动态系统可描述为

$$x(k+1) = A(k)x(k) + w(k) \tag{10.1}$$

$$z_i(k_i) = \gamma_i(k_i)[C_i(k_i)x_i(k_i) + v_i(k_i)], \quad i = 1, 2, \cdots, N \tag{10.2}$$

其中，$x(k) \in \mathbb{R}^n$ 是系统在时间 $kT_s$ 时的状态，在最细尺度 1 上进行描述，并假设 $T_s = 1$ 是传感器 1 的采样周期；$A(k) \in \mathbb{R}^{n \times n}$ 是系统矩阵；$w(k)$ 是系统噪声，假设其服从如下高斯分布：

$$\begin{cases} E[w(k)] = 0 \\ E[w(k)w^{\mathrm{T}}(j)] = Q(k)\delta_{kj} \end{cases} \tag{10.3}$$

其中，$Q(k) \geqslant 0$，$\delta_{ij}$ 是克罗尼克 $\delta$ 函数。

$z_i(k_i) \in \mathbb{R}^{m_i}$ 是传感器 $i$ 在时间 $t_i$ 时获取的 $k_i$ 次采样结果。传感器 $i$ 的采样周期是传感器 1 的 $n_i$ 倍，其中 $n_i$ 是正整数。$C_i(k_i) \in \mathbb{R}^{m_i \times n}$ 是测量矩阵。$x_i(k_i)$ 是 $x(k), k \in (n_i(k_i - 1), n_i k_i]$ 从尺度 1 到尺度 $i$ 的粗糙投影。当 $i = 1$ 时，有 $k_1 = k$ 和 $x_1(k_1) = x(k)$。$v_i(k_i)$ 是观测噪声并且假设服从高斯分布：

$$\begin{cases} E[v_i(k_i)] = 0 \\ E[v_i(k_i)v_j^{\mathrm{T}}(k_j)] = R_i(k_i)\delta_{ij}\delta_{k_i k_j} \end{cases} \tag{10.4}$$

初始状态 $x(0)$ 与 $w(k)$ 和 $v_i(k_i)$，$i = 1, 2, \cdots, N$ 相互独立，并且服从如下高斯分布：

$$\begin{cases} E[x(0)] = x_0 \\ E\{[x(0) - x_0][x(0) - x_0]^{\mathrm{T}}\} = P_0 \end{cases} \tag{10.5}$$

$\gamma_i(k_i) \in \mathbb{R}$ 是一个随机变量，以概率为 $\bar{\gamma}_i$ 取值为 1，而取其他值的概率为 $(1 - \bar{\gamma}_i)$。它用来描述数据的随机丢失或测量数据中出现故障点或不可靠点的概率。假设 $\gamma_i(k_i)$ 独立于 $w(k)$、$v_i(k_i)$ 和 $x(0)$，$i = 1, 2, \cdots, N$。

本章的目的是通过顺序使用多个传感器的观测得到对状态 $x(k)$ 的最优估计。

## 10.3　最优状态估计算法

### 10.3.1　异步多速率多传感器系统建模

为了得到状态的最优估计，我们应当首先将 $z_i(k_i)$ 和 $x(k)$ 联系起来。首先，考虑时不变的情况，即对所有 $k = 0, 1, 2, \cdots$，$A(k) = A$。

在文献 [30](本书 9.3 节) 中，$x_i(k_i)$ 是利用 $x(k), k \in (n_i(k_i - 1), n_i k_i]$ 的动态滑动平均得到的，即

$$x_i(k_i) = \frac{1}{n_i} \sum_{l=1}^{n_i} x(n_i(k_i - 1) + l) \tag{10.6}$$

通过将数据分割为长度为 $m$ 的数据块，并将状态和观测进行适当扩维，系统式 (10.1)、式 (10.2) 被改写为单采样率数据融合的形式，然后采用分布式融合结构获得了状态的估计。其中，$m$ 表示 $n_1, n_2, \cdots, n_{N-1}$ 的最小公倍数。

在文献 [29](本书 7.3 节) 中，式 (10.6) 被改进为

$$x_i(k_i) = \frac{1}{n_i} \left( \sum_{m=0}^{n_i-1} A^m \right) x(n_i(k_i-1)+1) \tag{10.7}$$

令 $Z_i^{k_i} = \{z_i(k_1), z_i(k_2), \cdots, z_i(k_i)\}$。那么，当已经获得 $\hat{x}_i(k_i) = E[x_i(k_i)|Z_i^{k_i}]$ 时，我们有 $\hat{x}(n_i(k_i-1)+1) = E\{x(n_i(k_i-1)+1)|Z_i^{k_i}, 1 \leqslant i \leqslant N\}$。相对于文献 [30]，该方法降低了计算复杂度。然而，这两种方法都有一个时间延迟的问题，因为 $z_i(k_i)$ 是在 $(n_i(k_i-1), n_ik]$ 时间内获得的，而 $\hat{x}(n_i(k_i-1)+1)$ 的获取需要用到该观测值。

为了避开时间延迟，在文献 [100](本书第 8 章) 中，模型 (10.6) 被改进为

$$x_i(k_i) = \frac{1}{n_i} \left( \sum_{m=0}^{n_i-1} A^{-m} \right) x(n_ik_i) \tag{10.8}$$

利用式 (10.8)，在得到状态估计时，需要进行"前向"更新。也就是说，$\hat{x}(n_ik_i) = E[x(n_ik_i)|Z_i^{k_i}, 1 \leqslant i \leqslant N]$ 可以被及时地获取，因为观测数据 $z_i(k_i)$ 在时刻 $n_ik_i$ 之前已经获得了。

简单起见，我们把模型 (10.6) 称为"滑动平均模型"，而把模型 (10.7) 和模型 (10.8) 分别称为"后向模型"和"前向模型"。

当时间即时性被关注时，"前向模型"是最有效的。然而，由于传感器的采样是非均匀的，观测 $z_i(k_i)$ 可以在时间段 $(n_i(k_i-1), n_ik_i]$ 中的任何时候得到。尽管我们可以及时地获得 $\hat{x}(n_ik_i)$，$z_i(k_i)$ 在获得之后却可能没有被立即使用。这个问题可以通过对测量加一个时间戳来解决。换句话说，我们知道获取观测 $z_i(k_i)$ 的时刻 $t_i$。假设 $t_i \in (n_i(k_i-1)+j-1, n_i(k_i-1)+j]$，我们可以通过修改"前向模型"和"后向模型"，建立起一个依赖于时间戳的"组合模型"（下文称其为"当前模型"）：

$$x_i(k_i) = \frac{1}{n_i} \left( \sum_{m=0}^{j-1} A^{-m} + \sum_{m=1}^{n_i-j} A^m \right) x(n_i(k_i-1)+j) \tag{10.9}$$

当系统矩阵是时变的时候，式 (10.9) 应改写为

$$x_i(k_i) = A_i(k_i)x(n_i(k_i-1)+j) \tag{10.10}$$

其中

$$A_i(k_i) = \frac{1}{n_i}\left[I + \sum_{m=1}^{j-1}\prod_{l=m}^{j-1} A^{-1}(n_i(k_i-1)+l)\right.$$
$$\left. + \sum_{m=0}^{n_i-j-1}\prod_{l=j+m}^{j} A(n_i(k_i-1)+l)\right] \tag{10.11}$$

基于上述分析, 可得下面的定理。

**定理 10.1**　利用式 (10.11) 和式 (10.10), 系统式 (10.1) 和式 (10.2) 可被改写为

$$x(k+1) = A(k)x(k) + w(k) \tag{10.12}$$
$$z_i(k_i) = \gamma_i(k_i)[\bar{C}_i(k)x(k) + v_i(k_i)], \tag{10.13}$$
$$t_i \in (k-1, k], \quad i = 1, 2, \cdots, N_k; 1 \leqslant N_k \leqslant N$$

其中, $t_i$ 表示获取观测数据 $z_i(k_i)$ 的时刻, 且

$$\bar{C}_i(k) = C_i(k_i)A_i(k_i) \tag{10.14}$$

其中, $A_i(k_i)$ 由式 (10.11) 给出, $j = k - n_i(k_i-1)$。

**证明**　将式 (10.10) 代入式 (10.2) 可得

$$z_i(k_i) = \gamma_i(k_i)[C_i(k_i)A_i(k_i)x(n_i(k_i-1)+j) + v_i(k_i)] \tag{10.15}$$

其中, $z_i(k_i)$ 的采样时刻满足 $t_i \in (n_i(k_i-1)+j-1, n_i(k_i-1)+j], 1 \leqslant j \leqslant n_i$。

令 $n_i(k_i-1)+j = k$, 有

$$z_i(k_i) = \gamma_i(k_i)[\bar{C}_i(k)x(k) + v_i(k_i)] \tag{10.16}$$

其中, $j = k - n_i(k_i-1)$, $(n_i(k_i-1)+j-1, n_i(k_i-1)+j] = (k-1, k]$。从系统描述可知, 在时间段 $(n_i(k_i-1), n_i k_i]$ 内, 有 $N$ 个观测数据被采样。特别的, $z_1(k)$ 是在时刻 $k$ 获得的。

设在时间段 $(k-1, k]$ 上获取的观测数据的个数为 $N_k$, 那么 $1 \leqslant N_k \leqslant N$。

定理证毕。

**注解 10.1**　在上面的模型中, 我们用到了 $A(k)$ 的逆 $A^{-1}(k)$。当 $A(k)$ 不可逆时, 用 $A(k)$ 的 Moore-Penrose 广义逆代替 $A^{-1}(k)$ 即可。

### 10.3.2　无故障情况下的数据融合估计

对 $i = 1, 2, \cdots, N$，记

$$Z_i^k \stackrel{\text{def}}{=} \{z_i(k_i), 0 < t_i \leqslant k\} \tag{10.17}$$

$${}^i Z_k \stackrel{\text{def}}{=} \{z_j(k_j), k - 1 < t_j \leqslant k; j = 1, 2, \cdots, i\} \tag{10.18}$$

$$Z^{k,i} \stackrel{\text{def}}{=} \{z_j(k_j), 0 < t_j \leqslant k; j = 1, 2, \cdots, i\} = \{Z_j^k\}_{j=1}^i = \{{}^i Z_l\}_{l=1}^k \tag{10.19}$$

那么，$Z_i^k$ 表示传感器 $i$ 在包括 $k$ 时刻在内的 $k$ 时刻之前所有的观测；${}^i Z_k$ 表示传感器 $1, 2, \cdots, i$ 在时间段 $(k - 1, k]$ 上的观测；$Z^{k,i}$ 表示传感器 $1, 2, \cdots, i$ 在包括 $k$ 时刻在内的 $k$ 时刻之前所有的观测；而 $Z^{k,N}$ 表示在包括 $k$ 时刻在内的 $k$ 时刻之前所有的观测。

如果 $z_i(k_i)$ 在 $(k - 1, k]$ 上得到，那么基于 $\{Z^{k-1,N}, {}^{i-1} Z_k\}$ 对 $z_i(k_i)$ 的预测值为

$$\begin{aligned}
\hat{z}_i(k_i) &= E[z_i(k_i) | Z^{k-1,N}, {}^{i-1} Z_k] \\
&= E[\bar{C}_i(k)x(k) + v_i(k_i) | Z^{k-1,N}, {}^{i-1} Z_k] \\
&= \bar{C}_i(k)\hat{x}_{i-1}(k|k)
\end{aligned} \tag{10.20}$$

并且残差为

$$\begin{aligned}
\tilde{z}_i(k_i) &= z_i(k_i) - \hat{z}_i(k_i) \\
&= \bar{C}_i(k)x(k) + v_i(k_i) - \bar{C}_i(k)\hat{x}_{i-1}(k|k) \\
&= \bar{C}_i(k)\tilde{x}_{i-1}(k|k) + v_i(k_i)
\end{aligned} \tag{10.21}$$

其中，$\tilde{x}_{i-1}(k|k) = x(k) - \hat{x}_{i-1}(k|k)$。

接下来，我们将首先在所有观测数据无故障、不丢包的情况下，介绍一种顺序式融合估计算法，即假设对所有 $i = 1, 2, \cdots, N$ 和 $k_i = 1, 2, \cdots, \gamma_i(k_i) = 1$。

**定理 10.2**(可靠观测下最优递推融合估计)　对系统式 (10.1) 和式 (10.2)，设已知 $\gamma_i(k_i) = 1$，$i = 1, 2, \cdots, N$，$k_i = 1, 2, \cdots$。若已知最优估计 $\hat{x}(k-1|k-1)$ 及其估计误差协方差矩阵 $P(k-1|k-1)$，那么，当在时间区间 $(k-1, k]$ 内获取到观测数据 $z_i(k_i)$ $(i = 1, 2, \cdots, N_k)$ 之后，利用定理 10.1，状态 $x(k)$ 的最优估计可利用下式递归得到：

$$\begin{cases}
\hat{x}_i(k|k) = \hat{x}_{i-1}(k|k) + K_i(k)[z_i(k_i) - \bar{C}_i(k)\hat{x}_{i-1}(k|k)] \\
P_i(k|k) = P_{i-1}(k|k) - K_i(k)\bar{C}_i(k)P_{i-1}(k|k) \\
K_i(k) = P_{i-1}(k|k)\bar{C}_i^{\mathrm{T}}(k)[\bar{C}_i(k)P_{i-1}(k|k)\bar{C}_i^{\mathrm{T}}(k) + R_i(k)]^{-1}
\end{cases} \tag{10.22}$$

其中，$\bar{C}_i(k)$ 由式 (10.14) 计算，$i = 1, 2, \cdots, N_k$。$\hat{x}_i(k|k)$ 和 $P_i(k|k)$ 表示利用 $k$ 时刻之前的从传感器 1 到传感器 $i$ 的观测值获得的状态 $x(k)$ 的估计和相应的估计误差协方差矩阵。当 $i = N_k$ 时，有 $\hat{x}(k|k) = \hat{x}_{N_k}(k|k)$ 和 $P(k|k) = P_{N_k}(k|k)$，这就是融合了所有传感器观测信息的状态 $x(k)$ 的最优估计。

当 $i = 0$ 时的初始值应该由下式计算：

$$\begin{cases} \hat{x}_0(k|k) = A(k-1)\hat{x}(k-1|k-1) \\ P_0(k|k) = A(k-1)P(k-1|k-1)A^T(k-1) + Q(k-1) \end{cases} \tag{10.23}$$

**证明**　利用投影定理和归纳法证明本定理。

通过投影定理，基于数据 $Z^{k-1,N}$，对 $x(k)$ 的状态预测由下式计算：

$$\hat{x}(k|k-1) = E[x(k)|Z^{k-1,N}] = A(k-1)\hat{x}(k-1|k-1) \tag{10.24}$$

$$P(k|k-1) = E\{[x(k) - \hat{x}(k|k-1)][x(k) - \hat{x}(k|k-1)]^T\}$$
$$= A(k-1)P(k-1|k-1)A^T(k-1) + Q(k-1) \tag{10.25}$$

令 $\hat{x}_0(k|k) = \hat{x}(k|k-1)$，$P_0(k|k) = P(k|k-1)$。假设我们已经获得了 $\hat{x}_{i-1}(k|k)$ 和 $P_{i-1}(k|k)$。下面我们来推导如何获取 $\hat{x}_i(k|k)$ 和 $P_i(k|k)$。

应用投影定理，可得

$$\hat{x}_i(k|k) = E[x(k)|Z^{k-1,N}, {}^iZ_k]$$
$$= E[x(k)|Z^{k-1,N}, {}^{i-1}Z_k, z_i(k_i)]$$
$$= \hat{x}_{i-1}(k|k) + \text{cov}[\tilde{x}_{i-1}(k|k), \tilde{z}_i(k_i)]\text{var}[\tilde{z}_i(k_i)]^{-1}\tilde{z}_i(k_i) \tag{10.26}$$

其中

$$\tilde{z}_i(k_i) = z_i(k_i) - \hat{z}_i(k_i)$$
$$= z_i(k_i) - E[z_i(k)|Z^{k-1,N}, {}^{i-1}Z_k]$$
$$= z_i(k_i) - \bar{C}_i(k)\hat{x}_{i-1}(k|k)$$
$$= \bar{C}_i(k)\tilde{x}_{i-1}(k|k) + v_i(k_i) \tag{10.27}$$

因此

$$\text{cov}[\tilde{x}_{i-1}(k|k), \tilde{z}_i(k_i)] = E[\tilde{x}_{i-1}(k|k)\tilde{z}_i^T(k_i)]$$
$$= E\{\tilde{x}_{i-1}(k|k)[\bar{C}_i(k)\tilde{x}_{i-1}(k|k) + v_i(k_i)]^T\}$$
$$= P_{i-1}(k|k)C_i^T(k) \tag{10.28}$$

$$\begin{aligned}
\text{var}[\tilde{z}_i(k_i)] &= E[\tilde{z}_i(k_i)\tilde{z}_i^{\text{T}}(k_i)] \\
&= E\{[\bar{C}_i(k)\tilde{x}_{i-1}(k|k) + v_i(k_i)][\bar{C}_i(k)\tilde{x}_{i-1}(k|k) + v_i(k_i)]^{\text{T}}\} \\
&= \bar{C}_i(k)P_{i-1}(k|k)\bar{C}_i^{\text{T}}(k) + R_i(k_i)
\end{aligned} \tag{10.29}$$

将式 (10.28)、式 (10.29) 和式 (10.27) 的第三个等式代入式 (10.26) 可得

$$\hat{x}_i(k|k) = \hat{x}_{i-1}(k|k) + K_i(k)[z_i(k_i) - \bar{C}_i(k)\hat{x}_{i-1}(k|k)] \tag{10.30}$$

其中

$$\begin{aligned}
K_i(k) &= \text{cov}[\tilde{x}_{i-1}(k|k), \tilde{z}_i(k_i)]\text{var}[\tilde{z}_i(k_i)]^{-1} \\
&= P_{i-1}(k|k)\bar{C}_i^{\text{T}}(k)[\bar{C}_i(k)P_{i-1}(k|k)\bar{C}_i^{\text{T}}(k) + R_i(k_i)]^{-1}
\end{aligned} \tag{10.31}$$

估计误差协方差为

$$\begin{aligned}
P_i(k|k) &= E[\tilde{x}_i(k|k)\tilde{x}_i^{\text{T}}(k|k)] \\
&= E\{[x(k) - \hat{x}_i(k|k)][x(k) - \hat{x}_i(k|k)]^{\text{T}}\} \\
&= E\{[(I - K_i(k)\bar{C}_i(k))\tilde{x}_{i-1}(k|k) - K_i(k)v_i(k)] \\
&\quad \cdot [(I - K_i(k)\bar{C}_i(k))\tilde{x}_{i-1}(k|k) - K_i(k)v_i(k)]^{\text{T}}\} \\
&= [I - K_i(k)\bar{C}_i(k)]P_{i-1}(k|k)[I - K_i(k)\bar{C}_i(k)^{\text{T}}] \\
&\quad + K_i(k)R_i(k_i)K_i^{\text{T}}(k) \\
&= P_{i-1}(k|k) - K_i(k)\bar{C}_i(k)P_{i-1}(k|k)
\end{aligned} \tag{10.32}$$

其中，我们用到了式 (10.31)。

结合式 (10.30)、式 (10.32) 和式 (10.31)，$i = 1, 2, \cdots, N_k$，可得式 (10.22)。记 $\hat{x}(k|k) = \hat{x}_{N_k}(k|k)$，$P(k|k) = P_{N_k}(k|k)$，则 $\hat{x}(k|k)$ 和 $P(k|k)$ 即为状态 $x(k)$ 的最优融合估计。

对应于图 10.1 的三个传感器的情况，由定理 10.2 给出的状态融合估计算法示意图如图 10.2 所示。其中，箭头表示在获取状态的最优估计时观测值的更新顺序。

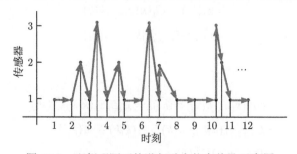

图 10.2 理想观测下的递归融合状态估计示意图

**注解 10.2**　在定理 10.2 中，假设在时间段 $(k-1,k]$ 的采样数据为 $z_i(k_i)$ $(i=1,2,\cdots,N_k)$，并据此给出了最优状态融合估计算法。如果在时间段 $(k-1,k]$，获取的观测数据是 $z_{i_l}(k_{i_l})$ $(l=1,2,\cdots,N_k)$，那么我们应该顺序地利用观测 $z_{i_l}(k_{i_l})$ $(l=1,2,\cdots,N_k)$ 来更新状态的预测 $\hat{x}(k|k-1)$。定理 10.2 中，我们用 $z_i(k_i)$ $(i=1,2,\cdots,N_k)$ 而不是 $z_{i_l}(k_{i_l})$，只是为了书写简便。事实上，从问题描述可知，在任何时刻 $k$，都有观测值 $z_1(k)$ 被采样，因此，在获取状态 $x(k)$ 的最优估计时，总是首先利用 $z_1(k)$ 对预测 $\hat{x}(k|k-1)$ 进行更新，然后才是粗尺度 (低采样率) 的其他传感器的数据。

## 10.3.3　存在不可靠观测情况下的状态容错融合估计算法

从问题描述和方程 (10.21)，可以注意到，$\tilde{z}_i^{\mathrm{T}}(k_i)$ 是高斯分布的，并且具有零均值和协方差 $S_i(k_i)$，即 $\tilde{z}_i^{\mathrm{T}}(k_i) \sim \mathcal{N}(0, S_i(k_i))$，其中 $S_i(k_i)$ 由下式计算：

$$S_i(k_i) = \mathrm{cov}[\tilde{z}_i(k_i)] = \bar{C}_i(k)P_{i-1}(k|k)\bar{C}_i^{\mathrm{T}}(k) + R_i(k_i) \tag{10.33}$$

记

$$\rho_i(k_i) = \tilde{z}_i^{\mathrm{T}}(k_i)S_i^{-1}(k_i)\tilde{z}_i(k_i) \tag{10.34}$$

那么，$\rho_i(k_i) \sim \chi^2(m_i)$ 服从自由度为 $m_i$ 的开方分布，它的均值和方差分别是 $m_i$ 和 $2m_i$，其中，$m_i$ 等于 $z_i(k_i)$ 的维数。

因此，我们可以使用 $\rho_i(k_i)$ 作为一种评估测量 $z_i(k_i)$ 是正常或错误的度量。即在这个假设检验问题中，原假设为：$H_0 : \gamma_i(k_i) = 1$；反面假设为：$H_1 : \gamma_i(k_i) \neq 1$。拒绝域为 $(-\infty, -\chi_\alpha^2(m_i)) \cup (\chi_\alpha^2(m_i), +\infty)$，其中，$\chi_\alpha^2(m_i)$ 是单边开方分布的置信度为 $\alpha$ 的边界值，$1 \leqslant i \leqslant N$。也就是说，如果 $|\rho_i(k_i)| > \chi_\alpha^2(m_i)$，那么以置信度 $1-\alpha$ 认为，$z_i(k_i)$ 是不可靠的，因此在进行融合估计的时候，这个值就将不被采用。相应的，如果 $|\rho_i(k_i)| \leqslant \chi_\alpha^2(m_i)$，那么 $z_i(k_i)$ 将会被认为是可靠的，并且将会被用于状态估计。基于上述分析，我们有下面的定理。

**定理 10.3** (存在不可靠观测情况下的状态融合估计)　对系统式 (10.1) 和式 (10.2)，若已经获得 $\hat{x}(k-1|k-1)$ 和 $P(k-1|k-1)$，那么，若在 $(k-1,k]$ 时间区间中，有观测 $z_i(k_i)$ $(i=1,2,\cdots,N_k)$，那么，状态 $x(k)$ 的融合估计由下式计算：

$$\hat{x}_i(k|k) = \hat{x}_{i-1}(k|k) + K_i(k)[z_i(k_i) - \bar{C}_i(k)\hat{x}_{i-1}(k|k)] \tag{10.35}$$

$$P_i(k|k) = P_{i-1}(k|k) - K_i(k)\bar{C}_i(k)P_{i-1}(k|k) \tag{10.36}$$

$$K_i(k) = \begin{cases} P_{i-1}(k|k)\bar{C}_i^{\mathrm{T}}(k)[\bar{C}_i(k)P_{i-1}(k|k)\bar{C}_i^{\mathrm{T}}(k) + R_i(k)]^{-1}, & |\rho_i(k_i)| \leqslant \chi_\alpha^2(m_i) \\ 0, & |\rho_i(k_i)| > \chi_\alpha^2(m_i) \end{cases}$$

$$(10.37)$$

其中, $\hat{x}_0(k|k)$、$P_0(k|k)$ 由式 (10.23) 计算, $\bar{C}_i(k)$ 由式 (10.14) 计算

$$\rho_i(k_i) = [z_i(k_i) - \bar{C}_i(k)\hat{x}_{i-1}(k|k)]^{\mathrm{T}} S_i^{-1}(k_i)[z_i(k_i) - \bar{C}_i(k)\hat{x}_{i-1}(k|k)] \tag{10.38}$$

$$S_i(k_i) = \bar{C}_i(k)P_{i-1}(k|k)\bar{C}_i^{\mathrm{T}}(k) + R_i(k_i) \tag{10.39}$$

并且 $i = 1, 2, \cdots, N_k$, $j = k - n_i(k_i - 1)$。记 $\hat{x}(k|k) = \hat{x}_{N_k}(k|k)$, $P(k|k) = P_{N_k}(k|k)$, 那么, $\hat{x}(k|k)$ 和 $P(k|k)$ 即状态 $x(k)$ 的最优融合估计。

## 10.4  状态容错融合估计算法的性能分析

在本节中, 我们将分析由定理 10.3 给出的算法的性能。

记检测结果用 $\xi$ 表示, 若 $z_i(k_i)$ 通过假设检验被采用, 那么 $\xi_i(k_i) = 1$; 否则, $\xi_i(k_i) = 0$。我们用 $\beta_1$ 和 $\beta_2$ 来表示两种类型的错误检测概率, 即

$$\begin{cases} P\{\xi_i(k_i) \neq 1 | \gamma_i(k_i) = 1\} = \beta_1 \\ P\{\xi_i(k_i) = 1 | \gamma_i(k_i) \neq 1\} = \beta_2 \end{cases} \tag{10.40}$$

我们将首先分析 $\beta_1 = \beta_2 = 0$ 假设下的融合性能, 然后给出在 $\beta_1$ 和 $\beta_2$ 非零情况下的结果。

**引理 10.1**  通过利用直到 $k-1$ 时刻的观测量, 假设已经获得了状态 $x(k-1)$ 的估计和误差协方差矩阵 $\hat{x}(k-1|k-1)$ 和 $P(k-1|k-1)$。$\hat{x}(k|k)$ 和 $\hat{x}^*(k|k)$ 表示利用 $(k-1, k]$ 中 $N_k$ 和 $N_k^*$ 个观测值对 $\hat{x}(k-1|k-1)$ 进行更新获得的状态 $x(k)$ 的估计值, $P(k|k)$ 和 $P^*(k|k)$ 是相应的误差协方差矩阵。那么, 如果 $N_k^* \geqslant N_k \geqslant 0$, 则有 $P^*(k|k) \leqslant P(k|k)$。

**证明**  利用 Kalman 滤波理论, 这个引理的结论是显而易见的[153, 167]。事实上, 当 $|\rho_i(k_i)| \leqslant \chi_\alpha^2(m_i)$ 时, 把式 (10.37) 代入式 (10.36) 中, 可以得出

$$\begin{aligned} P_i(k|k) &= P_{i-1}(k|k) - P_{i-1}(k|k)\bar{C}_i^{\mathrm{T}}(k)[\bar{C}_i(k)P_{i-1}(k|k)\bar{C}_i^{\mathrm{T}}(k) + R_i(k)]^{-1} \\ &\quad \cdot \bar{C}_i(k)P_{i-1}(k|k) \\ &= P_{i-1}(k|k) - \{[\bar{C}_i(k)P_{i-1}(k|k)\bar{C}_i^{\mathrm{T}}(k) + R_i(k)]^{-1/2}C_i(k)P_{i-1}(k|k)\}^{\mathrm{T}} \\ &\quad \cdot \{[\bar{C}_i(k)P_{i-1}(k|k)\bar{C}_i^{\mathrm{T}}(k) + R_i(k)]^{-1/2}C_i(k)P_{i-1}(k|k)\} \end{aligned} \tag{10.41}$$

由于上述方程的第二项是半正定的, 因此, $P_i(k|k) \leqslant P_{i-1}(k|k)$, 进而有 $P^*(k|k) \leqslant P(k|k)$。

引理 10.1 意味着在最小误差方差意义下，在给定的采样区域参与融合估计的可靠观测值越多，那么得到的融合结果越好。因此，接下来，我们将通过分析单传感器情形的估计性能来分析融合估计的性能。换句话说，如果单传感器的估计误差协方差为有界的，由引理 10.1，融合估计误差协方差矩阵肯定是有界的。下面，我们将分析单传感器的预测误差协方差阵 $P(k|k-1)$，因为引理 10.1 中，在式 (10.41) 中令 $i = 1$，有 $P(k|k) \leqslant P(k|k-1)$。

假设系统式 (10.1) 和式 (10.2) 是时不变的，即 $A(k) = A$，$C_i(k_i) = C_i$，$Q(k) = Q$，$R_i(k_i) = R_i$。并且，记 $C_1 = C$，$R_1 = R$，$\xi_1(k_1) = \xi(k)$，$\gamma_1(k_1) = \gamma(k)$，$\bar{\gamma}_1 = \bar{\gamma}$。我们首先介绍几个关于稳定性证明需要用到的定义，然后基于"随机有界性"和"期望有界"的定义，推导出定理 10.3 所示算法是"随机有界"或"期望有界"的一个充分性条件。

利用定理 10.3，在单传感器情况下，即 $N = 1$ 时，有

$$P(k|k-1) = E\{[x(k) - \hat{x}(k|k-1)][x(k) - \hat{x}(k|k-1)]^{\mathrm{T}}|\{z(l)\}_{0 \leqslant l \leqslant k}\} \qquad (10.42)$$

$$P(k+1|k) = AP(k|k-1)A^{\mathrm{T}} + Q - \xi(k)AP(k|k-1)C^{\mathrm{T}}$$
$$\cdot[CP(k|k-1)C^{\mathrm{T}} + R]^{-1}CP(k|k-1)A^{\mathrm{T}} \qquad (10.43)$$

下面我们将证明，如果 $(A, Q)$ 是稳定的并且 $(A, C)$ 是可检测的，序列 $\{P(k+1|k)\}$ 不发散。由于 $P(k+1|k)$ 与 $\xi$ 有关，我们接下来把它表示成 $P_\xi(k+1|k)$。

**定义 10.1**(随机有界性)[184]　*序列 $\{P_\xi(k|k-1)\}_{k \in \mathbb{Z}_+}$ 是随机有界的 (s.b.)，如果:*

$$\lim_{M \to \infty} \sup_{k \in \mathbb{Z}_+} P\{\|P_\xi(k|k-1)\| > M\} = 0 \qquad (10.44)$$

其中，$\mathbb{Z}_+$ 表示正整数集。

**定义 10.2**(期望有界)[184]　*序列 $\{P_\xi(k|k-1)\}_{k \in \mathbb{Z}_+}$ 是期望有界的 (b.i.m.)，如果存在 $M^{\bar{\xi},P_0}$，使得*

$$\sup_{k \in \mathbb{Z}_+} E[P_\xi(k+1|k)] \leqslant M^{\bar{\xi},P_0} \qquad (10.45)$$

利用文献 [184]，在 $\beta_1$ 和 $\beta_2$ 均为零的情况下，即对任意 $k \geqslant 1$，$\xi = \gamma$ 时，可得系统随机有界和期望有界的充分性条件。当 $\xi = \gamma$ 时，即

$$P_\gamma(k+1|k) = AP_\gamma(k|k-1)A^{\mathrm{T}} + Q - \gamma(k)AP_\gamma(k|k-1)$$
$$\cdot C^{\mathrm{T}}[CP_\gamma(k|k-1)C^{\mathrm{T}} + R]^{-1}CP_\gamma(k|k-1)A^{\mathrm{T}} \qquad (10.46)$$

有下面的引理。

**引理 10.2**[184]　若 $(A, Q^{1/2})$ 是镇定的, $(A, C)$ 可检测, 并且 $A$ 是不稳定的, 则有:

(1) $\{P_\gamma(k|k-1)\}_{k\in\mathbb{Z}_+}$ 是期望有界的, 如果 $\forall P_0 > 0$, $1 - \dfrac{1}{\lambda^2} < \bar\gamma \leqslant 1$, 其中, $\lambda$ 是 $A$ 的最大特征值;

(2) $\{P_\gamma(k|k-1)\}_{k\in\mathbb{Z}_+}$ 是随机有界的, 如果 $\forall P_0 > 0$, $0 < \bar\gamma \leqslant 1$.

利用引理 10.2 和式 (10.40), 可得下面的结果.

**定理 10.4**　若 $(A, Q^{1/2})$ 是镇定的, $(A, C)$ 可检测, $A$ 是不稳定的, 并且 $\beta_1 + \beta_2 < 1$, 则有:

(1) $\{P_\xi(k|k-1)\}_{k\in\mathbb{Z}_+}$ 是期望有界的, 如果 $\forall P_0 > 0$, $\beta_2 \leqslant \bar\xi < \beta_2 + (1 - \beta_1 - \beta_2)/\lambda^2$;

(2) $\{P_\xi(k|k-1)\}_{k\in\mathbb{Z}_+}$ 是随机有界的, 如果 $\forall P_0 > 0$, $\beta_2 \leqslant \bar\xi < (1 - \beta_1)$.

其中, $\lambda$ 是 $A$ 的最大特征值, $\bar\xi = P\{\xi(k) = 1, k = 1, 2, \cdots\}$. $\xi(k)$ 表示对传感器 1 的观测 $z_1(k)$ 的检测结果.

**证明**　由式 (10.40) 可得

$$
\begin{aligned}
\bar\xi &= P\{\xi(k) = 1\} \\
&= P\{\xi(k) = 1|\gamma(k) = 1\}P\{\gamma(k) = 1\} \\
&\quad + P\{\xi(k) = 1|\gamma(k) \neq 1\}P\{\gamma(k) \neq 1\} \\
&= \bar\gamma(1 - \beta_1) + \beta_2(1 - \bar\gamma) \\
&= \bar\gamma(1 - \beta_1 - \beta_2) + \beta_2
\end{aligned} \tag{10.47}
$$

其中, $\bar\gamma = P\{\gamma(k) = 1\}$.

由引理 10.2 和式 (10.43) 可证明该定理. 事实上, 由式 (10.43), 有

$$
\begin{aligned}
P_\xi(k+1|k) &= AP_\xi(k|k-1)A^{\mathrm{T}} + Q - \xi(k)AP_\xi(k|k-1)C^{\mathrm{T}} \\
&\quad \cdot [CP_\xi(k|k-1)C^{\mathrm{T}} + R]^{-1}CP_\xi(k|k-1)A^{\mathrm{T}} \\
&= AP_\xi(k|k-1)A^{\mathrm{T}} + Q - \gamma(k)AP_\xi(k|k-1)C^{\mathrm{T}} \\
&\quad \cdot [CP_\xi(k|k-1)C^{\mathrm{T}} + R]^{-1}CP_\xi(k|k-1)A^{\mathrm{T}} \\
&\quad + (\gamma(k) - \xi(k))AP_\xi(k|k-1)C^{\mathrm{T}}[CP_\xi(k|k-1)C^{\mathrm{T}} + R]^{-1} \\
&\quad \cdot CP_\xi(k|k-1)A^{\mathrm{T}} \\
&\leqslant AP_\xi(k|k-1)A^{\mathrm{T}} + Q + (1 - \gamma(k))AP_\xi(k|k-1) \\
&\quad \cdot C^{\mathrm{T}}[CP_\xi(k|k-1)C^{\mathrm{T}} + R]^{-1}CP_\xi(k|k-1)A^{\mathrm{T}}
\end{aligned} \tag{10.48}
$$

利用引理 10.2, $\{P_\xi(k|k-1)\}_{k\in\mathbb{Z}_+}$ 是期望有界的, 如果

$$1 - \frac{1}{\lambda^2} < 1 - \bar{\gamma} \leqslant 1 \tag{10.49}$$

$\{P_\xi(k|k-1)\}_{k\in\mathbb{Z}_+}$ 是随机有界的, 如果

$$0 < 1 - \bar{\gamma} \leqslant 1 \tag{10.50}$$

由式 (10.47), 有

$$1 - \bar{\gamma} = \frac{1 - \beta_1 - \bar{\xi}}{1 - \beta_1 - \beta_2} \tag{10.51}$$

将式 (10.51) 分别代入式 (10.49) 和式 (10.50), 可得结论。

**定理 10.5**　若 $(A, Q^{1/2})$ 镇定, $(A, C)$ 可检测, 并且 $A$ 是不稳定的, 并假设 $\beta_1 + \beta_2 < 1$, 则有:

(1) $\{P_\xi^*(k|k)\}_{k\in\mathbb{Z}_+}$ 是期望有界的, 如果 $\forall P_0 > 0$, $\beta_2 \leqslant \bar{\xi} < \beta_2 + (1-\beta_1-\beta_2)/\lambda^2$;

(2) $\{P_\xi^*(k|k)\}_{k\in\mathbb{Z}_+}$ 是随机有界的, 如果 $\forall P_0 > 0$, $\beta_2 \leqslant \bar{\xi} < (1-\beta_1)$。

其中, $\lambda$ 是 $A$ 的最大特征值, $\bar{\xi} = P\{\xi(k) = 1, k = 1, 2, \cdots, \}$。$\xi(k)$ 表示对传感器 1 的观测 $z_1(k)$ 进行假设检验的结果, $P_\xi^*(k|k)$ 表示利用定理 10.3 得到的融合估计误差协方差矩阵。

**证明**　根据引理 10.1 和定理 10.4 可得结论。

# 10.5　仿 真 实 例

我们用一个例子来分析所提出的算法的性能。

一个由三个传感器组成进行观测的跟踪系统可由方程式 (10.1) 和式 (10.2) 描述, 其中:

$$A(k) = \begin{bmatrix} 1 & T_s & \dfrac{T_s^2}{2} \\ 0 & 1 & T_s \\ 0 & 0 & 1 \end{bmatrix} \tag{10.52}$$

$$Q(k) := Q = q\Gamma\Gamma^{\mathrm{T}}, \quad \Gamma = \begin{bmatrix} \dfrac{T_s^2}{2} \\ T_s \\ 1 \end{bmatrix} \tag{10.53}$$

其中, $T_s = 0.01\mathrm{s}$ 表示最高采样率传感器的采样周期, $q = 0.01$。

传感器 1、2 和 3 以不同的采样率观察一个单一的目标, 它们的采样率之比为 1:1/3:1/4。测量矩阵为

$$C_1(k_1) := C_1 = \begin{bmatrix} 1 & 0 & 0 \end{bmatrix} \tag{10.54}$$

$$C_2(k_2) := C_2 = \begin{bmatrix} 1 & 0 & 0 \end{bmatrix} \tag{10.55}$$

$$C_3(k_3) := C_3 = \begin{bmatrix} 0 & 1 & 0 \end{bmatrix} \tag{10.56}$$

这意味着传感器 1 和 2 观测位置, 传感器 3 观测速度。

测量噪声协方差由下式给出:

$$R_1(k_1) := R_1 = 0.25 \tag{10.57}$$

$$R_2(k_2) := R_2 = 0.16 \tag{10.58}$$

$$R_3(k_3) := R_3 = 0.01 \tag{10.59}$$

初始条件为

$$x_0 = \begin{bmatrix} 10 \\ 0.5 \\ 0 \end{bmatrix}, \quad P_0 = \begin{bmatrix} 1 & 0 & 0 \\ 0 & 1 & 0 \\ 0 & 0 & 1 \end{bmatrix} \tag{10.60}$$

在下面两种情况下进行仿真。

情况 1: 三个传感器的测量结果都是可靠的, 即不存在不可靠量测或数据丢包的情况。

情况 2: 每个传感器以 0.1 的概率出现不可靠的量测结果。这里, 不可靠的量测由均值为零, 方差为 $R_i$ 的高斯白噪声模拟。在度量观测数据的可靠性时, 取置信度 $\alpha = 0.05$。

与文献 [37] 和文献 [52] 等不同, 这里的观测数据不是由本章建立的模型产生, 而是通过首先产生高采样率的观测之后, 下采样得到不同采样率的观测, 这更符合实际问题。也就是说, 观测由下式产生:

$$z_1(k) = C_1 x(k) + v_1(k), \quad k = 1, 2, \cdots, L_k \tag{10.61}$$

$$z_i(k_i) = C_i x(k_i) + v_i(k_i), \quad k_i = 1, 2, \cdots, \frac{L_k}{n_i}; i = 2, 3 \tag{10.62}$$

其中, $n_2 = 3$, $n_3 = 4$, $k_i$ 是 $(n_i(l-1), n_i l]$ 上的随机整数, 由均匀分布产生, $l = 1, 2, \cdots, \frac{L_k}{n_i}$, $L_k = 300$ 表示要估计的信号 $x$ 的长度。

在本节仿真过程中，除了给出基于定理 10.2 和定理 10.3 的算法的估计曲线之外，还将比较分析由式 (10.62) 产生的实际测量与基于定理 10.1 给出的"混合模型"（"当前模型"）产生的测量之间的误差，以及基于文献 [100] 所示前向模型给出的测量误差情况。

情况 1 的蒙特卡罗仿真结果如图 10.3~图 10.7 和表 10.1 所示。情况 2 的仿真结果如图 10.8~图 10.10 和表 10.2 所示。

图 10.3 所示为真实信号和测量信号，其中 (a)、(b) 和 (c) 中的测量分别表示传感器 1、传感器 2 和传感器 3 的观测结果。其中实线、点线、虚线和点画线分别表示真实信号、实际量测、基于本章定理 10.1 所示"当前模型"产生的量测以及基于文献 [100] 所示前向模型产生的量测。可以看出，测量被噪声所污染，通过模型产生的量测和实际测量相比，没有显著差异。

为了进一步分析文献 [100] 所示前向模型和本章定理 10.1 所示"当前模型"在模拟实际观测时的准确程度，我们在图 10.4 和图 10.5 中画出了模型误差，即基于模型模拟产生的量测与根据式 (10.61) 和式 (10.62) 所产生的实际量测之间的差异。其中，图 10.4 表示单次运行误差，图 10.5 表示 30 次蒙特卡罗仿真的统计误差情况。

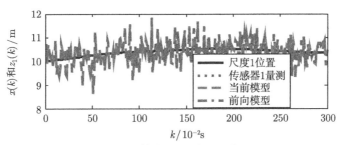

(a) 传感器1: 尺度1上的位置

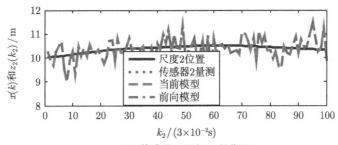

(b) 传感器2: 尺度2上的位置

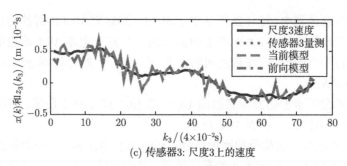

(c) 传感器3: 尺度3上的速度

图 10.3　真实信号与可靠的量测

图 10.4 和图 10.5 中, 实线和虚线所示分别为当前模型误差和前向模型误差。从图 10.4 和图 10.5 可以看出, 模型误差是非常小的。例如, 统计平均误差在 $10^{-2}$ 数量级。比较虚线和实线, 实线更接近于零, 这意味着当前模型在模拟实际测量方面比前向模型更准确。

图 10.6 和图 10.7 所示为情况 1 下不同算法获得的状态估计曲线与均方根误差曲线。

图 10.6 所示为单次运行结果, 其中, 实线、点线、虚线和点画线分别表示实际信号、本章定理 10.2 算法获得的估计 (PMPA)、文献 [100] 所示前向模型和分布式融合估计 (FMDF) 算法得到的估计, 以及利用传感器 1 的数据 Kalman 滤波 (KF) 所得状态估计。子图 (a) 和 (b) 分别显示位置和速度的估计结果。从图 10.6 可以看出, 与 Kalman 滤波结果相比, 无论是 PMPA 算法还是 FMDF 算法都具有更好的状态估计结果。

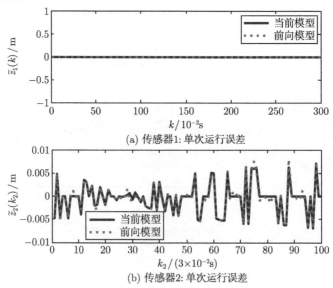

(a) 传感器1: 单次运行误差

(b) 传感器2: 单次运行误差

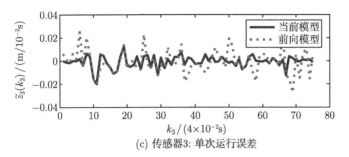

(c) 传感器3: 单次运行误差

图 10.4　单次运行得到的测量模型误差

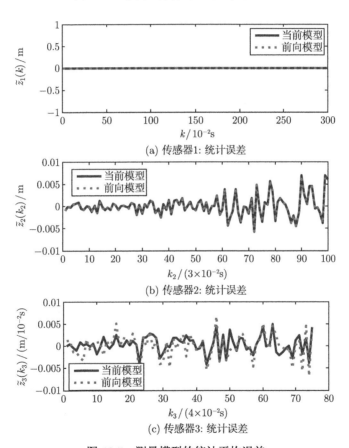

(a) 传感器1: 统计误差

(b) 传感器2: 统计误差

(c) 传感器3: 统计误差

图 10.5　测量模型的统计平均误差

　　图 10.7 所示为 30 次蒙特卡罗仿真获得的不同算法的均方根误差的统计曲线，其中实线、点线和虚线分别表示基于 PMPA 算法、FMDF 算法进行融合估计，以及利用 KF 传感器 1 的结果。从图 10.7 可以看出，实线更接近于零，其次是点线，然后是虚线。这表明，PMPA 算法是最有效的，其次是 FMDF 算法，最后是 KF 算法。

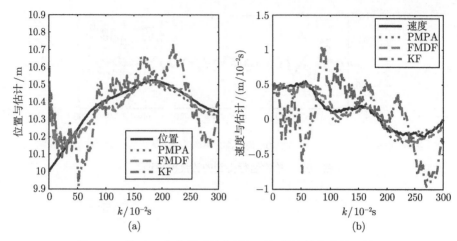

图 10.6 情况 1 仿真得到的信号与不同算法的状态估计结果

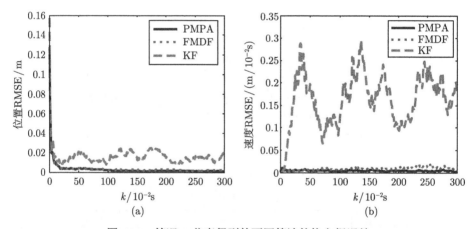

图 10.7 情况 1 仿真得到的不同算法的均方根误差

表 10.1 情况 1 仿真得到的位置、速度和加速度的均方根误差的时间平均

| 算法 | PMPA | FMDF | KF |
|---|---|---|---|
| 位置/m | 0.0032 | 0.0039 | 0.0162 |
| 速度/(m/10$^{-2}$s) | 0.0043 | 0.0089 | 0.1643 |
| 加速度/(m/10$^{-4}$s$^2$) | 0.1326 | 0.2238 | 0.6201 |

表 10.1 列出了情况 1 下的位置、速度和加速度的均方根误差的时间平均值。从表 10.1 可以得出与图 10.7 同样的结论。

图 10.8~图 10.10 和表 10.2 所示为情况 2 的仿真结果。其中，每个传感器出现不可靠的测量结果的概率为 0.1。

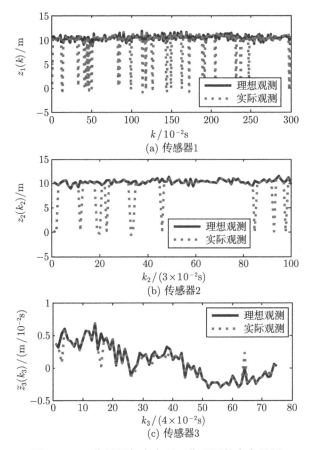

图 10.8　可靠量测与存在不可靠观测的真实量测

图 10.8 分别用点线、实线画出了单次仿真运行的真实测量 (存在不可靠量测) 和理想测量 (不存在不可靠量测) 曲线。可以看出，真实测量存在明显的随机数据丢失或故障情况。

表 10.2 列出了情况 2 仿真得到的位置、速度和加速度的均方根误差的时间平均，其中位置、速度、加速度单位分别为 m、$m/10^{-2}s$、$m/10^{-4}s^2$，"不检测"和"有检测"分别表示没有进行可靠性检测和进行了可靠性检测后利用 PMPA 算法、FMDF 算法和 KF 算法的仿真结果。从表 10.2 可以得出，无论是否进行可靠性检测，PMPA 算法和 FMDF 算法都优于单传感器 Kalman 滤波的估计结果。在都不进行可靠性检测时，FMDF 算法略优于 PMPA 算法。观察表 10.2 "有检测"一栏，可以看到：在增加了观测数据的可靠性检测步骤后，本章提出的 PMPA 算法是最有效的，其次是 FMDF 算法，最后是 KF 算法。

图 10.9 分别用实线、点线、虚线和点画线显示了真实信号、利用本章 PMPA

表 10.2    情况 2 仿真得到的位置、速度和加速度的均方根误差的时间平均

| 算法 | PMPA | FMDF | KF |
|------|------|------|------|
| | 1.4631 | 1.5040 | 1.8342 |
| 不检测 | 0.0948 | 0.0757 | 4.2669 |
| | 1.2291 | 0.5114 | 6.5016 |
| | 0.0047 | 0.0058 | 0.0210 |
| 有检测 | 0.0138 | 0.0312 | 0.1911 |
| | 0.2081 | 0.2953 | 0.6619 |

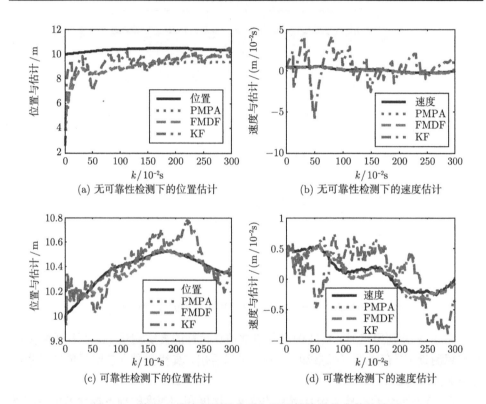

(a) 无可靠性检测下的位置估计    (b) 无可靠性检测下的速度估计

(c) 可靠性检测下的位置估计    (d) 可靠性检测下的速度估计

图 10.9    情况 2 仿真得到的信号与不同算法的状态估计结果

算法 (定理 10.1 和定理 10.3) 融合三个传感器、利用 FMDF 算法融合三个传感器，以及对传感器 1 进行 KF 算法的估计曲线。其中，(a) 和 (b) 的状态估计是通过直接使用观测数据，而没有使用可靠性度量检测的相应算法得到的估计结果；(c) 和 (d) 中所示的状态估计用进行了可靠性度量检测的改进算法得到的。对于 PMPA 算法和 KF 算法，可靠性检测方法用的是定理 10.3 中给出的方法。而对于 FMDF 算法，在进行可靠性检测时，使用的是文献 [100] 中提出的方法。比较图 10.9 中的 (c) 与 (a) 和 (d) 与 (b)，我们可以看到：加有可靠性度量检测之后得到的相应的状

态估计比没有进行可靠性检测而直接利用观测数据进行状态估计的结果要好。

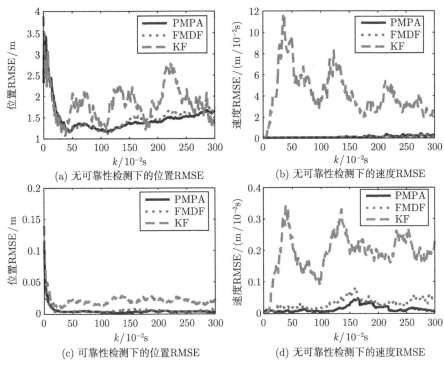

(a) 无可靠性检测下的位置RMSE　　　　　(b) 无可靠性检测下的速度RMSE

(c) 可靠性检测下的位置RMSE　　　　　(d) 无可靠性检测下的速度RMSE

图 10.10　情况 2 仿真得到的不同算法的均方根误差

图 10.10 显示了情况 2 中不同算法的均方根误差,图中结果是通过 30 次蒙特卡罗仿真得出的。其中,实线、点线和虚线分别表示利用 PMPA 算法融合的结果、利用 FMDF 算法融合的结果,以及对传感器 1 进行 KF 算法的结果。显然,实线最接近于零,其次是点线,然后是虚线。这表明 PMPA 算法是最有效的,其次是 FMDF 算法,最后是 KF 算法。比较图 10.10 中 (c) 与 (a) 和 (d) 与 (b) 可以看到:加有可靠性度量检测的均方根误差比没有可靠性检测的均方根误差要小得多,这表明我们的算法是最有效的。

综上,本节的仿真验证了本章所提出算法的有效性。

## 10.6　本 章 小 结

在观测数据存在随机丢包或不可靠情况下,本章研究了异步、多速率传感器数据的最优状态估计问题。基于测量残差,构造可信性度量。通过理论证明和仿真,得出以下结论:

(1) 本章提出的判断观测数据为可靠的可信性度量是有效的;

(2) 本章提出的递归数据融合算法是有效的;

(3) 本章提出的多尺度模型优于文献 [100] 中所示的前向模型，主要原因在于利用本章提出的模型的观测数据可以被更充分地利用;

(4) 本章提出的多尺度模型优于文献 [29] 所示的后向模型，原因是利用本章提出的模型的观测数据可以被更及时地利用。

当动态系统是时不变的，并且当 $(A, Q^{1/2})$ 稳定、$(A, C)$ 可观、$A$ 是不稳定的条件下，我们证明了:

(1) 当传感器 1 中可靠数据的比率 (即最高采样率的传感器) 大于 $\beta_2$ 并且小于 $1 - \beta_1$ 时，所得状态估计是随机有界的。其中 $\beta_1$ 和 $\beta_2$ 分别表示拒绝可靠测量和接受不可靠测量的概率。

(2) 当传感器 1 中可靠数据的比率大于 $\beta_2$ 并且小于 $\beta_2 + (1 - \beta_1 - \beta_2)/\lambda^2$ 时，所得状态估计误差协方差矩阵的期望是有界的。其中，$\lambda$ 是系统矩阵的最大特征值。

本章提出的算法在许多领域具有潜在应用价值，如故障检测、目标跟踪和通信等领域。

# 第11章　相关噪声环境下的多传感器数据融合

## 11.1　引　言

前面几章在噪声不相关环境下, 基于时不变或时变模型, 对多传感器动态系统的融合估计算法加以研究, 给出了有效的状态估计公式。在实际应用中, 在相同环境中针对同一目标进行跟踪的多传感器系统噪声往往是相关的。系统噪声和观测噪声之间也是相关的。本章和接下来两章将介绍噪声相关情况下的数据融合算法。本章将研究不同传感器以相同采样率获取数据情况下的最优集中式、最优顺序式和最优分布式融合算法。

## 11.2　问题描述

考虑如下一类线性动态系统:

$$x(k+1) = A(k)x(k) + w(k), \quad k = 0, 1, \cdots \tag{11.1}$$

$$z_i(k) = C_i(k)x(k) + v_i(k), \quad i = 1, 2, \cdots, N \tag{11.2}$$

其中, $x(k) \in \mathbb{R}^n$ 是系统状态; $A(k) \in \mathbb{R}^{n \times n}$ 表示系统转移矩阵; $w(k)$ 是系统噪声, 假设其均值为零, 方差阵为 $Q(k)$; $z_i(k) \in \mathbb{R}^{m_i}$ 是传感器 $i$ 在 $k$ 时刻的观测; $C_i(k) \in \mathbb{R}^{m_i \times n}$ 是观测矩阵; $v_i(k)$ 是观测噪声。假设观测噪声 $v_i(k)$ 是零均值高斯白噪声, 当 $i \neq j$ 时, 对 $k, l = 1, 2, \cdots$, 有

$$E[v_i(k)v_j^{\mathrm{T}}(l)] = R_{ij}(k)\delta_{kl} \tag{11.3}$$

$$E[w(k-1)v_i^{\mathrm{T}}(k)] = S_i(k) \tag{11.4}$$

其中, $\delta_{kl}$ 表示克罗尼克 $\delta$ 函数。从上面的描述可以看出, 在同一时刻不同传感器噪声之间是相关的; 每个时刻的观测噪声都和上一步的系统噪声相关。简单起见, 对任意 $i = 1, 2, \cdots, N$, 记 $R_i(k) := R_{ii}(k) > 0$。

初始状态 $x(0)$ 统计独立于系统噪声 $w(k)$ 和观测噪声 $v_i(k)$, $k = 1, 2, \cdots, i = 1, 2, \cdots, N$。同时, 假设初始状态 $x(0)$ 服从高斯分布, 均值为 $x_0$, 方差阵为 $P_0$。

本章将在上述问题描述下, 迭代给出状态 $x(k)$ 的最优集中式融合、最优顺序式融合和最优分布式融合估计结果。

# 11.3　最优融合算法

## 11.3.1　最优集中式融合

说到数据融合，最直观的一个方法是将所有传感器的信息收集起来，进行集中式融合。在噪声相关环境下的最优集中式融合 (OBF) 算法如下。

**定理 11.1**(最优集中式融合算法)　基于系统式 (11.1) 和式 (11.2) 的最优集中式融合算法可由下式计算[167, 190, 191]：

$$\begin{cases} \hat{x}_b(k|k) = \hat{x}_b(k|k-1) + K_b(k)[z(k) - C(k)\hat{x}_b(k|k-1)] \\ P_b(k|k) = P_b(k|k-1) - K_b(k)[S^{\mathrm{T}}(k) + C(k)P_b(k|k-1)] \\ \hat{x}_b(k|k-1) = A(k-1)\hat{x}_b(k-1|k-1) \\ P_b(k|k-1) = A(k-1)P_b(k-1|k-1)A^{\mathrm{T}}(k-1) + Q(k-1) \\ K_b(k) = [P_b(k|k-1)C^{\mathrm{T}}(k) + S(k)][C(k)P_b(k|k-1)C^{\mathrm{T}}(k) \\ \qquad\qquad + R(k) + C(k)S(k) + S^{\mathrm{T}}(k)C^{\mathrm{T}}(k)]^{-1} \end{cases} \tag{11.5}$$

其中，下标 $b$ 代表集中式融合 (batch fusion)。公式中，

$$z(k) = \begin{bmatrix} z_1^{\mathrm{T}}(k) & z_2^{\mathrm{T}}(k) & \cdots & z_N^{\mathrm{T}}(k) \end{bmatrix}^{\mathrm{T}} \tag{11.6}$$

$$C(k) = \begin{bmatrix} C_1^{\mathrm{T}}(k) & C_2^{\mathrm{T}}(k) & \cdots & C_N^{\mathrm{T}}(k) \end{bmatrix}^{\mathrm{T}} \tag{11.7}$$

$$R(k) = \begin{bmatrix} R_{11}(k) & R_{12}(k) & \cdots & R_{1N}(k) \\ R_{21}(k) & R_{22}(k) & \cdots & R_{2N}(k) \\ \vdots & \vdots & & \vdots \\ R_{N1}(k) & R_{N2}(k) & \cdots & R_{NN}(k) \end{bmatrix} \tag{11.8}$$

$$S(k) = \begin{bmatrix} S_1(k) & S_2(k) & \cdots & S_N(k) \end{bmatrix} \tag{11.9}$$

由式 (11.5) 可以看出，在获取最优估计时，最优集中式预测 $\hat{x}_b(k|k-1)$ 和 $P_b(k|k-1)$ 以及状态估计更新公式 $\hat{x}_b(k|k)$ 和噪声无关情况下的 Kalman 滤波公式具有相同的形式。不同之处仅在于：噪声无关情况下 $R(k)$ 是对角矩阵，其非对角部分全是零；而噪声相关情况下 $R_{ij}(k) \neq 0$。除此之外，增益矩阵 $K_b(k)$ 的计算和噪声无关情况下相比，多了系统噪声和观测噪声相关性矩阵 $S(k)$。在噪声无关情况下，$S(k) = 0$，并且对任意 $i, j = 1, 2, \cdots, N$ 和 $k = 1, 2, \cdots$，所有 $R_{ij}(k) = 0$，此时，定理 11.1 给出的算法退化为经典的 Kalman 滤波公式。

## 11.3.2　最优顺序式融合

集中式融合形式简单，然而由于需要对观测和相关矩阵进行扩维，计算复杂

度高, 且鲁棒性较差。为此, 下面我们将推导出噪声相关环境下的最优顺序式融合 (OSF) 算法。对系统式 (11.1) 和式 (11.2), 有如下定理。

**定理 11.2**(最优顺序式融合算法)　基于系统式 (11.1) 和式 (11.2), 若已经推导出 $k-1$ 时刻的最优顺序式融合估计 $\hat{x}_s(k-1|k-1)$ 和融合估计误差方差阵 $P_s(k-1|k-1)$, 那么 $k$ 时刻融合传感器 $1, 2, \cdots, i$ 的最优顺序式融合估计由下式计算:

$$
\begin{cases}
\hat{x}_i(k|k) = \hat{x}_{i-1}(k|k) + K_i(k)[z_i(k) - C_i(k)\hat{x}_{i-1}(k|k)] \\
P_i(k|k) = P_{i-1}(k|k) - K_i(k)[\Delta_{i-1}^{\mathrm{T}}(k) + C_i(k)P_{i-1}(k|k)] \\
K_i(k) = [P_{i-1}(k|k)C_i^{\mathrm{T}}(k) + \Delta_{i-1}(k)][C_i(k)P_{i-1}(k|k)C_i^{\mathrm{T}}(k) \\
\qquad\quad + R_i(k) + C_i(k)\Delta_{i-1}(k) + \Delta_{i-1}^{\mathrm{T}}(k)C_i^{\mathrm{T}}(k)]^{-1} \\
\Delta_i(k) = \prod_1^{p=i}[I - K_p(k)C_p(k)]S_{i+1}(k) - K_i(k)R_{i,i+1}(k) \\
\qquad\quad - \sum_{q=2}^{i}\prod_q^{p=i}[I - K_p(k)C_p(k)]K_{q-1}(k)R_{q-1,i+1}(k)
\end{cases}
\tag{11.10}
$$

其中, $\prod\limits_q^{p=i} D_p = D_i D_{i-1} \cdots D_q$ 表示从指标 $i$ 到 $q$ 的 $(i-q+1)$ 项矩阵依次相乘的乘积。初始估计结果由下式计算:

$$
\begin{cases}
\hat{x}_0(k|k) = A(k-1)\hat{x}(k-1|k-1) \\
P_0(k|k) = A(k-1)P(k-1|k-1)A^{\mathrm{T}}(k-1) + Q(k-1) \\
\Delta_0(k) = S_1(k)
\end{cases}
\tag{11.11}
$$

当 $i = N$ 时, 可得 $k$ 时刻状态 $x(k)$ 的最优顺序式融合估计:

$$
\hat{x}_s(k|k) = \hat{x}_N(k|k)
\tag{11.12}
$$

$$
P_s(k|k) = P_N(k|k)
\tag{11.13}
$$

**证明**　对任意 $i = 1, 2, \cdots, N$, 令

$$
Z_i(k) \stackrel{\text{def}}{=} \{z_i(1), z_i(2), \cdots, z_i(k)\}
\tag{11.14}
$$

$$
Z_1^i(k) \stackrel{\text{def}}{=} \{z_1(k), z_2(k), \cdots, z_i(k)\}
\tag{11.15}
$$

$$
\bar{Z}_1^i(k) \stackrel{\text{def}}{=} \{Z_1^i(l)\}_{l=1}^k
\tag{11.16}
$$

其中, $Z_i(k)$ 表示传感器 $i$ 在 $k$ 时刻之前 (包括 $k$ 时刻) 的所有观测数据集; $Z_1^i(k)$ 是 $k$ 时刻传感器 $1, 2, \cdots, i$ 的观测数据集; $\bar{Z}_1^i(k)$ 表示传感器 $1, 2, \cdots, i$ 在 $k$ 时刻

之前 (包括 $k$ 时刻) 的所有观测数据集; $\bar{Z}_1^N(k)$ 表示所有传感器在 $k$ 时刻之前 (包括 $k$ 时刻) 的所有观测数据集。

利用投影定理, 基于 $k-1$ 时刻之前 (包括 $k$ 时刻) 的所有观测数据集 $z_i(l)(i=1,2,\cdots,N; l=1,2,\cdots,k-1)$ 对状态 $x(k)$ 进行估计的最优预测由下式计算:

$$\hat{x}(k|k-1) = A(k-1)\hat{x}(k-1|k-1) \tag{11.17}$$

$$P(k|k-1) = A(k-1)P(k-1|k-1)A^{\mathrm{T}}(k-1) + Q(k-1) \tag{11.18}$$

记 $\hat{x}_0(k|k) = \hat{x}(k|k-1)$, $P_0(k|k) = P(k|k-1)$。不失一般性, 设在每一个时刻观测数据的处理顺序是 $i=1,2,\cdots,N$, 并记

$$\hat{x}_i(k|k) = E[x(k)|\bar{Z}_1^N(k-1), Z_1^i(k)] \tag{11.19}$$

那么, 利用投影定理, 有

$$
\begin{aligned}
\hat{x}_i(k|k) &= E[x(k)|\bar{Z}_1^N(k-1), Z_1^{i-1}(k), z_i(k)] \\
&= \hat{x}_{i-1}(k|k) + \mathrm{cov}[\tilde{x}_{i-1}(k|k), \tilde{z}_i(k)]\mathrm{var}[\tilde{z}_i(k)]^{-1}\tilde{z}_i(k) \\
&= \hat{x}_{i-1}(k|k) + K_i(k)\tilde{z}_i(k)
\end{aligned}
\tag{11.20}
$$

其中

$$
\begin{aligned}
\tilde{z}_i(k) &= z_i(k) - \hat{z}_i(k) \\
&= z_i(k) - E[z_i(k)|\bar{Z}_1^N(k-1), Z_1^{i-1}(k)] \\
&= z_i(k) - C_i(k)\hat{x}_{i-1}(k|k) \\
&= C_i(k)\tilde{x}_{i-1}(k|k) + v_i(k)
\end{aligned}
\tag{11.21}
$$

将式 (11.21) 的第三个等式代入式 (11.20) 可得

$$\hat{x}_i(k|k) = \hat{x}_{i-1}(k|k) + K_i(k)[z_i(k) - C_i(k)\hat{x}_{i-1}(k|k)] \tag{11.22}$$

其中

$$
\begin{aligned}
K_i(k) &= \mathrm{cov}[\tilde{x}_{i-1}(k|k), \tilde{z}_i(k)]\mathrm{var}[\tilde{z}_i(k)]^{-1} \\
&= E[\tilde{x}_{i-1}(k|k)\tilde{z}_i^{\mathrm{T}}(k)]\left(E[\tilde{z}_i(k)\tilde{z}_i^{\mathrm{T}}(k)]\right)^{-1} \\
&= [P_{i-1}(k|k)C_i^{\mathrm{T}}(k) + \Delta_{i-1}(k)][C_i(k)P_{i-1}(k|k)C_i^{\mathrm{T}}(k) + R_i(k) \\
&\quad + C_i(k)\Delta_{i-1}(k) + \Delta_{i-1}^{\mathrm{T}}(k)C_i^{\mathrm{T}}(k)]^{-1}
\end{aligned}
\tag{11.23}
$$

$$
\begin{aligned}
\Delta_{i-1}(k) &= E[\tilde{x}_{i-1}(k|k)v_i^{\mathrm{T}}(k)] \\
&= E\{[x(k) - \hat{x}_{i-1}(k|k)]v_i^{\mathrm{T}}(k)\} \\
&= [I - K_{i-1}(k)C_{i-1}(k)]E[\tilde{x}_{i-2}(k|k)v_i^{\mathrm{T}}(k)] - K_{i-1}(k)E[v_{i-1}(k)v_i^{\mathrm{T}}(k)] \\
&= \prod_1^{p=i-1}[I - K_p(k)C_p(k)]S_i(k) - \sum_{q=2}^{i-1}\prod_q^{p=i-1}[I - K_p(k)C_p(k)] \\
&\quad \cdot K_{q-1}(k)R_{q-1,i}(k) - K_{i-1}(k)R_{i-1,i}(k)
\end{aligned}
\tag{11.24}
$$

其中，$\displaystyle\prod_q^{p=i-1} D_p = D_{i-1}D_{i-2}\cdots D_q$。

估计误差方差阵为

$$
\begin{aligned}
P_i(k|k) &= E[\tilde{x}_i(k|k)\tilde{x}_i^{\mathrm{T}}(k|k)] \\
&= E\{[(I - K_i(k)C_i(k))\tilde{x}_{i-1}(k|k) - K_i(k)v_i(k)] \\
&\quad \cdot [(I - K_i(k)C_i(k))\tilde{x}_{i-1}(k|k) - K_i(k)v_i(k)]^{\mathrm{T}}\} \\
&= [I - K_i(k)C_i(k)]P_{i-1}(k|k)[I - K_i(k)C_i(k)]^{\mathrm{T}} \\
&\quad + K_i(k)R_i(k)K_i^{\mathrm{T}}(k) - [I - K_i(k)C_i(k)]\Delta_{i-1}(k)K_i^{\mathrm{T}}(k) \\
&\quad - K_i(k)\Delta_{i-1}^{\mathrm{T}}(k)[I - K_i(k)C_i(k)]^{\mathrm{T}} \\
&= P_{i-1}(k|k) - K_i(k)[C_i(k)P_{i-1}(k|k) + \Delta_{i-1}^{\mathrm{T}}(k)]
\end{aligned}
\tag{11.25}
$$

综上，当 $i = N$ 时，可得最优顺序式融合估计结果 $\hat{x}_s(k|k) = \hat{x}_N(k|k)$, $P_s(k|k) = P_N(k|k)$, $k = 1, 2, \cdots$。

**注解 11.1**　由定理 11.2 可知，最优顺序式融合算法和经典的顺序式 Kalman 滤波 (CSKF) 比较起来，多了一项 $\Delta_i(k)$。而 $\Delta_i(k)$ 与不同传感器之间的噪声协方差 $R_{ij}(k)(i \neq j)$ 和系统噪声与观测噪声之间的协方差 $S_i(k)(i = 1, 2, \cdots, N)$ 有关。当不同传感器噪声不相关时，$R_{ij}(k) = 0(i \neq j)$；当传感器和系统噪声不相关时，$S_i(k) = 0$ $(i = 1, 2, \cdots, N)$。此时，对任意 $i = 0, 1, 2, \cdots, N-1$, $\Delta_i(k) = 0$。因此，这里推导出的最优顺序式融合算法是经典的顺序式融合算法的推广。当传感器个数为 1，即 $N = 1$ 时，定理 11.2 与定理 11.1 等价。此时，最优顺序式融合算法、最优集中式融合算法都是噪声相关情况下的最优 Kalman 滤波方法。

### 11.3.3　最优分布式融合

最优集中式融合算法和最优顺序式融合算法都是直接利用观测数据，只是处理的方式不同。下面，我们将推导最优分布式融合 (ODF) 算法，该算法首先利用单一或局部传感器的信息获得局部估计，然后再将局部估计融合在一起。最优分布式融合算法具有较好的鲁棒性和灵活性。

**定理 11.3**(最优分布式融合算法)　基于系统式 (11.1) 和式 (11.2)，$k$ 时刻状态 $x(k)$ 的最优分布式估计由下式计算给出：

$$\begin{cases} \hat{x}_d(k|k) = \sum_{i=1}^{N} \alpha_i(k)\hat{x}_{d,i}(k|k) \\ P_d(k|k) = (e^{\mathrm{T}}(k)\Sigma^{-1}(k)e(k))^{-1} \\ \alpha(k) = (e^{\mathrm{T}}(k)\Sigma^{-1}(k)e(k))^{-1}e^{\mathrm{T}}(k)\Sigma^{-1}(k) \end{cases} \tag{11.26}$$

其中

$$\alpha(k) = [\alpha_1(k) \quad \alpha_2(k) \quad \cdots \quad \alpha_N(k)] \tag{11.27}$$

是 $n \times nN$ 矩阵。

$$\Sigma(k) = (P_{d,ij}(k|k)) \tag{11.28}$$

其中

$$\begin{aligned} P_{d,ij}(k|k) = &[I - K_{d,i}(k)C_i(k)][A(k-1)P_{d,ij}(k-1|k-1)A^{\mathrm{T}}(k-1) + Q(k-1)] \\ &\cdot [I - K_{d,j}(k)C_j(k)]^{\mathrm{T}} - [I - K_{d,i}(k)C_i(k)]S_j(k)K_{d,j}^{\mathrm{T}}(k) \\ &- K_{d,i}(k)S_i^{\mathrm{T}}(k)[I - K_{d,j}(k)C_j(k)]^{\mathrm{T}} + K_{d,i}(k)R_{ij}(k)K_{d,j}(k) \end{aligned} \tag{11.29}$$

$\hat{x}_{d,i}(k|k)$、$P_{d,i}(k|k)$ 和 $K_{d,i}(k)$ 是局部状态估计、局部状态估计误差方差阵、局部增益。下标 $d$ 表示分布式融合 (distributed fusion)，$(d,i)$ 表示基于传感器 $i$ 的信息得到的局部估计量。可以证明

$$P_d(k|k) \leqslant P_{d,i}(k|k), \quad i = 1, 2, \cdots, N \tag{11.30}$$

**证明**　对每一个传感器 $i$，利用定理 11.1 可得局部状态估计：

$$\begin{cases} \hat{x}_{d,i}(k|k) = \hat{x}_{d,i}(k|k-1) + K_{d,i}(k)[z_i(k) - C_i(k)\hat{x}_{d,i}(k|k-1)] \\ P_{d,i}(k|k) = P_{d,i}(k|k-1) - K_{d,i}(k)[S_i^{\mathrm{T}}(k) + C_i(k)P_{d,i}(k|k-1)] \\ \hat{x}_{d,i}(k|k-1) = A(k-1)\hat{x}_{d,i}(k-1|k-1) \\ P_{d,i}(k|k-1) = A(k-1)P_{d,i}(k-1|k-1)A^{\mathrm{T}}(k-1) + Q(k-1) \\ K_{d,i}(k) = [P_{d,i}(k|k-1)C_i^{\mathrm{T}}(k) + S_i(k)][C_i(k)P_{d,i}(k|k-1)C_i^{\mathrm{T}}(k) \\ \qquad\qquad + R_i(k) + C_i(k)S_i(k) + S_i^{\mathrm{T}}(k)C_i^{\mathrm{T}}(k)]^{-1} \end{cases} \tag{11.31}$$

其中，初始值由 11.2 节给出。局部估计 $\hat{x}_{d,i}(k|k)$ 和 $\hat{x}_{d,j}(k|k)$ 之间的误差协方差矩

阵可由下式计算:

$$
\begin{aligned}
P_{d,ij}(k|k) =& E\{[x(k) - \hat{x}_{d,i}(k|k)][x(k) - \hat{x}_{d,j}(k|k)]^{\mathrm{T}}\} \\
=& E\{[(I - K_{d,i}(k)C_i(k))\tilde{x}_{d,i}(k|k-1) - K_{d,i}(k)v_i(k)] \\
& \cdot [(I - K_{d,j}(k)C_j(k))\tilde{x}_{d,j}(k|k-1) - K_{d,j}(k)v_j(k)]^{\mathrm{T}}\} \\
=& [I - K_{d,i}(k)C_i(k)]E\{\tilde{x}_{d,i}(k|k-1)\tilde{x}_{d,j}^{\mathrm{T}}(k|k-1)\} \\
& [I - K_{d,j}(k)C_j(k)]^{\mathrm{T}} - [I - K_{d,i}(k)C_i(k)]E\{\tilde{x}_{d,i}(k|k-1)v_j^{\mathrm{T}}(k)\} \\
& \cdot K_{d,j}^{\mathrm{T}}(k) - K_{d,i}(k)E\{v_i(k)\tilde{x}_{d,j}^{\mathrm{T}}(k|k-1)\}[I - K_{d,j}(k)C_j(k)]^{\mathrm{T}} \\
& + K_{d,i}(k)E\{v_i(k)v_j^{\mathrm{T}}(k)\}K_{d,j}^{\mathrm{T}}(k) \\
=& [I - K_{d,i}(k)C_i(k)][A(k-1)P_{d,ij}(k-1|k-1)A^{\mathrm{T}}(k-1) \\
& + Q(k-1)] \cdot [I - K_{d,j}(k)C_j(k)]^{\mathrm{T}} - [I - K_{d,i}(k)C_i(k)] \\
& \cdot S_j(k)K_{d,j}^{\mathrm{T}}(k) - K_{d,i}(k)S_i^{\mathrm{T}}(k)[I - K_{d,j}(k)C_j(k)]^{\mathrm{T}} \\
& + K_{d,i}(k)R_{ij}(k)K_{d,j}^{\mathrm{T}}(k)
\end{aligned}
\tag{11.32}
$$

令

$$
F(x) = (y(k) - e(k)x(k))^{\mathrm{T}}\Sigma^{-1}(k)(y(k) - e(k)x(k)) \tag{11.33}
$$

其中

$$
y(k) = \begin{bmatrix} \hat{x}_{d,1}^{\mathrm{T}}(k|k) & \hat{x}_{d,2}^{\mathrm{T}}(k|k) & \cdots & \hat{x}_{d,N}^{\mathrm{T}}(k|k) \end{bmatrix}^{\mathrm{T}} \tag{11.34}
$$

$$
e(k) = [I_n \ I_n \ \cdots \ I_n]^{\mathrm{T}} \tag{11.35}
$$

$$
\Sigma(k) = [P_{d,ij}(k|k)] \tag{11.36}
$$

式中矩阵 $e(k)$ 的维数为 $nN \times n$, $\Sigma(k)$ 是维数为 $nN \times nN$ 的对称正定矩阵。

对任意 $k = 1, 2, \cdots$, 显然 $F(x)$ 是 $x(k)$ 的二次型, 因此是 $x(k)$ 的凸函数。令

$$
\frac{\mathrm{d}F(x)}{\mathrm{d}x} = 0 \tag{11.37}
$$

可求得 $F(x)$ 的最小值点, 为

$$
x(k) = (e^{\mathrm{T}}(k)\Sigma^{-1}(k)e(k))^{-1}e^{\mathrm{T}}(k)\Sigma^{-1}(k)y(k) \tag{11.38}
$$

因此, 最优分布式融合估计结果由下式给出:

$$
\hat{x}_d(k|k) = \alpha(k)y(k) = \sum_{i=1}^{N} \alpha_i(k)\hat{x}_{d,i}(k|k) \tag{11.39}
$$

其中

$$\alpha(k) = [\alpha_1(k) \quad \alpha_2(k) \quad \cdots \quad \alpha_N(k)]$$
$$= (e^{\mathrm{T}}(k)\Sigma^{-1}(k)e(k))^{-1}e^{\mathrm{T}}(k)\Sigma^{-1}(k) \tag{11.40}$$

是一个维数为 $nN \times n$ 的矩阵。

利用式 (11.39) 和估计结果的无偏性, 可得

$$\tilde{x}_d(k|k) = \sum_{i=1}^{N} \alpha_i(k)\tilde{x}_{d,i}(k|k) \tag{11.41}$$

因此, 最优分布式融合估计的误差协方差阵由下式计算:

$$P_d(k|k) = \sum_{i=1}^{N} \alpha_i(k)P_{d,ij}(k|k)\alpha_j^{\mathrm{T}}(k)$$
$$= \alpha^{\mathrm{T}}(k)\Sigma(k)\alpha(k) \tag{11.42}$$
$$= (e^{\mathrm{T}}(k)\Sigma^{-1}(k)e(k))^{-1}$$

令式 (11.42) 中的 $\alpha_i(k) = I_n$, $\alpha_j(k) = 0$ $(j = 1, 2, \cdots, N, \ j \neq i)$, 可得 $P_d(k|k) = P_{d,i}(k|k)$。因此

$$P_d(k|k) \leqslant P_{d,i}(k|k), \quad i = 1, 2, \cdots, N \tag{11.43}$$

集中式、顺序式、分布式融合算法流程如图 11.1 所示。

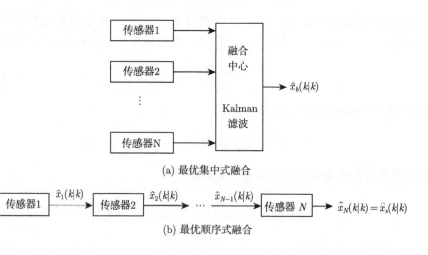

(a) 最优集中式融合

(b) 最优顺序式融合

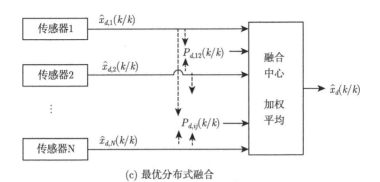

(c) 最优分布式融合

图 11.1　集中式、顺序式和分布式融合算法流程图

**注解 11.2**　从上面的推导可以看出，最优集中式融合算法是线性最小均方误差准则 (LMMSE) 下最优的，最优分布式融合是加权最小二乘 (WLS) 意义下最优的，而最优顺序式融合是顺序式利用观测时线性最小均方误差意义下最优的。在噪声不相关情况下，可以很容易地证明这三个算法是等价的。而在噪声相关时，这三个算法却未必等价。一般来说，最优集中式融合算法是最优的。从计算复杂性上来说，最优顺序式融合和最优集中式融合计算复杂度相当，然而，由于集中式融合需要收集到所有的观测信息之后才能对上一时刻的预测进行更新，而顺序式融合则不需要等待所有观测数据，顺序利用得到的观测数据对上一步的预测进行更新即可，因此，顺序式估计具有更高的及时性。比较最优顺序式融合算法和最优分布式融合算法可以看出，顺序式融合算法和分布式融合算法获取局部估计的计算复杂度相当，而最优分布式算法还需要对局部估计进行融合才能得到最终的估计值，并且在融合的过程中，还需要用到维数为 $nN \times nN$ 的矩阵 $\Sigma(k)$ 的逆，因此，最优分布式算法的计算复杂度是三个算法中最高的。然而，考虑到局部估计可以并行进行，因此，分布式算法的实时性可以改进。同时，分布式估计具有更好的灵活性、鲁棒性和可生存性，因此，三个算法各有千秋，实际应用时应根据具体问题灵活选用。

## 11.4　仿真实例

本节利用一个实例说明本章提出的算法的有效性。考虑一个由三个传感器对同一目标进行观测的系统[45, 100]：

$$x(k+1) = \begin{bmatrix} 1 & T_s & T_s^2/2 \\ 0 & 1 & T_s \\ 0 & 0 & 1 \end{bmatrix} x(k) + \Gamma(k)\xi(k) \tag{11.44}$$

$$z_i(k) = C_i x_i(k) + v_i(k), \quad i = 1, 2, 3 \tag{11.45}$$

$$v_i(k) = \beta_i \xi(k-1) + \eta_i(k) \tag{11.46}$$

其中，$T_s$ 表示采样周期；状态 $x(k) = [s(k) \quad \dot{s}(k) \quad \ddot{s}(k)]^{\mathrm{T}}$，其中，$s(k)$、$\dot{s}(k)$ 和 $\ddot{s}(k)$ 分别表示目标在时刻 $kT_s$ 时的位置、速度和加速度；$\xi(k) \in \mathbb{R}$ 表示系统噪声，设为零均值高斯白噪声，方差为 $\sigma_\xi^2$；$\Gamma(k) = [T_s^2/2 \quad T_s \quad 1]$ 是噪声增益；$z_i(k)(i = 1, 2, 3)$ 是三个传感器的观测值，三个传感器分别观测位置、速度和加速度，即 $C_1 = [1 \quad 0 \quad 0]$，$C_2 = [0 \quad 1 \quad 0]$，$C_3 = [0 \quad 0 \quad 1]$；$v_i(k)$ 表示传感器 $i$ 的观测噪声，与系统噪声 $\xi(k-1)$ 相关，其相关的强度与 $\beta_i$ 的取值有关；$\eta_i(k)(i = 1, 2, 3)$ 是零均值高斯白噪声，方差为 $\sigma_{\eta_i}^2$，其独立于系统噪声 $\xi(l)$，$l = 1, 2, \cdots$。

由式 (11.44) 可得 $Q(k) = \Gamma(k)\Gamma^{\mathrm{T}}(k)\sigma_\xi^2$。$Q(k)$ 是对应于系统噪声 $w(k) = \Gamma(k)\xi(k)$ 的协方差矩阵。由式 (11.46)，观测噪声协方差可由下式计算：

$$R(k) = \begin{bmatrix} \beta_1^2\sigma_\xi^2 + \sigma_{\eta_1}^2 & \beta_1\beta_2\sigma_\xi^2 & \beta_1\beta_3\sigma_\xi^2 \\ \beta_2\beta_1\sigma_\xi^2 & \beta_2^2\sigma_\xi^2 + \sigma_{\eta_2}^2 & \beta_2\beta_3\sigma_\xi^2 \\ \beta_3\beta_1\sigma_\xi^2 & \beta_3\beta_2\sigma_\xi^2 & \beta_3^2\sigma_\xi^2 + \sigma_{\eta_3}^2 \end{bmatrix} \tag{11.47}$$

噪声 $w(k-1)$ 和 $v_i(k)$ 之间的协方差为

$$S(k) = [\beta_1\sigma_\xi^2\Gamma(k-1) \quad \beta_2\sigma_\xi^2\Gamma(k-1) \quad \beta_3\sigma_\xi^2\Gamma(k-1)] \tag{11.48}$$

在这一节，我们将融合三个传感器的信息来估计目标状态 $x(k)$，并在噪声相关、噪声无关情况下比较利用不同的融合估计算法 (本章介绍的最优集中式、最优顺序式、最优分布式融合算法) 得到的估计结果的差别。在噪声相关情况下，我们还将分析忽略噪声的相关性对融合结果的影响。

本例中，取 $T_s = 0.01$，$\sigma_\xi^2 = 0.01$，$\sigma_{\eta_1}^2 = 0.25$，$\sigma_{\eta_1}^2 = 0.16$，$\sigma_{\eta_1}^2 = 0.01$。对 $\beta_i(i = 1, 2, 3)$，我们设定两组值，在第一组，令所有的 $\beta_i(i = 1, 2, 3)$ 都等于零，此时，系统噪声之间、系统噪声和观测噪声之间都不相关；在第二组，取 $\beta_1 = 5$，$\beta_2 = 4$，$\beta_3 = 1$，此时系统噪声之间、系统噪声和观测噪声之间都存在一定程度的相关。初始值为 $x_0 = 0$，$P_0 = I_3$。我们选取 600 个采样时刻进行 100 次蒙特卡罗仿真，观察估计效果。仿真结果如表 11.1、表 11.2 和图 11.2~图 11.5 所示。

表 11.1 列出了各种估计误差协方差的迹 (滤波均方误差 FMSE) 的稳态值，其中，OBF、OSF 和 ODF 分别表示最优集中式融合算法、最优顺序式融合算法和最优分布式融合算法，SBF、SSF 和 SDF 分别表示忽略噪声之间相关性的次优集中式、次优顺序式和次优分布式融合算法。表 11.2 列出了两种情况下仿真得出的实际均方根误差 (RMSE) 的时间平均。其中，每种情况的第 1~3 行分别表示位置、速度和加速度估计均方根误差。

从表 11.1 和表 11.2 可以看出，在第一种情况下，即系统噪声和观测噪声之间、不同传感器之间观测噪声不相关情况下，OBF、OSF、SBF 和 SSF 算法得出的估计结果是等价的。ODF 和 SDF 是等价的，它们均次于 OBF。这是因为本章利用的分布式融合算法是无反馈的，各局部估计没有用到其他传感器的信息。观察表 11.1 可以看出，在第二种情况下，即系统噪声和观测噪声相关、观测噪声之间也相关时，OBF 的稳态滤波均方误差最小，其次是 OSF，接下来是 ODF、SBF 和 SSF(这两个算法等价)、SDF。从表 11.2 中，可以得出和与表 11.1 相同的结论。

综合表 11.1 和表 11.2，我们可以得出结论：本章介绍的最优集中式、顺序式、分布式融合算法是有效的，它们均优于次优集中式、顺序式和分布式融合算法。

**表 11.1    估计误差协方差的迹稳态值**

| 情况 | OBF | OSF | ODF | SBF&SSF | SDF |
|------|------|------|------|---------|------|
| (i)  | 0.0078 | 0.0078 | 0.0143 | 0.0078 | 0.0143 |
| (ii) | 0.0046 | 0.0079 | 0.0133 | 0.0134 | 0.0134 |

**表 11.2    实际均方根误差的统计平均**

| 情况 | 分量 | OBF | OSF | ODF | SBF&SSF | SDF |
|------|------|------|------|------|---------|------|
| (i)  | 位置 | 0.0479 | 0.0479 | 0.0596 | 0.0479 | 0.0596 |
|      | 速度 | 0.0291 | 0.0291 | 0.0700 | 0.0291 | 0.0700 |
|      | 加速度 | 0.0787 | 0.0787 | 0.0787 | 0.0787 | 0.0787 |
| (ii) | 位置 | 0.0743 | 0.0850 | 0.0913 | 0.0961 | 0.0979 |
|      | 速度 | 0.0453 | 0.0560 | 0.0586 | 0.1087 | 0.1118 |
|      | 加速度 | 0.0719 | 0.0982 | 0.0757 | 0.0759 | 0.0818 |

图 11.2 和图 11.3 是对应于第二组 $\beta_i(i = 1, 2, 3)$ 参数获得的估计误差协方差的迹 (滤波均方误差)。

图 11.2(a) 中实线、点线和虚线所示为 OBF、OSF、ODF 算法得到的估计误差协方差的迹。可以看出，OBF 最为有效，其次是 OSF，最后是 ODF。图 11.2(b) 中实线、点线和虚线所示为忽略了噪声相关性的 SBF、SSF、SDF 算法得到的估计误差协方差的迹。可以看出，SBF 和 SSF 算法得到的估计误差的迹重合，都小于 SDF 算法得到的估计误差协方差的迹。这表明，集中式和顺序式融合算法比分布式融合算法更为有效。

图 11.3(a)、(b)、(c) 实线分别画出了 OBF、OSF、ODF 算法得到的估计误差协方差的迹；点线画出了 SBF、SSF、SDF 算法得到的估计误差协方差的迹。分别观察图 11.3(a)、(b)、(c) 可以看出，最优融合算法比相应的次优融合算法得到的估计误差协方差的迹都小，表明本章提出的考虑噪声相关性的数据融合算法是有效的，忽略噪声相关性的影响会降低估计精度。

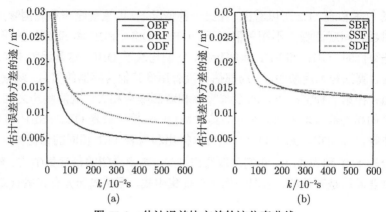

图 11.2　估计误差协方差的迹仿真曲线

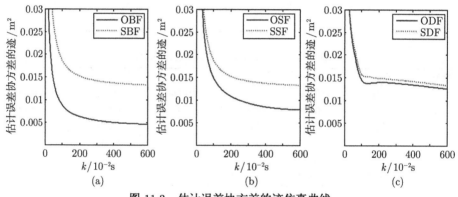

图 11.3　估计误差协方差的迹仿真曲线

图 11.4 和图 11.5 是对应于第二组 $\beta_i(i = 1, 2, 3)$ 参数获得的位置仿真均方根误差 (RMSE) 曲线。

图 11.4(a) 中实线、点线和虚线所示为 OBF、OSF、ODF 算法得到的 RMSE。可以看出，OBF 算法最有效，其次是 OSF 算法，最后是 ODF 算法。图 11.4(b) 中实线、点线和虚线所示为 SBF、SSF、SDF 融合算法得到的 RMSE。可以看出，SBF 算法和 SSF 算法等价，都优于 SDF 算法。

图 11.5(a)、(b)、(c) 实线所示为 OBF、OSF、ODF 算法得到的位置 RMSE；点线画出了 SBF、SSF、SDF 融合算法得到的位置 RMSE。分别观察图 11.5(a)、(b)、(c) 可以看出，最优融合算法比相应的次优融合算法得到的位置 RMSE 都小，表明本章提出的考虑噪声相关性的数据融合算法是有效的，忽略噪声相关性的影响会降低估计精度。

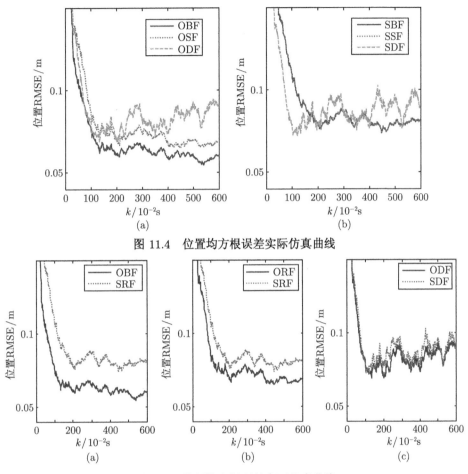

图 11.4　位置均方根误差实际仿真曲线

图 11.5　位置均方根误差实际仿真曲线

综上，本节的仿真实验结果表明，本章给出的 OBF、OSF 和 ODF 算法都是有效的。在噪声相关时，忽略该相关性将降低估计精度。

## 11.5　本 章 小 结

当观测噪声之间存在耦合，观测噪声和系统噪声也存在相关性时，本章介绍了几种有效的数据融合算法，即 OBF、OSF 和 ODF 算法。每个算法都是基于投影定理推导出来的，并通过仿真验证了各种方法的有效性。由于实际问题中，系统噪声和观测噪声之间、不同传感器观测噪声之间往往是相关的，因此，本章的算法具有更好的实际意义。本章介绍的几种算法各有其优缺点，在实际应用过程中，应该根据实际问题对算法实时性、估计精度等方面要求的不同选用合适的算法。如对算法实时性要求较高，建议选用 OSF 算法；如存在多个上位机并行运行，相比估计精度，对估计结果的鲁棒性和可靠性要求更高，则建议选用 ODF 算法；若问题本身不太复杂、系统维数较低、实时性要求不是特别高而对估计精度要求较高，则可直接选用 OBF 算法。本章介绍的算法可推广应用于导弹、飞机、智能车等点目标的导航、定位和跟踪，也可推广应用于状态估计相关的其他领域。

# 第12章 相关噪声环境下多速率传感器融合估计

## 12.1 引 言

近年来，微传感技术、无线通信技术、计算机网络技术以及人工智能技术的发展，很大程度上促进了传感器网络的应用与发展。传感器网络及其信息融合技术在军事及民用等诸多领域都有广泛的应用前景。在众多科学工作者的共同努力下，已经取得了一系列的研究成果，但还有一些实际问题面临挑战，有待于进一步研究。

即使是相同的传感器网络，如果部署在不同的环境下，全局或局部的传感器采集到的量测数据传输到融合中心时，多少会受到物理环境的影响。这种影响往往会导致过程噪声与量测噪声之间，或各量测噪声之间产生相关性。经典的 Kalman 滤波理论处理的是过程噪声和量测噪声互不相关的零均值白噪声的滤波问题，而事实上这种噪声仅是一种理想化的噪声[192]。噪声相关性给信息融合带来了新的挑战。

此外，考虑到传感器网络对覆盖区域内目标进行监测时，传感器节点采集到目标对象的相关信息后，通过传感器网络将其传输到融合中心进行融合处理。由于传感器网络节点自身携带的能量有限，节点间的通信带宽有限，所以传感器网络在长距离传输监测信息时，需要想办法减少其对通信带宽的要求[71]。在集中式融合的框架下，Alouani 等针对噪声互不相关的情况提出一系列方法来减小计算量，减小其对通信带宽的要求[193-197]。在分布式多传感器网络系统中，各传感器利用自己的测量数据单独跟踪目标，将估计结果送至融合中心 (总站)，融合中心再将各个子站的估计合成为目标的联合估计。一般来说，分布式估计精度没有集中式高，但是由于它对通信带宽需求低，计算速度快，可靠性和延续性好，因此，成为近年来的研究热点。

为此，本章考虑了量测噪声与过程噪声的相关性，各量测噪声之间的相关性，以及各传感器采样率不同的情况。首先通过反复利用投影定理和归纳假设，推导出一种序贯式的融合方法。而后，推导出一种分布式融合估计算法。两种算法各有其优缺点：序贯式算法直接对测量值进行处理，比较简洁直观；而分布式融合估计算法在无线传感器网络中有其独特的优势。

# 12.2  问 题 描 述

考虑如下线性动态系统:

$$x(k+1) = A(k)x(k) + w(k), \quad k = 0, 1, \cdots \tag{12.1}$$

$$z_i(k_i) = C_i(k_i)x(k_i) + v_i(k_i), \quad i = 1, 2, \cdots, N \tag{12.2}$$

其中, $x(k) \in \mathbb{R}^n$ 是系统状态; $A(k) \in \mathbb{R}^{n \times n}$ 是状态转移矩阵; $w(k)$ 是系统噪声并假设其是高斯分布的, 有

$$\begin{cases} E[w(k)] = 0 \\ E[w(k)w^{\mathrm{T}}(j)] = Q(k)\delta_{kj} \end{cases} \tag{12.3}$$

其中, $Q(k) \geqslant 0$, 并且

$$\delta_{kj} = \begin{cases} 1, & k = j \\ 0, & k \neq j \end{cases} \tag{12.4}$$

$z_i(k_i) \in \mathbb{R}^{m_i}$ 是传感器 $i$ 在 $k_i$ 时刻的量测。假设传感器 1 的采样率为 $S_1$, 传感器 $i$ 的采样率为 $S_i$, 并且

$$S_i = S_1/n_i, \quad i = 1, 2, \cdots, N \tag{12.5}$$

其中, $n_i$ 是已知正整数。不失一般情况, 我们设传感器 1 的采样周期为单位时间, 即 $k_1 = k$。那么传感器 $i$ 在采样时刻 $n_i k$ 有量测值, 也即 $k_i = n_i k$。$C_i(k_i) \in \mathbb{R}^{m_i \times n}$ 是量测矩阵。量测噪声 $v_i(k_i)$ 是零均值高斯白噪声, 有

$$\begin{cases} E[v_i(k_i)] = 0 \\ E[v_i(k_i)v_j^{\mathrm{T}}(l_j)] = R_{ij}(k_i)\delta_{k_i l_j} \\ E[w(k_i - 1)v_i^{\mathrm{T}}(k_i)] = S_i(k_i) \end{cases} \tag{12.6}$$

由式 (12.6), 可以看出量测噪声与上一时刻的过程噪声相关。即当 $k = 1, 2, \cdots, i = 1, 2, \cdots, N$ 时, $v_i(k_i)$ 与 $w(k_i - 1)$ 相关。如果不同传感器在同一时刻都有观测值, 那么它们的量测噪声是相关的, 也即当 $k_i = l_j$ 时, $v_i(k_i)$ 和 $v_j(l_j)$ 是相关的。也就是说, 当 $i, j = 1, 2, \cdots, N$ 时, $E\left[v_i(k_i)v_j^{\mathrm{T}}(k_i)\right] = R_{ij}(k_i) \neq 0$。

简单起见, 记 $R_i(k_i) \overset{\text{def}}{=} R_{ii}(k_i) > 0, i = 1, 2, \cdots, N$。

初始状态 $x(0)$ 独立于 $w(k)$ 和 $v_i(k_i)$, 其中 $k = 1, 2, \cdots, i = 1, 2, \cdots, N$, 并假设其服从高斯分布

$$\begin{cases} E[x(0)] = x_0 \\ E\left\{[x(0) - x_0][x(0) - x_0]^{\mathrm{T}}\right\} = P_0 \end{cases} \tag{12.7}$$

由以上公式可以看出，在时刻 $n_i k$ 传感器 $i$ 将参与融合过程。一般来说，假设有 $p$ 个传感器在时刻 $k$ 有量测值，量测为 $z_{i_1}(k), z_{i_2}(k), \cdots, z_{i_p}(k)$。那么，为了得到 $x(k)$ 的最优估计值，将要用到上述 $p$ 个传感器。$x(k)$ 的估计值就是上述 $p$ 个传感器量测信息的融合结果。

## 12.3　序贯式融合估计算法

**定理 12.1**　基于 12.2 节的系统描述，假设已知 $k-1$ 时刻的最优融合估计值 $\hat{x}(k-1|k-1)$ 以及其估计误差协方差阵 $P(k-1|k-1)$，那么 $k$ 时刻的最优状态估计 $x(k)$ 可由下式计算[198, 199]：

$$\hat{x}_{i_j}(k|k) = \hat{x}_{i_{j-1}}(k|k) + K_{i_j}(k)\left[z_{i_j}(k) - C_{i_j}(k)\hat{x}_{i_{j-1}}(k|k)\right] \tag{12.8}$$

$$P_{i_j}(k|k) = P_{i_{j-1}}(k|k) - K_{i_j}(k)\left[C_{i_j}(k)P_{i_{j-1}}(k|k) + \Delta_{i_{j-1}}^{\mathrm{T}}(k)\right] \tag{12.9}$$

$$K_{i_j}(k) = \left[P_{i_{j-1}}(k|k)C_{i_j}^{\mathrm{T}}(k) + \Delta_{i_{j-1}}(k)\right]\left[C_{i_j}(k)P_{i_{j-1}}(k|k)C_{i_j}^{\mathrm{T}}(k)\right.$$
$$\left. + C_{i_j}(k)\Delta_{i_{j-1}}(k) + \Delta_{i_{j-1}}^{\mathrm{T}}(k)C_{i_j}^{\mathrm{T}}(k)\right]^{-1} + R_{i_j}(k) \tag{12.10}$$

$$\Delta_{i_j}(k) = \prod_{u=j}^{1}[I - K_{i_u}(k)C_{i_u}(k)]S_{i_{j+1}}(k) - K_{i_j}(k)R_{i_j,i_{j+1}}(k)$$
$$- \sum_{q=2}^{j}\prod_{u=j}^{q}[I - K_{i_u}(k)C_{i_u}(k)]K_{i_{q-1}}(k)R_{i_{q-1},i_{j+1}}(k) \tag{12.11}$$

式 (12.8) ~ 式 (12.10) 中，$j = 1, 2, \cdots, p$，式 (12.11) 中，$j = 1, 2, \cdots, p-1$。对于 $j = 0$，有

$$\hat{x}_{i_0}(k|k) = \hat{x}(k|k-1) = A(k-1)\hat{x}(k-1|k-1) \tag{12.12}$$

$$P_{i_0}(k|k) = P(k|k-1)$$
$$= A(k-1)P(k-1|k-1)A^{\mathrm{T}}(k-1) + Q(k-1) \tag{12.13}$$

$$\Delta_{i_0}(k) = S_{i_1}(k) \tag{12.14}$$

上述 $\hat{x}_{i_j}(k|k)$、$P_{i_j}(k|k)$ 分别指基于传感器 $i_1, i_2, \cdots, i_j$ 的信息对状态 $x(k)$ 的估计及其相应的估计误差协方差阵。当 $j = p$ 时，有 $\hat{x}_s(k|k) = \hat{x}_{i_p}(k|k)$ 以及 $P_s(k|k) = P_{i_p}(k|k)$，$\hat{x}_s(k|k)$ 指最优的状态融合估计值，$P_s(k|k)$ 指相应的估计误差协方差。其中，下标 $s$ 指序贯滤波。

另外，由式 (12.5) 可以看出，传感器 1 的采样率最高，并假设其采样周期为单位时间，所以，传感器 1 就是传感器 $i_1$。即 $\hat{x}_{i_1}(k|k) = \hat{x}_1(k|k)$，$P_{i_1}(k|k) = P_1(k|k)$，$\Delta_{i_0}(k) = S_1(k)$。

**证明**  对于 $i = 1, 2, \cdots, N$，记

$$Z_i(k) \overset{\text{def}}{=} \{z_i(1), z_i(2), \cdots, z_i(k)\} \tag{12.15}$$

$$Z_1^i(k) \overset{\text{def}}{=} \{z_1(k), z_2(k), \cdots, z_i(k)\} \tag{12.16}$$

$$\overline{Z}_1^i(k) \overset{\text{def}}{=} \{Z_1^i(l)\}_{l=1}^k \tag{12.17}$$

所以，$Z_i(k)$ 是传感器 $i$ 在 $k$ 时刻及之前的量测。如果传感器 $i$ 在时刻 $l$ 没有量测，就记 $z_i(l) = 0$，因此，上述描述是有意义的。$Z_1^i(k)$ 是传感器 $1, 2, \cdots, i$ 在时刻 $k$ 的观测值。$\overline{Z}_1^i(k)$ 是所有传感器在时刻 $k$ 及其之前时刻的观测。

在序贯滤波中，我们通过反复使用投影定理来证明定理 12.1。由投影定理，基于 $z_i(l)(i = 1, 2, \cdots, N; l = 1, 2, \cdots, k-1)$，状态 $x(k)$ 的预测值可由下式计算：

$$\begin{aligned}
\hat{x}(k|k-1) &= E\big[x(k)|\overline{Z}_1^N(k-1)\big] \\
&= E\big[A(k-1)x(k-1) + w(k-1)|\overline{Z}_1^N(k-1)\big] \\
&= A(k-1)\hat{x}(k-1|k-1)
\end{aligned} \tag{12.18}$$

状态预测误差协方差可由下式计算：

$$P(k|k-1) = E\big[\tilde{x}(k|k-1)\tilde{x}^{\mathrm{T}}(k|k-1)\big] \tag{12.19}$$

由式 (12.1) 及式 (12.18)，状态预测误差满足

$$\begin{aligned}
\tilde{x}(k|k-1) &= x(k) - \hat{x}(k|k-1) \\
&= A(k-1)x(k-1) + w(k-1) - A(k-1)\hat{x}(k-1|k-1) \\
&= A(k-1)\tilde{x}(k-1|k-1) + \omega(k-1)
\end{aligned} \tag{12.20}$$

把式 (12.20) 代入式 (12.19)，有

$$P(k|k-1) = A(k-1)P(k-1|k-1)A^{\mathrm{T}}(k-1) + Q(k-1) \tag{12.21}$$

在时刻 $k$，假设有 $p$ 个传感器有量测值，为 $z_{i_1}(k), z_{i_2}(k), \cdots, z_{i_p}(k)$。通过使用投影定理，由于第一个传感器在每一个采样点都有量测，也就是说，传感器 $i_1$ 就是传感器 1，即 $z_{i_1}(k) = z_1(k)$。因此，使用传感器 1 的量测更新可由下式计算：

$$\begin{aligned}
\hat{x}_1(k|k) &= E\big[x(k)|\overline{Z}_1^N(k-1), z_1(k)\big] \\
&= \hat{x}(k|k-1) + \mathrm{cov}\,[\tilde{x}(k|k-1), \tilde{z}_1(k|k-1)] \\
&\quad \cdot \mathrm{var}\,[\tilde{z}_1(k|k-1)]^{-1}\,\tilde{z}_1(k|k-1) \\
&= \hat{x}(k|k-1) + K_1(k)\tilde{z}_1(k|k-1)
\end{aligned} \tag{12.22}$$

其中，$\mathrm{cov}\left[\tilde{x}(k|k-1), \tilde{z}_1(k|k-1)\right]$ 分别指 $\tilde{x}(k|k-1)$ 和 $\tilde{z}_1(k|k-1)$ 的协方差；$\mathrm{var}\left[\tilde{z}_1(k|k-1)\right]$ 指 $\tilde{z}_1(k|k-1)$ 的方差；$\tilde{z}_1(k|k-1)$ 是基于 $\overline{Z}_1^N(k-1)$ 的 $z_1(k)$ 的量测预测误差；$K_1(k)$ 是增益矩阵，可由下式计算：

$$K_1(k) = \mathrm{cov}\left[\tilde{x}(k|k-1), \tilde{z}_1(k|k-1)\right] \mathrm{var}\left[\tilde{z}_1(k|k-1)\right]^{-1} \tag{12.23}$$

$\tilde{z}_1(k|k-1)$ 可由下式计算：

$$\begin{aligned}
\tilde{z}_1(k|k-1) &= z_1(k) - \hat{z}_1(k|k-1) \\
&= z_1(k) - E[z_1(k)|\overline{Z}_1^N(k-1)] \\
&= z_1(k) - C_1(k)\hat{x}(k|k-1) \\
&= C_1(k)\tilde{x}(k|k-1) + v_1(k)
\end{aligned} \tag{12.24}$$

通过使用式 (12.20) 和式 (12.24)，有

$$\begin{aligned}
\mathrm{cov}\left[\tilde{x}(k|k-1), \tilde{z}_1(k|k-1)\right] &= E[\tilde{x}(k|k-1)\tilde{z}_1^{\mathrm{T}}(k|k-1)] \\
&= E\left\{\tilde{x}(k|k-1)\left[C_1(k)\tilde{x}(k|k-1) + v_1(k)\right]^{\mathrm{T}}\right\} \\
&= P(k|k-1)C_1^{\mathrm{T}}(k) + \Delta_{i_0}(k)
\end{aligned} \tag{12.25}$$

其中

$$\begin{aligned}
\Delta_{i_0}(k) &= E\left[\tilde{x}(k|k-1)v_1^{\mathrm{T}}(k)\right] \\
&= E\left\{\left[A(k-1)\tilde{x}(k-1|k-1) + w(k-1)\right]v_1^{\mathrm{T}}(k)\right\} \\
&= S_1(k)
\end{aligned} \tag{12.26}$$

其中用到了式 (12.20)。

同样的，有

$$\begin{aligned}
\mathrm{var}[\tilde{z}_1(k|k-1)] &= E\left[\tilde{z}_1(k|k-1)\tilde{z}_1^{\mathrm{T}}(k|k-1)\right] \\
&= E\big\{\left[C_1(k)\tilde{x}(k|k-1) + v_1(k)\right] \\
&\quad \cdot \left[C_1(k)\tilde{x}(k|k-1) + v_1(k)\right]^{\mathrm{T}}\big\} \\
&= C_1(k)P_0(k|k)C_1^{\mathrm{T}}(k) + R_1(k) \\
&\quad + C_1(k)\Delta_0(k) + \Delta_0^{\mathrm{T}}(k)C_1^{\mathrm{T}}(k)
\end{aligned} \tag{12.27}$$

把式 (12.25) 和式 (12.27) 代入式 (12.23)，有

$$K_1(k) = \left[ P(k|k-1)C_1^{\mathrm{T}}(k) + \Delta_{i_0}(k) \right]$$
$$\cdot \left[ C_1(k)P(k|k-1)C_1^{\mathrm{T}}(k) + R_1(k) + C_1(k)\Delta_{i_0}(k) \right. \qquad (12.28)$$
$$\left. + \Delta_{i_0}^{\mathrm{T}}(k)C_1^{\mathrm{T}}(k) \right]^{-1}$$

把式 (12.28) 和式 (12.24) 代入式 (12.22)，有

$$\hat{x}_1(k|k) = \hat{x}(k|k-1) + K_1(k)\left[z_1(k) - C_1(k)\hat{x}(k|k-1)\right] \qquad (12.29)$$

使用式 (12.2) 和式 (12.29)，有

$$\begin{aligned}
\tilde{x}_1(k|k) &= x(k) - \hat{x}_1(k|k) \\
&= x(k) - \hat{x}(k|k-1) - K_1(k)\left[z_1(k) - C_1(k)\hat{x}(k|k-1)\right] \qquad (12.30) \\
&= \left[I - K_1(k)C_1(k)\right]\tilde{x}_1(k|k-1) - K_1(k)v_1(k)
\end{aligned}$$

因此

$$\begin{aligned}
P_1(k|k) &= E\left[\tilde{x}_1(k|k)\tilde{x}_1^{\mathrm{T}}(k|k)\right] \\
&= \left[I - K_1(k)C_1(k)\right]P(k|k-1)\left[I - K_1(k)C_1(k)\right]^{\mathrm{T}} \\
&\quad + K_1(k)R_1(k)K_1^{\mathrm{T}}(k) - \left[I - K_1(k)C_1(k)\right]\Delta_{i_0}(k)K_1^{\mathrm{T}}(k) \qquad (12.31) \\
&\quad - K_1(k)\Delta_{i_0}^{\mathrm{T}}(k)\left[I - K_1(k)C_1(k)\right]^{\mathrm{T}}
\end{aligned}$$

根据式 (12.28)，可以重新写式 (12.31) 为

$$P_1(k|k) = P(k|k-1) - K_1(k)\left[C_1(k)P(k|k-1) + \Delta_{i_0}^{\mathrm{T}}(k)\right] \qquad (12.32)$$

由以上推导，如果记 $\hat{x}_{i_0}(k|k) = \hat{x}(k|k-1)$，并且 $P_{i_0}(k|k) = P(k|k-1)$，那么

$$\hat{x}_1(k|k) = \hat{x}_{i_0}(k|k) + K_1(k)\left[z_1(k) - C_1(k)\hat{x}_{i_0}(k|k)\right] \qquad (12.33)$$

$$P_1(k|k) = P_{i_0}(k|k) - K_1(k)\left[C_1(k)P_{i_0}(k|k) + \Delta_{i_0}^{\mathrm{T}}(k)\right] \qquad (12.34)$$

$$\begin{aligned}
K_1(k) &= \left[P_{i_0}(k|k)C_1^{\mathrm{T}}(k) + \Delta_{i_0}(k)\right]\left[C_1(k)P_{i_0}(k|k)C_1^{\mathrm{T}}(k)\right. \\
&\quad \left. + R_1(k) + C_1(k)\Delta_{i_0}(k) + \Delta_{i_0}^{\mathrm{T}}(k)C_1^{\mathrm{T}}(k)\right]^{-1} \qquad (12.35)
\end{aligned}$$

$$\hat{x}_{i_0}(k|k) = \hat{x}(k|k-1) = A(k-1)\hat{x}(k-1|k-1) \qquad (12.36)$$

$$\begin{aligned}
P_{i_0}(k|k) &= P(k|k-1) \\
&= A(k-1)P(k-1|k-1)A^{\mathrm{T}}(k-1) + Q(k-1) \qquad (12.37)
\end{aligned}$$

$$\Delta_{i_0}(k) = S_1(k) \qquad (12.38)$$

在序贯滤波中, 如果量测值是 0, 那么就不更新。在 $k$ 时刻有量测值的传感器 $i_2$, 下面来计算其状态估计 $\hat{x}_{i_2}(k|k)$ 和相应的估计误差协方差阵 $P_{i_2}(k|k)$。

使用投影定理, 有

$$
\begin{aligned}
\hat{x}_{i_2}(k|k) &= E\big[x(k)|\overline{Z}_1^N(k-1), Z_1^{i_2}(k)\big] \\
&= E\big[x(k)|\overline{Z}_1^N(k-1), z_1(k), z_{i_2}(k)\big] \\
&= \hat{x}_1(k|k) + K_{i_2}(k)\tilde{z}_{i_2}(k)
\end{aligned}
\tag{12.39}
$$

其中

$$
\begin{aligned}
\tilde{z}_{i_2}(k) &= z_{i_2}(k) - C_{i_2}(k)\hat{x}_1(k|k) \\
&= C_{i_2}(k)\tilde{x}_1(k|k) + v_{i_2}(k)
\end{aligned}
\tag{12.40}
$$

并且

$$
\begin{aligned}
K_{i_2}(k) &= \mathrm{cov}\,[\tilde{x}_1(k|k), \tilde{z}_{i_2}(k)]\,\mathrm{var}\,[\tilde{z}_{i_2}(k)]^{-1} \\
&= E\,[\tilde{x}_1(k|k)\tilde{z}_{i_2}^{\mathrm{T}}(k)]\,E\,[\tilde{z}_{i_2}(k)\tilde{z}_{i_2}^{\mathrm{T}}(k)]^{-1} \\
&= E\{\tilde{x}_1(k|k)\,[C_{i_2}(k)\tilde{x}_1(k|k) + v_{i_2}(k)]^{\mathrm{T}}\} \\
&\quad \cdot E\{[C_{i_2}(k)\tilde{x}_1(k|k) + v_{i_2}(k)]\,[C_{i_2}(k)\tilde{x}_1(k|k) + v_{i_2}(k)]^{\mathrm{T}}\}^{-1} \\
&= [P_1(k|k)C_{i_2}^{\mathrm{T}}(k) + \Delta_{i_1}(k)]\,[C_{i_2}(k)P_1(k|k)C_{i_2}^{\mathrm{T}}(k) \\
&\quad + R_{i_2}(k) + C_{i_2}(k)\Delta_{i_1}(k) + \Delta_{i_1}^{\mathrm{T}}(k)C_{i_2}^{\mathrm{T}}(k)]^{-1}
\end{aligned}
\tag{12.41}
$$

根据式 (12.20) 和式 (12.30), 我们可以由下式来计算 $\Delta_{i_1}(k)$:

$$
\begin{aligned}
\Delta_{i_1}(k) &= E\,[\tilde{x}_1(k|k)v_{i_2}^{\mathrm{T}}(k)] \\
&= E\{[(I - K_1(k)C_1(k))\tilde{x}(k|k-1) - K_1(k)v_1(k)]\,v_{i_2}^{\mathrm{T}}(k)\} \\
&= [I - K_1(k)C_1(k)]E\,[\tilde{x}(k|k-1)v_{i_2}^{\mathrm{T}}(k)] - K_1(k)R_{i_1 i_2}(k) \\
&= [I - K_1(k)C_1(k)]E\{[A(k-1)\tilde{x}(k-1|k-1) + w(k-1)]\,v_{i_2}^{\mathrm{T}}(k)\} \\
&\quad - K_1(k)R_{i_1 i_2}(k) \\
&= [I - K_1(k)C_1(k)]S_{i_2}(k) - K_1(k)R_{i_1 i_2}(k)
\end{aligned}
\tag{12.42}
$$

把式 (12.41) 和式 (12.40) 代入式 (12.39), 有

$$
\hat{x}_{i_2}(k|k) = \hat{x}_1(k|k) + K_{i_2}(k)\,[z_{i_2}(k) - C_{i_2}(k)\hat{x}_1(k|k)]
\tag{12.43}
$$

估计误差为

$$\tilde{x}_{i_2}(k|k) = x(k) - \hat{x}_{i_2}(k|k)$$

$$= x(k) - \hat{x}_1(k|k) - K_{i_2}(k)\left[z_{i_2}(k) - C_{i_2}(k)\hat{x}_1(k|k)\right]$$

$$= \left[I - K_{i_2}(k)C_{i_2}(k)\right]\tilde{x}_1(k|k) - K_{i_2}(k)v_{i_2}^{\mathrm{T}}(k) \tag{12.44}$$

因此, 估计误差协方差可由下式计算:

$$P_{i_2}(k|k) = E\left[\tilde{x}_{i_2}(k|k)\tilde{x}_{i_2}^{\mathrm{T}}(k|k)\right]$$

$$= \left[I - K_{i_2}(k)C_{i_2}(k)\right]P_1(k|k)\left[I - K_{i_2}(k)C_{i_2}(k)\right]^{\mathrm{T}}$$

$$+ K_{i_2}(k)R_{i_2}(k)K_{i_2}^{\mathrm{T}}(k) - \left[I - K_{i_2}(k)C_{i_2}(k)\right]\Delta_{i_1}(k)K_{i_2}^{\mathrm{T}}(k)$$

$$- K_{i_2}(k)\Delta_{i_1}^{\mathrm{T}}(k)\left[I - K_{i_2}(k)C_{i_2}(k)\right]^{\mathrm{T}}$$

$$= P_1(k|k) - K_{i_2}(k)\left[C_{i_2}(k)P_1(k|k) + \Delta_{i_1}^{\mathrm{T}}(k)\right] \tag{12.45}$$

其中用到了式 (12.41), 并且 $\Delta_{i_1}(k)$ 由式 (12.42) 来计算。

结合式 (12.41)、式 (12.42)、式 (12.43) 和式 (12.45), 有

$$\hat{x}_{i_2}(k|k) = \hat{x}_1(k|k) + K_{i_2}(k)\left[z_{i_2}(k) - C_{i_2}(k)\hat{x}_1(k|k)\right] \tag{12.46}$$

$$P_{i_2}(k|k) = P_1(k|k) - K_{i_2}(k)\left[C_{i_2}(k)P_1(k|k) + \Delta_{i_1}^{\mathrm{T}}(k)\right] \tag{12.47}$$

$$K_{i_2}(k) = \left[P_1(k|k)C_{i_2}^{\mathrm{T}}(k) + \Delta_{i_1}(k)\right]\left[C_{i_2}(k)P_1(k|k)C_{i_2}^{\mathrm{T}}(k)\right.$$

$$\left. + R_{i_2}(k) + C_{i_2}(k)\Delta_{i_1}(k) + \Delta_{i_1}^{\mathrm{T}}(k)C_{i_2}^{\mathrm{T}}(k)\right]^{-1} \tag{12.48}$$

$$\Delta_{i_1}(k) = \left[I - K_1(k)C_1(k)\right]S_{i_2}(k) - K_1(k)R_{i_1,i_2}(k) \tag{12.49}$$

一般的, 当得到了 $\hat{x}_{i_{j-1}}(k|k)$ 和相应的估计误差协方差阵 $P_{i_{j-1}}(k|k)$, 接下来推导 $\hat{x}_{i_j}(k|k)$ 和 $P_{i_j}(k|k)$ 的计算公式。

使用投影定理, 有

$$\hat{x}_{i_j}(k|k) = E[x(k)|\overline{Z}_1^N(k-1), Z_1^{i_j}(k)]$$

$$= E[x(k)|\overline{Z}_1^N(k-1), Z_1^{i_{j-1}}(k), z_{i_j}(k)] \tag{12.50}$$

$$= \hat{x}_{i_{j-1}}(k|k) + \mathrm{cov}\left[\tilde{x}_{i_{j-1}}(k|k), \tilde{z}_{i_{j-1}}(k)\right] \cdot \mathrm{var}\left[\tilde{z}_{i_j}(k)\right]^{-1}\tilde{z}_{i_j}(k)$$

其中

$$\tilde{z}_{i_j}(k) = z_{i_j}(k) - \hat{z}_{i_j}(k) \tag{12.51}$$

并且

$$\hat{z}_{i_j}(k) = E[z_{i_j}(k)|\overline{Z}_1^N(k-1), Z_1^{i_{j-1}}(k)]$$

$$= E[C_{i_j}(k)x(k) + v_{i_j}(k)|\overline{Z}_1^N(k-1), Z_1^{i_{j-1}}(k)]$$

$$= C_{i_j}(k)\hat{x}_{i_{j-1}}(k|k) \tag{12.52}$$

因此

$$
\begin{aligned}
\tilde{z}_{i_j}(k) &= z_{i_j}(k) - \hat{z}_{i_j}(k) \\
&= z_{i_j}(k) - C_{i_j}(k)\hat{x}_{i_{j-1}}(k|k) \\
&= C_{i_j}(k)x_{i_j}(k) + v_{i_j}(k) - C_{i_j}(k)\hat{x}_{i_{j-1}}(k|k) \\
&= C_{i_j}(k)\tilde{x}_{i_{j-1}}(k|k) + v_{i_j}(k)
\end{aligned}
\tag{12.53}
$$

那么

$$
\begin{aligned}
\mathrm{cov}\left[\tilde{x}_{i_{j-1}}(k|k), \tilde{z}_{i_j}(k)\right] &= E[\tilde{x}_{i_{j-1}}(k|k)\tilde{z}_{i_j}^{\mathrm{T}}(k)] \\
&= E\left\{\tilde{x}_{i_{j-1}}(k|k)\left[C_{i_j}(k)\tilde{x}_{i_{j-1}}(k|k) + v_{i_j}(k)\right]^{\mathrm{T}}\right\} \\
&= P_{i_{j-1}}(k|k)C_{i_j}^{\mathrm{T}}(k) + \Delta_{i_{j-1}}(k)
\end{aligned}
\tag{12.54}
$$

并且

$$
\begin{aligned}
\mathrm{var}\left[\tilde{z}_{i_j}(k)\right] &= E\left[\tilde{z}_{i_j}(k)\tilde{z}_{i_j}^{\mathrm{T}}(k)\right] \\
&= E\left\{\left[C_{i_j}(k)\tilde{x}_{i_{j-1}}(k|k) + v_{i_j}(k)\right]\left[C_{i_j}(k)\tilde{x}_{i_{j-1}}(k|k) + v_{i_j}(k)\right]^{\mathrm{T}}\right\} \\
&= C_{i_j}(k)P_{i_{j-1}}(k|k)C_{i_j}^{\mathrm{T}}(k) + R_{i_j}(k) + C_{i_j}(k)\Delta_{i_{j-1}}(k) \\
&\quad + \Delta_{i_{j-1}}^{\mathrm{T}}(k)C_{i_j}^{\mathrm{T}}(k)
\end{aligned}
\tag{12.55}
$$

其中

$$
\Delta_{i_{j-1}}(k) = E[\tilde{x}_{i_{j-1}}(k|k)v_{i_j}^{\mathrm{T}}(k)]
\tag{12.56}
$$

使用归纳假设, 有

$$
\begin{aligned}
\tilde{x}_{i_{j-1}}(k|k) &= x(k) - \hat{x}_{i_{j-1}}(k|k) \\
&= x(k) - \hat{x}_{i_{j-2}}(k|k) - K_{i_{j-1}}(k)\left[z_{i_{j-1}}(k) - C_{i_{j-1}}(k)\hat{x}_{i_{j-2}}(k|k)\right] \\
&= \tilde{x}_{i_{j-2}}(k|k) - K_{i_{j-1}}(k)\big[C_{i_{j-1}}(k)x(k) + v_{i_{j-1}}(k) \\
&\quad - C_{i_{j-1}}(k)\hat{x}_{i_{j-2}}(k|k)\big] \\
&= \left[I - K_{i_{j-1}}(k)C_{i_{j-1}}(k)\right]\tilde{x}_{i_{j-2}}(k|k) - K_{i_{j-1}}(k)v_{i_{j-1}}(k)
\end{aligned}
\tag{12.57}
$$

把式 (12.57) 代入式 (12.56), 使用归纳假设, 有

$$
\begin{aligned}
\Delta_{i_{j-1}}(k) &= E\left[\tilde{x}_{i_{j-1}}(k|k)v_{i_j}^{\mathrm{T}}(k)\right] \\
&= \left[I - K_{i_{j-1}}(k)C_{i_{j-1}}(k)\right]E\left[\tilde{x}_{i_{j-2}}(k|k)v_{i_j}^{\mathrm{T}}(k)\right]
\end{aligned}
$$

$$- K_{i_{j-1}}(k)E[v_{i_{j-1}}(k)v_{i_j}^{\mathrm{T}}(k)]$$

$$= \prod_{u=j-1}^{1} [I - K_{i_u}(k)C_{i_u}(k)]S_{i_j}(k) - K_{i_{j-1}}(k)R_{i_{j-1},i_j}(k) \tag{12.58}$$

$$- \sum_{q=2}^{j-1} \prod_{u=j-1}^{q} [I - K_{i_u}(k)C_{i_u}(k)]K_{i_{q-1}}(k)R_{i_{q-1},i_j}(k)$$

把式 (12.54)、式 (12.55) 和式 (12.53) 的第二个等式代入式 (12.50)，有

$$\hat{x}_{i_j}(k|k) = \hat{x}_{i_{j-1}}(k|k) + K_{i_j}(k)\left[z_{i_j}(k) - C_{i_j}(k)\hat{x}_{i_{j-1}}(k|k)\right] \tag{12.59}$$

其中

$$K_{i_j}(k) = \mathrm{cov}\left[\tilde{x}_{i_{j-1}}(k|k), \tilde{z}_{i_{j-1}}(k)\right] \mathrm{var}\left[\tilde{z}_{i_{j-1}}(k)\right]$$

$$= \left[P_{i_{j-1}}(k|k)C_{i_j}^{\mathrm{T}}(k) + \Delta_{i_{j-1}}(k)\right] \cdot \left[C_{i_j}(k)P_{i_{j-1}}(k|k)C_{i_j}^{\mathrm{T}}(k) + R_{i_j}(k)\right.$$

$$\left. + C_{i_j}(k)\Delta_{i_{j-1}}(k) + \Delta_{i_{j-1}}^{\mathrm{T}}(k)C_{i_j}^{\mathrm{T}}(k)\right]^{-1} \tag{12.60}$$

估计误差协方差可由下式计算：

$$P_{i_j}(k|k) = E[\tilde{x}_{i_j}(k|k)\tilde{x}_{i_j}^{\mathrm{T}}(k|k)]$$

$$= E\left\{\left[x(k) - \hat{x}_{i_j}(k|k)\right]\left[x(k) - \hat{x}_{i_j}(k|k)\right]^{\mathrm{T}}\right\}$$

$$= E\left\{\left[(I - K_{i_j}(k)C_{i_j}(k))\tilde{x}_{i_{j-1}}(k|k) - K_{i_j}(k)v_{i_j}(k)\right]\right.$$

$$\left. \cdot \left[(I - K_{i_j}(k)C_{i_j}(k))\tilde{x}_{i_{j-1}}(k|k) - K_{i_j}(k)v_{i_j}(k)\right]^{\mathrm{T}}\right\}$$

$$= \left[I - K_{i_j}(k)C_{i_j}(k)\right] P_{i_{j-1}}(k|k) \left[I - K_{i_j}(k)C_{i_j}(k)\right]^{\mathrm{T}}$$

$$+ K_{i_j}(k)R_{i_j}(k)K_{i_j}^{\mathrm{T}}(k) - \left[I - K_{i_j}(k)C_{i_j}(k)\right]\Delta_{i_{j-1}}(k)K_{i_j}^{\mathrm{T}}(k)$$

$$- K_{i_j}(k)\Delta_{i_{j-1}}^{\mathrm{T}}(k) \cdot \left[I - K_{i_j}(k)C_{i_j}(k)\right]^{\mathrm{T}}$$

$$= P_{i_{j-1}}(k|k) - K_{i_j}(k)[C_{i_j}(k)P_{i_{j-1}}(k|k) + \Delta_{i_{j-1}}^{\mathrm{T}}(k) \tag{12.61}$$

其中用到了式 (12.60)。

结合式 (12.58)~ 式 (12.61)，可得到

$$\hat{x}_{i_j}(k|k) = \hat{x}_{i_{j-1}}(k|k) + K_{i_j}(k)\left[z_{i_j}(k) - C_{i_j}(k)\hat{x}_{i_{j-1}}(k|k)\right] \tag{12.62}$$

$$P_{i_j}(k|k) = P_{i_{j-1}}(k|k) - K_{i_j}(k)\left[C_{i_j}(k)P_{i_{j-1}}(k|k) + \Delta_{i_{j-1}}^{\mathrm{T}}(k)\right] \tag{12.63}$$

$$K_{i_j}(k) = \left[P_{i_{j-1}}(k|k)C_{i_j}^{\mathrm{T}}(k) + \Delta_{i_{j-1}}(k)\right]\left[C_{i_j}(k)P_{i_{j-1}}(k|k)C_{i_j}^{\mathrm{T}}(k)\right.$$

$$\left. + R_{i_j}(k) + C_{i_j}(k)\Delta_{i_{j-1}}(k) + \Delta_{i_{j-1}}^{\mathrm{T}}(k)C_{i_j}^{\mathrm{T}}(k)\right]^{-1} \tag{12.64}$$

$$\Delta_{i_j}(k) = \prod_{u=j}^{1} \left[ I - K_{i_u}(k)C_{i_u}(k) \right] S_{i_{j+1}}(k) - K_{i_j}(k)R_{i_j,i_{j+1}}(k)$$

$$- \sum_{q=2}^{j} \prod_{u=j}^{q} \left[ I - K_{i_u}(k)C_{i_u}(k) \right] K_{i_{q-1}}(k)R_{i_{q-1},i_{j+1}}(k) \tag{12.65}$$

令 $\hat{x}_s(k|k) = \hat{x}_{i_p}(k|k)$, $P_s(k|k) = P_{i_p}(k|k)$，那么我们就得到了序贯融合的状态估计 $\hat{x}_s(k|k)$ 和 $P_s(k|k)$。证毕。

## 12.4　分布式融合估计算法

本节以两个传感器为例，推导最优分布式融合估计算法。其中，传感器 1 和传感器 2 的采样率之比为 3:1。由系统描述可知：在时刻 $3k$，传感器 2 将参与融合。在传感器 2 没有观测的时刻，用基于上一时刻的预测值来作为估计值。算法的主要目的是两个传感器以不同采样率对同一目标进行观测，且观测噪声彼此相关、观测噪声与系统噪声相关情况下，求出 $x(k)$ 的最优估计。

**定理 12.2**　现假设有两个传感器，传感器 1 采样率是传感器 2 的 3 倍，设传感器 1 的采样时间为单位时间。基于系统式 (12.1) 和式 (12.2)，$x(k)$ 的最优估计可利用下列公式所示的分布式融合得到[198, 200]：

$$\begin{cases} \hat{x}_d(k|k) = \sum_{i=1}^{N} \alpha_i(k)\hat{x}_i(k|k) \\ P_d(k|k) = \left[ e^{\mathrm{T}}(k)\Sigma^{-1}(k)e(k) \right]^{-1} \\ \alpha(k) = \Sigma^{-1}(k)e(k) \left[ e^{\mathrm{T}}(k)\Sigma^{-1}(k)e(k) \right]^{-1} \end{cases} \tag{12.66}$$

其中，$i = 1, 2$，$N = 2$，$\alpha(k) = [\ \alpha_1^{\mathrm{T}}(k)\ \ \alpha_2^{\mathrm{T}}(k)\ \ \cdots\ \ \alpha_N^{\mathrm{T}}(k)\ ]^{\mathrm{T}}$ 是 $n \times nN$ 矩阵。$e(k) = [\ I_n\ \ I_n\ \ \cdots\ \ I_n\ ]^{\mathrm{T}}$ 是 $nN \times n$ 矩阵，并且 $I_n$ 指维数为 $n$ 的单位矩阵。$\Sigma(k) = (P_{ij}(k|k))$ 是 $nN \times nN$ 矩阵，其第 $ij$ 个块为 $P_{ij}(k|k)$，$i, j = 1, 2$。

传感器 1 的局部估计由下列式子计算：

$$\hat{x}_1(k|k) = \hat{x}_1(k|k-1) + K_1(k) \left[ z_1(k) - C_1(k)\hat{x}_1(k|k-1) \right] \tag{12.67}$$

$$P_1(k|k) = P_1(k|k-1) - K_1(k) \left[ C_1(k)P_1(k|k-1) + S_1(k) \right] \tag{12.68}$$

$$\hat{x}_1(k|k-1) = A(k-1)\hat{x}_1(k-1|k-1) \tag{12.69}$$

$$P_1(k|k-1) = A(k-1)P_1(k-1|k-1)A^{\mathrm{T}}(k-1) + Q(k-1) \tag{12.70}$$

$$K_1(k) = \left[ P_1(k|k-1)C_1^{\mathrm{T}}(k) + S_1(k) \right] \left[ C_1(k)P_1(k|k-1)C_1^{\mathrm{T}}(k) \right.$$
$$\left. + R_1(k) + C_1(k)S_1(k) + S_1^{\mathrm{T}}(k)C_1^{\mathrm{T}}(k) \right]^{-1} \tag{12.71}$$

对于传感器 2, 仅在 $3k$ 时刻有观测值, 在有观测值的时刻, 局部估计由下列公式计算:

$$\hat{x}_2(3k|3k) = \hat{x}_2(3k|3k-1) + K_2(3k)\left[z_2(3k) - C_2(3k)\hat{x}_2(3k|3k-1)\right] \quad (12.72)$$

$$P_2(3k|3k) = P_2(3k|3k-1) - K_2(3k)\left[C_2(3k)P_2(3k|3k-1) + S_2(3k)\right] \quad (12.73)$$

$$\hat{x}_2(3k|3k-1) = A(3k-1)\hat{x}_2(3k-1|3k-1) \quad (12.74)$$

$$P_2(3k|3k-1) = A(3k-1)P_2(3k-1|3k-1)A^{\mathrm{T}}(3k-1) + Q(3k-1) \quad (12.75)$$

$$K_2(3k) = \left[P_2(3k|3k-1)C_2^{\mathrm{T}}(3k) + S_2(3k)\right] \cdot \left[C_2(3k)P_2(3k|3k-1)\right.$$
$$\left. \cdot C_2^{\mathrm{T}}(3k) + R_2(3k) + C_2(3k)S_2(3k) + S_2^{\mathrm{T}}(3k)C_2^{\mathrm{T}}(3k)\right]^{-1} \quad (12.76)$$

在没有观测的时刻用基于上一时刻对这一时刻的预测值来作为估计值, 有

$$\hat{x}_2(3k-1|3k-1) = A(3k-2)A(3(k-1))\hat{x}_2(3(k-1)|3(k-1)) \quad (12.77)$$

$$\hat{x}_2(3k-2|3k-2) = A(3(k-1))\hat{x}_2(3(k-1)|3(k-1)) \quad (12.78)$$

相应的估计误差协方差为

$$P_2(3k-1|3k-1) = A(3k-2)A(3(k-1))P_2(3(k-1)|3(k-1))A^{\mathrm{T}}(3(k-1))$$
$$\cdot A^{\mathrm{T}}(3k-2) + A(3k-2)Q(3(k-1))A^{\mathrm{T}}(3k-2)$$
$$+ Q(3k-2) \quad (12.79)$$

$$P_2(3k-2|3k-2) = A(3(k-1))P_2(3(k-1)|3(k-1))A^{\mathrm{T}}(3(k-1))$$
$$+ Q(3(k-1)) \quad (12.80)$$

并且

$$P_{12}(3k|3k) = [I - K_1(3k)C_1(3k)]\left[A(3k-1)P_{12}(3k-1|3k-1)\right.$$
$$\left. \cdot A^{\mathrm{T}}(3k-1) + Q(3k-1)\right][I - K_2(3k)C_2(3k)]^{\mathrm{T}}$$
$$- [I - K_1(3k)C_1(3k)]S_2(3k)K_2^{\mathrm{T}}(3k)$$
$$- K_1(3k)S_1^{\mathrm{T}}(3k)[I - K_2(3k)C_2(3k)]^{\mathrm{T}}$$
$$+ K_1(3k)R_{12}(3k)K_2^{\mathrm{T}}(3k) \quad (12.81)$$

$$P_{12}(3k-1|3k-1) = [I - K_1(3k-1)C_1(3k-1)]\left[A(3k-2)\right.$$
$$\left. \cdot P_{12}(3k-2|3k-2)A^{\mathrm{T}}(3k-2) + Q(3k-2)\right]$$
$$- K_1(3k-1)S_2^{\mathrm{T}}(3k-1) \quad (12.82)$$

$$P_{12}(3k-2|3k-2) = [I - K_1(3k-2)C_1(3k-2)]\left[A(3(k-1))\right.$$
$$P_{12}(3(k-1)|3(k-1))A^{\mathrm{T}}(3(k-1)$$
$$\left. + Q(3(k-1))\right] - K_1(3k-2)S_2^{\mathrm{T}}(3k-2) \quad (12.83)$$

并且

$$P_{21}(3k|3k) = P_{12}^{\mathrm{T}}(3k|3k) \tag{12.84}$$

$$P_{21}(3k-1|3k-1) = P_{12}^{\mathrm{T}}(3k-1|3k-1) \tag{12.85}$$

$$P_{21}(3k-2|3k-2) = P_{12}^{\mathrm{T}}(3k-2|3k-2) \tag{12.86}$$

同样的

$$P_{11}(k|k) = P_1(k|k) \tag{12.87}$$

$$P_{22}(3k|3k) = P_2(3k|3k) \tag{12.88}$$

可由式 (12.68) 和式 (12.73) 计算, 即

$$
\begin{aligned}
P_{22}(3k-1|3k-1) &= P_2(3k-1|3k-1) \\
&= A(3k-2)P_{22}(3k-2|3k-2)A^{\mathrm{T}}(3k-2) \\
&\quad + Q(3k-2)
\end{aligned}
\tag{12.89}
$$

$$
\begin{aligned}
P_{22}(3k-2|3k-2) &= P_2(3k-2|3k-2) \\
&= A(3(k-1))P_{22}(3(k-1)|3(k-1)) \\
&\quad \cdot A^{\mathrm{T}}(3(k-1)) + Q(3(k-1))
\end{aligned}
\tag{12.90}
$$

**证明** 对于系统式 (12.1) 和式 (12.2), 根据定理 12.1, 可以得到各传感器的局部估计 $\hat{x}_i(k|k)$ 和相应的估计误差协方差 $P_i(k|k)$。局部估计误差协方差相关阵为

$$P_{ij}(k|k) = E\left\{ [x(k) - \hat{x}_i(k|k)][x(k) - \hat{x}_i(k|k)]^{\mathrm{T}} \right\} \tag{12.91}$$

把式 (12.67) 和式 (12.72) 代入上式, 并且结合式 (12.1) 和式 (12.2), 有

$$
\begin{aligned}
P_{12}(3k|3k) &= E\big\{ [x(3k) - \hat{x}_1(3k|3k)]\,[x(3k) - \hat{x}_2(3k|3k)]^{\mathrm{T}} \big\} \\
&= E\big\{ [(I - K_1(3k)C_1(3k))\tilde{x}_1(3k|3k-1) - K_1(3k)v_1(3k)] \\
&\quad \cdot [(I - K_2(3k)C_2(3k))\tilde{x}_2(3k|3k-1) - K_2(3k)v_2(3k)]^{\mathrm{T}} \big\} \\
&= [I - K_1(3k)C_1(3k)]\, E\big[\tilde{x}_1(3k|3k-1)\tilde{x}_2^{\mathrm{T}}(3k|3k-1)\big] \\
&\quad \cdot [I - K_2(3k)C_2(3k)]^{\mathrm{T}} - [I - K_1(3k)C_1(3k)] \\
&\quad \cdot E\big[\tilde{x}_1(3k|3k-1)v_2^{\mathrm{T}}(3k)\big] K_2^{\mathrm{T}}(3k) \\
&\quad - K_1(3k)E\big[v_1(3k)\tilde{x}_2^{\mathrm{T}}(3k|3k-1)\big] [I - K_2(3k)C_2(3k)]^{\mathrm{T}} \\
&\quad + K_1(3k)E[v_1(3k)v_2^{\mathrm{T}}(3k)]K_2^{\mathrm{T}}(3k)
\end{aligned}
\tag{12.92}
$$

其中

$$\tilde{x}_i(3k|3k-1) = x(3k) - \hat{x}_i(3k|3k-1)$$
$$= A(3k-1)\tilde{x}_i(3k-1|3k-1) + w(3k-1) \tag{12.93}$$

其中，$\tilde{x}_i(3k-1|3k-1) = x(3k-1) - \hat{x}_i(3k-1|3k-1)$，$i=1,2$。根据式 (12.93)，并结合式 (12.6)，可以得到

$$\begin{cases} E\left[\tilde{x}_1(3k|3k-1)\tilde{x}_2^{\mathrm{T}}(3k|3k-1)\right] \\ = A(3k-1)P_{12}(3k-1|3k-1)A^{\mathrm{T}}(3k-1) + Q(3k-1) \\ E\left[\tilde{x}_1(3k|3k-1)v_2^{\mathrm{T}}(3k)\right] = S_2(3k) \\ E\left[v_1(3k)\tilde{x}_2^{\mathrm{T}}(3k|3k-1)\right] = S_1^{\mathrm{T}}(3k) \end{cases} \tag{12.94}$$

把式 (12.94) 代入式 (12.92)，结合式 (12.6)，有

$$\begin{aligned} P_{12}(3k|3k) &= [I - K_1(3k)C_1(3k)]\big[A(3k-1)P_{12}(3k-1|3k-1)A^{\mathrm{T}}(3k-1) \\ &\quad + Q(3k-1)\big][I - K_2(3k)C_2(3k)]^{\mathrm{T}} - [I - K_1(3k)C_1(3k)] \\ &\quad \cdot S_2(3k)K_2^{\mathrm{T}}(3k) - K_1(3k)S_1^{\mathrm{T}}(3k)[I - K_2(3k)C_2(3k)]^{\mathrm{T}} \\ &\quad + K_1(3k)R_{12}(3k)K_2^{\mathrm{T}}(3k) \end{aligned} \tag{12.95}$$

$$\begin{aligned} P_{12}(3k-1|3k-1) &= E\big\{\,[x(3k-1) - \hat{x}_1(3k-1|3k-1)] \\ &\quad \cdot [x(3k-1) - \hat{x}_2(3k-1|3k-1)]^{\mathrm{T}}\,\big\} \\ &= E\big\{\,[(I - K_1(3k-1)C_1(3k-1))\tilde{x}_1(3k-1|3k-2) \\ &\quad - K_1(3k-1)v_1(3k-1)]\tilde{x}_2^{\mathrm{T}}(3k-1|3k-2)\big\} \\ &= [I - K_1(3k-1)C_1(3k-1)]\,P_{12}(3k-1|3k-2) \\ &\quad - K_1(3k-1)S_2^{\mathrm{T}}(3k-1) \\ &= [I - K_1(3k-1)C_1(3k-1)]\big[A(3k-2) \\ &\quad \cdot P_{12}(3k-2|3k-2)A^{\mathrm{T}}(3k-2) + Q(3k-2)\big] \\ &\quad - K_1(3k-1)S_2^{\mathrm{T}}(3k-1) \end{aligned} \tag{12.96}$$

$$\begin{aligned} P_{12}(3k-2|3k-2) &= E\big\{\,[x(3k-2) - \hat{x}_1(3k-2|3k-2)] \\ &\quad \cdot [x(3k-2) - \hat{x}_2(3k-2|3k-2)]^{\mathrm{T}}\,\big\} \end{aligned}$$

$$
\begin{aligned}
&= E\big\{\big[(I - K_1(3k-2)C_1(3k-2))\tilde{x}_1(3k-2|3k-3) \\
&\quad - K_1(3k-2)v_1(3k-2)\big]\tilde{x}_2^{\mathrm{T}}(3k-2|3k-3)\big\} \\
&= [I - K_1(3k-2)C_1(3k-2)]\, P_{12}(3k-2|3k-3) \\
&\quad - K_1(3k-2)S_2^{\mathrm{T}}(3k-2) \\
&= [I - K_1(3k-2)C_1(3k-2)]\,\big[A(3k-3) \\
&\quad \cdot P_{12}(3k-3|3k-3)A^{\mathrm{T}}(3k-3) + Q(3k-3)\big] \\
&\quad - K_1(3k-2)S_2^{\mathrm{T}}(3k-2) \\
&= [I - K_1(3k-2)C_1(3k-2)]\,\big[A(3(k-1)) \\
&\quad \cdot P_{12}(3(k-1)|3(k-1))A^{\mathrm{T}}(3(k-1)) \\
&\quad + Q(3(k-1))\big] - K_1(3k-2)S_2^{\mathrm{T}}(3k-2)
\end{aligned}
\tag{12.97}
$$

$$
\begin{aligned}
P_{11}(k|k) &= P_1(k|k) \\
&= E\left\{[x(k) - \hat{x}_1(k|k)][x(k) - \hat{x}_1(k|k)]^{\mathrm{T}}\right\} \\
&= [I - K_1(k)C_1(k)]\,\big[A(k-1)P_1(k-1|k-1)A^{\mathrm{T}}(k-1) + Q(k-1)\big] \\
&\quad \cdot [I - K_1(k)C_1(k)]^{\mathrm{T}} - [I - K_1(k)C_1(k)]S_1(k)K_1^{\mathrm{T}}(k) \\
&\quad - K_1(k)S_1^{\mathrm{T}}(k)[I - K_1(k)C_1(k)]^{\mathrm{T}} + K_1(k)R_{11}(k)K_1^{\mathrm{T}}(k) \\
&= P_1(k|k-1) - K_1(k)\,[C_1(k)P_1(k|k-1) + S_1(k)]
\end{aligned}
\tag{12.98}
$$

$$
\begin{aligned}
P_{22}(3k|3k) &= P_2(3k|3k) \\
&= E\left\{[x(3k) - \hat{x}_2(3k|3k)][x(3k) - \hat{x}_2(3k|3k)]^{\mathrm{T}}\right\} \\
&= [I - K_2(3k)C_2(3k)]\big[A(3k-1)P_{22}(3k-1|3k-1)A^{\mathrm{T}}(3k-1) \\
&\quad + Q(3k-1)\big][I - K_2(3k)C_2(3k)]^{\mathrm{T}} - [I - K_2(3k)C_2(3k)] \\
&\quad \cdot S_2(3k)K_2^{\mathrm{T}}(3k) - K_2(3k)S_2^{\mathrm{T}}(3k)[I - K_2(3k)C_2(3k)]^{\mathrm{T}} \\
&\quad + K_2(3k)R_{22}(3k)K_2^{\mathrm{T}}(3k) \\
&= P_2(3k|3k-1) - K_2(3k)\,[C_2(3k)P_2(3k|3k-1) + S_2(3k)]
\end{aligned}
\tag{12.99}
$$

在传感器 2 没有观测的时刻, 用预测值作为估计值

$$
\begin{aligned}
P_{22}(3k-2|3k-2) &= P_{22}(3k-2|3k-3) = P_2(3k-2|3k-3) \\
&= A(3(k-1))P_2(3(k-1)|3(k-1)) \\
&\quad \cdot A^{\mathrm{T}}(3(k-1)) + Q(3(k-1))
\end{aligned} \tag{12.100}
$$

$$
\begin{aligned}
P_{22}(3k-1|3k-1) &= P_{22}(3k-1|3k-2) = P_2(3k-1|3k-2) \\
&= A(3k-2)P_2(3k-2|3k-2)A^{\mathrm{T}}(3k-2) \\
&\quad + Q(3k-2) \\
&= A(3k-2)A(3(k-1))P_2(3(k-1)|3(k-1)) \\
&\quad \cdot A^{\mathrm{T}}(3(k-1))A^{\mathrm{T}}(3k-2) + Q(3k-2) \\
&\quad + A(3k-2)Q(3(k-1))A^{\mathrm{T}}(3k-2)
\end{aligned} \tag{12.101}
$$

因此, 即使在传感器 2 没有观测值的时刻, 也可以得到其估计值及其相应的估计误差协方差。

由局部状态估计 $\hat{x}_i(k|k)(i=1,2)$, 引入综合无偏估计

$$
\hat{x}(k|k) = \sum_{i=1}^{N} \beta_i(k)\hat{x}_i(k|k) \tag{12.102}
$$

其中, $\beta_i(k)(i=1,2)$ 是任意矩阵, 这里仅考虑两个传感器的情况, 所以 $N=2$。由式 (12.102), 并且使用我们的无偏假设, 有

$$
\sum_{i=1}^{N} \beta_i(k) = I_n \tag{12.103}
$$

或者

$$
\beta^{\mathrm{T}}(k)e(k) = I_n \tag{12.104}
$$

其中, $\beta(k) = [\ \beta_1^{\mathrm{T}}(k) \quad \beta_2^{\mathrm{T}}(k)\ ]^{\mathrm{T}}$; $e(k) = [\ I_n \quad I_n\ ]^{\mathrm{T}}$ 是 $nN \times n$ 维矩阵。

记 $\tilde{x}(k|k) = x(k) - \hat{x}(k|k)$, 并且 $P(k|k) = E\left[\tilde{x}(k|k)\tilde{x}^{\mathrm{T}}(k|k)\right]$, 那么由式 (12.102), 有

$$
P(k|k) = \sum_{i=1}^{N} \beta_i(k)P_{ij}(k|k)\beta_j^{\mathrm{T}}(k) = \beta^{\mathrm{T}}(k)\Sigma(k)\beta(k) \tag{12.105}
$$

其中, $\Sigma(k) = (P_{ij}(k|k))$ 是一个对称正定矩阵, 维数为 $nN \times nN$。

分布式结构中，我们在最小均方误差意义下推导其最优融合估计值。由式 (12.104)，使用拉格朗日乘子法来使得 $\mathrm{tr}\{P(k|k)\}$ 最小，设

$$F(k) = \mathrm{tr}\{P(k|k)\} + 2\mathrm{tr}\{\lambda(k)\left[\beta^{\mathrm{T}}(k)e(k) - I_n\right]\} \tag{12.106}$$

其中，$F(k)$ 是关于 $\hat{x}(k|k)$ 的凸函数；$\mathrm{tr}\{P(k|k)\}$ 指的是 $P(k|k)$ 的迹；$\lambda(k)$ 是一个维数为 $n$ 的矩阵。

令 $\left.\dfrac{\partial F(x)}{\partial \beta(k)}\right|_{\beta(k)=\alpha(k)} = 0$，注意到 $\Sigma^{\mathrm{T}}(k) = \Sigma(k)$，有

$$\Sigma(k)\alpha(k) + e(k)\lambda(k) = 0 \tag{12.107}$$

由式 (12.104) 和式 (12.107)，有

$$\begin{bmatrix} \Sigma(k) & e(k) \\ e^{\mathrm{T}}(k) & 0 \end{bmatrix} \begin{bmatrix} \alpha(k) \\ \lambda(k) \end{bmatrix} = \begin{bmatrix} 0 \\ I_n \end{bmatrix} \tag{12.108}$$

因此

$$\begin{aligned} \begin{bmatrix} \alpha(k) \\ \lambda(k) \end{bmatrix} &= \begin{bmatrix} \Sigma(k) & e(k) \\ e^{\mathrm{T}}(k) & 0 \end{bmatrix}^{-1} \begin{bmatrix} 0 \\ I_n \end{bmatrix} \\ &= \begin{bmatrix} \Sigma^{-1}(k) - \Sigma^{-1}(k)e(k)\left[e^{\mathrm{T}}(k)\Sigma^{-1}(k)e(k)\right]^{-1}e^{\mathrm{T}}(k)\Sigma^{-1}(k) \\ \left[e^{\mathrm{T}}(k)\Sigma^{-1}(k)e(k)\right]^{-1}e^{\mathrm{T}}(k)\Sigma^{-1}(k) \end{bmatrix. \\ &\quad \left. \begin{matrix} \Sigma^{-1}(k)e(k)\left[e^{\mathrm{T}}(k)\Sigma^{-1}(k)e(k)\right]^{-1} \\ -\left[e^{\mathrm{T}}(k)\Sigma^{-1}(k)e(k)\right]^{-1} \end{matrix} \right] \cdot \begin{bmatrix} 0 \\ I_n \end{bmatrix} \\ &= \begin{bmatrix} \Sigma^{-1}(k)e(k)\left[e^{\mathrm{T}}(k)\Sigma^{-1}(k)e(k)\right]^{-1} \\ -\left[e^{\mathrm{T}}(k)\Sigma^{-1}(k)e(k)\right]^{-1} \end{bmatrix} \end{aligned} \tag{12.109}$$

由式 (12.109)，有

$$\alpha(k) = \Sigma^{-1}(k)e(k)\left[e^{\mathrm{T}}(k)\Sigma^{-1}(k)e(k)\right]^{-1} \tag{12.110}$$

把式 (12.110) 代入式 (12.102) 和式 (12.105)，可以得到最优分布式融合估计

$$\begin{cases} \hat{x}_d(k|k) = \displaystyle\sum_{i=1}^{N} \alpha_i(k)\hat{x}_i(k|k) \\ P_d(k|k) = \left[e^{\mathrm{T}}(k)\Sigma^{-1}(k)e(k)\right]^{-1} \\ \begin{bmatrix} \alpha_1^{\mathrm{T}}(k) & \alpha_2^{\mathrm{T}}(k) & \cdots & \alpha_N^{\mathrm{T}}(k) \end{bmatrix}^{\mathrm{T}} \\ = \Sigma^{-1}(k)e(k)\left[e^{\mathrm{T}}(k)\Sigma^{-1}(k)e(k)\right]^{-1} \end{cases} \tag{12.111}$$

至此，定理 12.2 证毕。

# 12.5  仿真实例

## 12.5.1  序贯式融合估计算法仿真

为了说明本章给出的序贯式融合估计算法的有效性，这部分我们提供一个实际的仿真例子。

假设一个目标有三个传感器来观测，其系统方程可由式 (12.1) 和式 (12.2) 来描述。传感器 1 具有最高的采样率 $S_1$，传感器 2 和 3 的采样率分别为 $S_2$ 和 $S_3$，满足 $S_1 = 2S_2 = 3S_3$，并且

$$A = \begin{bmatrix} 1 & 1 \\ 0 & 1 \end{bmatrix} \tag{12.112}$$

$$C_1 = \begin{bmatrix} 1 & 0 \end{bmatrix} \tag{12.113}$$

$$C_2 = \begin{bmatrix} 1 & 0 \end{bmatrix} \tag{12.114}$$

$$C_3 = \begin{bmatrix} 0 & 1 \end{bmatrix} \tag{12.115}$$

传感器 1 和 2 观测位置，传感器 3 观测速度。

在 $k$ 时刻，量测噪声之间关联性的协方差阵为

$$R_1(k) = \mathrm{cov}[v_1(k)] = 0.048 \tag{12.116}$$

$$R_2(k) = \mathrm{cov}[v_2(k)] = 0.064 \tag{12.117}$$

$$R_3(k) = \mathrm{cov}[v_3(k)] = 0.064 \tag{12.118}$$

$$R_{12}(k) = E\left[v_1(k)v_2^{\mathrm{T}}(k)\right] = 0.032 \tag{12.119}$$

$$R_{13}(k) = E\left[v_1(k)v_3^{\mathrm{T}}(k)\right] = 0.016 \tag{12.120}$$

$$R_{23}(k) = E\left[v_2(k)v_3^{\mathrm{T}}(k)\right] = 0.016 \tag{12.121}$$

所以，量测噪声方差阵为

$$R(k) = \begin{bmatrix} 0.048 & 0.032 & 0.016 \\ 0.032 & 0.064 & 0.016 \\ 0.016 & 0.016 & 0.064 \end{bmatrix} \tag{12.122}$$

并且

$$Q(k) = \mathrm{cov}[w(k)] = \begin{bmatrix} 0.02 & 0.01 \\ 0.01 & 0.04 \end{bmatrix} \tag{12.123}$$

过程噪声和量测噪声的协方差阵为

$$S_1(k) = E[w(k-1)v_1^{\mathrm{T}}(k)] = \begin{bmatrix} 0.0050 \\ 0.0025 \end{bmatrix} \tag{12.124}$$

$$S_2(k) = E[w(k-1)v_2^{\mathrm{T}}(k)] = \begin{bmatrix} 0.0050 \\ 0.0025 \end{bmatrix} \tag{12.125}$$

$$S_3(k) = E[w(k-1)v_3^{\mathrm{T}}(k)] = \begin{bmatrix} 0.0025 \\ 0.0100 \end{bmatrix} \tag{12.126}$$

初始状态为

$$x_0 = \begin{bmatrix} 10 \\ 0.1 \end{bmatrix}, \quad P_0 = \begin{bmatrix} 3 & 0 \\ 0 & 3 \end{bmatrix} \tag{12.127}$$

为了生成 $\hat{x}_s(k|k)$，在量测更新时刻，如果 $k$ 可被 2 整除，但不能被 3 整除，那么我们使用传感器 1 和 2 的量测值。同样的，如果 $k$ 可被 3 整除，但不能被 2 整除，那么我们用到传感器 1 和 3 的观测值来生成 $x(k)$ 的估计。然而，如果 $k$ 可同时被 2 和 3 整除，即当 $k$ 是 6 的倍数时，传感器 $1 \sim 3$ 的观测值都会用到。其他情况时，我们就只使用传感器 1 的观测值。

图 12.1～ 图 12.5 显示的是蒙特卡罗仿真结果。KF 指的是仅使用传感器 1 的量

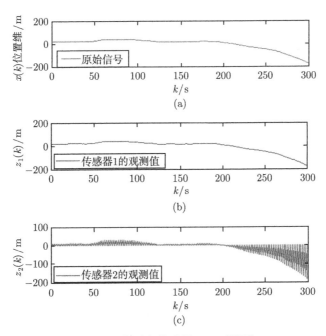

图 12.1 位置和传感器 1、2 观测值

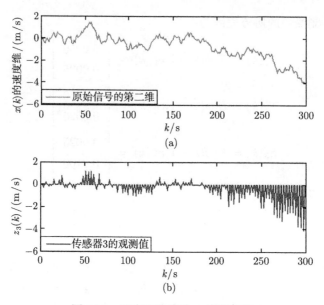

图 12.2　速度和传感器 3 的观测值

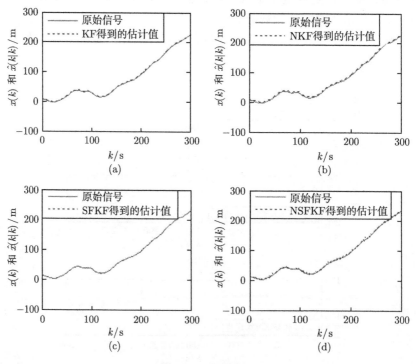

图 12.3　位置估计

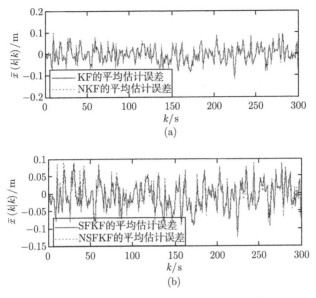

图 12.4　100 次仿真的统计位置估计误差

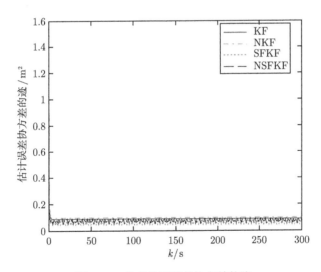

图 12.5　状态估计误差协方差的迹

测，量测噪声与上一时刻过程噪声相关时的 Kalman 滤波算法；NKF 指的是仅使用传感器 1 的量测、令噪声相关性矩阵等于零时的 Kalman 滤波算法；SFKF 指的是使用所有这三个传感器的量测，并且存在两类噪声相关时定理 12.1 给出的序贯融合算法；NSFKF 指的是令噪声相关性矩阵等于零时的序贯融合算法。

在图 12.1 中，(a)~(c) 分别是原始信号的第一维、传感器 1 的量测和传感器

2 的量测。由图可看出传感器 2 仅在奇数点有观测值，在偶数点观测值为 0。在图 12.2 中，(a) 和 (b) 分别是原始信号的第二维和传感器 3 的量测。传感器 3 仅在采样点是 3 的倍数时才有量测值，可看出观测值有噪声的干扰。

图 12.3 显示的是位置的状态估计。(a)~(d) 分别是由算法 KF、NKF、SFKF 和 NSFKF 得到的融合估计值。为了便于比较，估计用点线来显示，原始信号用实线来表示。从这个图中，可以看出，所有算法都可以得到比较好的估计，但我们给出的算法 (SFKF) 估计效果最好。

图 12.4 给出的是 100 次仿真的统计估计误差。其中，KF 和 NKF 的位置估计误差分别在 (a) 中用实线和点线来显示。(b) 中实线和点线分别给出的是 SFKF 和 NSFKF 的位置估计误差。同样的，我们可以看出 KF 比 NKF 误差小，SFKF 的误差比 NSFKF 的误差小。

图 12.5 给出的是估计误差协方差的迹。从图中可清晰地看出，定理 12.1 给出的算法 (SFKF) 协方差的迹最小，后面协方差的迹由小到大依次是 NSFKF、KF 和 NKF。四种算法的最终稳态平均值分别是 0.0660、0.0783、0.0910 和 0.1020。可以很容易得到结论：考虑噪声相关性的算法比没考虑噪声相关性的算法性能要好。在给出的四种算法中，本章 12.3 节给出的算法表现出的性能最好。

简单来说，这部分的仿真结果表明了本章 12.3 节所给出算法的有效性。

### 12.5.2  分布式融合估计算法仿真

本节将对本章 12.4 节介绍的分布式融合估计算法进行仿真分析，并将其与本章 12.3 节给出的序贯式融合估计算法进行比较。

为了使得结果更简洁，我们对上一节的仿真实例进行进一步简化。假设一个目标有两个传感器来观测，其系统方程可由式 (12.1) 和式 (12.2) 来描述。传感器 1 具有最高的采样率 $S_1$，传感器 2 的采样率为 $S_2$，满足 $S_1 = 3S_2$。并且

$$A = \begin{bmatrix} 1 & 1 \\ 0 & 1 \end{bmatrix} \tag{12.128}$$

$$C_1 = \begin{bmatrix} 1 & 0 \end{bmatrix} \tag{12.129}$$

$$C_2 = \begin{bmatrix} 1 & 0 \end{bmatrix} \tag{12.130}$$

传感器 1 和 2 均观测位置。

在传感器 2 也有观测值的时刻 $k$，量测噪声之间关联性的协方差阵为

$$R_1(k) = \mathrm{cov}[v_1(k)] = 0.048 \tag{12.131}$$

$$R_2(k) = \mathrm{cov}[v_2(k)] = 0.064 \tag{12.132}$$

$$R_{12}(k) = E[v_1(k)v_2^{\mathrm{T}}(k)] = 0.032 \tag{12.133}$$

所以，量测噪声方差阵为

$$R(k) = \left[ \begin{array}{cc} 0.0480 & 0.0320 \\ 0.0320 & 0.0640 \end{array} \right] \qquad (12.134)$$

并且

$$Q(k) = \text{cov}[w(k)] = \left[ \begin{array}{cc} 0.02 & 0.01 \\ 0.01 & 0.04 \end{array} \right] \qquad (12.135)$$

过程噪声和量测噪声的协方差阵为

$$S_1(k) = E\left[ w(k-1)v_1^{\text{T}}(k) \right] = \left[ \begin{array}{c} 0.0050 \\ 0.0025 \end{array} \right] \qquad (12.136)$$

$$S_2(k) = E\left[ w(k-1)v_2^{\text{T}}(k) \right] = \left[ \begin{array}{c} 0.0050 \\ 0.0025 \end{array} \right] \qquad (12.137)$$

初始状态为

$$x_0 = \left[ \begin{array}{c} 10 \\ 0.1 \end{array} \right], \quad P_0 = \left[ \begin{array}{cc} 3 & 0 \\ 0 & 3 \end{array} \right] \qquad (12.138)$$

为了生成 $\hat{x}_s(k|k)$，在量测更新时刻，如果 $k$ 可被 3 整除，那么我们使用传感器 1 和 2 的量测值。如果 $k$ 不可被 3 整除，传感器 2 此时无量测值，那么我们使用其基于上一时刻的预测值作为此刻的量测值参与融合估计。

图 12.6~ 图 12.9 显示的是蒙特卡罗仿真结果。SFKF 指的是使用定理 12.1 所提出的序贯式融合算法；NSFKF 指的是视量测噪声不相关，量测噪声与上一时刻过程噪声也不相关的一般情况下的序贯式融合算法；ODF 指的是使用定理 12.2 给出的分布式融合算法。

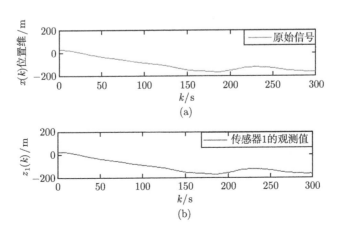

(a)

(b)

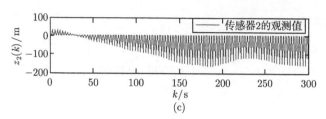

图 12.6　原始信号及各传感器的量测值

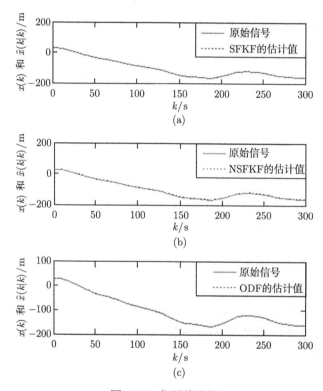

图 12.7　位置估计值

在图 12.6 中，(a)~(c) 分别是原始信号的第一维，传感器 1 的量测和传感器 2 的量测。由图可看出传感器 2 仅当采样点是 3 的倍数时才有观测值，在其他采样点观测值为 0。

图 12.7 显示的是位置的状态估计。(a)~(c) 分别是由算法 SFKF、NSFKF 和 ODF 得到的融合估计值。为了便于比较，各算法估计值用点线来显示，原始信号用实线来表示。从这个图中可以看出，所有算法都可以得到比较好的估计。没有考虑噪声相关性的 NSFKF 有些许毛刺，本章 12.3 节给出的 SFKF 和本章 12.4 节给出的 ODF 都具有较好的估计性能。

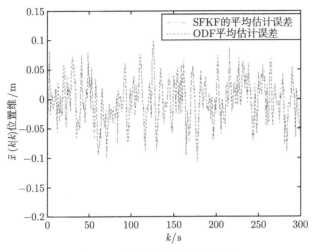

图 12.8    统计位置估计误差均值

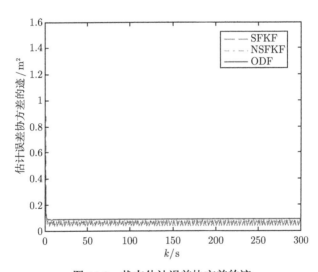

图 12.9    状态估计误差协方差的迹

图 12.8 给出的是 100 次仿真的统计估计误差。其中，点画线显示的是 SFKF 算法的 100 次仿真的平均估计误差值，而点线表示的是本章 12.4 节给出算法 ODF 的 100 次仿真的平均估计误差值。两条线几乎重合。

图 12.9 给出的是估计误差协方差的迹。从图中可清晰地看出，SFKF 存在一定程度的振荡，而本章定理 12.2 给出的算法 ODF 协方差的迹最小，并且有效减小了这种振荡性。

简单来说，这部分的仿真结果表明了本章 12.4 节所给出算法的有效性。

## 12.6　本　章　小　结

　　本章主要研究了多个传感器采样速率不同时，并且在同一时刻有观测值的不同传感器量测噪声相关，量测噪声与上一时刻过程噪声也相关的情况下，多传感器的最优融合估计问题。首先，通过反复利用投影定理和归纳假设，推导出一种新的序贯滤波方法，此方法在 LMMSE 意义下性能最优。随后给出的计算机仿真例子也验证了该算法的优越性。随后，我们讨论了用分布式结构来对存在噪声相关的多速率传感器数据进行融合估计的算法。

　　本章给出的两种算法均可推广应用于导航、机动目标跟踪、故障诊断与容错等应用领域。

# 第13章 噪声统计特性未知情况下的多源信息融合估计

## 13.1 引　　言

前面两章在传感器噪声相关、传感器噪声和系统噪声相关情况下，分别研究了同速率数据融合状态估计问题和多速率数据融合状态估计问题。其中，噪声的统计特性已知，噪声之间的相关性统计特性也是已知的。然而，在现实生活中，噪声之间的相关性往往是由多种原因引起的，可能很复杂。噪声之间的相关性统计特性并不好得到，甚至也不方便在线估计。在这种情况下，如何进行多传感器的数据融合和状态估计，就成为一个亟待解决的问题。

对于噪声相关性未知情况下的数据融合估计问题，目前已有一些研究成果，如协方差交叉算法、凸组合方法等，这些方法各有其优缺点和适用范围。本章将对常用的融合方法——广义凸组合融合方法进行详细的介绍，并根据权重设置的不同对其进行分类。随后，在对这些算法进行分析的基础上，给出两种改进的融合估计算法。

## 13.2　相关多源信息融合估计算法简述

### 13.2.1　广义凸组合融合算法

简单起见，本节只讨论两个局部估计的融合问题。这节的算法可以很容易地推广到多个传感器信息的融合。

假定用于融合估计的两个局部估计值 $\hat{x}_i$ 及其误差协方差矩阵 $P_i$ 给定，但其互相关矩阵 $P_{ij}^*, i, j \in \{1, 2\}, i \neq j$ 未知。现在，考虑交叉相关性未知情况下分布式融合的广义凸组合融合方法：

$$\begin{cases} \hat{x}_{\text{GCC}} = P_{\text{GCC}}(\omega_1 P_1^{-1} \hat{x}_1 + \omega_2 P_2^{-1} \hat{x}_2) \\ P_{\text{GCC}} = (\omega_1 P_1^{-1} + \omega_2 P_2^{-1})^{-1} \\ \omega_1 + \omega_2 = \delta \end{cases} \tag{13.1}$$

其中，权重系数 $\omega_1, \omega_2 \in [0, \delta], \delta > 0$ 是需要确定的参数。

第 $i$ 个局部估计值的权重矩阵可以表示为

$$W_i = \omega_i P_{\mathrm{GCC}} P_i^{-1}, \qquad i \in \{1, 2\} \tag{13.2}$$

那么，可以得到

$$\hat{x}_{\mathrm{GCC}} = W_1 \hat{x}_1 + W_2 \hat{x}_2 \tag{13.3}$$

称 $\hat{x}_{\mathrm{GCC}}$ 为局部估计 $\hat{x}_i$ 在 $W_1 + W_2 = I$ 意义下的广义凸组合 (generalized convex combination, GCC)，这里 $I$ 是和 $P_i$ 维数一致的单位矩阵。

广义凸组合融合方法可以有多种分类。在本章，根据权重设置的不同，将 GCC 融合方法分为三类。

1. 第一类: $\omega_1 = \omega_2 = 1$

本章将这类情况称为 GCC1，文献 [201] 也把这种情况叫做简单凸组合 (simple convex combination, SCC)。

$$x_{\mathrm{GCC1}} = P_{\mathrm{GCC1}}(P_1^{-1}\hat{x}_1 + P_2^{-1}\hat{x}_2) \tag{13.4}$$

$$P_{\mathrm{GCC1}} = (P_1^{-1} + P_2^{-1})^{-1} \tag{13.5}$$

如果局部估计误差不相关，那么 GCC1 是线性最小均方误差意义下的最优估计。在局部估计误差相关但不可用的情况下，如果粗略地认为局部估计误差之间不相关，进而利用简单凸组合方法，也可以得到一个估计结果，但这个估计是次优的。

2. 第二类: $\omega_1, \omega_2 \in [0, 1]$

本章将这类情况称为 GCC2，由下面各式给出:

$$\begin{cases} \hat{x}_{\mathrm{GCC2}} = P_{\mathrm{GCC2}}(\omega_1 P_1^{-1}\hat{x}_1 + \omega_2 P_2^{-1}\hat{x}_2) \\ P_{\mathrm{GCC2}} = (\omega_1 P_1^{-1} + \omega_2 P_2^{-1})^{-1} \\ \omega_1 + \omega_2 = 1 \end{cases} \tag{13.6}$$

这和文献 [202] 中的协方差交叉 (covariance intersection, CI) 算法在形式上是一致的。GCC2 即 CI 算法，为相关性不可用情况下的分布式融合提供了一个很好的选择。在所有局部估计都是无偏条件下，GCC2 得到的全局估计值也是无偏的。另外，在两个局部估计都是保守的情况下，GCC2 得到的融合结果对任意的 $\omega_1$、$\omega_2$、$P_{ij}^*$ 都是无偏的，并且

$$P_{\mathrm{GCC2}} - P_{\mathrm{GCC2}}^* \geqslant 0 \tag{13.7}$$

其中，$P_{\mathrm{GCC2}}^* = P_{\mathrm{GCC2}}(\omega_1^2 P_1^{-1} P_1^* P_1^{-1} + \omega_1\omega_2 P_1^{-1} P_{12}^* P_2^{-1} + \omega_1\omega_2 P_2^{-1} P_{21}^* P_1^{-1} + \omega_2^2 P_2^{-1} P_2^* P_2^{-1}) P_{\mathrm{GCC2}}$，是 $\hat{x}_{\mathrm{GCC2}}$ 的实际误差协方差矩阵。称一个估计是保守的，如果其计

算出的误差协方差矩阵或均方误差 MSE 大于实际值。根据权重 $\omega_1$、$\omega_2$ 是否依赖于 $\hat{x}_i$, $P_{\mathrm{GCC2}}^*$ 可以将 $P_{\mathrm{GCC2}}^*$ 分为绝对误差协方差矩阵和非绝对误差协方差矩阵两种情况。一般情况下，$P_{\mathrm{GCC2}}^*$ 并不可知，因为其计算过程需要用到估计误差交叉相关性信息。除了误差协方差矩阵前多乘了一个因子 $\omega_i^{-1}$ 之外，第二类广义凸组合融合算法 GCC2 和第一类融合算法 GCC1 在形式上是一致的。

根据权重的确定方式不同，相应的广义凸组合融合算法也有一定的差别。如果权重系数 $\omega_i$ 的值取决于 $\hat{x}_i$，则称 $\omega_i$ 是依赖估计的，反之，则称 $\omega_i$ 是不依赖估计的。例如，$\omega_i$ 由 $\hat{x}_i$ 的一个函数得到，或者是一个包含 $\hat{x}_i$ 的优化方程组的最优解，那么 $\omega_i$ 是依赖估计的。

3. 第三类: $\omega_1, \omega_2 \in [0, \delta], \delta \in (0, 1]$

本章将这类情况称为 GCC3。令

$$\overline{\omega}_i = \omega_i/\delta, \quad i \in \{1, 2\} \tag{13.8}$$

那么，GCC3 可以由下式得到:

$$\begin{cases} \hat{x}_{\mathrm{GCC3}} = \delta P_{\mathrm{GCC3}}(\overline{\omega}_1 P_1^{-1}\hat{x}_1 + \overline{\omega}_2 P_2^{-1}\hat{x}_2) \\ \delta P_{\mathrm{GCC3}} = (\overline{\omega}_1 P_1^{-1} + \overline{\omega}_2 P_2^{-1})^{-1} \\ \overline{\omega}_1 + \overline{\omega}_2 = 1 \end{cases} \tag{13.9}$$

给定 $\overline{\omega}_1$、$\overline{\omega}_2$，不考虑 $\delta$ 时，融合估计值 $\hat{x}_{\mathrm{GCC3}}$ 和 $\hat{x}_{\mathrm{GCC2}}$ 是一样的。因此，$\hat{x}_{\mathrm{GCC3}}$ 可以看成是在 $\hat{x}_{\mathrm{GCC2}}$ 的基础上乘上一个因子 $\delta^{-1}$ 得到权重系数的值 $\omega_i$。如果两个局部估计值 $\hat{x}_i$ 都是保守的，那么对于任意的 $\omega_1$、$\omega_2$、$P_{ij}^*$，实际误差协方差矩阵都可以确保是保守的，即

$$P_{\mathrm{GCC3}}^* = P_{\mathrm{GCC2}}^* \leqslant P_{\mathrm{GCC2}} = \delta P_{\mathrm{GCC3}} \leqslant P_{\mathrm{GCC3}} \tag{13.10}$$

广义凸组合融合方法对任意的 $N \geqslant 2$，有以下标准化形式:

$$\begin{cases} \hat{x}_{\mathrm{GCC}} = P_{\mathrm{GCC}} \sum_{i=1}^{N} \omega_i P_i^{-1}\hat{x}_i \\ P_{\mathrm{GCC}} = \left(\sum_{i=1}^{N} \omega_i P_i^{-1}\right)^{-1} \\ \sum_{i=1}^{N} \omega_i = \delta \end{cases} \tag{13.11}$$

### 13.2.2 基于集合论的松弛切比雪夫中心协方差交叉算法

这一部分，首先回顾集论估计，然后在状态 $x$ 的维数 $n_x \geqslant 2$ 的情况下基于集论优化准则研究松弛的切比雪夫协方差交叉算法 (relaxed Chebyshev center CI, RCC-CI)。

#### 1. 集论估计

在集合论的框架下，每一个局部估计的信息都包含在解空间的一个集合中，这些集合的交集构成了最终解的集合，也就是通常所说的可行解 (feasilbe set, FS)。根据参考文献 [203]，集论估计指的是以每一个传感器的观测信息获得的估计作为一个集合，以上述各集合的交集作为基于所有传感器的信息得到的可行解。

考虑一般情况下的估计问题。$x$ 是估计量，属于解空间 $\mathbb{R}^{n_x}$，$\hat{x} \in \mathbb{R}^{n_x}$ 是估计值。一条信息可以用一个映射反映出来：$\Psi_i : \mathbb{R}^{n_x} \to [0,1]$。该映射为模糊命题，使得 $\hat{x} \in \mathbb{R}^{n_x}$ 中的每一个点都由一个一致性度量反映出来：$\Psi_i(\hat{x})$ $(i = 1, 2, \cdots, N)$。取 $\varphi_i$ 为 [0,1] 上的一个实数，表示被估量对于该模糊命题的可信度。那么，可以构造 $\mathbb{R}^{n_x}$ 上的一个子集如下：

$$S_i = \{\hat{x} \in \mathbb{R}^{n_x} | \Psi_i(\hat{x}) \geqslant \varphi_i\} \tag{13.12}$$

每一个 $S_i$ 称为属性集 (property set, PS)。因此，$S_i$ 是所有置信水平 $\varphi_i$ 下含有 $\Psi_i$ 信息的估计值的集合。式 (13.12) 是所研究问题的集论公式。可行解是 $\mathbb{R}^{n_x}$ 上的一个子集，包含了所有可用信息，表示如下：

$$\Omega = \underset{i}{\cap} S_i \tag{13.13}$$

$\Omega$ 中的任何点都可以称为集论估计。

#### 2. 切比雪夫中心和松弛的切比雪夫中心

在集论估计的框架下，融合中心点的每个局部估计 $(\hat{x}_i, P_i)$ 的属性集可以用下列椭圆来近似：

$$S_i = \{x | (x - \hat{x}_i)^{\mathrm{T}} P_i^{-1} (x - \hat{x}_i) \leqslant 1\} = \{x | x^{\mathrm{T}} A_i x + 2b_i^{\mathrm{T}} x + c_i \leqslant 0\} \tag{13.14}$$

其中，$A_i = P_i^{-1}$，$b_i = -P_i^{-1}\hat{x}_i$，$c_i = \hat{x}_i^{\mathrm{T}} P_i^{-1} \hat{x}_i - 1$。$N$ 个椭圆的交叉部分即为可行解：

$$\Omega = \{x | x^{\mathrm{T}} A_i x + 2b_i^{\mathrm{T}} x + c_i \leqslant 0, 1 \leqslant i \leqslant N\} \tag{13.15}$$

接下来的问题是在可行解中选取一个合适的点作为最终的估计值。假设 $\Omega$ 非空，通常的方法是找到 $\Omega$ 的切比雪夫中心 (Chebyshev center, CC)，这等价于最小化所

有可行解的最大误差, 即

$$\min_{\hat{x}} \max_{x \in \Omega} \|x - \hat{x}\|^2 \tag{13.16}$$

几何学上, CC 是包含可行解 FS 的最小半径球的球心, 如图 13.1 所示。其中, 虚线表示两个局部估计椭圆, 实线圆是包含两个椭圆交集部分的最小半径圆, 其圆心即为 CC。

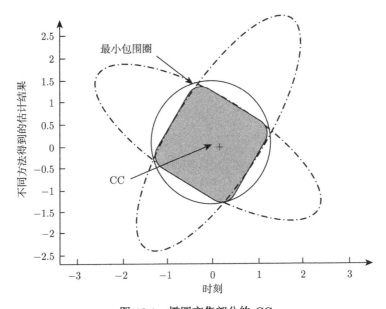

图 13.1　椭圆交集部分的 CC

当 $n_x = 1$ 时, CC 就是可行解 (一个区间) 的中心点, 可以解析地得到。对于 $n_x \geqslant 2$, 由于找到一个集合的 CC 是一个非常困难和棘手的问题, 文献 [204] 通过半定方程近似得到的 CC, 称之为松弛的切比雪夫中心 (relaxed CC, RCC)。RCC 和 CC 一般情况下是不同的, 但好在 RCC 是唯一的。文献 [204] 同时给出了式 (13.16) 的最大化最小值的上界, $\Omega$ 的 RCC 由下式给出:

$$\hat{x}_{\mathrm{RCC}} = \left(\sum_{i=1}^{N} \alpha_i P_i^{-1}\right)^{-1} \left(\sum_{i=1}^{N} \alpha_i P_i^{-1} \hat{x}_i\right) \tag{13.17}$$

其中, $\alpha_1, \alpha_2, \cdots, \alpha_N$ 是以下半定方程组 (SDP) 的最优解:

$$\min_{\alpha_1, \cdots, \alpha_N, t} \left\{ t - \sum_{i=1}^{N} \alpha_i c_i \right\}$$

$$\text{s.t.} \quad \begin{bmatrix} \displaystyle\sum_{i=1}^{N} \alpha_i A_i & \displaystyle\sum_{i=1}^{N} \alpha_i b_i \\ \displaystyle\sum_{i=1}^{N} \alpha_i b_i^{\mathrm{T}} & t \end{bmatrix} \geqslant 0 \tag{13.18}$$

$$\sum_{i=1}^{N} \alpha_i A_i \geqslant I, \quad \alpha_i \geqslant 0, \quad 1 \leqslant i \leqslant N$$

SDP 可以利用 MATLAB 中的优化工具箱 Sedumi 来求解。

3. 松弛的切比雪夫中心协方差交叉算法

对于 $n_x \geqslant 2$, 从式 (13.17) 可知 $\hat{x}_{\mathrm{RCC}}$ 是局部估计的一个凸组合。因此, 可以用权重 $\alpha_i$ 的归一化形式将其替换如下:

$$\omega_i = \alpha_i \Big/ \sum_{i=1}^{N} \alpha_i \tag{13.19}$$

$\hat{x}_{\mathrm{RCC}}$ 的形式保持不变。最后, 可以得到融合估计问题松弛的切比雪夫中心协方差交叉算法, 其融合估计 $\hat{x}_{\mathrm{RCC}}$ 和误差协方差 (MSE) 矩阵 $P_{\mathrm{RCC}}$ 由下式给出:

$$\hat{x}_{\mathrm{RCC}} = \left( \sum_{i=1}^{N} \alpha_i P_i^{-1} \right)^{-1} \left( \sum_{i=1}^{N} \alpha_i P_i^{-1} \hat{x}_i \right) \tag{13.20}$$

$$\omega_i = \alpha_i \Big/ \sum_{i=1}^{N} \alpha_i \tag{13.21}$$

$$P_{\mathrm{RCC}} = \left( \sum_{i=1}^{N} \omega_i P_i^{-1} \right)^{-1} \tag{13.22}$$

也就是说, 首先计算 $\hat{x}_{\mathrm{RCC}}$, 并通过式 (13.16)、式 (13.18) 和式 (13.19) 三式得到权重 $\omega_i$, 然后通过协方差交叉算法得到 $P_{\mathrm{RCC}}$。

当 $n_x \geqslant 2$ 时, 松弛的切比雪夫中心协方差交叉算法是切比雪夫中心融合方法的一个近似。对于 $n_x = 1$, 切比雪夫中心可以准确得到, 并不需要用 RCC 去近似。

### 13.2.3　基于信息论的快速协方差交叉算法

文献 [78] 中, 通过最小化误差协方差矩阵的行列式得到 CI 算法的权重, 本章将其称为 DCI(determinant-minimization CI) 算法。RCC-CI 和 DCI 都需要处理优化问题, 这是很费时间的, 很多时候在实际应用中也不合适。在这一小节, 基于信息论最优化准则研究快速协方差交叉算法 (fast CI algorithm based on information-theoretic criterion, IT-FCI)。

### 1. 协方差交叉算法的信息理论

假定有两个局部估计 $\hat{x}_i(i=1,2)$，相应的误差协方差矩阵为 $P_i$，并且 $p_i(x)$ 是第 $i$ 个局部估计的概率密度函数，文献 [205] 假定融合估计有以下概率密度函数：

$$p_\omega(x) = \frac{p_1^\omega(x)p_2^{1-\omega}(x)}{\int p_1^\omega(x)p_2^{1-\omega}(x)\mathrm{d}x} \tag{13.23}$$

其中，$\omega \in (0,1)$。局部估计假定为高斯的，即

$$p_i(x) = \frac{1}{|2\pi P_i|^{1/2}} \exp\left[-(1/2)(x-\hat{x}_i)^\mathrm{T} P_i^{-1}(x-\hat{x}_i)\right] \tag{13.24}$$

运用 CI 算法和式 (13.6)，融合的概率密度函数仍然是高斯的，为

$$p_\omega(x) = \frac{1}{|2\pi P_\mathrm{GCC2}|^{1/2}} \exp\left[-(1/2)(x-\hat{x}_\mathrm{GCC2})^\mathrm{T} P_\mathrm{GCC2}^{-1}(x-\hat{x}_\mathrm{GCC2})\right] \tag{13.25}$$

利用文献 [17] 可知，最小化 $P_\mathrm{GCC2}$ 和最小化用于融合的高斯函数的香农信息是一致的：

$$H(p_\omega) = -\int p_\omega(x)\ln p_\omega(x)\mathrm{d}x = \frac{1}{2}\ln\left[(2\pi)^n |P_\mathrm{GCC2}|\right] + \frac{n_x}{2} \tag{13.26}$$

需要注意的是，上式仅仅是 CI 算法的信息论公式，尤其是在高斯假设条件下成立。不过高斯假设在 CI 算法的推导过程中是不需要用到的。

### 2. 基于信息论的快速协方差交叉算法

在假设 (13.23) 下，CI 算法的权重系数可以由 Chernoff 信息最小化准则来确定，Chernoff 信息的标准化定义是：

$$C(p_1,p_2) \overset{\mathrm{def}}{=} -\min_{0\leqslant\omega\leqslant1}\left(\ln\int p_1^\omega(x)p_2^{1-\omega}(x)\mathrm{d}x\right) \tag{13.27}$$

可以通过下式得到：

$$D^* \overset{\mathrm{def}}{=} D\left(p_{\omega^*},p_1\right) = D\left(p_{\omega^*},p_2\right) \tag{13.28}$$

其中，$D(p_A,p_B)$ 表示 $p_A(\cdot)$ 到 $p_B(\cdot)$ 的 Kullback-Leibler(K-L) 距离；$\omega^*$ 是式 (13.25) 的解。

K-L 距离衡量的是相同事件空间里两个概率分布的差异情况。其物理意义是：在相同事件空间里，概率分布 $P(x)$ 的事件空间若用概率分布 $Q(x)$ 编码时，平均

每个基本事件 (符号) 编码长度增加了多少比特。我们用 $D(P\|Q)$ 表示 K-L 距离，也叫做相对熵 (relative entropy)，定义如下[205]：

$$D(p_A, p_B) = \int p_A \ln(p_A/p_B) \tag{13.29}$$

由式 (13.28)，$p_{\omega^*}(x)$ 到 $p_1(x)$ 的 K-L 距离和 $p_{\omega^*}(x)$ 到 $p_2(x)$ 的 K-L 距离是相同的，很自然地会考虑 $p_{\omega^*}(x)$ 是 $p_1(x)$ 和 $p_2(x)$ 的 "中点"。然而，$\omega^*$ 的计算是很复杂的。

考虑式 (13.28) 的形式，可以定义如下 "中点" $p_{\omega^*}(x)$ 为

$$D_* \stackrel{\text{def}}{=} D(p_1, p_{\omega_*}) = D(p_2, p_{\omega_*}) \tag{13.30}$$

和 Chernoff 信息最小化准则相比，式 (13.30) 有解析解如下：

$$\omega_* = \frac{D(p_1, p_2)}{D(p_1, p_2) + D(p_2, p_1)} \tag{13.31}$$

上式对任意的概率密度函数都是适用的。注意到 Chernoff 信息 $D^*$ 是通过 $p_{\omega^*}(x)$ 计算得到的 $p_1(x)$ 和 $p_2(x)$ 的 "中点" 距离，它在误差的贝叶斯概率意义下是最优的。然而，式 (13.30) 得到的 $D_*$ 是 $p_1(x)$ 和 $p_2(x)$ 相对而言的 "中点" 距离，一般情况下并不具备此性质。看起来 $D^*$ 是一个更好的选择，但 $D_*$ 有很大的计算优势。对于高斯分布，如果两个分布有一样的误差协方差矩阵，即 $p_1(x) = p_2(x)$，那么 $D^*$ 和 $D_*$ 是一样的，并且 $\omega^* = \omega_* = 1/2$。

假定用于融合的局部估计是高斯的，得到融合概率密度函数的一阶矩和二阶矩作为滤波器输出。由式 (13.31) 中 $\omega_*$ 的表达式以及 CI 算法，可以得到基于信息论准则的快速协方差交叉算法，融合估计及其相应的误差协方差矩阵由下式给出：

$$\begin{cases} \hat{x}_{\text{FCI}} = P_{\text{FCI}}(\omega_1 P_1^{-1}\hat{x}_1 + \omega_2 P_2^{-1}\hat{x}_2) \\ P_{\text{FCI}} = (\omega_1 P_1^{-1} + \omega_2 P_2^{-1})^{-1} \\ \omega_1 + \omega_2 = 1 \end{cases} \tag{13.32}$$

$$\omega_1 = \frac{D(p_1, p_2)}{D(p_1, p_2) + D(p_2, p_1)} \tag{13.33}$$

当局部估计值是高斯分布时，有

$$D(p_i, p_j) = \frac{1}{2}\left[\ln\frac{|P_j|}{|P_i|} + \|d_x\|_{P_j^{-1}} + \operatorname{tr}\left(P_i P_j^{-1}\right) - n_x\right] \tag{13.34}$$

其中，$n_x$ 是状态维数，$d_x = \hat{x}_i - \hat{x}_j, i \neq j$，$\|d_x\|_{P_j^{-1}} = (\hat{x}_i - \hat{x}_j)^{\mathrm{T}} P_j^{-1} (\hat{x}_i - \hat{x}_j)$。将式 (13.34) 代入式 (13.33)，基于这一小节介绍的优化准则得到的权重系数变为了依赖估计的。IT-FCI 可以看成是信息论准则下带有依赖估计的权重系数的一种 GCC2 融合方法。

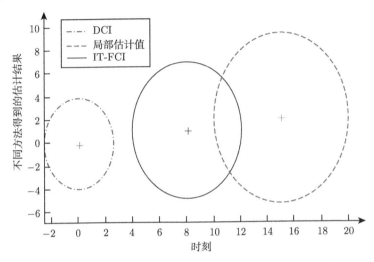

图 13.2　局部估计均值不同: DCI 与局部估计重叠示意图

考虑两个局部估计值，其均值不同，且 $P_1 < P_2$，如图 13.2 中虚线所示的用于融合的估计值。香农信息最小化准则 (高斯条件下，该准则也就是最小化行列式，即 DCI) 就是选择一个 "信息量最大" 的概率密度函数。同时考虑局部估计值的不确定性以及相互之间的偏差，利用所介绍的准则需要去寻找一个局部估计分布的中间点。该准则有解析解，这是非线性代价函数的优化问题所不具备的。

当 $\delta = 1$ 时，根据式 (13.11)，可以得到快速协方差交叉算法在 $N \geqslant 2$ 的推广形式。对于每一对局部估计，利用上述优化准则，可得

$$D(p_j, p_i)\omega_i - D(p_i, p_j)\omega_j = 0, \quad i, j \in \{1, 2, \cdots, N\}, \quad i \neq j \tag{13.35}$$

当 $N = 2$ 时，式 (13.35) 退化为式 (13.33)。利用文献 [206] 的方法，最大线性无关子集可以表示如下:

$$D(p_{i+1}, p_i)\omega_i - D(p_i, p_{i+1})\omega_i = 0, \quad i \in \{1, 2, \cdots, N-1\} \tag{13.36}$$

设 $\beta_i = D(p_{i+1}, p_i)$，$\gamma_i = D(p_i, p_{i+1})$，结合式 (13.36)，并且令式 (13.11) 中 $\delta = 1$，可得如下线性系统:

$$
\begin{bmatrix}
\beta_1 & -\gamma_1 & 0 & \cdots & 0 \\
0 & \beta_2 & -\gamma_2 & \cdots & 0 \\
\vdots & \vdots & \vdots & & \vdots \\
0 & \cdots & 0 & \beta_{N-1} & -\beta_{N-1} \\
1 & \cdots & 1 & 1 & 1
\end{bmatrix}
\begin{bmatrix}
\omega_1 \\
\omega_2 \\
\vdots \\
\omega_{N-1} \\
\omega_N
\end{bmatrix}
=
\begin{bmatrix}
0 \\
0 \\
\vdots \\
0 \\
1
\end{bmatrix}
\tag{13.37}
$$

对于 IT-FCI, 权重系数由下式得到:

$$
\omega_i = \frac{\prod\limits_{j=1}^{i=1} \beta_j \prod\limits_{k=i}^{N-1} \gamma_k}{\prod\limits_{i=1}^{N} \prod\limits_{j=1}^{i=1} \beta_j \prod\limits_{k=i}^{N-1} \gamma_k}
\tag{13.38}
$$

对任意局部估计概率密度函数, 由式 (13.31) 得到的权重系数 $\omega_*$ 在所介绍的准则下是最优的, 但在式 (13.23) 假设下, IT-FCI 是一个近似或者次优的算法。

RCC-CI、IT-FCI 以及 DCI 都是第二类广义凸组合融合方法。RCC-CI、IT-FCI 两种方法和 DCI 的区别在于权重对于局部估计的依赖性。这种依赖性有优点也有不足。RCC-CI 和 IT-FCI 的不同在于利用局部估计及其相应误差协方差矩阵信息的方法不同。另外, IT-FCI 有解析解, 计算更加高效。

实际应用中, 局部估计的保守性假设一般都是不成立的。例如, 考虑两个局部估计器, 其中一个相对更准确。当该局部估计器的传感器受到零均值高斯白噪声或者常数偏差的影响, 并且该局部估计器并不知道出现了这个问题, 那么该局部估计将可能不保守。在这种情况下, DCI 仍会置信这一被影响了的局部估计值。但对于 RCC-CI 和 IT-FCI, 某些额外的信息 (如局部估计值的大小) 将会通过调整权重取值在一定程度上化解这一问题。然而, 当准确性较低的局部估计传感器被影响时, DCI 会是一个较好的方法。出于同样的原因, 对于有偏融合估计, 即使保守, 本章所介绍的准则在某些情况下也是有优势的。总的来说, RCC-CI、IT-FCI 以及 DCI 算法有其各自的优缺点, 需要根据实际情况和需要进行选取。

### 13.2.4 容错广义凸组合融合算法

在某些情况下, 用于融合的各个局部估计值可能是不一致的, 即各局部估计结果差别很大 (例如, 如果两个位置估计结果相关在千米量级, 而各自的 MSE 均在米的量级变化范围, 此时很难确定哪个估计更准确, 这就是局部估计的不一致性)。此时, 传统的融合方法将不可行。文献 [207] 介绍协方差联合 (covariance union, CU) 算法来解决不一致性问题, 并使用了马氏 (Mahalanobis) 距离来描述估计之间的差异。其提出的协方差交叉和协方差联合结合形成的算法提供了一种容错机制。

### 1. CI/CU 融合方法

假定有两个局部估计 $\hat{x}_i(i=1,2)$，相应的误差协方差矩阵为 $P_i$。当局部估计值不一致时，CU 估计值有以下性质：

$$P_{\mathrm{CU}} \geqslant P_i + (\hat{x}_{\mathrm{CU}} - \hat{x}_i)(\hat{x}_{\mathrm{CU}} - \hat{x}_i)^{\mathrm{T}} \tag{13.39}$$

其中，$i \in \{1,2\}$，$P_{\mathrm{CU}}$ 的行列式是最小化的。求协方差联合估计值是一个矩阵量的半正定约束的优化问题。利用式 (13.39) 表示的 CU 算法可以得到一个确定保守的融合值。这样，局部估计之间的不一致性问题可以得到解决。文献 [208] 给出了 CU 算法的凸形式，令

$$\hat{x}_{\mathrm{CU}} = \beta_1 \hat{x}_1 + \beta_2 \hat{x}_2 \tag{13.40}$$

$\beta_1, \beta_2 \in [0,1]$，$\beta_1 + \beta_2 = 1$。那么，CU 算法可以归纳为

$$P_{\mathrm{CU}} \geqslant P_i + \beta_i^2 (\hat{x}_{\mathrm{CU}} - \hat{x}_i)(\hat{x}_{\mathrm{CU}} - \hat{x}_i)^{\mathrm{T}}, \quad i,j \in \{1,2\}, \quad i \neq j \tag{13.41}$$

由于优化问题的约束条件包含 $\hat{x}_i$，权重 $\beta_i$ 是依赖估计的。

文献 [207] 中用马氏距离检测估计值的差异，并介绍自定义阈值的概念来检测不一致性。如果局部估计值之间的马氏距离超出给定阈值，那么局部估计值被认为是不一致的。然而，阈值的确定一般来说不是一个简单的工作。下面引入一个自适应参数来解决这一问题。

### 2. 容错广义凸组合融合算法

考虑第三类容错广义凸组合融合 (fault-tolerant generalized convex combination fusion, FGCC) 算法如下：

$$\begin{cases} \hat{x}_{\mathrm{GCC3}} = P_{\mathrm{GCC3}}(\omega_1 P_1^{-1} \hat{x}_1 + \omega_2 P_2^{-1} \hat{x}_2) \\ P_{\mathrm{GCC3}} = (\omega_1 P_1^{-1} + \omega_2 P_2^{-1})^{-1} \\ \omega_1 + \omega_2 = \delta \end{cases} \tag{13.42}$$

其中，$\omega_1, \omega_2 \in [0, \delta], \delta \in (0,1]$。

此方法的关键在于 $\delta$ 提供了所有用于融合的局部估计的置信度。如果 $\hat{x}_1 = \hat{x}_2$，并且 $P_1 = P_2$，那么两个局部估计值是相等的，应该有 $\delta = 1$。当局部估计不同时，尤其是当其差异很大的情况下，局部估计值应当被认为是非一致的。在不知道哪一个局部估计值更准确的情况下，一个自然的想法就是减小置信度 $\delta < 1$。

在信息论下,熵是不确定性的一种度量。相对熵或者 K-L 距离是度量两个分布紧密性的一种量度。那么,可以构造自适应参数 $\delta$ 如下:

$$\delta = \frac{H(p_1) + H(p_2)}{H(p_1) + H(p_2) + J(p_1, p_2)} \tag{13.43}$$

其中, $H(p_i)$ 是 $p_i(x)$ 的熵, $H(p_1) + H(p_2)$ 是 $p_1(x)$ 和 $p_2(x)$ 的总的不确定度, $J(p_1, p_2)$ 是两个分布之间的对称 K-L 距离,也就是众所熟知的 $J$-散度:

$$J(p_1, p_2) = D(p_1, p_2) + D(p_2, p_1) \tag{13.44}$$

对于式 (13.43) 中的 $\delta$ ,给定总体熵 $H(p_1) + H(p_2)$ , $J$-散度越大,总体置信度 $\delta$ 越小。一般情况下, $\delta$ 和 $J(p_1, p_2)$ 成反比,但在某些情况下则不一定。例如,如果 $J(p_1, p_2)$ 很大,但总体熵更大, $\delta$ 并不会成比例减小。显然, $\delta$ 是一个依赖估计的参数。

由第三类广义凸组合融合算法 GCC3 可以得到 FGCC 算法。FGCC 算法等效于在误差协方差矩阵前乘了一个因子 $\delta^{-1}$ 的 GCC2 融合方法。因此,GCC2 融合方法中所有的优化准则都可以用于该容错算法。如行列式最小化准则,前文所提出的集合论和信息论准则等。考虑到所介绍的两种优化准则都有着较好的鲁棒性,因此将它们与 FGCC 算法结合。例如, $N = 2$ 时,基于信息论准则的容错广义凸组合融合 (IT-FGCC) 算法由下式给出:

$$\omega_i = \frac{\delta D(p_i, p_j)}{D(p_i, p_j) + D(p_i, p_j)} \tag{13.45}$$

其中, $i, j \in \{1, 2\}, i \neq j$ 。

图 13.3 和图 13.4 在两个局部估计情况下,比较了 DCI、CU、IT-FGCC 得到的融合估计值。图 13.4 中,每个局部估计的 MSE 矩阵 $P_i$ 和图 13.3 中的一样,但局部估计之间的差异更大。可以证明 IT-FGCC 计算得到的 MSE 矩阵可以和总体置信度 $\delta$ 相适应。MSE 矩阵增加 $\delta^{-1}$ 倍可以消除不一致性。当 $\delta = 1$ 时,IT-FGCC 和 IT-FCI 是一样的。

同理,基于集合论准则的松弛的切比雪夫中心容错广义凸组合融合算法 (RCC-FGCC) 由下式给出:

$$\omega_i = \alpha_i \bigg/ \sum_{j=1}^{N} \alpha_i \tag{13.46}$$

其中, $i \in \{1, 2, \cdots, N\}$ , $\alpha_i$ 由式 (13.18) 计算。

对任意的 $N \geqslant 2$ ,FGCC 可以一般化。令

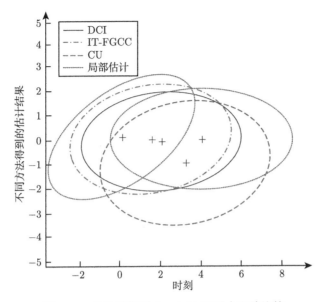

图 13.3　总体置信度 $\delta = 0.91$ 下融合方法比较

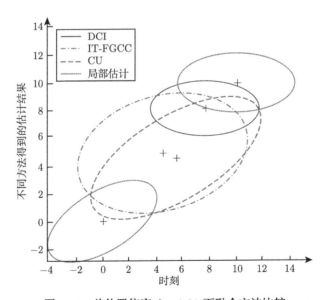

图 13.4　总体置信度 $\delta = 0.31$ 下融合方法比较

$$\delta_{ij} = \frac{H(p_i) + H(p_j)}{H(p_i) + H(p_j) + J(p_i, p_j)} \tag{13.47}$$

那么，$N$ 个局部估计总的置信度由下式得到:

$$\delta_N = \sum_{i,j}^{N} \delta_{ij}/m \tag{13.48}$$

其中，$m = \begin{pmatrix} N \\ 2 \end{pmatrix} = \dfrac{N!}{2(N-2)!}$。

## 13.3　两种改进的多源信息融合估计算法

前面介绍的松弛切比雪夫协方差交叉融合算法和快速协方差交叉算法在实际应用中会出现一些问题。下面针对实际系统的状况，给出两种改进的融合估计算法。

### 13.3.1　改进的松弛切比雪夫协方差交叉融合算法

实际情况中，用于融合的各个局部估计值可能出现相等的情况，下面考虑这一问题。

为了更好地理解 RCC-CI 算法，先考虑一个标量例子。

考虑某一标量被估量的两个局部估计 $\hat{x}_i$、$\sigma_i^2(i=1,2)$，其中 $\sigma_i^2$ 是均方误差。如图 13.5 所示，所有的信息都可以通过线段反映出来。

$$S_i = \{x|\hat{x}_i - \sigma_i \leqslant x \leqslant \hat{x}_i + \sigma_i\} \tag{13.49}$$

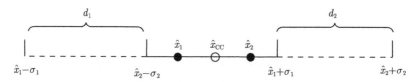

图 13.5　两个线段存在交集部分的切比雪夫中心

切比雪夫中心是 $S_1$ 和 $S_2$ 的重叠部分的中心点，如图 13.5 中的实线段所示。如果 $S_i \not\subset S_j$ 并且 $S_i \cap S_j \neq \varnothing$，不失一般性地假设 $\hat{x}_1 < \hat{x}_2$，切比雪夫中心融合估计 $\hat{x}_{\mathrm{CC}}$ 和 $\hat{x}_{\mathrm{RCC}}$ 的形式是一样的，都是凸组合方式，但切比雪夫中心融合的权重可以由下式解析地得到：

$$\omega_1 = \frac{d_2 \sigma_1^2}{d_1 \sigma_2^2 + d_2 \sigma_1^2} \tag{13.50}$$

$$\omega_2 = \frac{d_1 \sigma_2^2}{d_1 \sigma_2^2 + d_2 \sigma_1^2} \tag{13.51}$$

其中，$d_1 = (\hat{x}_2 - \hat{x}_1) - (\sigma_2 - \sigma_1), d_2 = (\hat{x}_2 - \hat{x}_1) + (\sigma_2 - \sigma_1)$。

随后，可以像 RCC-CI 一样得到 $P_{CC}$。本章称这种融合方法为 $n_x = 1$ 时的精确切比雪夫中心交叉 (CC-CI) 算法：

$$\hat{x}_{CC} = (\omega_1\sigma_1^{-2} + \omega_2\sigma_2^{-2})^{-1}(\omega_1\sigma_1^{-2}\hat{x}_1 + \omega_2\sigma_2^{-2}\hat{x}_2) \tag{13.52}$$

$$P_{CC} = (\omega_1\sigma_1^{-2} + \omega_2\sigma_2^{-2})^{-1} \tag{13.53}$$

其中，权重系数由式 (13.50) 和式 (13.51) 计算。

明显可以看出，CC-CI 是一种权重依赖估计值的第二类广义凸组合融合方法，RCC-CI 和 CC-CI 都属于 CC 方法。可行解 (即各局部估计属性解的交集部分) 是所有局部估计的共同信息，可以认为这样的共同信息更加可靠。CC 融合方法对于在融合估计值中占支配地位的局部估计值将在可行解中给一个更大的比例。在图 13.5 中，长度为 $d_1$ 和 $d_2$ 的虚线段是 $S_1$ 和 $S_2$ 没有重叠的部分。将式 (13.50) 和式 (13.51) 代入到式 (13.52) 以及式 (13.53)，可以得到

$$\hat{x}_{CC} = \frac{d_2}{d_1 + d_2}\hat{x}_1 + \frac{d_1}{d_1 + d_2}\hat{x}_2 \tag{13.54}$$

$$P_{CC} = \frac{d_2}{d_1 + d_2}\sigma_1 + \frac{d_1}{d_1 + d_2}\sigma_2 \tag{13.55}$$

以上两个凸组合的权重由 $d_1$ 和 $d_2$ 确定。对于较小的 $d_i/d_j$，共同信息占 $S_i$ 更大的比例，那么 CC-CI 将给 $(\hat{x}_i, \sigma_i^2)$ 一个更大的权重。作为 CC-CI 的近似，RCC-CI 在高维情况下有类似的特性。

由于 $d_1 = (\hat{x}_2 - \hat{x}_1) - (\sigma_2 - \sigma_1)$，$d_2 = (\hat{x}_2 - \hat{x}_1) + (\sigma_2 - \sigma_1)$，在 $\hat{x}_1 = \hat{x}_2$ 的情况下，融合结果与 $\hat{x}_1$ 或者 $\hat{x}_2$ 是相等的，但此时会得到 $d_1 = -d_2$。那么式 (13.54) 将出现没有意义的情况。

如果 $d_1 = 0, d_2 \neq 0$，那么最终的融合结果应为 $\hat{x}_f = \hat{x}_2$；如果 $d_1 \neq 0, d_2 = 0$，那么最终的融合结果为 $\hat{x}_f = \hat{x}_1$，这与式 (13.54) 的结果是一致的。

如果 $d_1 = 0, d_2 = 0$，那么式 (13.54) 将出现没有意义的情况。此时，在 GCC1 的框架下，令 $\omega_1 = \omega_2 = 1$，可以根据式 (13.4) 和式 (13.5) 得到融合估计值。

最后得到改进的松弛切比雪夫协方差交叉融合算法如下：

$$\begin{cases} \hat{x}_{CC} = \dfrac{d_2}{d_1 + d_2}\hat{x}_1 + \dfrac{d_1}{d_1 + d_2}\hat{x}_2 \\[3mm] P_{CC} = \dfrac{d_2}{d_1 + d_2}\sigma_1^2 + \dfrac{d_1}{d_1 + d_2}\sigma_2^2 \end{cases} \quad \hat{x}_1 \neq \hat{x}_2, d_1、d_2 不同时为零$$

$$
\begin{cases}
\hat{x}_{\text{CC}} = \hat{x}_1 \text{或} \hat{x}_2 \\
P_{\text{CC}} = \sigma_1^2 \text{或} \sigma_2^2 \qquad\qquad\qquad \hat{x}_1 = \hat{x}_2, d_1 \text{、} d_2 \text{不同时为零} \\
\hat{x}_{\text{CC}} = P_{\text{CC}} \left(\sigma_1^{-2}\hat{x}_1 + \sigma_2^{-2}\hat{x}_2\right) \\
P_{\text{CC}} = \left(\sigma_1^{-2} + \sigma_2^{-2}\right)^{-1} \qquad\quad d_1 = 0, d_2 = 0
\end{cases}
\tag{13.56}
$$

### 13.3.2　改进的快速协方差交叉算法

和改进的切比雪夫协方差交叉算法类似，在本章的 13.2.3 小节，在信息论准则下，介绍了 IT-FCI 用于噪声统计特性未知情况下的融合估计。考虑 IT-FCI 的表达式：

$$
\begin{cases}
\hat{x}_{\text{FCI}} = P_{\text{FCI}}(\omega_1 P_1^{-1}\hat{x}_1 + \omega_2 P_2^{-1}\hat{x}_2) \\
P_{\text{FCI}} = (\omega_1 P_1^{-1} + \omega_2 P_2^{-1})^{-1} \\
\omega_1 + \omega_2 = 1
\end{cases}
\tag{13.57}
$$

$$
\omega_1 = \frac{D(p_1, p_2)}{D(p_1, p_2) + D(p_2, p_1)}
\tag{13.58}
$$

$$
D(p_i, p_j) = \frac{1}{2}\left[\ln\frac{|P_j|}{|P_i|} + \|d_x\|_{P_j^{-1}} + \text{tr}\left(P_i P_j^{-1}\right) - n_x\right]
\tag{13.59}
$$

式 (13.59) 中 $n_x$ 是 $x$ 的维数。

$D(p_1, p_2)$ 和 $D(p_2, p_1)$ 有可能出现等于零的情况，如果 $D(p_1, p_2) = 0$，那么最终的融合结果应为 $\hat{x}_f = \hat{x}_2$；如果 $D(p_2, p_1) = 0$，那么最终的融合结果应为 $\hat{x}_f = \hat{x}_1$。

如果 $D(p_1, p_2) = 0$ 并且 $D(p_2, p_1) = 0$，那么式 (13.58) 将出现没有意义的情况。此时，在 GCC1 的框架结构下，令 $\omega_1 = \omega_2 = 1$，可以根据式 (13.4) 和式 (13.5) 得到融合估计值。

这样得到改进算法如下：

$$
\begin{cases}
\hat{x}_{\text{FCI}} = P_{\text{FCI}}(\omega_1 P_1^{-1}\hat{x}_1 + \omega_2 P_2^{-1}\hat{x}_2) \\
P_{\text{FCI}} = (\omega_1 P_1^{-1} + \omega_2 P_2^{-1})^{-1} \qquad \hat{x}_1 \neq \hat{x}_2, D(p_1, p_2) \text{和} D(p_2, p_1) \text{不同时为零} \\
\omega_1 + \omega_2 = 1 \\
\hat{x}_{\text{FCI}} = \hat{x}_1 \text{或} \hat{x}_2 \\
P_{\text{FCI}} = P_1 \text{或} P_2 \qquad\qquad\qquad \hat{x}_1 = \hat{x}_2, D(p_1, p_2) \text{和} D(p_2, p_1) \text{不同时为零}
\end{cases}
$$

$$\begin{cases} \hat{x}_{\mathrm{CC}} = P_{\mathrm{FCI}} \left( P_1^{-1} \hat{x}_1 + P_2^{-1} \hat{x}_2 \right) \\ P_{\mathrm{FCI}} = \left( P_1^{-1} + P_2^{-1} \right)^{-1} \end{cases} \qquad D(p_1, p_2) = 0, D(p_2, p_1) = 0 \qquad (13.60)$$

$$\omega_1 = \frac{D(p_1, p_2)}{D(p_1, p_2) + D(p_2, p_1)} \qquad (13.61)$$

$$D(p_i, p_j) = \frac{1}{2} \left[ \ln \frac{|P_j|}{|P_i|} + \|d_x\|_{P_j^{-1}} + \mathrm{tr} \left( P_i P_j^{-1} \right) - n_x \right] \qquad (13.62)$$

## 13.4　仿 真 实 例

针对 Kalman 滤波算法、已有的行列式最小化协方差交叉算法 (DCI)、协方差交叉/联合 (CI/CU) 算法，以及松弛的切比雪夫协方差交叉算法 (RCC-CI)、基于信息论的快速协方差交叉算法 (IT-FCI)、容错广义凸组合融合算法 (FGCC，包括 RCC-FGCC 和 IT-FGCC)、改进的 RCC-CI 和改进的 IT-FCI 算法，下面通过实例仿真比较其融合估计值的性能。

### 13.4.1　Kalman 滤波算法得到局部估计值

考虑如下系统模型：

$$\begin{aligned} x(k+1) &= Ax(k) + w(k), \quad k = 0, 1, \cdots \\ z_i(k) &= C_i(k) + v_i(k), \quad i = 1, 2, \cdots, N \end{aligned} \qquad (13.63)$$

其中，$A = 0.9$，$C_1 = C_2 = 1$，$N = 2$。初始时刻的均值和协方差为 $x = 5$，$P_0 = 25$。过程噪声 $\omega(k)$ 的方差为 $Q = 0.01$，量测噪声方差为 $R_i = 1$，总的时间点为 50，做 100 次蒙特卡罗仿真。

图 13.6 是通过 Kalman 滤波算法得到的两个局部估计值，可见局部估计较好地逼近原始信号。

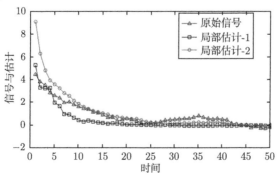

图 13.6　Kalman 滤波算法得到的局部估计值

### 13.4.2　RCC-CI、IT-FCI、DCI 仿真分析

#### 1. 静态仿真示例

为了更好地分析和比较不同的算法，现对一个标量进行估计来比较 CC-CI 和 IT-FCI 以及 DCI。前面已经指出，RCC-CI 是切比雪夫中心融合算法的近似，对 CC-CI 算法的分析可以反映高维情况下 RCC-CI 算法的性能。假设标量静态高斯估计量 $x \sim N(\overline{x}, \overline{P})$，有两个局部估计值为 $(\hat{x}_i, P_i)$，$i \in \{1, 2\}$。量测方程为

$$z_i = x + v_i \tag{13.64}$$

其中，$v_i$ 是零均值高斯白噪声，其方差满足下式：

$$\mathrm{cov}\,(v_i, v_i) = R_i \tag{13.65}$$

$$\mathrm{cov}\,(v_i, v_j) = R_{ij} \tag{13.66}$$

并且有

$$\hat{x}_i = \overline{x} + \overline{P}(\overline{P} + R_i)^{-1}(z_i - \overline{z}_i) \tag{13.67}$$

$$P_i = (\overline{P}^{-1} + R_i^{-1})^{-1} \tag{13.68}$$

局部估计误差的互相关矩阵由下式得到：

$$P_{ij} = (P_i \overline{P}^{-1} P_j^{\mathrm{T}} + R_i R_{ij} R_j^{\mathrm{T}}) \tag{13.69}$$

给定相关系数 $-1 < \rho < 1$，噪声协方差为

$$R_{ij} = \rho \sqrt{R_i R_j} \tag{13.70}$$

在这个例子中，我们与文献 [202] 中的 LMMSE 融合方法进行比较。很容易证明，如果 $\hat{x}_1 = \hat{x}_2$，CC-CI 和 DCI 是一样的；如果 $P_1 = P_2$，CC-CI 和 IT-FCI 是一样的。下面，在 $\hat{x}_1 \neq \hat{x}_2$ 和 $P_1 \neq P_2$ 的情况下，当相关系数 $\rho$ 变化时，计算 100 次蒙特卡罗仿真下各个融合方法的 RMSE。

考虑下面两个例子。

**例 13.1**　$(\overline{x}, \overline{P}) = (1, 20)$，$R_1 = 2.22, R_2 = 5, P_1 = 2, P_2 = 4$，如图 13.7 所示。

**例 13.2**　$(\overline{x}, \overline{P}) = (1, 4.5)$，$R_1 = 3.6, R_2 = 36, P_1 = 2, P_2 = 4$，如图 13.8 所示。

从这两个图可以看出，随着 $\rho$ 的增大，当 $P_{12}$ 较小时，RCC-CI 和 IT-FCI 的融合效果更好。尤其当 $\rho$ 为负数的时候。这两种方法考虑了各个局部估计及其相应的 MSE 矩阵，在 $\rho$ 很小或者为负的情况下，可以充分合理地利用相关性信息。

这是很容易理解的: 对于 RCC-CI, 由式 (13.49) 给出的 $(\hat{x}_i, P_i)$ 中, 每一条信息都可以用图 13.5 中的线段表示, 其中的实线是 $S_1$ 和 $S_2$ 的重叠部分, 即可行解, 虚线是没有重叠的部分。如果局部估计误差之间存在负相关性, 这意味着局部估计值向反方向偏离估计量, 估计量 $x$ 将介于 $\hat{x}_1$ 和 $\hat{x}_2$ 之间。在大多数情况下, 估计

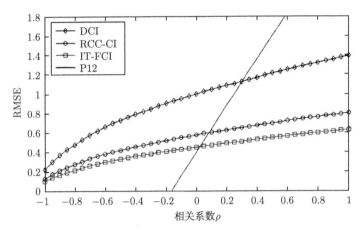

图 13.7 RCC-CI、IT-FCI 和 DCI 融合算法比较 (例 13.1)

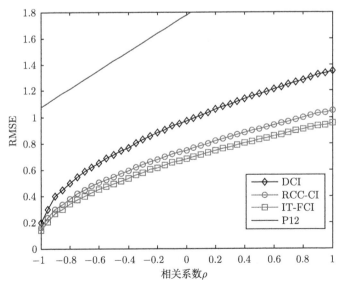

图 13.8 RCC-CI、IT-FCI 和 DCI 融合算法比较 (例 13.2)

量 $x$ 将位于可行解之间，$x \in \bigcap_i S_i$，这满足集论估计的基本假设。然而，如果局部估计误差之间存在正相关性，估计量 $x$ 将可能比 $\hat{x}_1$ 和 $\hat{x}_2$ 大或者比 $\hat{x}_1$ 和 $\hat{x}_2$ 小。例如，估计量可能位于图 13.5 的虚线处。$x \notin \bigcap_i S_i$，在这种情况下，集论公式并不是很好的选择。对于快速协方差交叉算法，局部估计之间的差异 $\| d_x \|_{p_j^{-1}}$ 也考虑进去了。因此，对 RCC-CI 和 IT-FCI，由于两者都考虑了局部估计以及相应的误差协方差矩阵，在相关性很小尤其为负的情况下，可以充分合理地利用相关性信息，从而可以获得更好的融合估计结果。在 $n_x \geqslant 2$ 时，RCC-CI 和 IT-FCI 两种融合方法将会有类似更佳的性能。

### 2. 动态仿真示例

考虑一个在一维方向上匀速运动的物体，动态模型为

$$x(k+1) = Fx(k) + Gw(k) \tag{13.71}$$

其中

$$F = \begin{bmatrix} 1 & T \\ 0 & 1 \end{bmatrix}, \quad G = \begin{bmatrix} T^2/2 \\ T \end{bmatrix} \tag{13.72}$$

采样时间为 $T = 1$，零均值高斯白噪声 $\omega(k)$ 的方差为 $Q = 10$。一个简单的包含两个节点的分布式融合系统用于该对象。两个节点的量测模型为

$$z_i(k) = H_i x(k) + v_i(k), \quad i = 1, 2 \tag{13.73}$$

其中

$$\text{cov}\,[v_i(k), v_j(k)] = R_{ij}(k), \quad i = 1, 2, \quad i \neq j \tag{13.74}$$

$$R_{ij}(k) = \rho \sqrt{R_i(k) R_j(k)} \tag{13.75}$$

$\rho$ 是两个高斯白色量测噪声的相关系数；$v_1(k)$ 和 $v_2(k)$ 的方差分别为 $R_1(k)$ 和 $R_2(k)$。

假设节点之间信息交换充分，并且是同步的。每一个节点都用 Kalman 滤波器来估计状态。在第 $i$ 个节点的 $k$ 时刻，每一个节点获得了自己的量测，给定上一个时刻的估计 $\hat{x}_i(k-1|k-1)$，$P_i(k-1|k-1)$，局部估计 $\hat{x}_i(k|k)$、$P_i(k|k)$ 可以通过标准 Kalman 滤波器得到。然后，每一个节点将自己的估计值传送给另一个节点，并将接收到的信息和自己的估计值融合得到一个最终的融合估计 $\hat{x}(k|k)$、$P(k|k)$。

假定每一个节点都应用同一个融合方法: RCC-CI、IT-FCI 或者 DCI。利用上述模型, 滤波器的真实状态的初始值 (均值和方差) 为

$$\overline{x}_0 = \begin{bmatrix} 10 \\ 5 \end{bmatrix}, \quad P_0 = \begin{bmatrix} 100 & 0 \\ 0 & 25 \end{bmatrix} \tag{13.76}$$

对于 $-1 < \rho < 1$, 比较 RCC-CI、IT-FCI、DCI 三种融合方法的位置和速度均方根误差。

考虑以下两个例子。

**例 13.3**　$R_1 = 2.22$, $R_2 = 5$, 如图 13.9 和图 13.10 所示, 分别为 $t = 20\text{s}$ 时的位置均方根误差和速度均方根误差。

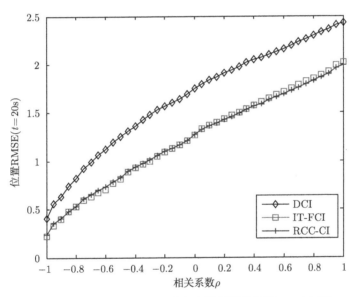

图 13.9　RCC-CI、IT-FCI、DCI 融合方法得到的位置 RMSE(例 13.3)

**例 13.4**　$R_1 = 3.6$, $R_2 = 36$, 如图 13.11 和图 13.12 所示, 分别为 $t = 20\text{s}$ 时的位置均方根误差和速度均方根误差。

做 100 次蒙特卡罗仿真, 选定时刻为 $k = 20\text{s}$, 得到 RMSE 图形。

在例 13.3 中, 两个传感器同时观测位置。DCI 将 Kalman 滤波估计值作为融合结果。在 RMSE 意义下, RCC-CI 和 IT-FCI 的效果相当, 但都比 DCI 好。

在例 13.4 中, 一个传感器观测位置, 一个观测速度。在 RMSE 意义下, RCC-CI 在估计位置时对于任意的 $\rho$ 都比 DCI 好。但是, DCI 在估计速度时要更好一些, 尤其是 $\rho$ 比较大的时候。IT-FCI 相对来说, 比 RCC-CI 效果略差。

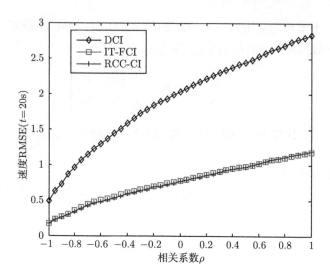

图 13.10   RCC-CI、IT-FCI、DCI 融合方法得到的速度 RMSE(例 13.3)

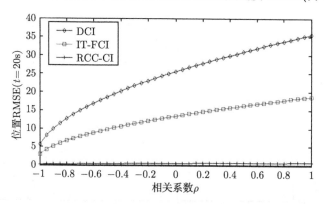

图 13.11   RCC-CI、IT-FCI、DCI 融合方法得到的位置 RMSE(例 13.4)

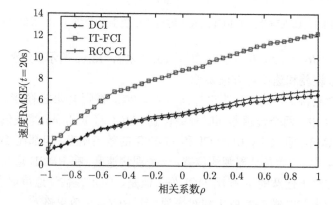

图 13.12   RCC-CI、IT-FCI、DCI 融合方法得到的速度 RMSE(例 13.4)

单就 RCC-CI 和 IT-FCI 而言, 例 13.3 和例 13.4 都表明: $\rho$ 越小, 尤其为负数的时候, RMSE 也越小。

### 13.4.3　FGCC、CI/CU 仿真分析

为了对 FGCC 以及 CI/CU 方法的性能进行比较, 下面对 IT-FGCC 和 CI/CU 进行仿真。假定两个节点运用同一种融合方法, IT-FGCC 或者 CI/CU。考虑和 13.4.2 中各个参数都一样的模型, 但时间跨度为 60s, 并且 $\rho = 0(\rho$ 取其他值的情况类似)。假设第 2 个节点在时刻 16~45s 被零均值高斯白噪声 $\theta(k)$(方差为 $R_{\theta(k)}$) 影响了, 这段时间的量测计算公式为

$$z_2(k) = \begin{cases} H_2 x(k) + v_2(k) + \theta(k), & 16 \leqslant k \leqslant 45 \\ H_2 x(k) + v_2(k), & \text{其他} \end{cases} \tag{13.77}$$

进一步假设滤波器并不知道 $\theta(k)$ 的干扰, 那么, 式 (13.77) 表示的模型和节点 2 中的 Kalman 滤波器不匹配将使得局部估计值变得不一致。这种不匹配性可能来自于传感器的错误。对于 CI/CU, 为了克服模型不匹配问题, 需要先引入一个阈值。为了尽量准确地检测不一致性, 计算 $\hat{x}_1(k|k)$、$P_1(k|k)$ 和 $\hat{x}_2(k|k)$、$P_2(k|k)$ 之间的马氏距离:

$$\text{Md}_k = (\hat{x}_1(k|k) - \hat{x}_2(k|k))^{\mathrm{T}} (P_1(k|k) - P_2(k|k))^{-1} (\hat{x}_1(k|k) - \hat{x}_2(k|k))^{\mathrm{T}} \tag{13.78}$$

$k = 16$ 时的多次蒙特卡罗仿真的平均马氏距离 $(\text{AMd}_k)$ 为 $\text{AMd}_{16}$, 以此作为阈值。这仅仅是 CI/CU 的一个理想的阈值选取方式。考虑以下两个例子。

**例 13.5**　$H_1 = \begin{bmatrix} 1 & 0 \end{bmatrix}$, $H_2 = \begin{bmatrix} 1 & 0 \end{bmatrix}$, $R_1(k) = 10$, $R_2(k) = 9$, $R_\theta(k) = 200$, 如图 13.13 和图 13.14 所示。

**例 13.6**　$H_1 = \begin{bmatrix} 1 & 0 \end{bmatrix}$, $H_2 = \begin{bmatrix} 0 & 1 \end{bmatrix}$, $R_1(k) = 10$, $R_2(k) = 2$, $R_\theta(k) = 100$, 如图 13.15 和图 13.16 所示。

例 13.5 中, 两个传感器都观测位置, 所介绍的 IT-FGCC 效果相对都更好。例 13.6 中, 一个传感器观测位置, 另一个传感器观测速度时, 所介绍的 IT-FGCC 在估计位置时, 效果相对更好。但在估计速度时, IT-FGCC 效果一般。

依然看例 13.5、例 13.6, 下面考虑相关系数不同的时候各种融合方法的 RMSE 性能比较。选取时间点为 $t = 30s$, 图 13.17 和图 13.18 所示分别为 IT-FGCC 和 CI/CU 两种方法的位置 RMSE 和速度 RMSE。图 13.19 和图 13.20 所示分别为不同系数下 IT-FGCC 和 CI/CU 融合方法得到的位置 RMSE 和速度 RMSE。

从图 13.17 和图 13.18、图 13.19 和图 13.20 可以看出, 两个传感器都观测位置时, 不同相关程度下, 文章所介绍的 IT-FGCC 融合效果相对都较好。一个传感器观测位置, 另一个传感器观测速度时, 不同相关程度下, 在估计位置时, IT-FGCC

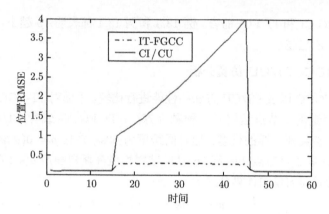

图 13.13　IT-FGCC 和 CI/CU 融合方法得到的位置 RMSE(例 13.5)

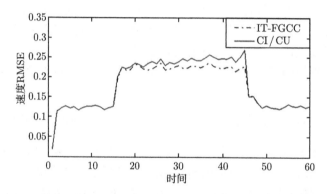

图 13.14　IT-FGCC 和 CI/CU 融合方法得到的速度 RMSE(例 13.5)

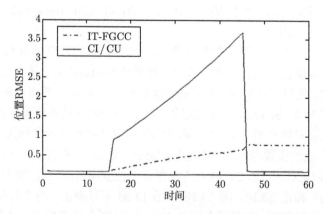

图 13.15　IT-FGCC 和 CI/CU 融合方法得到的位置 RMSE(例 13.6)

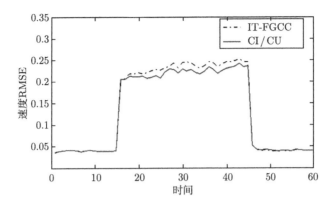

图 13.16　IT-FGCC 和 CI/CU 融合方法得到的速度 RMSE(例 13.6)

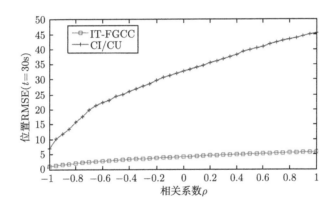

图 13.17　不同系数下 IT-FGCC 和 CI/CU 融合方法得到的位置 RMSE(例 13.5)

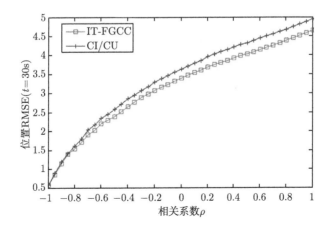

图 13.18　不同系数下 IT-FGCC 和 CI/CU 融合方法得到的速度 RMSE(例 13.5)

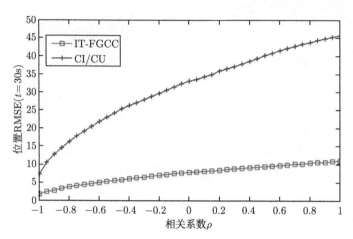

图 13.19　不同系数下 IT-FGCC 和 CI/CU 融合方法得到的位置 RMSE(例 13.6)

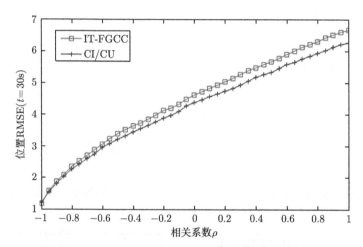

图 13.20　不同系数下 IT-FGCC 和 CI/CU 融合方法得到的速度 RMSE(例 13.6)

有更好的估计效果，但估计速度时，并不占优势。

### 13.4.4　改进算法的仿真分析

下面对改进的 RCC-CI 算法和改进的 IT-FCI 算法进行仿真，并与所介绍的 RCC-CI 算法和 IT-FCI 算法进行比较分析。

仍然考虑一个在一维方向上匀速运动的物体，动态模型为

$$x(k+1) = Fx(k) + Gw(k) \tag{13.79}$$

其中

$$F = 0.9, \quad G = 1 \tag{13.80}$$

采样时间为 $T = 1$，零均值高斯白噪声 $w(k)$ 的方差为 $Q = 10$。一个简单的包含两个节点的分布式融合系统用于该对象。两个节点的量测模型为

$$z_i(k) = H_i x(k) + v_i(k), \quad i = 1, 2 \tag{13.81}$$

其中

$$\mathrm{cov}\,[v_i(k), v_j(k)] = R_{ij}(k), \quad i = 1, 2, \quad i \neq j \tag{13.82}$$

$$R_{ij}(k) = \rho \sqrt{R_i(k) R_j(k)} \tag{13.83}$$

$\rho$ 是两个高斯白色量测噪声的相关系数，方差分别为 $R_1(k)$ 和 $R_2(k)$。

滤波器的真实状态的初始值 (均值和方差) 为

$$\overline{x}_0 = 5, \quad P_0 = 25 \tag{13.84}$$

假定每一个节点都应用同一个融合方法：RCC-CI 算法、IT-FCI 算法或者改进的 RCC-CI 算法、IT-FCI 算法。得到的两个局部估计的误差如图 13.21 所示。

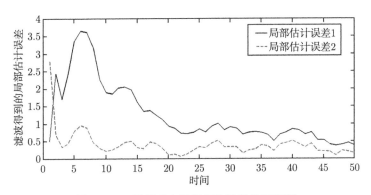

图 13.21　用于融合的局部估计误差示意图

将局部估计进行融合得到最后的改进算法的融合估计结果，RCC-CI 算法改进前后的 RMSE 曲线图如图 13.22 所示，IT-FCI 算法改进前后的 RMSE 曲线图如图 13.23 所示。

比较图 13.22 和图 13.23 可以看出，改进的 RCC-CI 算法和改进的 IT-FCI 算法在多数时刻的 RMSE 比 RCC-CI 算法或 IT-FCI 算法要小，表明改进的算法有一定的优势。

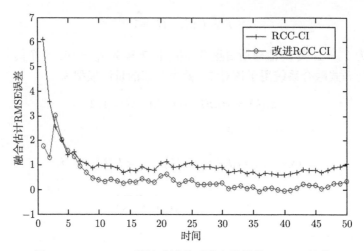

图 13.22　RCC-CI 算法改进前后融合结果的 RMSE 比较

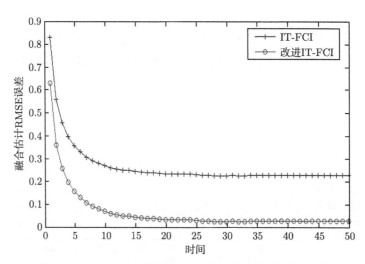

图 13.23　IT-FCI 算法改进前后融合结果的 RMSE 比较

## 13.5　本章小结

　　本章主要研究了噪声统计特性未知情况下的多源数据融合问题。首先简要介绍了常用的广义凸组合融合算法。随后引入了几种有代表性的融合估计算法，主要包括：基于集合论准则的松弛切比雪夫中心融合算法；基于信息论准则的快速协方差交叉算法，其主要思想是找到局部估计分布的中心点；以及一种容错广义凸组合融合算法，用于融合不一致的局部估计值。然后，考虑到实际系统在进行融合估计时可能遇到的问题, 本章对基于集合论准则的松弛的切比雪夫协方差交叉算法和基于信息论准则的快速协方差交叉算法进行了改进。最后, 针对具体实例, 对上述相关算法进行了仿真与分析。

# 第14章 非线性系统异步多速率传感器数据融合估计

## 14.1 引　言

前面几章研究了线性系统的数据融合状态估计问题。本章将研究非线性系统的数据融合状态估计问题。

非线性系统的状态估计利用最多的是扩展 Kalman 滤波 (EKF)[42, 182, 209]。EKF 的基本思想是将非线性系统进行线性化,而后运用广义 Kalman 滤波技术进行状态估计。这样,在估计的过程中引入线性化误差,线性化处理的效果直接影响了最终的状态估计结果。此外,EKF 需要计算 Jacobi 矩阵,Jacobi 矩阵计算的不准确会带来滤波发散的问题。

伪量测变换估计器 (PLE) 是通过伪量测变换重新构造量测,使得量测矩阵是量测角的函数,并且具有线性形式[210]。该方法缓解了 EKF 由于 Jacobi 矩阵计算不准确带来的滤波发散的问题,同时具有形式简单、计算量小的优点。然而,该方法由于量测矩阵与等价噪声的相互关联,得到的状态估计一般是有偏的。

粒子滤波技术是另一类非线性滤波方法[211, 212],它是一种基于贝叶斯原理用粒子概率密度表示的序贯蒙特卡罗模拟方法,适用于任何能用状态空间模型以及用传统 Kalman 滤波表示非线性系统。包括贝叶斯自举滤波器、序贯重要性采样法 (SIS) 及其各种修正算法等。贝叶斯滤波原理的实质是试图构造状态变量的后验概率密度,从中得到状态的最优估计。与 Kalman 滤波类似,贝叶斯滤波也包含预测和更新两个阶段。预测过程用系统模型来预测状态的先验概率密度,更新过程则使用最近的量测值进行修正,得到后验概率密度。但 Kalman 滤波中的概率密度函数可以通过高斯函数的均值和方差来表征,而对于一般的非线性系统,贝叶斯滤波没有通用的概率密度形式。序贯重要性采样法是通过蒙特卡罗模拟实现递推贝叶斯滤波器的技术。其核心思想是利用随机样本的加权和表示所需的后验概率密度得到状态的估计值。这样,当样本点增至无穷大,蒙特卡罗特性与后验概率密度的函数表示等价,SIS 滤波器接近于最优贝叶斯估计。

Sigma 点 Kalman 滤波方法 (SPKF) 是一类被广泛研究和应用的非线性滤波方法,根据依据的变换矩阵的不同,包括无迹 Kalman 滤波 (UKF)、中心分布 Kalman 滤波 (CDKF)、平方根 UKF(SPUKF)、平方根中心分布 Kalman 滤波 (SPCDKF)

等 [140-143,213-217]。它们的实现方法大同小异，以 UKF 最为著名。UKF 的基本思想不同于 EKF，它是通过设计少量的点，由这些点经由非线性函数的传播，从而来计算出随机向量一、二阶的统计特性。UKF 依赖于 Unscented 变换[7]。传统的 Kalman 滤波或扩展 Kalman 滤波是基于非线性函数的一阶 Taylor 展开来实现的，所以，一般只对线性或近似线性的非线性系统具有比较好的效果。系统是由高斯过程驱动的。而 UKF 是用若干个服从高斯分布的函数的组合来驱动的，一般可达到二阶精度 (结果逼近非线性系统 Taylor 展开后二阶的结果)，在某些情况下 (例如，先验随机变量具有对称的分布，如指数分布)，逼近精度可达三阶。在计算量方面，UKF 与 EKF 相当，并且在算法的实现方面，由于其不需要计算 Jacobi 矩阵，因此，在线计算方面，更优于 EKF。正是由于它有这么多的优点，所以近年来被广泛地研究和引用。

强跟踪滤波 (STF) 是另外一类被广泛应用的非线性滤波方法 [2,135-138]。其首先是由周东华教授在 1998 年前后提出的，随后的十多年间，该方法被广泛应用于故障诊断、容错控制、机器人控制等多种应用领域，引用达上千次。该方法的基本思想在于正交原理的实现，其核心在于强迫不同时刻之间的残差正交，从而实现观测值的充分利用。该方法也是一种实时的滤波方法，状态的估计通过在线递推实现，计算量和 EKF 相当。

然而，仔细分析 SPKF 和 STF，不难发现其局限性。SPKF 除了利用若干高斯分布的组合代替传统 EKF 的高斯分布的噪声激励外，在滤波过程中，其基本思想依然是 Kalman 滤波，因此，在线性系统滤波中存在鲁棒性差等缺陷的 Kalman 滤波的诸多缺点在 SPKF 中依然存在。而 STF 在计算残差和增益矩阵时，依然利用的是非线性系统的线性化进行的，因此，该方法本质上依然是对线性系统具有比较强的跟踪和估计能力。本章将 SPKF 和 STF 相结合，提出了一种新的非线性滤波方法，即 SPSTF。该方法结合了两种方法的优点，既具有 SPKF 较强的逼近非线性系统的能力，又具有 STF 滤波的强跟踪性和鲁棒性。理论分析和仿真结果验证了新算法的有效性。

## 14.2 问 题 描 述

有 $N$ 个传感器对同一目标进行观测的异步、多速率传感器、单模型离散非线性动态系统可描述为

$$x(k+1) = f(x(k)) + G(k)u(k) + w(k) \tag{14.1}$$

$$z_i(k) = \hbar_i(x_i(k)) + v_i(k), \quad i = 1, 2, \cdots, N \tag{14.2}$$

其中，式 (14.1) 为系统方程，$x(k) \in \mathbb{R}^n$ 表示最高采样速率 $S_1$ 下 $k$ 时刻的状态变

量；$f(\cdot)$ 为过程模型，其由非线性映射 $f$ 唯一确定；$u(k) \in \mathbb{R}^l$ 是控制信号；$G(k) \in \mathbb{R}^{n \times l}$ 是控制增益；系统噪声 $w(k) \in \mathbb{R}^n$ 是高斯白噪声，且 $w(k) \sim N(0, Q(k))$。

有 $N$ 个传感器对目标进行观测，观测方程如式 (14.2) 所示，其中 $z_i(k) \in \mathbb{R}^{q_i}(q_i \leqslant n)$ 表示采样率为 $S_i$ 的第 $i$ 个传感器的第 $k$ 次观测；$\hbar_i(\cdot)$ 为观测模型，其由非线性映射 $\hbar_i$ 唯一确定。其中，$i\,(1 \leqslant i \leqslant N)$ 表示第 $i$ 个传感器，同时也表示第 $i$ 尺度。具有最高采样速率的传感器 1 具有最细的尺度。不同传感器之间的采样可以是非同步、不均匀的，采样率之间满足下列关系：

$$S_1 = n_i S_i, \quad 1 \leqslant i \leqslant N \tag{14.3}$$

其中，$n_i$ 是正整数，并且 $n_1 = 1$。$z_i(k) \in \mathbb{R}^{q_i}$ 观测的状态假设满足

$$x_i(k) = f_i(x(n_i(k-1)+1), \quad i = 1, 2, \cdots, N \tag{14.4}$$

其中，$f_i$ 由 $f$、$x(n_i(k-1)+1)$ 和 $G(n_i(k-1)+l), u(n_i(k-1)+l); l = 1, 2, \cdots, n_i$ 确定。可近似地由下式略去状态转移时的噪声项得到：

$$x_i(k) = \frac{1}{n_i} \left( \sum_{l=1}^{n_i} x_i(n_i(k-1)+l) \right), \quad i = 1, 2, \cdots, N \tag{14.5}$$

特别的，当 $u(k) = 0$ 时，有

$$f_i = \frac{1}{n_i} \left( \sum_{j=0}^{n_i-1} f^j \right), \quad i = 1, 2, \cdots, N \tag{14.6}$$

其中，$f_1 = I$ 表示恒等变换，即 $x_1(k) = x(k)$。

观测误差 $v_i(k) \in \mathbb{R}^{q_i}$ 假设为高斯白噪声：$v_i(k) \sim N(0, R_i(k))$。并且，假设 $w(k)$ 与 $v_i(k)$ 统计独立。

初始状态向量 $x(0)$ 是一个随机向量，其均值和方差分别为 $x_0$ 和 $P_0$。同时假设 $x(0)$、$w(k)$ 与 $v_i(k)$ 彼此统计独立。

本章的目的在于融合各个传感器的观测信息以获得最高采样率下状态的最优估计值。

## 14.3　状态融合估计算法

由式 (14.2) 和式 (14.4)，可得

$$\begin{aligned}
z_i(k) &= \hbar_i(f_i(x(n_i(k-1)+1))) + v_i(k) \\
&= (\hbar_i \cdot f_i)(x(n_i(k-1)+1)) + v_i(k) \\
&\overset{\text{def}}{=} h_i(x(n_i(k-1)+1)) + v_i(k)
\end{aligned} \tag{14.7}$$

其中, $h_i = \hbar_i \cdot f_i$ 表示新的观测算子。

当 $(k-1) \bmod n_i = 0$ 时, 式 (14.7) 可改写为

$$z_i\left(\frac{k-1}{n_i}+1\right) = h_i(x(k)) + v_i\left(\frac{k-1}{n_i}+1\right) \tag{14.8}$$

### 14.3.1　基于 SPKF 方法估计非线性时变系统的状态

**引理 14.1**[141]　设一类非线性动态系统可描述为

$$x(k+1) = f(x(k)) + G(k)u(k) + w(k) \tag{14.9}$$

$$z(k) = h(x(k)) + v(k) \tag{14.10}$$

其中, $x(k) \in \mathbb{R}^n$ 表示系统状态; $z(k) \in \mathbb{R}^q$ 表示观测向量; $w(k)$ 和 $v(k)$ 为互不相关的高斯白噪声, 均值为零, 方差分别为 $Q(k)$ 和 $R(k)$。则基于 SPKF 对上述系统进行状态估计的算法如下:

$$\hat{x}(k|k) = \hat{x}(k|k-1) + K(k)[z(k) - \hat{z}(k)] \tag{14.11}$$

$$P(k|k) = P(k|k-1) - K(k)P_{\tilde{z}}(k)K^{\mathrm{T}}(k) \tag{14.12}$$

其中

$$\hat{x}(k|k-1) = \sum_{l=1}^{2n+1} w_l^s X(l;k|k-1) \tag{14.13}$$

$$P(k|k-1) = \sum_{l=1}^{2n+1} w_l^c \Big\{ \left[\hat{x}(k|k-1) - X(l;k|k-1)\right]\left[\hat{x}(k|k-1) \right. \\ \left. - X(l;k|k-1)\right]^{\mathrm{T}} \Big\} + Q(k-1) \tag{14.14}$$

$$\begin{cases} X(l;k-1) = \hat{x}(k-1|k-1) + (\gamma\sqrt{P(k-1|k-1)})_l, & l = 1, 2, \cdots, n \\ X(l;k-1) = \hat{x}(k-1|k-1) - (\gamma\sqrt{P(k-1|k-1)})_{l-n}, & l = n+1, \cdots, 2n \\ X(l;k-1) = \hat{x}(k-1|k-1), & l = 2n+1 \end{cases} \tag{14.15}$$

$$X(l;k|k-1) = f(X(l;k-1)) + G(k-1)u(k-1), \quad l = 1, \cdots, 2n, 2n+1 \tag{14.16}$$

$$K(k) = P_{\tilde{x}\tilde{z}}(k|k-1)P_{\tilde{z}}^{-1}(k) \tag{14.17}$$

$$P_{\tilde{z}}(k) = \sum_{l=1}^{2n+1} w_l^c \Big\{ \left[\hat{z}(k) - Z(l;k)\right]\left[\hat{z}(k) - Z(l;k)\right]^{\mathrm{T}} \Big\} + R(k) \tag{14.18}$$

$$P_{\tilde{x}\tilde{z}}(k|k-1) = \sum_{l=1}^{2n+1} w_l^c \left\{ [\hat{x}(k|k-1) - X(l;k|k-1)] [\hat{z}(k) - Z(l;k)]^{\mathrm{T}} \right\} \tag{14.19}$$

$$\hat{z}(k) = \sum_{l=1}^{2n+1} w_l^m Z(l;k) \tag{14.20}$$

$$Z(l;k) = h(X(l;k|k-1)) \tag{14.21}$$

其中，$\left(\gamma\sqrt{P(k-1|k-1)}\right)_l$ 表示矩阵 $\gamma\sqrt{P(k-1|k-1)}$ 的第 $l$ 列，$\sqrt{P(k-1|k-1)}$ 表示矩阵 $P(k-1|k-1)$ 的平方根矩阵。相关参数的选取如下：

$$\begin{cases} \gamma = \sqrt{n+\lambda}, \quad \lambda = \alpha^2(n+\kappa) - n \\ w_l^s = \dfrac{1}{2(n+\lambda)}, \quad l = 1, 2, \cdots, 2n \\ w_l^s = \dfrac{\lambda}{n+\lambda}, \quad l = 2n+1 \\ w_l^c = w_l^s, \quad l = 1, 2, \cdots, 2n \\ w_l^c = w_l^s + (1 - \alpha^2 + \beta), \quad l = 2n+1 \\ w_l^m = w_l^s, \quad l = 1, 2, \cdots, 2n+1 \end{cases} \tag{14.22}$$

其中，一般的，取 $\kappa = 0, 10^{-3} < \alpha \leqslant 1, \beta = 2$。

对 $i = 1, 2, \cdots, N$，定义

$$Z_1^k(i) \stackrel{\text{def}}{=} \{z_i(1), z_i(2), \cdots, z_i(k)\} \tag{14.23}$$

和

$$\hat{x}(k|k) \stackrel{\text{def}}{=} E\left\{ x(k) | Z_1^{\left[\frac{k}{n_i}\right]}(i), i = 1, 2, \cdots, N \right\} \tag{14.24}$$

$$\hat{x}_i(k|k) \stackrel{\text{def}}{=} E\left\{ x(k) | Z_1^{\left[\frac{k}{n_j}\right]-1}(j), j = 1, 2, \cdots, N; z_i\left(\frac{k}{n_i}\right) \right\} \tag{14.25}$$

$$\hat{x}_{i_{1,2,\cdots,l}}(k|k) \stackrel{\text{def}}{=} E\left\{ x(k) | Z_1^{\left[\frac{k}{n_j}\right]-1}(j), j = 1, 2, \cdots, N; z_{i_p}\left(\frac{k}{n_i}\right), p = 1, 2, \cdots, l \right\} \tag{14.26}$$

其中，式 (14.23) 中的 $Z_1^k(i)$ 表示传感器 $i$ 观测的第 1 个到第 $k$ 个观测值；$\hat{x}(k|k)$ 和 $\hat{x}_{i_{1,2,\cdots,l}}(k|k)$ 分别为 $x(k)$ 在信息 $\left\{ Z_1^{\left[\frac{k}{n_i}\right]}(i) \right\}_{i=1,2,\cdots,N}$ 和 $\left\{ Z_1^{\left[\frac{k}{n_j}\right]-1}(j) \right\}_{j=1,2,\cdots,N}$ $\cup \left\{ z_{i_p}\left(\frac{k}{n_{i_p}}\right) \right\}_{p=1,2,\cdots,l}$ 条件下的期望；$[a]$ 表示大于等于 $a$ 的最小正整数。

记状态 $x(k)$ 的最优估计值和相应的估计误差协方差分别为 $\hat{x}(k|k)$ 和 $P(k|k)$，则基于 14.2 节系统描述的状态融合估计算法由下面的定理给出。

**定理 14.1** 假设已知 $k-1$ 时刻的状态估计值 $\hat{x}(k-1|k-1)$ 和相应的估计误差协方差阵 $P(k-1|k-1)$，那么 $k$ 时刻的状态的估计值和相应的估计误差协方差阵，即 $\hat{x}(k|k)$ 和 $P(k|k)$ 可由下面的步骤获得：

(i) 在时刻 $k=1,2,\cdots$，若对任意 $i=2,3,\cdots,N$，$(k-1) \bmod n_i \neq 0$，那么

$$\hat{x}(k|k) = \hat{x}(k|k-1) + K_1(k)[z_1(k) - \hat{z}_1(k)] \tag{14.27}$$

$$P(k|k) = P(k|k-1) - K_1(k)P_{\tilde{z}_1}(k)K_1^{\mathrm{T}}(k) \tag{14.28}$$

其中

$$\hat{x}(k|k-1) = \sum_{l=1}^{2n+1} w_l^s X(l;k|k-1) \tag{14.29}$$

$$
\begin{aligned}
P(k|k-1) = \sum_{l=1}^{2n+1} w_l^c &\left\{ \left[\hat{x}(k|k-1) - X(l;k|k-1)\right]\left[\hat{x}(k|k-1)\right.\right. \\
&\left.\left. - X(l;k|k-1)\right]^{\mathrm{T}} \right\} + Q(k-1)
\end{aligned}
\tag{14.30}
$$

$$
\begin{cases}
X(l;k-1) = \hat{x}(k-1|k-1) + (\gamma\sqrt{P(k-1|k-1)})_l, \\
\qquad\qquad\qquad l = 1,2,\cdots,n \\
X(l;k-1) = \hat{x}(k-1|k-1) - (\gamma\sqrt{P(k-1|k-1)})_{l-n}, \\
\qquad\qquad\qquad l = n+1,\cdots,2n \\
X(l;k-1) = \hat{x}(k-1|k-1), \quad l = 2n+1
\end{cases}
\tag{14.31}
$$

$$
\begin{aligned}
X(l;k|k-1) &= f(X(l;k-1)) + G(k-1)u(k-1), \\
&\quad l = 1,2,\cdots,2n+1
\end{aligned}
\tag{14.32}
$$

$$K_1(k) = P_{\tilde{x}\tilde{z}_1}(k|k-1)P_{\tilde{z}_1}^{-1}(k) \tag{14.33}$$

$$P_{\tilde{z}_1}(k) = \sum_{l=1}^{2n+1} w_l^c \left\{ \left[\hat{z}_1(k) - Z_1(l;k)\right]\left[\hat{z}_1(k) - Z_1(l;k)\right]^{\mathrm{T}} \right\} + R_1(k) \tag{14.34}$$

$$P_{\tilde{x}\tilde{z}_1}(k|k-1) = \sum_{l=1}^{2n+1} w_l^c \left\{ \left[\hat{x}(k|k-1) - X(l;k|k-1)\right]\left[\hat{z}_1(k) - Z_1(l;k)\right]^{\mathrm{T}} \right\} \tag{14.35}$$

$$\hat{z}_1(k) = \sum_{l=1}^{2n+1} w_l^m Z_1(l;k) \tag{14.36}$$

$$Z_1(l;k) = h_1(X(l;k|k-1)) \tag{14.37}$$

其中, $h_1 = \hbar_1$。相关参数的选取如式 (14.22) 所示。

　　(ii) 在时刻 $k = 1, 2, \cdots$, 若存在一个传感器 $i\,(2 \leqslant i \leqslant N)$, 满足 $(k-1)\ \mathrm{mod}$ $n_i = 0$, 那么

$$\begin{aligned}
\hat{x}(k|k) = {}& \hat{x}_{i|1}(k|k) + K_i\left((k-1)/n_i+1\right)\left[z_i\left((k-1)/n_i+1\right)\right. \\
& \left. - \hat{z}_i\left((k-1)/n_i+1\right)\right]
\end{aligned} \tag{14.38}$$

$$\begin{aligned}
P(k|k) = {}& P_{i|1}(k|k) - K_i\left((k-1)/n_i+1\right) P_{\tilde{z}_i}\left((k-1)/n_i+1\right) \\
& K_i^{\mathrm{T}}\left((k-1)/n_i+1\right)
\end{aligned} \tag{14.39}$$

其中

$$\hat{x}_1(k|k) = \hat{x}(k|k-1) + K_1(k)[z_1(k) - \hat{z}_1(k)] \tag{14.40}$$

$$P_1(k|k) = P(k|k-1) - K_1(k)P_{\tilde{z}_1}(k)K_1^{\mathrm{T}}(k) \tag{14.41}$$

其中, $\hat{x}(k|k-1)$、$P(k|k-1)$、$\hat{z}_1(k)$、$K_1(k)$、$P_{\tilde{z}_1}(k)$ 的计算如式 (14.29)~ 式 (14.37) 所示。而 $K_i\left((k-1)/n_i+1\right)$、$\hat{z}_i\left((k-1)/n_i+1\right)$、$P_{\tilde{z}_i}\left((k-1)/n_i+1\right)$ 的计算如下:

$$K_i\left((k-1)/n_i+1\right) = P_{\tilde{x}\tilde{z}_i}\left((k-1)/n_i+1\right) P_{\tilde{z}_i}^{-1}\left((k-1)/n_i+1\right) \tag{14.42}$$

$$\begin{aligned}
P_{\tilde{z}_i}\left((k-1)/n_i+1\right) = {}& \sum_{l=0}^{2n} w_l^c\Big\{ \left[\hat{z}_i\left((k-1)/n_i+1\right) - Z_i\left(l;(k-1)/n_i+1\right)\right] \\
& \cdot \left[\hat{z}_i\left((k-1)/n_i+1\right) - Z_i\left(l;(k-1)/n_i+1\right)\right]^{\mathrm{T}} \Big\} \\
& + R_i\left((k-1)/n_i+1\right)
\end{aligned} \tag{14.43}$$

$$\begin{aligned}
P_{\tilde{x}\tilde{z}_i}\left((k-1)/n_i+1\right) = {}& \sum_{l=0}^{2n} w_i^c\Big\{ \left[\hat{x}_{i|1}(k|k) - X_1(l;k)\right] \\
& \cdot \left[\hat{z}_i\left((k-1)/n_i+1\right) - Z_i\left(l;(k-1)/n_i+1\right)\right]^{\mathrm{T}} \Big\}
\end{aligned} \tag{14.44}$$

$$\hat{z}_i\left((k-1)/n_i+1\right) = \sum_{l=0}^{2n} w_l^c Z_i\left(l;(k-1)/n_i+1\right) \tag{14.45}$$

$$Z_i(l; (k-1)/n_i + 1) = h_i(X_1(l; k)) \tag{14.46}$$

$$\begin{cases} X_1(l; k) = \hat{x}_1(k|k) + (\gamma\sqrt{P_1(k|k)})_l, & l = 1, 2, \cdots, n \\ X_1(l; k) = \hat{x}_1(k|k) - (\gamma\sqrt{P_1(k|k)})_{l-n}, & l = n+1, \cdots, 2n \\ X_1(l; k) = \hat{x}_1(k|k), & l = 2n+1 \end{cases} \tag{14.47}$$

$$\hat{x}_{i|1}(k|k) = \sum_{l=1}^{2n+1} w_l^s X_1(l; k) \tag{14.48}$$

$$P_{i|1}(k|k) = \sum_{l=1}^{2n+1} w_l^s \left\{ \left[ \hat{x}_{i|1}(k|k) - X_1(l; k) \right] \left[ \hat{x}_{i|1}(k|k) - X_1(l; k) \right]^{\mathrm{T}} \right\} \tag{14.49}$$

其中

$$h_i = \hbar_i \cdot f_i \tag{14.50}$$

相关参数的选取同式 (14.22)。

(iii) 在时刻 $k = 1, 2, \cdots$，若存在 $j$ 个传感器，即传感器 $i_1, i_2, \cdots, i_j$ ($N \geqslant i_1 \geqslant i_2 \geqslant \cdots \geqslant i_j \geqslant 2$) 满足 $(k-1) \bmod n_{i_p} = 0$，$p = 1, 2, \cdots, j$，那么

$$\hat{x}(k|k) = \hat{x}_{i_{1,2,\cdots,j}}(k|k) \tag{14.51}$$

$$P(k|k) = P_{i_{1,2,\cdots,j}}(k|k) \tag{14.52}$$

其中，对 $l = 1, 2, \cdots, j$，有

$$\begin{aligned} \hat{x}_{i_{1,2,\cdots,l}}(k|k) = {} & \hat{x}_{i_{1,2,\cdots,l}|i_{1,2,\cdots,(l-1)}}(k|k) + K(i_l, (k-1)/n_{i_l} + 1) \\ & \cdot \left[ z_{i_l}((k-1)/n_{i_l} + 1) - \hat{z}_{i_l}((k-1)/n_{i_l} + 1) \right] \end{aligned} \tag{14.53}$$

$$\begin{aligned} P_{i_{1,2,\cdots,l}}(k|k) = {} & P_{i_{1,2,\cdots,l}|i_{1,2,\cdots,(l-1)}}(k|k) - K_{i_l}((k-1)/n_{i_l} + 1) \\ & \cdot P_{\tilde{z}_{i_l}}((k-1)/n_{i_l} + 1) K_{i_l}^{\mathrm{T}}((k-1)/n_{i_l} + 1) \end{aligned} \tag{14.54}$$

和

$$\hat{x}_{i_0}(k|k) = \hat{x}(k|k-1) \tag{14.55}$$

$$P_{i_0}(k|k) = P(k|k-1) \tag{14.56}$$

$$K_{i_l}((k-1)/n_{i_l} + 1) = P_{\tilde{x}\tilde{z}_{i_l}}((k-1)/n_{i_l} + 1) P_{\tilde{z}_{i_l}}^{-1}((k-1)/n_{i_l} + 1) \tag{14.57}$$

$$P_{\tilde{z}_{i_l}}((k-1)/n_{i_l}+1) = \sum_{p=0}^{2n} w_p^c \bigg\{ \big[\hat{z}_{i_l}((k-1)/n_{i_l}+1) - Z_{i_l}(p;(k-1)/n_{i_l}+1)\big]$$

$$\cdot \big[\hat{z}_{i_l}((k-1)/n_{i_l}+1) - Z_{i_l}(p;(k-1)/n_{i_l}+1)\big]^{\mathrm{T}} \bigg\}$$

$$+ R_{i_l}((k-1)/n_{i_l}+1) \tag{14.58}$$

$$P_{\tilde{x}\tilde{z}_{i_l}}((k-1)/n_{i_l}+1) = \sum_{p=0}^{2n} w_p^c \bigg\{ \big[\hat{x}_{i_{1,2,\cdots,l}|i_{1,2,\cdots,(l-1)}}(k|k) - X_{i_{1,2,\cdots,(l-1)}}(p;k)\big]$$

$$\cdot \big[\hat{z}_{i_l}((k-1)/n_{i_l}+1) - Z_{i_l}(p;(k-1)/n_{i_l}+1)\big]^{\mathrm{T}} \bigg\} \tag{14.59}$$

$$\hat{z}_{i_l}((k-1)/n_{i_l}+1) = \sum_{p=0}^{2n} w_p^c Z_{i_l}(p;(k-1)/n_{i_l}+1) \tag{14.60}$$

$$Z_{i_l}(p;(k-1)/n_{i_l}+1) = h_{i_l}(X_{i_{1,2,\cdots,(l-1)}}(p;k)) \tag{14.61}$$

$$\begin{cases} X_{i_{1,2,\cdots,(l-1)}}(0;k) = \hat{x}_{i_{1,2,\cdots,(l-1)}}(k|k) \\ X_{i_{1,2,\cdots,(l-1)}}(p;k) = \hat{x}_{i_{1,2,\cdots,(l-1)}}(k|k) + (\gamma\sqrt{P_{i_{1,2,\cdots,(l-1)}}(k|k)})_l, \\ \qquad p = 1,2,\cdots,n \\ X_{i_{1,2,\cdots,(l-1)}}(p;k) = \hat{x}_{i_{1,2,\cdots,(l-1)}}(k|k) - (\gamma\sqrt{P_{i_{1,2,\cdots,(l-1)}}(k|k)})_{l-n}, \\ \qquad p = n+1, n+2, \cdots, 2n \end{cases} \tag{14.62}$$

$$\hat{x}_{i_{1,2,\cdots,l}|i_{1,2,\cdots,(l-1)}}(k|k) = \sum_{p=0}^{2n} w_p^s X_{i_{1,2,\cdots,(l-1)}}(p;k) \tag{14.63}$$

$$P_{i_{1,2,\cdots,l}|i_{1,2,\cdots,(l-1)}}(k|k) = \sum_{p=1}^{2n+1} w_p^c \bigg\{ \big[\hat{x}_{i_{1,2,\cdots,l}|i_{1,2,\cdots,(l-1)}}(k|k) - X_{i_{1,2,\cdots,(l-1)}}(p;k)\big]$$

$$\cdot \big[\hat{x}_{i_{1,2,\cdots,l}|i_{1,2,\cdots,(l-1)}}(k|k) - X_{i_{1,2,\cdots,(l-1)}}(p;k)\big]^{\mathrm{T}} \bigg\}$$

$$\tag{14.64}$$

$$h_{i_l} = \hbar_{i_l} \cdot f_{i_l} \tag{14.65}$$

相关参数的选取同式 (14.22)。

### 14.3.2   基于 STF 方法估计非线性时变系统的状态

**引理 14.2**[2]   对非线性动态系统式 (14.9)～ 式 (14.10)，若非线性函数 $f(\cdot)$ 和 $h(\cdot)$ 具有关于状态的一阶连续偏导数，则基于 STF 对该系统进行状态估计的算法如下：

$$\hat{x}(k|k) = \hat{x}(k|k-1) + K(k)\tilde{z}(k) \tag{14.66}$$

$$P(k|k) = [I - K(k)H(\hat{x}(k|k-1))] P(k|k-1) \tag{14.67}$$

其中

$$\hat{x}(k|k-1) = f(\hat{x}(k-1|k-1)) + G(k-1)u(k-1) \tag{14.68}$$

$$P(k|k-1) = \theta(k-1)F(\hat{x}(k-1|k-1))P(k-1|k-1)F^{\mathrm{T}}(\hat{x}(k-1|k-1)) \\ + Q(k-1) \tag{14.69}$$

$$K(k) = P(k|k-1)H^{\mathrm{T}}(\hat{x}(k|k-1))\big[H(\hat{x}(k|k-1))P(k|k-1) \\ \cdot H^{\mathrm{T}}(\hat{x}(k|k-1)) + R(k)\big]^{-1} \tag{14.70}$$

$$\tilde{z}(k) = z(k) - \hat{z}(k) = z(k) - h(\hat{x}(k|k-1)) \tag{14.71}$$

$$P_{\tilde{z}}(k) = E\left[\tilde{z}(k)\tilde{z}^{\mathrm{T}}(k)\right] \approx H(\hat{x}(k|k-1))P(k|k-1)H^{\mathrm{T}}(\hat{x}(k|k-1)) \tag{14.72}$$

其中, $\theta(k) \geqslant 1$ 为自适应渐消因子。可以由下面的方法确定:

$$\theta(k) = \begin{cases} \theta_0(k), & \theta_0(k) \geqslant 1 \\ 1, & \theta_0(k) < 1 \end{cases} \tag{14.73}$$

其中

$$\theta_0(k) = \mathrm{tr}(N(k))/\mathrm{tr}(M(k)) \tag{14.74}$$

$$N(k) = V_0(k) - H(\hat{x}(k|k-1))Q(k-1)H^{\mathrm{T}}(\hat{x}(k|k-1)) - l(k)R(k) \tag{14.75}$$

$$M(k) = H(\hat{x}(k|k-1))F(\hat{x}(k|k-1))P(k-1|k-1)F^{\mathrm{T}}(\hat{x}(k|k-1)) \\ \cdot H^{\mathrm{T}}(\hat{x}(k|k-1)) \tag{14.76}$$

其中

$$H(\hat{x}(k|k-1)) = \left.\frac{\partial h(x(k))}{\partial x}\right|_{x(k)=\hat{x}(k|k-1)} \tag{14.77}$$

$$F(\hat{x}(k|k-1)) = \left.\frac{\partial f(x(k))}{\partial x}\right|_{x(k)=\hat{x}(k|k-1)} \tag{14.78}$$

$$V_0(k) = \begin{cases} \tilde{z}(1)\tilde{z}^{\mathrm{T}}(1), & k = 0 \\ \dfrac{\rho V_0(k-1) + \tilde{z}(k)\tilde{z}^{\mathrm{T}}(k)}{1+\rho}, & k \geqslant 1 \end{cases} \tag{14.79}$$

其中, $0.95 \leqslant \rho \leqslant 0.995$ 为遗忘因子。$l(k) \geqslant 1$ 为弱化因子。特别的, 可以取

$$l(k) = 1 - d_k \tag{14.80}$$

其中

$$d_k = \frac{1-\rho}{1-\rho^{k+1}} \tag{14.81}$$

基于 STF 对 14.2 节所示非线性多速率传感器动态系统进行数据融合的状态估计方法如下面的定理所示。

**定理 14.2**  假设已知 $k-1$ 时刻的状态估计值 $\hat{x}(k-1|k-1)$ 和相应的估计误差协方差阵 $P(k-1|k-1)$, 那么时刻 $k$ 的状态的估计值和相应的估计误差协方差阵, 即 $\hat{x}(k|k)$ 和 $P(k|k)$ 可由下面的步骤获得:

(i) 在时刻 $k=1,2,\cdots$, 若对任意 $i=2,3,\cdots,N$, $(k-1) \bmod n_i \neq 0$, 那么

$$\hat{x}(k|k) = \hat{x}_1(k|k) \tag{14.82}$$

$$P(k|k) = P_1(k|k) \tag{14.83}$$

其中

$$\hat{x}_1(k|k) = \hat{x}_1(k|k-1) + K_1(k)\tilde{z}_1(k) \tag{14.84}$$

$$P_1(k|k) = P_1(k|k-1) - K_1(k)P_{\tilde{z}_1}(k)K_1^{\mathrm{T}}(k) \tag{14.85}$$

$$\hat{x}_1(k|k-1) = f(\hat{x}(k-1|k-1)) + G(k-1)u(k-1) \tag{14.86}$$

$$
\begin{aligned}
P_1(k|k-1) = {} & \theta_1(k)F(\hat{x}(k-1|k-1))P(k-1|k-1)F^{\mathrm{T}}(\hat{x}(k-1|k-1)) \\
& +Q(k-1)
\end{aligned}
\tag{14.87}
$$

$$\tilde{z}_1(k) = z_1(k) - \hat{z}_1(k) = z_1(k) - \hbar_1(\hat{x}_1(k|k-1)) \tag{14.88}$$

$$K_1(k) = P_{\tilde{x}\tilde{z}_1}(k)P_{\tilde{z}_1}^{-1}(k) \tag{14.89}$$

$$
\begin{aligned}
P_{\tilde{x}\tilde{z}_1}(k) &= E\left\{[x(k) - \hat{x}(k|k-1)][z_1(k) - \hat{z}_1(k)]\right\} \\
&= P_1(k|k-1)H_1^{\mathrm{T}}(\hat{x}_1(k|k-1))
\end{aligned}
\tag{14.90}
$$

$$P_{\tilde{z}_1}(k) = H_1(\hat{x}_1(k|k-1))P_1(k|k-1)H_1^{\mathrm{T}}(\hat{x}_1(k|k-1)) + R_1(k) \tag{14.91}$$

其中, $\theta_1(k) \geqslant 1$ 为自适应渐消因子。可以由下面的方法确定:

$$\theta_1(k) = \begin{cases} \theta_{0,1}(k), & \theta_{0,1}(k) \geqslant 1 \\ 1, & \theta_{0,1}(k) < 1 \end{cases} \tag{14.92}$$

其中

$$\theta_{0,1}(k) = \operatorname{tr}(N_1(k))/\operatorname{tr}(M_1(k)) \tag{14.93}$$

$$N_1(k) = V_1(k) - H_1(\hat{x}_1(k|k-1))Q(k-1)H_1^{\mathrm{T}}(\hat{x}_1(k|k-1)) - l(k)R_1(k) \tag{14.94}$$

$$
\begin{aligned}
M_1(k) &= H_1(\hat{x}_1(k|k-1))F(\hat{x}_1(k|k-1))P(k-1|k-1)F^{\mathrm{T}}(\hat{x}_1(k|k-1)) \\
&\quad \cdot H_1^{\mathrm{T}}(\hat{x}_1(k|k-1))
\end{aligned}
\tag{14.95}
$$

$$V_1(k) = \begin{cases} \tilde{z}_1(1)\tilde{z}_1^{\mathrm{T}}(1), & k = 0 \\ \dfrac{\rho V_1(k-1) + \tilde{z}_1(k)\tilde{z}_1^{\mathrm{T}}(k)}{1+\rho}, & k \geqslant 1 \end{cases} \tag{14.96}$$

其中

$$H_1(\hat{x}_1(k|k-1)) = \left.\frac{\partial h_1(x(k))}{\partial x}\right|_{x(k)=\hat{x}_1(k|k-1)} \tag{14.97}$$

$$F(\hat{x}_1(k|k-1)) = \left.\frac{\partial f(x(k))}{\partial x}\right|_{x(k)=\hat{x}_1(k|k-1)} \tag{14.98}$$

$$h_1 = \hbar_1 \tag{14.99}$$

$l(k) \geqslant 1$ 为弱化因子, 由式 (14.80)~ 式 (14.81) 计算。

(ii) 在时刻 $k = 1, 2, \cdots$, 若存在一个传感器 $i$ $(2 \leqslant i \leqslant N)$, 满足 $(k-1) \bmod n_i = 0$, 那么

$$\hat{x}(k|k) = \hat{x}_1(k|k) + K_i((k-1)/n_i+1)\tilde{z}_i((k-1)/n_i+1) \tag{14.100}$$

$$\begin{aligned} P(k|k) &= P_1(k|k) - K_i((k-1)/n_i+1)P_{\tilde{z}_i}((k-1)/n_i+1) \\ &\quad \cdot K_i^{\mathrm{T}}((k-1)/n_i+1) \end{aligned} \tag{14.101}$$

其中, $\hat{x}_1(k|k)$ 和 $P_1(k|k)$ 由式 (14.84)~ 式 (14.99) 计算。而 $K_i((k-1)/n_i+1)$、$\tilde{z}_i((k-1)/n_i+1)$ 和 $P_{\tilde{z}_i}((k-1)/n_i+1)$ 的计算如下:

$$\tilde{z}_i((k-1)/n_i+1) = z_i((k-1)/n_i+1) - h_i(\hat{x}_1(k|k)) \tag{14.102}$$

$$K_i((k-1)/n_i+1) = P_{\tilde{x}\tilde{z}_i}((k-1)/n_i+1)P_{\tilde{z}_i}^{-1}((k-1)/n_i+1) \tag{14.103}$$

$$\begin{aligned} P_{\tilde{z}_i}((k-1)/n_i+1) &= H_i(\hat{x}_1(k|k))P_1(k|k)H_i^{\mathrm{T}}(\hat{x}_1(k|k)) \\ &\quad + R_i((k-1)/n_i+1) \end{aligned} \tag{14.104}$$

$$\begin{aligned} P_{\tilde{x}\tilde{z}_i}((k-1)/n_i+1) &= E\left\{[x(k)-\hat{x}_1(k|k)]\tilde{z}_i^{\mathrm{T}}((k-1)/n_i+1)\right\} \\ &= P_1(k|k)H_i^{\mathrm{T}}(\hat{x}_1(k|k)) \end{aligned} \tag{14.105}$$

其中

$$H_i(\hat{x}_1(k|k)) = \left.\frac{\partial h_i(x(k))}{\partial x}\right|_{x(k)=\hat{x}_1(k|k)} \tag{14.106}$$

$$h_i = \hbar_i \cdot f_i \tag{14.107}$$

(iii) 在时刻 $k = 1, 2, \cdots$, 若存在 $j$ 个传感器, 即传感器 $i_1, i_2, \cdots, i_j$ $(N \geqslant i_1 \geqslant$

$i_2 \geqslant \cdots \geqslant i_j \geqslant 1)$ 满足 $(k-1) \bmod n_{i_p} = 0, p = 1, 2, \cdots, j$, 那么

$$\hat{x}(k|k) = \hat{x}_{i_{1,2,\cdots,j}}(k|k) \tag{14.108}$$

$$P(k|k) = P_{i_{1,2,\cdots,j}}(k|k) \tag{14.109}$$

其中, 对 $l = 1, 2, \cdots, j$, 有

$$\begin{aligned} \hat{x}_{i_{1,2,\cdots,l}}(k|k) &= \hat{x}_{i_{1,2,\cdots,(l-1)}}(k|k) + K(i_l, (k-1)/n_{i_l} + 1) \\ &\quad \cdot [z_{i_l}((k-1)/n_{i_l} + 1) - \hat{z}_{i_l}((k-1)/n_{i_l} + 1)] \end{aligned} \tag{14.110}$$

$$\begin{aligned} P_{i_{1,2,\cdots,l}}(k|k) &= P_{i_{1,2,\cdots,(l-1)}}(k|k) - K_{i_l}((k-1)/n_{i_l} + 1) \\ &\quad \cdot P_{\tilde{z}_{i_l}}((k-1)/n_{i_l} + 1)K_{i_l}^{\mathrm{T}}((k-1)/n_{i_l} + 1) \end{aligned} \tag{14.111}$$

和

$$\hat{x}_{i_0}(k|k) = \hat{x}_1(k|k) \tag{14.112}$$

$$P_{i_0}(k|k) = P_1(k|k) \tag{14.113}$$

$$K_{i_l}((k-1)/n_{i_l} + 1) = P_{\tilde{x}\tilde{z}_{i_l}}((k-1)/n_{i_l} + 1)P_{\tilde{z}_{i_l}}^{-1}((k-1)/n_{i_l} + 1) \tag{14.114}$$

$$\tilde{z}_{i_l}((k-1)/n_{i_l} + 1) = z_{i_l}((k-1)/n_{i_l} + 1) - H_{i_l}(\hat{x}_{i_{1,2,\cdots,(l-1)}}(k|k)) \tag{14.115}$$

$$\begin{aligned} P_{\tilde{z}_{i_l}}((k-1)/n_{i_l} + 1) &= H_{i_l}(\hat{x}_{i_{1,2,\cdots,(l-1)}}(k|k))P_{i_{1,2,\cdots,(l-1)}}(k|k) \\ &\quad \cdot H_{i_l}^{\mathrm{T}}(\hat{x}_{i_{1,2,\cdots,(l-1)}}(k|k)) + R_{i_l}((k-1)/n_{i_l} + 1) \end{aligned} \tag{14.116}$$

$$\begin{aligned} P_{\tilde{x}\tilde{z}_{i_l}}((k-1)/n_{i_l} + 1) &= E\Big\{ \big[x(k) - \hat{x}_{i_{1,2,\cdots,(l-1)}}(k|k)\big] \tilde{z}_{i_l}^{\mathrm{T}}((k-1)/n_{i_l} + 1) \Big\} \\ &= P_{i_{1,2,\cdots,(l-1)}}(k|k)H_{i_l}^{\mathrm{T}}(\hat{x}_{i_{1,2,\cdots,(l-1)}}(k|k)) \end{aligned} \tag{14.117}$$

其中

$$H_{i_l}(\hat{x}_1(k|k)) = \left.\frac{\partial h_{i_l}(x(k))}{\partial x}\right|_{x(k)=\hat{x}_1(k|k)} \tag{14.118}$$

$$h_{i_l} = \hbar_{i_l} \cdot f_{i_l} \tag{14.119}$$

$\hat{x}_1(k|k)$ 和 $P_1(k|k)$ 由式 (14.84)~式 (14.99) 计算。

### 14.3.3　非线性系统状态估计新算法: SPSTF

　　STF 的基本原理是正交性原理, 其实质在于通过强迫不同时刻之间的残差正交, 以达到充分利用信息, 进而实现 "强跟踪" 的目的。然而, 在残差以及增益矩

阵的计算过程中, 利用的依然是将非线性系统线性化取一阶项的方法。因此, 该方法本质上依然是对线性或近似线性的目标运动可实现强跟踪, 而对于其他非线性运动, 却依然存在一定的不足。

　　SPKF 的基本思想是注意到了近似目标运动状态的分布比近似任意非线性状态转移过程要容易得多这一现实。在状态变量服从正态分布时, 其均值和方差即可描述其分布。EKF 利用的正是这一原理。因此, EKF 本质上只对噪声是高斯分布且近似线性的动态过程, 实现较为有效的估计。利用大数定律, 尽管任一分布都可以用正态分布去逼近, 然而, 在动态过程的实时估计方面, 对于一个一般的随机变量, 用多个正态分布的组合去逼近其分布往往比用单个正态分布去逼近来得更为准确。SPKF 正是考虑到了这一点。由于正态分布可以由其均值和方差完全确定。因此, 多个正态分布的组合可以用多个均值和方差去确定。在精度方面, SPKF 优于 EKF, 对于任意一个随机过程, 可以实现二阶甚至更高阶的逼近精度; 而在计算量方面, SPKF 和 EKF 相当, 并且也是一种实时递推的方法。因此, SPKF 获得了广泛的应用。然而, SPKF 的缺点也是明显的, 在增益矩阵的计算方面, 利用的依然是标准 Kalman 滤波的基本原理。而没有考虑到系统达稳态时, 增益矩阵达到极小值、丧失跟踪能力这一问题。

　　如果将 STF 的强跟踪能力和 SPKF 的较强逼近任一分布的能力结合起来, 则可望获得更优的非线性状态估计。考虑到 STF 思想的实现是通过以下原理: "为了使得滤波器具有强跟踪滤波器的优良性能, 一个自然的想法是采用时变的渐消因子对过去的数据渐消, 减弱老数据对当前滤波值的影响"。因此, 将 STF 和 SPKF 相结合, 可以从两个角度改进原来的算法:

　　(1) 在计算 STF 残差 (或残差协方差) 时, 用 SPKF 的思想, 避免非线性系统的线性化。

　　(2) 在利用 SPKF 进行状态估计时, 在计算增益矩阵时, 引入渐消因子。

　　下面分别分析尝试上述两种改进算法。

　　对非线性动态系统式 (14.9) 和式 (14.10) 进行状态估计的滤波器一般应具有下面的结构:

$$\hat{x}(k|k) = \hat{x}(k|k-1) + K(k)\tilde{z}(k) \tag{14.120}$$

$$\tilde{z}(k) = z(k) - \hat{z}(k|k-1) \tag{14.121}$$

其中, $\tilde{z}(k)$ 表示"残差"或者"新息"。

　　正确估计状态的关键在于确定新息 $\tilde{z}(k)$ 和增益矩阵 $K(k)$。要准确计算新息, 就需要有准确的观测预测, 而准确的观测预测离不开准确的状态预测。增益矩阵决定了观测新息利用的充分程度, 也就是说, 其确定的关键在于观测新息的充分利用。

下面首先介绍一下正交性原理。

**引理 14.3**[2]  使得滤波器式 (14.120) 和式 (14.121) 为强跟踪滤波器的一个充分条件是在线选择一个适当的时变增益矩阵 $K(k)$,使得:

(i) $E\left\{[x(k) - \hat{x}(k|k)][x(k) - \hat{x}(k|k)]^{\mathrm{T}}\right\} = \min$;

(ii) $E\left[\tilde{z}(k)\tilde{z}^{\mathrm{T}}(k+j)\right] = 0, k = 0, 1, 2, \cdots; j = 1, 2, \cdots$。

其中,条件 (ii) 要求不同时刻的残差序列处处保持相互正交,这正是正交原理的由来。条件 (i) 事实上就是原来 EKF 的性能指标。正交原理的物理意义是:在存在模型不确定性时,应在线调整增益矩阵,使得输出残差始终具有类似高斯白噪声的性质。这也表明,已经将输出残差中的一切有效信息提取出来。

事实上,在取 $K(k) = P_{\tilde{x}\tilde{z}}(k|k-1)P_{\tilde{z}}^{-1}(k)$ 时,引理 14.3 已经自然满足了。因此,STF 的根本贡献不在于正交性原理,而在于渐消因子的引入。

利用 STF,若想根据正交性原理计算增益矩阵,必须要对非线性系统进行线性化,这是我们不愿意看到的。因此,"在计算 STF 残差 (或残差协方差) 时,用 SPKF 的思想,避免非线性系统的线性化"的思想是行不通的。而在 SPKF 相关公式的计算时,引入渐消因子却比较容易实现。因此,下面我们从这一角度来改进 SPKF。由于该方法综合了 SPKF 和 STF 的优点,具有强跟踪非线性机动目标的能力。因此,我们把它称为 SPSTF。

**定理 14.3**  对非线性动态系统式 (14.9) 和式 (14.10),基于 SPSTF 对该系统进行状态估计的过程可由下列各式来实现:

$$\hat{x}(k|k) = \hat{x}(k|k-1) + K(k)\tilde{z}(k) \tag{14.122}$$

$$P(k|k) = P(k|k-1) - K(k)P_{\tilde{z}}(k)K^{\mathrm{T}}(k) \tag{14.123}$$

其中

$$\tilde{z}(k) = z(k) - \hat{z}(k|k-1) \tag{14.124}$$

$$\hat{x}(k|k-1) = \sum_{l=1}^{2n+1} w_l^s X(l; k|k-1) \tag{14.125}$$

$$P(k|k-1) = \sum_{l=1}^{2n+1} w_l^c \theta(k)\Big\{ \left[\hat{x}(k|k-1) - X(l; k|k-1)\right] \left[\hat{x}(k|k-1) \right. $$
$$\left. - X(l; k|k-1)\right]^{\mathrm{T}}\Big\} + Q(k-1) \tag{14.126}$$

$$
\begin{cases}
X(l; k-1) = \hat{x}(k-1|k-1) + (\gamma\sqrt{P(k-1|k-1)})_l, \\
\qquad\qquad\qquad\qquad\qquad l = 1, 2, \cdots, n \\
X(l; k-1) = \hat{x}(k-1|k-1) - (\gamma\sqrt{P(k-1|k-1)})_l, \\
\qquad\qquad\qquad\qquad\qquad l = n+1, n+2, \cdots, 2n \\
X(l; k-1) = \hat{x}(k-1|k-1), \quad l = 2n+1
\end{cases}
\tag{14.127}
$$

$$
X(l; k|k-1) = f(X(l; k-1)) + G(k-1)u(k-1), \quad l = 1, 2, \cdots, 2n+1 \tag{14.128}
$$

$$
K(k) = P_{\tilde{x}\tilde{z}}(k|k-1)P_{\tilde{z}}^{-1}(k) \tag{14.129}
$$

$$
P_{\tilde{z}}(k) = \sum_{l=1}^{2n+1} w_l^c \theta(k) \left\{ [\hat{z}(k) - Z(l; k)] [\hat{z}(k) - Z(l; k)]^{\mathrm{T}} \right\} + R(k) \tag{14.130}
$$

$$
P_{\tilde{x}\tilde{z}}(k|k-1) = \sum_{l=1}^{2n+1} w_l^c \theta(k) \left\{ [\hat{x}(k|k-1) - X(l; k|k-1)] [\hat{z}(k) - Z(l; k)]^{\mathrm{T}} \right\} \tag{14.131}
$$

$$
\hat{z}(k) = \sum_{l=1}^{2n+1} w_l^m Z(l; k) \tag{14.132}
$$

$$
Z(l; k) = h(X(l; k|k-1)) \tag{14.133}
$$

参数 $w_l^s$、$w_l^c$、$w_l^m (l = 1, 2, \cdots, 2n+1)$ 的选取如式 (14.22) 所示。$\theta(k) \geqslant 1$ 为自适应渐消因子。可以由下面的方法确定:

$$
\theta(k) = \begin{cases}
\theta_0(k), & \theta_0(k) \geqslant 1 \\
1, & \theta_0(k) < 1
\end{cases}
\tag{14.134}
$$

其中, 在非线性函数 $f(\cdot)$ 和 $h(\cdot)$ 具有一阶连续偏导数时, $\theta_0(k)$ 由式 (14.74)~ 式 (14.81) 确定; 否则, 在非线性函数 $f(\cdot)$ 或 $h(\cdot)$ 的一阶连续偏导数不存在时, 取

$$
\theta_0(k) = \frac{b(1-b^k)}{1-b^{k+1}} \tag{14.135}
$$

其中, $0.95 \leqslant b \leqslant 0.995$ 为遗忘因子。

基于 SPSTF 对 14.2 节所示非线性多速率传感器动态系统进行数据融合的状态估计方法如下列定理所示。

**定理 14.4**　对非线性动态系统式 $(14.1)\sim$ 式 $(14.6)$, 基于 SPSTF 对该系统进行状态估计, 时刻 $k$ 的状态估计值和相应的估计误差协方差阵, 即 $\hat{x}(k|k)$ 和 $P(k|k)$ 可由下面的步骤获得:

(i) 在时刻 $k = 1, 2, \cdots$，若对任意 $i = 2, 3, \cdots, N$，$(k-1) \bmod n_i \neq 0$，那么

$$\hat{x}(k|k) = \hat{x}_1(k|k) \tag{14.136}$$

$$P(k|k) = P_1(k|k) \tag{14.137}$$

其中

$$\hat{x}_1(k|k) = \hat{x}(k|k-1) + K_1(k)\left[z_1(k) - \hat{z}_1(k)\right] \tag{14.138}$$

$$P_1(k|k) = P(k|k-1) - K_1(k)P_{\tilde{z}_1}(k)K_1^{\mathrm{T}}(k) \tag{14.139}$$

$$\hat{x}(k|k-1) = \sum_{l=1}^{2n+1} w_l^s X(l; k|k-1) \tag{14.140}$$

$$P(k|k-1) = \sum_{l=1}^{2n} w_l^c \theta(k) \Big\{ \left[\hat{x}(k|k-1) - X(l; k|k-1)\right] \left[\hat{x}(k|k-1)\right.$$
$$\left. - X(l; k|k-1)\right]^{\mathrm{T}} \Big\} + Q(k-1) \tag{14.141}$$

$$\begin{cases} X(l; k-1) = \hat{x}(k-1|k-1) + (\gamma\sqrt{P(k-1|k-1)})_l, \\ \qquad\qquad\qquad l = 1, 2, \cdots, n \\ X(l; k-1) = \hat{x}(k-1|k-1) - (\gamma\sqrt{P(k-1|k-1)})_{l-n}, \\ \qquad\qquad\qquad l = n+1, n+2, \cdots, 2n \\ X(l; k-1) = \hat{x}(k-1|k-1), \quad l = 2n+1 \end{cases} \tag{14.142}$$

$$X(l; k|k-1) = f(X(l; k-1)) + G(k-1)u(k-1); l = 0, 1, \cdots, 2n \tag{14.143}$$

$$K_1(k) = P_{\tilde{x}\tilde{z}_1}(k|k-1)P_{\tilde{z}_1}^{-1}(k) \tag{14.144}$$

$$\tilde{z}_1(k) = z_1(k) - \hat{z}_1(k) \tag{14.145}$$

$$P_{\tilde{z}_1}(k) = \sum_{l=1}^{2n+1} w_l^c \Big\{ \left[\hat{z}_1(k) - Z_1(l; k)\right]\left[\hat{z}_1(k) - Z_1(l; k)\right]^{\mathrm{T}} \Big\} + R_1(k) \tag{14.146}$$

$$P_{\tilde{x}\tilde{z}_1}(k|k-1) = \sum_{l=1}^{2n+1} w_l^c \theta(k) \Big\{ \left[\hat{x}(k|k-1) - X(l; k|k-1)\right]\left[\hat{z}_1(k) - Z_1(l; k)\right]^{\mathrm{T}} \Big\}$$
$$\tag{14.147}$$

$$\hat{z}_1(k) = \sum_{l=1}^{2n+1} w_l^m Z_1(l;k) \tag{14.148}$$

$$Z_1(l;k) = h_1(X(l;k|k-1)) \tag{14.149}$$

其中, $h_1 = \hbar_1$, 相关参数的选取如式 (14.22) 所示。$\theta(k)$ 由式 (14.134)~ 式 (14.135) 计算, 其中的 $V_0(k)$ 按照下式进行计算:

$$V_0(k) = \begin{cases} \tilde{z}_1(1)\tilde{z}_1^{\mathrm{T}}(1), & k = 0 \\ \dfrac{\rho V_0(k-1) + \tilde{z}_1(k)\tilde{z}_1^{\mathrm{T}}(k)}{1+\rho}, & k \geqslant 1 \end{cases} \tag{14.150}$$

(ii) 在时刻 $k = 1, 2, \cdots$, 若存在一个传感器 $i \, (2 \leqslant i \leqslant N)$, 满足 $(k-1) \bmod n_i = 0$, 那么

$$\hat{x}(k|k) = \hat{x}_{i|1}(k|k) + K_i((k-1)/n_i+1)\tilde{z}_i((k-1)/n_i+1) \tag{14.151}$$

$$\begin{aligned} P(k|k) = {} & P_{i|1}(k|k) - K_i((k-1)/n_i+1)P_{\tilde{z}_i}((k-1)/n_i+1) \\ & \cdot K_i^{\mathrm{T}}((k-1)/n_i+1) \end{aligned} \tag{14.152}$$

其中

$$K_i((k-1)/n_i+1) = P_{\tilde{x}\tilde{z}_i}((k-1)/n_i+1)P_{\tilde{z}_i}^{-1}((k-1)/n_i+1) \tag{14.153}$$

$$\tilde{z}_i((k-1)/n_i+1) = z_i((k-1)/n_i+1) - \hat{z}_i((k-1)/n_i+1) \tag{14.154}$$

$$\begin{aligned} P_{\tilde{z}_i}((k-1)/n_i+1) = {} & \sum_{l=1}^{2n+1} w_l^c \Big\{ \left[ \hat{z}_i((k-1)/n_i+1) - Z_i(l;(k-1)/n_i+1) \right] \\ & \cdot \left[ \hat{z}_i((k-1)/n_i+1) - Z_i(l;(k-1)/n_i+1) \right]^{\mathrm{T}} \Big\} \\ & + R_i((k-1)/n_i+1) \end{aligned} \tag{14.155}$$

$$\begin{aligned} P_{\tilde{x}\tilde{z}_i}((k-1)/n_i+1) = {} & \sum_{l=1}^{2n+1} w_i^c \theta(k) \Big\{ \left[ \hat{x}_{i|1}(k|k) - X_1(l;k) \right] \\ & \cdot \left[ \hat{z}_i((k-1)/n_i+1) - Z_i(l;(k-1)/n_i+1) \right]^{\mathrm{T}} \Big\} \end{aligned} \tag{14.156}$$

$$\hat{z}_i((k-1)/n_i+1) = \sum_{l=1}^{2n+1} w_l^m Z_i(l;(k-1)/n_i+1) \tag{14.157}$$

$$Z_i(l;(k-1)/n_i+1) = h_i(X_1(l;k)) \tag{14.158}$$

$$
\begin{cases}
X_1(l;k) = \hat{x}_1(k|k) + (\gamma\sqrt{P_1(k|k)})_l, & l = 1, 2, \cdots, n \\
X_1(l;k) = \hat{x}_1(k|k) - (\gamma\sqrt{P_1(k|k)})_{l-n}, & l = n+1, n+2, \cdots, 2n \\
X_1(l;k) = \hat{x}_1(k|k), & l = 2n+1
\end{cases}
\tag{14.159}
$$

$$
\hat{x}_{i|1}(k|k) = \sum_{l=1}^{2n+1} w_l^s X_1(l;k)
\tag{14.160}
$$

$$
P_{i|1}(k|k) = \sum_{l=1}^{2n+1} w_l^c \left\{ \left[\hat{x}_{i|1}(k|k) - X_1(l;k)\right] \left[\hat{x}_{i|1}(k|k) - X_1(l;k)\right]^{\mathrm{T}} \right\}
\tag{14.161}
$$

其中, $\hat{x}_1(k|k)$ 和 $P_1(k|k)$ 由式 (14.138)~ 式 (14.150) 计算, 且

$$
h_i = \hbar_i \cdot f_i
\tag{14.162}
$$

(iii) 在时刻 $k = 1, 2, \cdots$, 若存在 $j$ 个传感器, 即传感器 $i_1, i_2, \cdots, i_j$ $(N \geqslant i_1 \geqslant i_2 \geqslant \cdots \geqslant i_j \geqslant 2)$ 满足 $(k-1) \bmod n_{i_p} = 0, p = 1, 2, \cdots, j$, 那么

$$
\hat{x}(k|k) = \hat{x}_{i_{1,2,\cdots,j}}(k|k)
\tag{14.163}
$$

$$
P(k|k) = P_{i_{1,2,\cdots,j}}(k|k)
\tag{14.164}
$$

其中, 对 $l = 1, 2, \cdots, j$, 有

$$
\begin{aligned}
\hat{x}_{i_{1,2,\cdots,l}}(k|k) = {} & \hat{x}_{i_{1,2,\cdots,l}|i_{1,2,\cdots,(l-1)}}(k|k) + K(i_l, (k-1)/n_{i_l} + 1) \\
& \cdot \tilde{z}_{i_l}((k-1)/n_{i_l} + 1)
\end{aligned}
\tag{14.165}
$$

$$
\begin{aligned}
P_{i_{1,2,\cdots,l}}(k|k) = {} & P_{i_{1,2,\cdots,l}|i_{1,2,\cdots,(l-1)}}(k|k) - K_{i_l}((k-1)/n_{i_l} + 1) \\
& \cdot P_{\tilde{z}_{i_l}}((k-1)/n_{i_l} + 1) K_{i_l}^{\mathrm{T}}((k-1)/n_{i_l} + 1)
\end{aligned}
\tag{14.166}
$$

和

$$
\hat{x}_{i_0}(k|k) = \hat{x}_1(k|k)
\tag{14.167}
$$

$$
P_{i_0}(k|k) = P_1(k|k)
\tag{14.168}
$$

$$
K_{i_l}((k-1)/n_{i_l} + 1) = P_{\tilde{x}\tilde{z}_{i_l}}((k-1)/n_{i_l} + 1) P_{\tilde{z}_{i_l}}^{-1}((k-1)/n_{i_l} + 1)
\tag{14.169}
$$

$$
\tilde{z}_{i_l}((k-1)/n_{i_l} + 1) = z_{i_l}((k-1)/n_{i_l} + 1) - \hat{z}_{i_l}((k-1)/n_{i_l} + 1)
\tag{14.170}
$$

$$
\begin{aligned}
P_{\tilde{z}_{i_l}}((k-1)/n_{i_l} + 1) = {} & \sum_{p=0}^{2n} w_p^c \Big\{ \left[\hat{z}_{i_l}((k-1)/n_{i_l} + 1) - Z_{i_l}(p; (k-1)/n_{i_l} + 1)\right] \\
& \cdot \left[\hat{z}_{i_l}((k-1)/n_{i_l} + 1) - Z_{i_l}(p; (k-1)/n_{i_l} + 1)\right]^{\mathrm{T}} \Big\} \\
& + R_{i_l}((k-1)/n_{i_l} + 1)
\end{aligned}
\tag{14.171}
$$

$$P_{\tilde{x}\tilde{z}_{i_l}}((k-1)/n_{i_l}+1) = \sum_{p=0}^{2n} w_p^c \Big\{ [\hat{x}_{i_{1,2,\cdots,l}|i_{1,2,\cdots,(l-1)}}(k|k) - X_{i_{1,2,\cdots,(l-1)}}(p;k)]$$

$$\cdot [\hat{z}_{i_l}((k-1)/n_{i_l}+1) - Z_{i_l}(p;(k-1)/n_{i_l}+1)]^{\mathrm{T}} \Big\} \tag{14.172}$$

$$\hat{z}_{i_l}((k-1)/n_{i_l}+1) = \sum_{p=1}^{2n+1} w_p^m Z_{i_l}(p;(k-1)/n_{i_l}+1) \tag{14.173}$$

$$Z_{i_l}(p;(k-1)/n_{i_l}+1) = h_{i_l}(X_{i_{1,2,\cdots,(l-1)}}(p;k)) \tag{14.174}$$

$$\begin{cases} X_{i_{1,2,\cdots,(l-1)}}(p;k) = \hat{x}_{i_{1,2,\cdots,(l-1)}}(k|k) + (\gamma\sqrt{P_{i_{1,2,\cdots,(l-1)}}(k|k)})_l, \\ \qquad p = 1, 2, \cdots, n \\ X_{i_{1,2,\cdots,(l-1)}}(p;k) = \hat{x}_{i_{1,2,\cdots,(l-1)}}(k|k) - (\gamma\sqrt{P_{i_{1,2,\cdots,(l-1)}}(k|k)})_l, \\ \qquad p = n+1, n+2, \cdots, 2n \\ X_{i_{1,2,\cdots,(l-1)}}(p;k) = \hat{x}_{i_{1,2,\cdots,(l-1)}}(k|k), \quad p = 2n+1 \end{cases} \tag{14.175}$$

$$\hat{x}_{i_{1,2,\cdots,l}|i_{1,2,\cdots,(l-1)}}(k|k) = \sum_{p=1}^{2n+1} w_p^s X_{i_{1,2,\cdots,(l-1)}}(p;k) \tag{14.176}$$

$$P_{i_{1,2,\cdots,l}|i_{1,2,\cdots,(l-1)}}(k|k) = \sum_{p=1}^{2n+1} w_p^c \Big\{ \Big[ \hat{x}_{i_{1,2,\cdots,l}|i_{1,2,\cdots,(l-1)}}(k|k) - X_{i_{1,2,\cdots,(l-1)}}(p;k) \Big]$$

$$\cdot \Big[ \hat{x}_{i_{1,2,\cdots,l}|i_{1,2,\cdots,(l-1)}}(k|k) - X_{i_{1,2,\cdots,(l-1)}}(p;k) \Big]^{\mathrm{T}} \Big\} \tag{14.177}$$

$$h_{i_l} = \hbar_{i_l} \cdot f_{i_l} \tag{14.178}$$

其中，$\hat{x}_1(k|k)$ 和 $P_1(k|k)$ 由式 (14.138)～式 (14.150) 计算。

# 14.4　仿真实例

本节将用算例验证算法的有效性，并对 14.3 节所示的三个算法与 EKF 进行比较。

一艘轮船的推进系统模型为[2]

$$x(k+1) = 0.1ax^2(k) + x(k) + 0.1bu(k) + w(k) \tag{14.179}$$

$$z_i(k) = x_i(k) + v_i(k), \quad i = 1, 2, 3 \tag{14.180}$$

其中，参数 $a$ 表示船体所受到的阻力；$b$ 是船发动的功率；$x$ 是船行驶的速度。参数 $a$ 和 $b$ 的正常值分别为：$a_0 = -0.58$ 和 $b_0 = 0.2$。动态系统建模噪声是零均值的高斯白噪声，协方差为 $Q(k) = 10^{-6}$。控制信号 $u(k)$ 是幅值在 $0.9 \sim 1.1$、周期为 200 的方波信号。有两个传感器分别对状态变量进行观测，观测噪声是协方差为 $R_1(k) = 10^{-4}$、$R_2(k) = 4 \times 10^{-4}$ 和 $R_3(k) = 9 \times 10^{-4}$ 的零均值白噪声序列，在一段时间内传感器 1、2、3 的采样点数分别为 600、300 和 200。系统初始值为 $x(0) = 0$，算法初始值为 $\hat{x}(0|0) = 0$，$P(0|0) = 100$。

为了验证算法的有效性，我们分以下六种情况分别进行仿真实验：

情况 1：模型是准确的，即 $a = a_0$，$b = b_0$；

情况 2：模型参数存在较小偏差，控制项无偏差，即 $a = 0.75a_0$，$b = b_0$；

情况 3：模型参数是准确的，控制项存在偏差，即 $a = a_0$，$b = 1.2b_0$；

情况 4：模型和控制项都存在偏差，即 $a = 0.6a_0$，$b = 0.8b_0$；

情况 5：模型参数是准确的，控制项存在较大的 2 倍偏差，即 $a = a_0$，$b = 2b_0$；

情况 6：模型参数存在较大的 2 倍偏差，控制项是准确的，即 $a = 2a_0$，$b = b_0$。

在进行状态估计时，取遗忘因子 $\rho = 0.95$，取 $\alpha = 0.01$。图 14.1～ 图 14.13 是仿真曲线：图 14.1 为状态实际值和三个传感器的观测值，图 14.2～ 图 14.13 分别是六种情况的估计曲线。其中，各仿真图说明如表 14.1 所示。

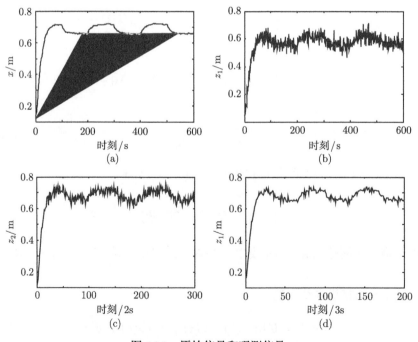

图 14.1    原始信号和观测信号

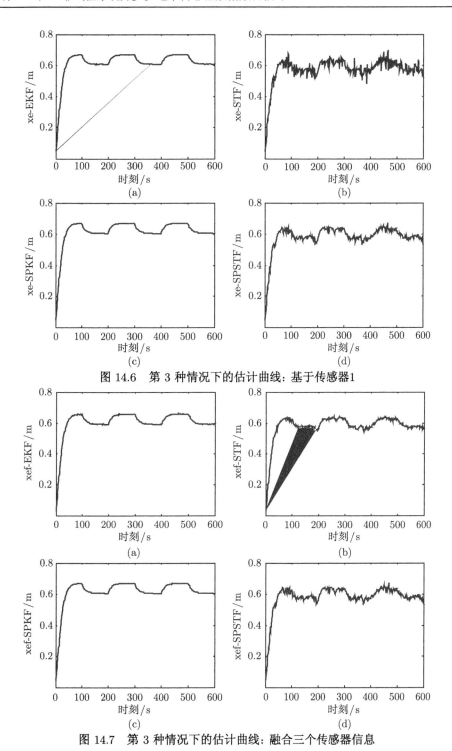

图 14.6　第 3 种情况下的估计曲线：基于传感器1

图 14.7　第 3 种情况下的估计曲线：融合三个传感器信息

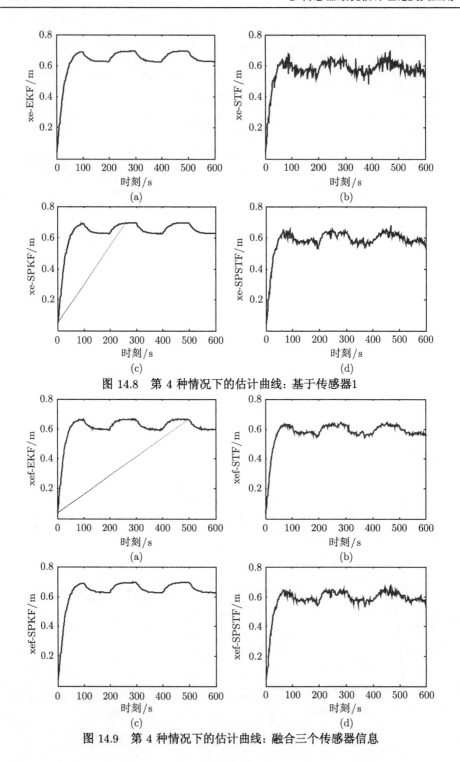

图 14.8　第 4 种情况下的估计曲线：基于传感器1

图 14.9　第 4 种情况下的估计曲线：融合三个传感器信息

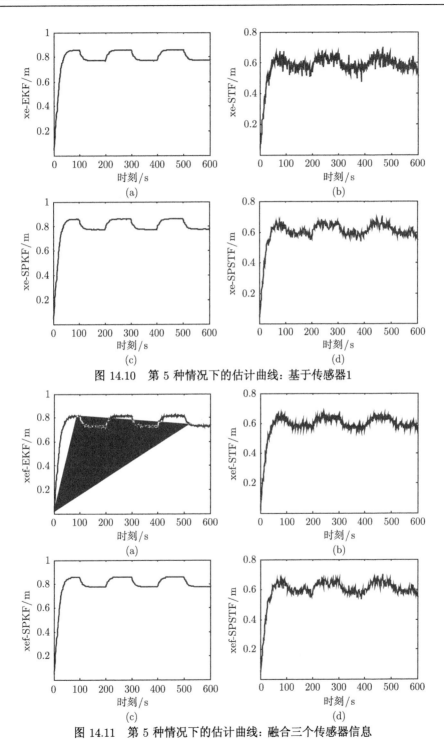

图 14.10　第 5 种情况下的估计曲线：基于传感器1

图 14.11　第 5 种情况下的估计曲线：融合三个传感器信息

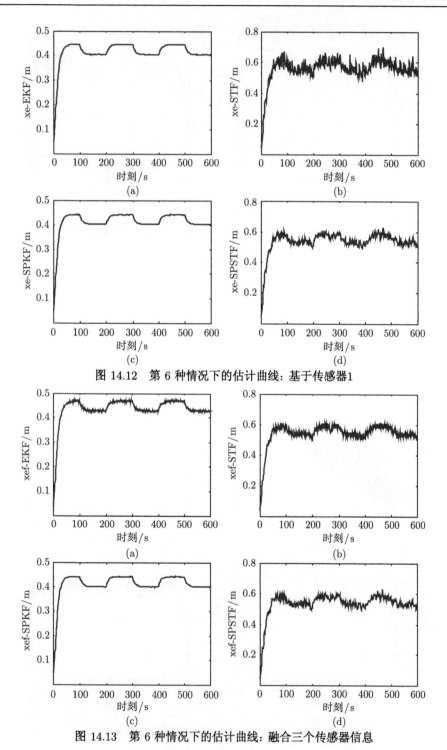

图 14.12　第 6 种情况下的估计曲线：基于传感器1

图 14.13　第 6 种情况下的估计曲线：融合三个传感器信息

**表 14.1  仿真图说明列表**

| | 算法 | EKF | STF | SPKF | SPSTF |
|---|---|---|---|---|---|
| 单传感器 | 情况 1 | 图 14.2(a) | 图 14.2(b) | 图 14.2(c) | 图 14.2(d) |
| | 情况 2 | 图 14.4(a) | 图 14.4(b) | 图 14.4(c) | 图 14.4(d) |
| | 情况 3 | 图 14.6(a) | 图 14.6(b) | 图 14.6(c) | 图 14.6(d) |
| | 情况 4 | 图 14.8(a) | 图 14.8(b) | 图 14.8(c) | 图 14.8(d) |
| | 情况 5 | 图 14.10(a) | 图 14.10(b) | 图 14.10(c) | 图 14.10(d) |
| | 情况 6 | 图 14.12(a) | 图 14.12(b) | 图 14.12(c) | 图 14.12(d) |
| 多传感器融合 | 情况 1 | 图 14.3(a) | 图 14.3(b) | 图 14.3(c) | 图 14.3(d) |
| | 情况 2 | 图 14.5(a) | 图 14.5(b) | 图 14.5(c) | 图 14.5(d) |
| | 情况 3 | 图 14.7(a) | 图 14.7(b) | 图 14.7(c) | 图 14.7(d) |
| | 情况 4 | 图 14.9(a) | 图 14.9(b) | 图 14.9(c) | 图 14.9(d) |
| | 情况 5 | 图 14.11(a) | 图 14.11(b) | 图 14.11(c) | 图 14.11(d) |
| | 情况 6 | 图 14.13(a) | 图 14.13(b) | 图 14.13(c) | 图 14.13(d) |

观察图 14.1～图 14.13 可以得出以下几点结论：

(1) 在模型准确时，EKF、STF、SPKF、SPSTF 算法都是有效的；

(2) 在模型或控制项存在较小偏差时，上述各算法依然有效，此时，比较起来，STF 和 SPSTF 最为有效；

(3) 在模型或控制项存在较大偏差时，EKF 和 SPKF 算法失去跟踪信号的能力，此时，STF 和 SPSTF 却依然有效，并且 SPSTF 依然具有很好的估计效果。

综上，本章针对非线性系统提出的 SPSTF 算法是有效的，并且对模型不准确具有很好的鲁棒性。同时，本章给出的将上述若干算法用于融合多传感器观测信息进而估计非线性动态系统的算法是可行的。利用 SPSTF 算法进行融合估计具有很好的效果。

## 14.5  本 章 小 结

本章针对一类非线性时变动态系统，介绍了 SPKF 算法、STF 算法，并在此基础上，提出了一种更加有效的新算法，即 SPSTF 算法。本章同时推导出了上述各算法在多传感器异步多速率观测系统时的融合估计算法。仿真结果表明，SPSTF 算法在非线性系统的估计方面以及非线性多传感器异步多速率数据的融合估计方面都是有效的，并且对模型参数和控制项的不确定性都具有很好的鲁棒性。

本章的算法在航空导航、制导、机动目标跟踪，以及包括机器人导航等在内的诸多军民用领域具有广泛的推广应用价值。

# 第15章  非线性系统异步多速率传感器数据容错融合估计

## 15.1  引  言

近年来，网络化控制技术和传感器技术都取得了飞速发展[218-221]。为设计有效的网络化控制方法，针对延迟[218-220]、异步[222]或有界噪声不确定系统[223]的状态估计方法成为近年来的研究热点。然而，现有大部分相关算法是针对线性动态系统的。在工程实际问题中，大部分的系统都具有不同程度的非线性。因此，非线性状态估计方法是一个值得研究的重要问题。

从理论上来说，最优非线性滤波方法可借助于贝叶斯技术来实现，其核心思想在于：根据观测信息估计给定非线性系统模型状态的概率密度函数[134]。然而，考虑到实际系统的复杂性，基于贝叶斯理论获取状态的分布函数需要特别大的计算量甚至是不可行的。因此，就出现了大量的次优非线性滤波方法。现有非线性滤波方法可分为三类：分析逼近 (函数逼近) 的方法、确定性采样方法和随机采样方法[134, 224]。代表性算法包括：EKF[17, 18, 225]、SPKF[139, 141, 213]、PF[212] 等。众所周知，EKF 一般只对近似线性的非线性系统具有较好的估计精度，且该方法鲁棒性较差；PF 虽然理论上来说如果粒子选择合适的话可以任意精度的逼近原始信号，然而，该方法的计算量较大，并且估计精度对粒子的选择具有很高的依赖性，如何选择粒子是最优的，目前还没有定论。SPKF 是一种确定性采样方法，其对非线性信号的逼近一般可达二阶 Taylor 展开的精度或者更高，其计算复杂度低，和 EKF 相当且不需要计算 Jacobi 矩阵，因此更便于在线实现。正因如此，与 SPKF 相关的理论或应用研究近年来有很多[141, 213, 217, 226]。考虑到网络化过程中丢包的影响，文献 [227] 设计了 $H_\infty$ 滤波方法。文献 [228] 基于 $H_\infty$ 滤波还研究了非线性离散系统约束下的非线性滤波问题。不过，上面提到的论文都没有涉及数据融合。

多传感器数据融合是一种如何从多源传感器中融合获取的信息以达到最好的估计目的的技术，在目标跟踪、导航、信号和图像处理、复杂系统控制等领域存在广泛应用[29, 229]。面向线性系统，在多传感器采样同步、异步，具有相同采样速率或不同采样速率，有不同程度的丢包等情况下，都有研究成果[29,36,100,134,230-232]。针对非线性系统数据融合问题，算法相对来说少了很多，不过针对同采样率多传感器数据融合，还是有一些研究成果的 [141,233-235]。当不同传感器以不同采样率、异步甚至非均匀采样时，数据融合算法却非常少，而这个问题在网络化控制系统中广泛存在，因此，该问题的研究具有很好的实际意义[236]。

在文献 [234] 中，利用 SPKF 研究了多传感器以相同采样率同步采样的数据融合问题。本章，我们将其结果推广到异步、多速率采样非线性系统滤波和数据融合问题中。考虑到网络化传输过程中丢包在所难免，本章同时给出了丢包情况下如何设计相应的非线性滤波和数据融合算法。

本章安排如下：15.2 节是问题描述；15.3 节介绍了基于 SPKF 的异步多速率采样非线性数据融合算法；15.4 节对 15.3 节提出的算法进行了仿真实验；最后 15.5 节对本章进行了小结。

## 15.2　问 题 描 述

有多个传感器以不同采样速率对同一目标进行观测的非线性动态系统可描述为[236]

$$x(k+1) = f(x(k)) + w(k) \tag{15.1}$$

$$z_i(k_i) = \gamma_i(k_i)\hbar_i(x(k_i)) + v_i(k_i), \quad i = 1, 2, \cdots, N \tag{15.2}$$

其中，式 (15.1) 为系统方程：$x(k) \in \mathbb{R}^n$ 是 $kT$ 时刻的状态向量，$T$ 是传感器 1 的采样周期；$f(*)$ 是系统模型，由非线性函数 $f$ 确定；$w(k) \in \mathbb{R}^{n \times 1}$ 是系统噪声，本章假设其为零均值高斯白噪声，方差为 $Q(k)$。式 (15.2) 是观测方程：$i = 1, 2, \cdots, N$ 表示 $N$ 个传感器，第 $i$ 个传感器的采样率为 $S_i$；$z_i(k_i) \in \mathbb{R}^{q_i \times 1}(q_i \leqslant n)$ 是传感器 $i$ 的第 $k_i$ 次观测；$\hbar_i(*)$ 是观测模型，$\hbar_i$ 是非线性函数。不同传感器之间的采样率之间存在下列关系：

$$S_i = S_1/n_i, \quad 1 \leqslant i \leqslant N \tag{15.3}$$

其中，$n_i$ 是已知的正整数，并且 $n_1 = 1$。观测数据的获得是异步的。$v_i(k_i) \in \mathbb{R}^{q_i \times 1}$ 是观测噪声，假设其为零均值高斯白噪声，方差为 $R_i(k_i)(i = 1, 2, \cdots, N)$。

初始状态 $x(0)$ 是一个随机向量，其均值和误差协方差分别为 $x_0$ 和 $P_0$。假设初始状态 $x(0)$、系统噪声 $w(k)$ 和观测噪声 $v_i(k_i)$ 之间彼此统计独立。

$\gamma_i(k_i) \in \mathbb{R}$ 是用于描述观测数据是否丢失的一个随机序列。假设 $\gamma_i(k_i) \in \mathbb{R}$ 服从伯努利分布，取值 0 和 1，期望为 $\bar{\gamma}_i$。假设 $\gamma_i(k_i)$ 与 $w(k)$、$v_i(k_i)$、$x(0)(i = 1, 2, \cdots, N)$ 都不相关。

本章的目的在于基于上述问题描述，融合各个传感器的观测信息得到非线性系统模型状态 $x(k)$ 的最优估计值。

**注解 15.1**   简单起见, 记 $k_1 = k$, 并令 $T = 1$。

**注解 15.2**   本章研究的系统是非线性系统, 其中, 动态模型是在最细尺度上给出的, 观测模型是在不同尺度给出的。具有较高采样率的传感器是在比较细的尺度上进行描述的。对于 $i = 2, 3, \cdots, N$, 观测模型中的 $x(k_i)$ 表示最细尺度的状态 $x(k)$ 从尺度 1 到尺度 $i$ 的投影。在没有任何先验信息的前提下, 尺度 $i$ 上的状态 $x(k_i)$ 可以由尺度 1 上的状态 $x(k)$ 用如下模型描述[100, 134]:

$$x(k_i) = \frac{1}{n_i} \sum_{j=1}^{n_i} x(n_i(k-1) + j) \tag{15.4}$$

其中, $n_i$ 表示传感器 1 和传感器 $i$ 的采样率之比, $i = 1, 2, \cdots, N$。

## 15.3   异步多速率传感器数据容错融合估计算法

这一节将基于 15.2 节的系统描述, 对 SPKF 算法进行改进和推广, 提出异步多速率非均匀采样系统的非线性数据融合算法。在此之前, 先将观测方程改写如下。

**定理 15.1**   假设非线性函数 $f$ 是可逆的, 那么观测方程 (15.2) 可改写为[237]

$$z_i(k_i) = \gamma_i(k_i) h_i(x(n_i k)) + v_i(k_i), \quad i = 1, 2, \cdots, N \tag{15.5}$$

其中

$$h_i = \hbar_i \left( \frac{1}{n_i} \sum_{j=0}^{n_i-1} f^{-j} \right), \quad i = 1, 2, \cdots, N \tag{15.6}$$

式中, $f^0 = I$ 表示恒等变换; $f^{-1}$ 表示非线性函数 $f$ 的逆函数。

**证明**   从式 (15.4) 和式 (15.1) 可得

$$\begin{aligned}
x(k_i) &= \frac{1}{n_i} \sum_{j=1}^{n_i} x(n_i(k-1) + j) \\
&= \frac{1}{n_i} \sum_{j=0}^{n_i-1} x(n_i k - j) \\
&= \frac{1}{n_i} \sum_{j=0}^{n_i-1} f^{-j}(x(n_i k))
\end{aligned} \tag{15.7}$$

其中, 最后一个方程是利用式 (15.1) 推导的, 其中忽略了噪声 $w(k)$。

记

$$f_i = \frac{1}{n_i} \left( \sum_{j=0}^{n_i-1} f^{-j} \right), \quad i = 1, 2, \cdots, N \tag{15.8}$$

那么, 式 (15.7) 可改写为

$$x(k_i) = f_i(x(n_i k)), \quad i = 1, 2, \cdots, N \tag{15.9}$$

因此, 由式 (15.2) 和式 (15.9) 可得

$$
\begin{aligned}
z_i(k_i) &= \gamma_i(k_i)\hbar_i(x(k_i)) + v_i(k_i) \\
&= \gamma_i(k_i)\hbar_i(f_i(x(n_i k))) + v_i(k_i) \\
&= \gamma_i(k_i)(\hbar_i \cdot f_i)(x(n_i k)) + v_i(k_i) \\
&= \gamma_i(k_i)h_i(x(n_i k)) + v_i(k_i)
\end{aligned}
\tag{15.10}
$$

其中, $i = 1, 2, \cdots, N$。且

$$h_i = \hbar_i \cdot f_i = \hbar_i \left( \frac{1}{n_i} \sum_{j=0}^{n_i-1} f^{-j} \right) \tag{15.11}$$

其中, $k$ 可被 $n_i$ 整除时, 即 $(k, n_i) = 0$ 时, 式 (15.10) 等价于

$$z_i(l_i) = \gamma_i(l_i)h_i(x(k)) + v_i(l_i), \quad l_i = k/n_i \tag{15.12}$$

定理证毕。

下面将基于式 (15.1)、式 (15.5) 和 SPKF 导出非线性系统在数据随机丢失情况下的异步多速率传感器数据融合算法。

**定理 15.2**　设非线性函数 $f$ 可逆, 某多传感器单模型非线性系统如 15.2 节所示。在时刻 $k$, 假设有 $p'+1$ 个传感器满足 $(k, n_{i_p}) = 0$, 其中, $p = 0, 1, 2, \cdots, p'$, $N = i_0 > N - 1 \geqslant i_1 \geqslant i_2 \geqslant \cdots \geqslant i_{p'} \geqslant 1$。如果所有传感器数据不存在丢失或故障, 假设基于 $k - 1$ 时刻已经获取到状态 $x(k - 1)$ 的估计 $\hat{x}(k-1|k-1)$ 和误差方差阵 $P(k-1|k-1)$, 则 $k$ 时刻的最优状态估计 $\hat{x}(k|k)$ 和误差方差阵 $P(k|k)$ 可由下式计算[237]:

$$\hat{x}(k|k) = \hat{x}_{i_{p'}}(k|k) \tag{15.13}$$

$$P(k|k) = P_{i_{p'}}(k|k) \tag{15.14}$$

其中, 对任意 $p = 1, 2, \cdots, p'$, 有

$$\hat{x}_{i_p}(k|k) = \hat{x}_{i_{p-1}}(k|k) + K_{i_p}(k/n_{i_p})\left[z_{i_p}(k/n_{i_p}) - \hat{z}_{i_p}(k/n_{i_p})\right] \tag{15.15}$$

$$P_{i_p}(k|k) = P_{i_{p-1}}(k|k) - K_{i_p}(k/n_{i_p})P_{\tilde{z}_{i_p}}(k/n_{i_p})K_{i_p}^{\mathrm{T}}(k/n_{i_p}) \tag{15.16}$$

$$K_{i_p}(k/n_{i_p}) = P_{\tilde{x}\tilde{z}_{i_p}}(k/n_{i_p})P_{\tilde{z}_{i_p}}^{-1}(k/n_{i_p}) \tag{15.17}$$

$$P_{\tilde{z}_{i_p}}(k/n_{i_p}) = \sum_{p=0}^{2n} w_l^c \Big\{ \left[\hat{z}_{i_p}(k/n_{i_p}) - Z_{i_p}(l; k/n_{i_p})\right]\left[\hat{z}_{i_p}(k/n_{i_p})\right.$$
$$\left. - Z_{i_p}(l; k/n_{i_p})\right]^{\mathrm{T}} \Big\} + R_{i_p}(k/n_{i_p}) \tag{15.18}$$

$$P_{\tilde{x}\tilde{z}_{i_p}}(k/n_{i_p}) = \sum_{l=0}^{2n} w_l^c \Big\{ \left[\hat{x}_{i_p|i_{p-1}}(k|k) - X_{i_{p-1}}(l; k)\right]\left[\hat{z}_{i_p}(k/n_{i_p})\right.$$
$$\left. - Z_{i_p}(l; k/n_{i_p})\right]^{\mathrm{T}} \Big\} \tag{15.19}$$

$$\hat{z}_{i_p}(k/n_{i_p}) = \sum_{l=0}^{2n} w_l^c Z_{i_p}(l; k/n_{i_p}) \tag{15.20}$$

$$Z_{i_p}(l; k/n_{i_p}) = h_{i_p}(X_{i_{p-1}}(l; k)) \tag{15.21}$$

$$\begin{cases} X_{i_{p-1}}(0; k) = \hat{x}_{i_{p-1}}(k|k) \\ X_{i_{p-1}}(l; k) = \hat{x}_{i_{p-1}}(k|k) + (\eta\sqrt{P_{i_{p-1}}(k|k)})_l, & l = 1, 2, \cdots, n \\ X_{i_{p-1}}(l; k) = \hat{x}_{i_{p-1}}(k|k) - (\eta\sqrt{P_{i_{p-1}}(k|k)})_{l-n}, & l = n+1, n+2, \cdots, 2n \end{cases} \tag{15.22}$$

$$\hat{x}_{i_p|i_{p-1}}(k|k) = \sum_{l=0}^{2n} w_l^s X_{i_{p-1}}(l; k) \tag{15.23}$$

$$h_{i_p} = \hbar_{i_p} \cdot f_{i_p} = \hbar_{i_p}\left[\frac{1}{n_{i_p}}\left(\sum_{l=0}^{n_{i_p}-1} f^{-l}\right)\right] \tag{15.24}$$

其中, $(\eta\sqrt{P_{i_{p-1}}(k|k)})_l$ 表示 $\eta\sqrt{P_{i_p}(k|k)}$ 的第 $l$ 列, 而 $\sqrt{P_{i_{p-1}}(k|k)}$ 表示矩阵 $P_{i_{p-1}}(k|k)$ 的平方根矩阵。对 $p = 0$, 初始状态估计和状态误差方差阵可由下式计算:

$$\hat{x}_{i_0}(k|k) = \hat{x}(k|k-1) + K_1(k)\left[z_1(k) - \hat{z}_1(k|k-1)\right] \tag{15.25}$$

$$P_{i_0}(k|k) = P(k|k-1) - K_1(k)P_{\tilde{z}_1}(k|k-1)K_1^{\mathrm{T}}(k) \tag{15.26}$$

其中

$$\hat{x}(k|k-1) = \sum_{l=1}^{2n} w_l^s X(l; k|k-1) \tag{15.27}$$

$$\begin{cases} X(0;k-1) = \hat{x}(k-1|k-1) \\ X(l;k-1) = \hat{x}(k-1|k-1) + (\eta\sqrt{P(k-1|k-1)})_l, \\ \qquad l = 1,2,\cdots,n \\ X(l;k-1) = \hat{x}(k-1|k-1) - (\eta\sqrt{P(k-1|k-1)})_{l-n}, \\ \qquad l = n+1,\cdots,2n \end{cases} \tag{15.28}$$

$$X(l;k|k-1) = f(X(l;k-1)), \quad l = 0,1,\cdots,2n \tag{15.29}$$

$$P(k|k-1) = \sum_{l=1}^{2n} w_l^c \Big\{ [\hat{x}(k|k-1) - X(l;k|k-1)] [\hat{x}(k|k-1)$$
$$- X(l;k|k-1)]^{\mathrm{T}} \Big\} + Q(k-1) \tag{15.30}$$

$$K_1(k) = P_{\tilde{x}\tilde{z}_1}(k|k-1)P_{\tilde{z}_1}^{-1}(k|k-1) \tag{15.31}$$

$$P_{\tilde{z}_1}(k|k-1) = \sum_{l=0}^{2n} w_l^c \Big\{ [\hat{z}_1(k|k-1) - Z_1(l;k|k-1)] [\hat{z}_1(k|k-1)$$
$$- Z_1(l;k|k-1)]^{\mathrm{T}} \Big\} + R_1(k) \tag{15.32}$$

$$P_{\tilde{x}\tilde{z}_1}(k|k-1) = \sum_{l=0}^{2n} w_i^c \Big\{ [\hat{x}(k|k-1) - X(l;k|k-1)] [\hat{z}_1(k|k-1)$$
$$- Z_1(l;k|k-1)]^{\mathrm{T}} \Big\} \tag{15.33}$$

$$\hat{z}_1(k|k-1) = \sum_{l=0}^{2n} w_l^c Z_1(l;k|k-1) \tag{15.34}$$

$$Z_1(l;k|k-1) = \hbar_1(X(l;k|k-1)) \tag{15.35}$$

相关参数可取为[139, 141, 213]

$$\begin{cases} \eta = \sqrt{n+\lambda}, \quad \lambda = \alpha^2(n+\kappa) - n \\ w_0^s = \dfrac{\lambda}{n+\lambda} \\ w_0^c = w_0^s + (1-\alpha^2+\beta) \\ w_l^s = w_l^c = \dfrac{1}{2(L+\lambda)}, \quad l = 1,2,\cdots,2n \\ w_l^m = w_l^s, \quad l = 0,1,\cdots,2n \end{cases} \tag{15.36}$$

一般来说，取 $\kappa = 0$, $10^{-3} < \alpha \leqslant 1$, $\beta = 2$。

当观测数据 $z_{i_p}(k_{i_p})$ 丢失或有故障时，$k$ 时刻的状态估计由下式计算：

$$\hat{x}_{i_p}(k|k) = \hat{x}_{i_{p-1}}(k|k) \tag{15.37}$$

$$P_{i_p}(k|k) = P_{i_{p-1}}(k|k) \tag{15.38}$$

这是通过令增益矩阵 $K_{i_p}\left(\dfrac{k}{n_{i_p}}\right) = 0$ 直接得到的。关于数据 $z_{i_p}(k_{i_p})$ 是否存在故障，可有下式判断：

$$\left\| \left[z_{i_p}(k_{i_p}) - \hat{z}_{i_p}(k_{i_p})\right] \left[z_{i_p}(k_{i_p}) - \hat{z}_{i_p}(k_{i_p})\right]^{\mathrm{T}} \right\| \leqslant \mu \|R_{i_p}(k_{i_p})\| \tag{15.39}$$

其中，$\mu$ 是一个大于等于 4 的实数；$\|\cdot\|$ 表示范数。

**证明**　在所有观测数据不存在丢包或故障时，由投影定理，基于 $k-1$ 时刻之前所有传感器 $i = 1, 2, \cdots, N$ 的信息的状态估计 $\hat{x}(k-1|k-1)$ 由下式计算：

$$\hat{x}(k-1|k-1) = E\left\{ x(k-1)|Z_1^{l_i}(i); \ i = 1, 2, \cdots, N, l_i = [(k-1)/n_i] \right\} \tag{15.40}$$

由题设，在已知 $\hat{x}(k-1|k-1)$ 和 $P(k-1|k-1)$ 的条件下，为得到 $k$ 时刻的状态估计 $\hat{x}(k|k)$，需要用新的信息 $z_{i_p}(k/n_{i_p})(p = 0, 1, 2, \cdots, p')$ 对 $\hat{x}(k-1|k-1)$ 的一步预测值进行更新。对 $p = 0$，首先利用 $z_1(k)$ 对 $\hat{x}(k-1|k-1)$ 的预测值进行一步更新，得到 $\hat{x}_{i_0}(k|k)$：

$$\begin{aligned}
\hat{x}_{i_0}(k|k) &= E\left\{ x(k)|Z_1^{l_i-1}(i); i = 1, 2, \cdots, N, l_i = [k/n_i]; z_1(k) \right\} \\
&= E\left\{ x(k)|Z_1^{l_i}(i); i = 1, 2, \cdots, N, l_i = [(k-1)/n_i]; z_1(k) \right\} \\
&= E\left\{ f(x(k-1)) + w(k-1)|Z_1^{l_i}(i); i = 1, 2, \cdots, N, \right. \\
&\qquad \left. l_i = [(k-1)/n_i]; z_1(k) \right\} \\
&= E\left\{ f(x(k-1))|Z_1^l(i); i = 1, 2, \cdots, N, l = [(k-1)/n_i] \right\} \\
&\qquad + P_{\tilde{x}\tilde{z}_1}(k|k-1)P_{\tilde{z}_1}^{-1}(k|k-1)\left[z_1(k) - \hat{z}_1(k|k-1)\right] \\
&= \hat{x}(k|k-1) + K_1(k)\left[z_1(k) - \hat{z}_1(k|k-1)\right] \tag{15.41}
\end{aligned}$$

其中

$$\hat{x}(k|k-1) = E\left\{ f(x(k-1))|Z_1^l(i); i = 1, 2, \cdots, N, l = [(k-1)/n_i] \right\} \tag{15.42}$$

由式 (15.27)~ 式 (15.29) 计算, 而

$$K_1(k) = P_{\tilde{x}\tilde{z}_1}(k|k-1)P_{\tilde{z}_1}^{-1}(k|k-1) \tag{15.43}$$

由式 (15.31)~ 式 (15.35) 计算。相关参数如式 (15.36) 所示。

估计值 $\hat{x}_{i_0}(k|k)$ 的估计误差方差阵由下式计算:

$$
\begin{aligned}
P_{i_0}(k|k) &= E\big\{ [x(k) - \hat{x}_{i_0}(k|k)] \, [x(k) - \hat{x}_{i_0}(k|k)]^{\mathrm{T}} \big\} \\
&= E\big\{ [x(k) - \hat{x}(k|k-1) - K_1(k)(z_1(k) - \hat{z}_1(k|k-1))] \\
&\quad \cdot [x(k) - \hat{x}(k|k-1) - K_1(k)(z_1(k) - \hat{z}_1(k|k-1))]^{\mathrm{T}} \big\} \\
&= P(k|k-1) - K_1(k)P_{\tilde{z}_1}(k|k-1)K_1^{\mathrm{T}}(k)
\end{aligned}
\tag{15.44}
$$

其中

$$P(k|k-1) = E\big\{ [x(k) - \hat{x}(k|k-1)] \, [x(k) - \hat{x}(k|k-1)]^{\mathrm{T}} \big\} \tag{15.45}$$

由式 (15.30) 计算, 而

$$P_{\tilde{z}_1}(k|k-1) = E\big\{ [z_1(k) - \hat{z}_1(k|k-1)] \, [z_1(k) - \hat{z}_1(k|k-1)]^{\mathrm{T}} \big\} \tag{15.46}$$

由式 (15.32) 计算。

对于 $p = 1, 2, \cdots, p'$, 类似的, 可得式 (15.15)~ 式 (15.24)。

综上, 在所有传感器不存在丢包或故障时, $k$ 时刻状态 $x(k)$ 的最优估计由式 (15.13)~ 式 (15.36) 来计算。

当 $z_{i_p}(k_{i_p})$ 有故障时, 令 $K_{i_p}\left(\dfrac{k}{n_{i_p}}\right) = 0$, 则有

$$\hat{x}_{i_p}(k|k) = \hat{x}_{i_{p-1}}(k|k) \tag{15.47}$$

$$P_{i_p}(k|k) = P_{i_{p-1}}(k|k) \tag{15.48}$$

由于观测噪声 $v_i(k_i)$ 是零均值高斯分布的, 因此利用式 (15.2) 和正态分布的性质可得式 (15.39)。

**注解 15.3** 因为问题描述时假设系统噪声 $w(k)$ 和观测噪声 $v_i(k_i)$ 都是高斯白噪声, 因此, 由定理 15.2 可知, 对任意 $k_i$, $(z_i(k_i) - \hat{z}_i(k_i))$ 也是高斯的, 并且

$$E\big\{ [z_i(k_i) - \hat{z}_i(k_i)] \, [z_i(k_i) - \hat{z}_i(k_i)]^{\mathrm{T}} \big\} \approx R_i(k_i) \tag{15.49}$$

利用正态分布的性质，可知 $P(\| \, [z_i(k_i) - \hat{z}_i(k_i)] \, [z_i(k_i) - \hat{z}_i(k_i)]^{\mathrm{T}} \| \leqslant 4\|R_i(k_i)\|) = 0.9544$，其中，$P(A)$ 表示 $A$ 发生的概率。因此，如果选择 $\mu \geqslant 4$，则式 (15.39) 以概率 0.9544 是真的。如果选择 $\mu \geqslant 9$，则式 (15.39) 成立的概率不低于 0.997。

上述算法的具体实现可概括如下：

(1) 利用定理 15.1 改写观测方程 (15.2) 为方程 (15.5)；

(2) 利用定理 15.2 得到状态的最优估计，即：

(i) 利用式 (15.1)、式 (15.27)∼ 式 (15.36) 计算状态预测值 $\hat{x}(k|k-1)$ 和相应的误差方差阵 $P(k|k-1)$。

(ii) 对 $i = 1$，利用改写后的观测方程 (15.5)，以及式 (15.25)、式 (15.26)、式 (15.31) ∼ 式 (15.36) 计算初始状态估计 $\hat{x}_{i_0}(k|k)$ 和相应误差方差阵 $P_{i_0}(k|k)$。

(iii) 对 $p \geqslant 1$, $i_p \in [2, N]$，判断 $k$ 是否能被 $n_{i_p}$ 整除。如果可以整除，利用式 (15.39) 判断 $z_{i_p}(k_{i_p})$ 是否存在故障，如果无故障，则利用式 (15.15) ∼ 式 (15.24) 和式 (15.36) 更新 $\hat{x}_{i_{p-1}}(k|k)$，得到 $\hat{x}_{i_p}(k|k)$ 和 $P_{i_p}(k|k)$；否则，如果 $z_{i_p}(k_{i_p})$ 存在故障，则令 $\hat{x}_{i_p}(k|k) = \hat{x}_{i_{p-1}}(k|k)$, $P_{i_p}(k|k) = P_{i_{p-1}}(k|k)$。如果 $k$ 不能被 $n_{i_p}$ 整除，令 $p = p+1$，返回 (iii)。

(iv) 对所有 $i_p \in [2, N]$，判断是否所有满足 $(k, n_{i_p}) = 0$ 的观测 $z_{i_p}(k)$ 都已经被利用了。如果是，则令 $p = p'$，输出 $\hat{x}(k|k) = \hat{x}_{i_p}(k|k)$, $P(k|k) = P_{i_p}(k|k)$；否则，令 $p = p+1$，返回 (iii)。

由定理 15.2，显然有下面的定理成立。

**定理 15.3** 定理 15.2 提出的数据融合算法是有效的，可以证明：

$$\lim_{k \to \infty} P(k|k) \leqslant P_S(k|k) \tag{15.50}$$

其中，$P_S(k|k)$ 是基于 SPKF 利用传感器 1 这一个传感器的数据，基于 SPKF 得到的 $k$ 时刻估计误差方差阵。

**注解 15.4** 事实上，除了最开始的 $\bar{n}$ 个点以外，定理 15.3 中的不等式严格成立，其中，$\bar{n} = \min\{n_i, i = 1, 2, \cdots, N\}$。因为由式 (15.16) 可知，$P_{i_p}(k/k)$ 一般来说是正定的。因此，利用 SPKF 的收敛性和定理 15.3 可知本章提出的算法是收敛的、有效的。因此，本章将 SPKF 成功地推广到异步、多速率、不均匀采样非线性观测系统的数据融合中，本章算法还适用于观测数据存在随机丢包或故障的情况。

## 15.4 仿真实例

本节将以一个实例仿真说明本章所提算法的有效性。

考虑如下非线性动态系统[235]：

$$x(k+1) = A(k)x(k) + w(k) \tag{15.51}$$

$$z_i(k_i) = \hbar_i(x(k_i)) + v(k_i), \quad i = 1, 2 \tag{15.52}$$

其中

$$\hbar_i(x(k_i)) = \begin{bmatrix} 1/2((x(k_i,1)+1)^2 + x(k_i,2)^2) & 1/2((x(k_i,1)-1)^2 + x(k_i,2)^2) \end{bmatrix}$$
$$\tag{15.53}$$

$x(k_i,1)$ 和 $x(k_i,2)$ 分别表示状态 $x(k_i)$ 的第 1 维和第 2 维。

系统模型矩阵满足 $A(k) = 0.906I_{2\times2}$。系统噪声和观测噪声都是零均值高斯白噪声。系统噪声方差阵为 $Q = 0.01I_{2\times2}$。传感器 1 的采样率是传感器 2 的 2 倍，传感器 1 和传感器 2 的观测噪声方差分别为 $R_1 = 0.01$ 和 $R_2 = 0.01$。初始状态均值和误差方差分别为 $x_0 = [10 \quad 10]^\mathrm{T}$ 和 $P_0 = I_{2\times2}$。

30 次蒙特卡罗仿真的结果如表 15.1 和图 15.1～图 15.10 所示。其中，图 15.1～图 15.5 是在观测数据不存在丢失或故障情况下的仿真曲线；图 15.6～图 15.10 是在传感器以 0.2 的概率数据出现故障情况下的仿真曲线。

表 15.1 中列出了各种方法得到的估计误差绝对值均值，即 $\dfrac{1}{KJ} \displaystyle\sum_{j=1}^{J} \sum_{k=1}^{K} |\tilde{x}^j(k|k)|$。

其中，$K = 300$ 表示传感器 1 的采样点数，$J = 30$ 表示仿真次数，$\tilde{x}^j(k|k)$ 表示第 $j$ 次仿真的估计误差。表 15.1 中，EKF 表示只利用传感器 1 的信息进行扩展 Kalman 滤波的结果；SPKF 表示只利用传感器 1 的信息进行 Sigma 点 Kalman 滤波的结果；FEKF 表示基于 EKF 进行数据融合的结果，FSPKF 表示基于 SPKF 融合两个传感器的结果。表 15.1 中第 2 行和第 3 行表示在观测数据不存在故障或丢包时各种方法获得的估计误差绝对值均值的第 1 维和第 2 维；表 15.1 中第 5 行和第 6 行表示在两个传感器分别存在 0.2 概率下的故障或丢包时各种方法获得的估计误差绝对值均值的第 1 维和第 2 维。

观察表 15.1 的第 2 行和第 3 行对应的第 2 列和第 3 列，可以看出在只利用第 1 个传感器信息时，SPKF 比 EKF 具有更好的估计精度；观察表 15.1 的第 5 行和第 6 行对应的第 2 列和第 3 列，在观测数据存在随机故障或丢包时，也有同样的结论。观察表 15.1 的第 2 行和第 3 行对应的第 4 列和第 5 列，可以看出在同样融合两个传感器信息的情况下，SPKF 依然比 EKF 具有更好的估计精度；观察表 15.1 的第 5 行和第 6 行对应的第 4 列和第 5 列，在观测数据存在随机故障或丢包时，也有同样的结论。分别比较表 15.1 的第 2 行和第 3 行对应的第 2 列和第 4 列，以及第 3 列和第 5 列可以看出，无论是 EKF 还是 SPKF，融合两个传感器的估计结果都优于只利用一个传感器信息的估计结果；分别比较表 15.1 的第 5 行和第 6 行对应的第 2 列和第 4 列，以及第 3 列和第 5 列可以看出，在观测数据存在随机故障或丢包时，也有同样的结论。因此，从表 15.1 可以看出，在利用相同信息情况下，SPKF 优于 EKF；对同样的算法，融合多传感器信息比不融合要好。可见，本章介绍的算法是有效的。

表 15.1    估计误差绝对值均值

| 不存在丢包时 | EKF | SPKF | FEKF | FSPKF |
|---|---|---|---|---|
| 第 1 维 | 0.4344 | 0.0826 | 0.3856 | 0.0680 |
| 第 2 维 | 0.3494 | 0.1740 | 0.2047 | 0.1735 |
| 存在丢包时 | EKF | SPKF | FEKF | FSPKF |
| 第 1 维 | 0.9677 | 0.0918 | 0.4721 | 0.0724 |
| 第 2 维 | 0.3059 | 0.1754 | 0.2155 | 0.1744 |

图 15.1 和图 15.6 分别表示不存在故障情况下和存在随机故障情况下的观测曲线。其中，(a) 表示传感器 1 观测的第 1 维；(b) 表示传感器 2 观测的第 1 维；(c) 表示传感器 1 观测的第 2 维；(d) 表示传感器 2 观测的第 2 维。

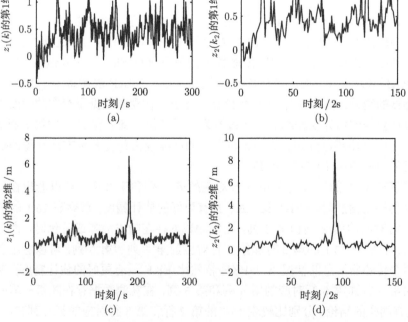

图 15.1    无故障情况下的传感器 1 和传感器 2 的观测曲线

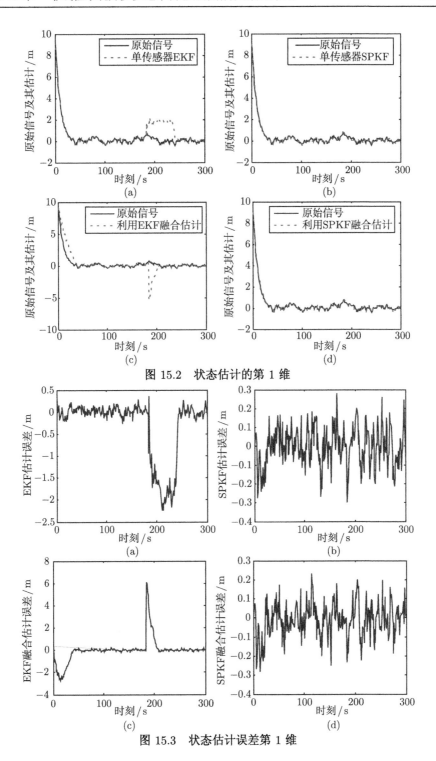

图 15.2　状态估计的第 1 维

图 15.3　状态估计误差第 1 维

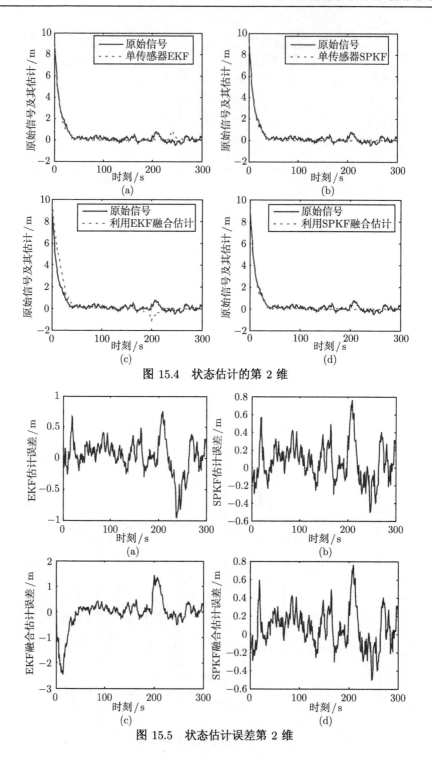

图 15.4　状态估计的第 2 维

图 15.5　状态估计误差第 2 维

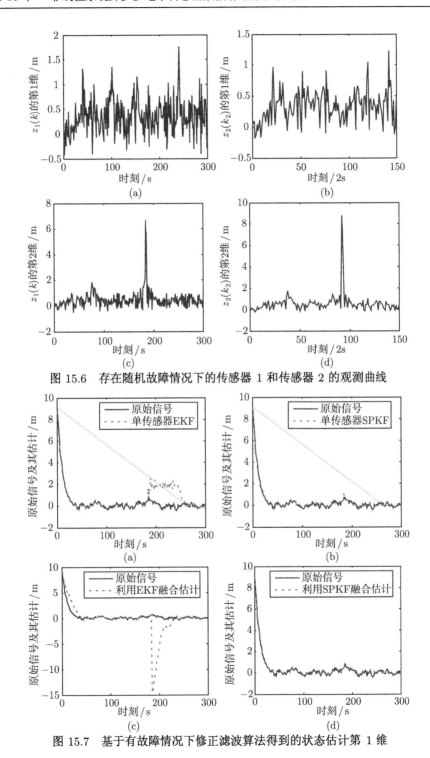

图 15.6 存在随机故障情况下的传感器 1 和传感器 2 的观测曲线

图 15.7 基于有故障情况下修正滤波算法得到的状态估计第 1 维

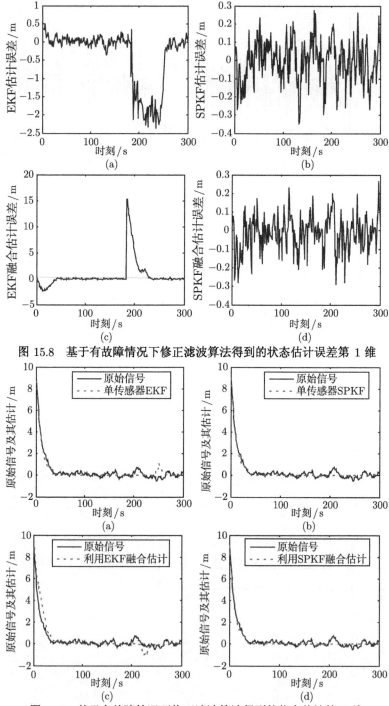

图 15.8　基于有故障情况下修正滤波算法得到的状态估计误差第 1 维

图 15.9　基于有故障情况下修正滤波算法得到的状态估计第 2 维

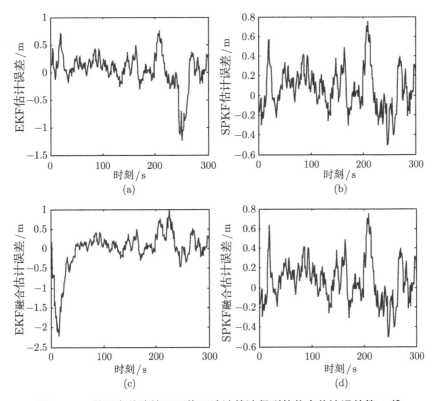

图 15.10　基于有故障情况下修正滤波算法得到的状态估计误差第 2 维

图 15.2 和图 15.7 分别表示不存在故障情况下和存在随机丢包或故障情况下某一次蒙特卡罗仿真得到的原始信号和估计信号的第 1 维。其中, 实线表示原始信号, 虚线表示估计信号。(a) 中的估计曲线是利用传感器 1 的信息扩展 Kalman 滤波的结果; (b) 表示利用传感器 1 的信息 SPKF 的结果; (c) 中的估计曲线是融合两个传感器的信息扩展 Kalman 滤波的结果; (d) 表示融合两个传感器的信息 SPKF 的结果。比较图 15.2 中的 (b) 和 (a), 可以看出在观测数据不存在故障时, 在只利用一个传感器信息时, SPKF 优于 EKF; 比较 (d) 和 (c), 可以看出在融合两个传感器信息时, SPKF 依然优于 EKF; 观察图 15.7, 在观测数据存在随机故障和丢包时, 同样的, 有 SPKF 优于 EKF。

图 15.4 和图 15.9 分别表示不存在故障情况下和存在随机丢包或故障情况下某一次蒙特卡罗仿真得到的原始信号和估计信号的第 2 维。类似的, 分析图 15.4 和图 15.9, 可知无论观测数据是否存在随机故障, 都有 SPKF 优于 EKF。特别的, 在观测数据存在随机故障或丢包时, SPKF 融合估计方法效果最好。

图 15.3 和图 15.8 分别表示在观测数据无故障和观测数据存在随机故障情况下的状态估计误差 30 次统计曲线的第 1 维, 图 15.5 和图 15.10 是相应的第 2 维。其

中，(a)、(b)、(c) 和 (d) 分别表示 EKF、SPKF、FEKF 和 FSPKF 的估计误差统计曲线。类似于对图 15.2 和图 15.4 的分析，可见无论观测数据是否存在故障，SPKF 均优于 EKF。

综上，本节的仿真表明本章提出的异步、多速率、不均匀采样系统的非线性滤波和数据融合算法是可行的、有效的。

## 15.5　本　章　小　结

本章将 SPKF 推广到异步、多速率、非均匀采样、非线性动态系统的多传感器数据融合问题中，理论分析和仿真实验验证了算法的有效性。本章同时提出了一种判断非线性观测数据是否有故障的准则，并基于该准则提出了数据丢包或故障下的非线性数据融合方法。本章算法可推广应用于目标跟踪、导航、网络化控制、故障诊断与容错、化工过程控制等领域。

# 第16章 多传感器最优估计理论在导航系统中的应用

## 16.1 引　　言

航空机载导航装备一般主要有惯性导航系统 (INS)、多普勒导航系统 (DVS)、卫星导航系统和陆基无线电导航系统等。为了增加导航的可靠性,大部分飞机加装了两到三种导航系统。

飞行员在使用这些导航装备飞行时,首先判断 GPS 是否正常,如正常则利用 GPS 数据导航,如 GPS 不正常,飞行时间短,用 INS 数据导航;飞行时间长,用 DVS 数据导航。这种状况无法识别对 GPS 的欺骗干扰,也不能发挥多种导航系统的综合优势。

因此,有必要开展航空组合导航数据融合算法研究,以达到两个目的:一是甄别各导航系统的数据是否可靠;二是综合利用各导航系统的优势,达到更高的导航精度和更稳定可靠的导航效果。

## 16.2 组合导航系统模型

INS 是以牛顿力学定律为基础,根据惯性原理来工作的导航系统。由于其完全依靠机载设备支持完成导航任务,和外界不发生任何光、电联系,因此,具有隐蔽性好、全天候等特点。因此,INS 是最基本的、不可或缺的航空导航系统。按照结构的不同,INS 可分为平台式惯性导航系统和捷联式惯性导航系统 (SINS) 两大类[3]。其中,SINS 是把惯性仪表直接固联在载体上,用计算机来完成导航平台功能的 INS。由于惯性仪表直接固连在载体上,省去了机电式的导航平台,从而给系统带来了很多优点。因此,SINS 的应用十分广泛。GPS 是一种有代表性的卫星导航系统,长期稳定性好。DVS 是一种依靠多普勒效应进行导航的系统,不容易受干扰。本节将主要介绍 SINS/GPS/DVS 组合导航系统。

在第 1 章已经介绍,组合导航系统的实现有两种方式,即直接法和间接法。本章将以 SINS 为主导航系统,GPS 和 DVS 为辅助导航系统,采用间接法进行组合导航。

下面将介绍组合导航系统的系统方程和观测方程,首先介绍系统方程。

在间接法组合导航系统中，组合导航系统的状态是误差量。取系统状态为：$x = \begin{bmatrix} \phi_e & \phi_n & \phi_u & \delta v_e & \delta v_n & \delta v_u & \delta L & \delta \lambda & \delta h & \varepsilon_e & \varepsilon_n & \varepsilon_u & \nabla_e & \nabla_n & \nabla_u \end{bmatrix}^T$，其中，$\phi_e$、$\phi_n$、$\phi_u$ 表示沿东、北、天向的姿态误差；$\delta v_e$、$\delta v_n$、$\delta v_u$ 表示东、北、天向的速度误差；$\varepsilon_e$、$\varepsilon_n$、$\varepsilon_u$ 表示东、北、天向的陀螺漂移误差；$\nabla_e$、$\nabla_n$、$\nabla_u$ 表示东、北、天向的加速度误差。则系统状态方程可写为[3]

$$\dot{x}(t) = F(t)x(t) + G(t)w(t) \tag{16.1}$$

其中

$$F(t) = \begin{bmatrix} F_n & F_s \\ 0_{6 \times 9} & F_M \end{bmatrix} \tag{16.2}$$

$$G(t) = \begin{bmatrix} 0_{9 \times 3} & 0_{9 \times 3} \\ I_{3 \times 3} & 0_{3 \times 3} \\ 0_{3 \times 3} & I_{3 \times 3} \end{bmatrix} \tag{16.3}$$

$F_n$ 是对应 9 个基本导航参数的系统矩阵，其非零元素为

$$\begin{cases} F_n(1,2) = \omega_{ie} \sin L + \dfrac{v_e}{R_n + h} \tan L \\ F_n(1,3) = -\left( \omega_{ie} \cos L + \dfrac{v_e}{R_n + h} \right) \\ F_n(1,5) = -\dfrac{1}{R_m + h} \end{cases} \tag{16.4}$$

$$\begin{cases} F_n(2,1) = -\left( \omega_{ie} \sin L + \dfrac{v_e}{R_n + h} \tan L \right) \\ F_n(2,3) = -\dfrac{v_n}{R_m + h} \\ F_n(2,4) = \dfrac{1}{R_n + h} \\ F_n(2,7) = -\omega_{ie} \sin L \end{cases} \tag{16.5}$$

$$\begin{cases} F_n(3,1) = \omega_{ie} \cos L + \dfrac{v_e}{R_n + h} \\ F_n(3,2) = \dfrac{v_n}{R_m + h} \\ F_n(3,4) = \dfrac{1}{R_n + h} \tan L \\ F_n(3,7) = \omega_{ie} \cos L + \dfrac{v_e}{R_n + h} \sec^2 L \end{cases} \tag{16.6}$$

$$
\begin{cases}
F_{\mathrm{n}}(4,2) = -f_{\mathrm{u}} \\
F_{\mathrm{n}}(4,3) = f_{\mathrm{u}} \\
F_{\mathrm{n}}(4,4) = \dfrac{v_{\mathrm{n}}}{R_{\mathrm{m}}+h} \tan L - \dfrac{v_{\mathrm{u}}}{R_{\mathrm{m}}+h} \\
F_{\mathrm{n}}(4,5) = 2\omega_{\mathrm{ie}}\sin L + \dfrac{v_{\mathrm{e}}}{R_{\mathrm{n}}+h} \tan L \\
F_{\mathrm{n}}(4,6) = -\left( 2\omega_{\mathrm{ie}}\cos L + \dfrac{v_{\mathrm{e}}}{R_{\mathrm{n}}+h} \right) \\
F_{\mathrm{n}}(4,7) = 2\omega_{\mathrm{ie}}\cos L v_{\mathrm{n}} + \dfrac{v_{\mathrm{e}} v_{\mathrm{n}}}{R_{\mathrm{n}}+h} \sec^{2} L + 2\omega_{\mathrm{ie}}\sin L v_{\mathrm{u}}
\end{cases}
\tag{16.7}
$$

$$
\begin{cases}
F_{\mathrm{n}}(5,1) = f_{\mathrm{u}} \\
F_{\mathrm{n}}(5,3) = -f_{\mathrm{e}} \\
F_{\mathrm{n}}(5,4) = -2\left( \omega_{\mathrm{ie}}\sin L + \dfrac{v_{\mathrm{e}}}{R_{\mathrm{n}}+h} \tan L \right) \\
F_{\mathrm{n}}(5,5) = -\dfrac{v_{\mathrm{u}}}{R_{\mathrm{m}}+h} \\
F_{\mathrm{n}}(5,6) = -\dfrac{v_{\mathrm{n}}}{R_{\mathrm{m}}+h} \\
F_{\mathrm{n}}(5,7) = -\left( 2\omega_{\mathrm{ie}}\cos L + \dfrac{v_{\mathrm{e}}}{R_{\mathrm{n}}+h} \sec^{2} L \right) v_{\mathrm{e}}
\end{cases}
\tag{16.8}
$$

$$
\begin{cases}
F_{\mathrm{n}}(6,1) = -f_{\mathrm{n}} \\
F_{\mathrm{n}}(6,2) = f_{\mathrm{e}} \\
F_{\mathrm{n}}(6,4) = 2\left( \omega_{\mathrm{ie}}\cos L + \dfrac{v_{\mathrm{e}}}{R_{\mathrm{n}}+h} \right) \\
F_{\mathrm{n}}(6,5) = \dfrac{2v_{\mathrm{n}}}{R_{\mathrm{m}}+h} \\
F_{\mathrm{n}}(6,7) = -2v_{\mathrm{e}}\omega_{\mathrm{ie}}\sin L
\end{cases}
\tag{16.9}
$$

$$
F_{\mathrm{n}}(7,5) = \frac{1}{R_{\mathrm{m}}+h}
\tag{16.10}
$$

$$
F_{\mathrm{n}}(8,4) = \frac{\sec L}{R_{\mathrm{n}}+h}, \quad F_{\mathrm{n}}(8,7) = \frac{v_{\mathrm{e}}}{R_{\mathrm{n}}+h}\sec L \tan L
\tag{16.11}
$$

$$
F_{\mathrm{n}}(9,6) = 1
\tag{16.12}
$$

其中，$\varphi_n$、$\varphi_e$、$-\varphi_u$ 分别为北、东、地方向的平台误差角，rad；$v_n$、$v_e$、$-v_u$ 分别为北向、东向、地向速度，m/s；$L$、$\lambda$、$h$ 为纬度、经度、高度，rad；$\omega_{ie}$ 为地球自转角速度，$\omega_{ie} = 7.29 \times 10^{-5}$rad/s；$R_e$ 为赤道平面半径，$R_e = 6378137$m；$f$ 为地球扁率，$f = 1/298.257$；$R_n$ 为地球参考椭球卯酉圈上各点的曲率半径，$R_n = R_e(1 + f \sin^2 L)$；$R_m$ 为地球参考椭球子午圈上各点的曲率半径，$R_m = R_e(1 - 2f + 3f \sin^2 L)$；$f_e$、$f_n$、$f_u$ 分别为东、北、天向比力，m/s$^2$；$\nabla_e$、$\nabla_n$、$\nabla_u$ 分别为东、北、天向加速度计偏值，m/s$^2$；$\varepsilon_e$、$\varepsilon_n$、$\varepsilon_u$ 分别为陀螺东、北、天向漂移误差。

对 SINS，$F_s$ 和 $F_m$ 分别为

$$F_s = \begin{bmatrix} C_b^n & 0_{3\times3} \\ 0_{3\times3} & C_b^n \\ 0_{3\times3} & 0_{3\times3} \end{bmatrix} \tag{16.13}$$

$$F_m = \mathrm{diag}\left\{ -\frac{1}{T_{\varepsilon_e}}, -\frac{1}{T_{\varepsilon_n}}, -\frac{1}{T_{\varepsilon_u}}, -\frac{1}{T_{\nabla_e}}, -\frac{1}{T_{\nabla_n}}, -\frac{1}{T_{\nabla_u}} \right\} \tag{16.14}$$

其中

$$C_b^n = \begin{bmatrix} \cos\gamma\cos\psi + \sin\gamma\sin\theta\sin\psi & \cos\theta\sin\psi & \sin\gamma\cos\psi - \cos\gamma\sin\theta\sin\psi \\ -\cos\gamma\sin\psi + \sin\gamma\sin\theta\cos\psi & \cos\theta\cos\psi & -\sin\gamma\sin\psi - \cos\gamma\sin\theta\cos\psi \\ -\sin\gamma\cos\theta & \sin\theta & \cos\gamma\cos\theta \end{bmatrix}$$

$$\tag{16.15}$$

$\gamma$、$\theta$、$\psi$ 分别表示横滚 (相对东向)、俯仰 (相对天向) 和偏航角 (相对北向)；$T_{\varepsilon_e}$、$T_{\varepsilon_n}$、$T_{\varepsilon_u}$ 表示东、北、天向陀螺漂移的相关时间常数；$\nabla_{\varepsilon_e}$、$\nabla_{\varepsilon_n}$、$\nabla_{\varepsilon_u}$ 表示东、北、天向加速度误差的相关时间常数。其中，陀螺漂移和加速度误差模型都描述为一阶马尔可夫过程。

SINS 与 GPS 形成的观测方程为[3, 4]

$$z_1(t) = H_1(t)x(t) + v_1(t) \tag{16.16}$$

其中

$$H_1(t) = \begin{bmatrix} 0_{3\times3} & 0_{3\times3} & \mathrm{diag}\{R_m, R_n\cos L, 1\} & 0_{3\times6} \\ 0_{3\times3} & \mathrm{diag}\{1,1,1\} & 0_{3\times3} & 0_{3\times6} \end{bmatrix} \tag{16.17}$$

$v_1(t)$ 为零均值的高斯白噪声，误差协方差为 $R_1(t)$。

SINS 与 DVS 形成的观测方程为[4]

$$z_2(t) = H_2(t)x(t) + v_2(t) \tag{16.18}$$

其中

$$H_2(t) = \begin{bmatrix} 0_{3\times3} & -C_b^n & 0_{3\times9} \end{bmatrix} \tag{16.19}$$

$v_2(t)$ 为零均值的高斯白噪声, 误差协方差为 $R_2(t)$。

## 16.3　多速率系统的鲁棒 Kalman 滤波及在导航系统中的应用

在计算机上实现组合导航, 需要对 16.2 节所示的连续系统进行离散化。设离散化后的系统为[174]

$$x(k+1) = A(k)x(k) + \Gamma(k)w(k) \tag{16.20}$$

$$z_i(k_i) = C_i(k_i)x_i(k_i) + v_i(k_i) \tag{16.21}$$

其中, $x_i(k_i) = x(n_i(k_i - 1) + 1)$; $n_i$ 为 SINS 与 GPS($i = 1$) 或 DVS($i = 2$) 的采样率之比; $C_i(k_i)$ 表示观测矩阵; 观测误差 $v_i(k_i)$ 是零均值的高斯白噪声, 方差为 $R_i(k_i)$。

下面针对系统式 (16.20) 和式 (16.21) 给出状态融合估计算法。

由于在模型建立的过程中, 存在舍入误差, 模型不够准确。因此, 根据前几章的研究成果, 本章对组合导航系统, 将采用考虑进观测数据部分丢失可能性情况下的自适应滤波方法。同时, 考虑到 GPS、DVS 和 SINS 的观测速率可能不同, 而误差模型中一般要求采样率相同的情况, 因此, 需要首先将三个导航系统的观测速率统一到同一标准之下。这是本章算法的基本指导思想。

事实上, 统一采样率的一个最简单的方法是以最低采样率为标准, 其他导航系统的观测采用整数倍抽取的方法统一到最低采样率标准下。例如, 在 SINS 采样率为 100, DVS 为 50, 而 GPS 为 1 时, 可以采用 1s 更新一次的组合导航方法。这种方法最为简单, 计算量也小, 并且可以有效提高导航精度和可靠性。

为了进一步提高导航系统的精度, 可以采用数学变换或者内插和外推的技术, 在 GPS 或 DVS 没有观测的时刻, 采用虚拟观测值的方法, 将三个导航系统的观测速率统一到 SINS 下。事实上, 利用第 6 章的算法可将系统式 (16.20) 和式 (16.21) 化为同采样率的多传感器线性系统, 如引理 16.1 所示。

**引理 16.1**　系统式 (16.20) 和式 (16.21) 等价于

$$x(k+1) = A(k)x(k) + \Gamma(k)w(k) \tag{16.22}$$

$$\bar{z}_i(k) = \overline{C}_i(k)x(k) + \bar{v}_i(k) \tag{16.23}$$

其中，$w(k)$ 和 $\overline{v}_i(k)$ 是统计独立的零均值高斯白噪声，其方差分别为 $Q(k)$ 和 $\overline{R}_i(k)$，并且有

$$
\overline{C}_i(k) = \begin{cases} C_i(k_i), & k = n_i(k_i - 1) + 1 \\ C_i(k_i) \displaystyle\prod_{l=1}^{j-1} A^{-1}(l_i(k_i - 1) + l), & k = n_i(k_i - 1) + j; j = 2, 3, \cdots, n_i \end{cases}
$$

$$(16.24)$$

$$
\overline{R}_i(k) = \begin{cases} R_i(k_i), & k = n_i(k_i - 1) + 1 \\ C_i(k_i) \left[ \displaystyle\sum_{p=1}^{j-1} \left( \prod_{l=1}^{p} A^{-1}(n_i(k_i - 1) + l)Q(n_i(k_i - 1) + p) \right. \right. \\ \left. \left. \displaystyle\prod_{l=p}^{1} A^{-\mathrm{T}}(n_i(k_i - 1) + l) \right) \right] C_i^{\mathrm{T}}(k_i) + R_i(k_i), \\ \qquad k = n_i(k_i - 1) + j; j = 2, 3, \cdots, n_i \end{cases}
$$

$$(16.25)$$

$$
\overline{z}_i(k) = z_i(k_i), \quad k = n_i(k_i - 1) + j; j = 1, 2, \cdots, l_i \tag{16.26}
$$

对于定常系统，有

$$
\overline{C}_i(k) = CA^{1-j}, \quad k = n_i(k_i - 1) + j; j = 1, 2, \cdots, n_i \tag{16.27}
$$

$$
\overline{R}_i(k) = \begin{cases} R, & k = n_i(k_i - 1) + 1 \\ R + C \left( \displaystyle\sum_{p=1}^{j-1} A^{-p}QA^{-p,\mathrm{T}} \right) C^{\mathrm{T}}, & k = n_i(k_i - 1) + j; j = 2, 3, \cdots, n_i \end{cases}
$$

$$(16.28)$$

下面先介绍结合 SH 和 STF 的自适应滤波方法。

**定理 16.1**    设状态方程和观测方程为

$$
x(k + 1) = A(k)x(k) + \Gamma(k)w(k) \tag{16.29}
$$

$$
z(k) = C(k)x(k) + v(k) \tag{16.30}
$$

其中，$x(k) \in \mathbb{R}^n$ 表示状态；$A(k) \in \mathbb{R}^{n \times n}$ 表示状态转移矩阵；$z(k) \in \mathbb{R}^m$ 为观测值；$C(k) \in \mathbb{R}^{n \times m}$ 为观测矩阵；$w(k) \sim N(0, Q(k))$ 为系统噪声；$\Gamma(k) \in \mathbb{R}^{n \times l}$ 为系

统噪声增益; $v(k) \sim N(0, R(k))$ 为观测噪声, 且 $w(k)$ 和 $v(k)$ 统计独立; $A(k)$、$C(k)$、$\Gamma(k)$ 已知, $Q(k)$ 和 $R(k)$ 未知。则利用 SH-STF 自适应滤波对上述系统进行估计的算法如下:

$$\hat{x}(k|k) = \hat{x}(k|k-1) + K(k)\tilde{z}(k) \tag{16.31}$$

$$P(k|k) = [I - K(k)C(k)]P(k|k-1) \tag{16.32}$$

其中

$$\hat{x}(k|k-1) = A(k-1)\hat{x}(k-1|k-1) \tag{16.33}$$

$$\begin{aligned} P(k|k-1) \quad &= \lambda(k-1)A(k-1)P(k-1|k-1)A^{\mathrm{T}}(k-1) \\ &+ \Gamma(k-1)\hat{Q}(k-1)\Gamma^{\mathrm{T}}(k-1) \end{aligned} \tag{16.34}$$

$$K(k) = \begin{cases} 0, & k \in \overline{M}(k) \\ P(k|k-1)C^{\mathrm{T}}(k)\left[C(k)\,P(k|k-1)C^{\mathrm{T}}(k) + \hat{R}(k)\right]^{-1}, & k \notin \overline{M}(k) \end{cases} \tag{16.35}$$

$$\hat{R}(k) = (1-d_k)\hat{R}(k-1) + d_k\left[\tilde{z}(k)\tilde{z}^{\mathrm{T}}(k) - C(k)P(k|k-1)C^{\mathrm{T}}(k)\right] \tag{16.36}$$

$$\tilde{z}(k) = z(k) - C(k)\hat{x}(k|k-1) \tag{16.37}$$

$$\begin{aligned} \hat{Q}(k-1) = (1-d_{k-1})\hat{Q}(k-2) &+ d_{k-1}\big[K(k-1)\tilde{z}(k-1)\tilde{z}^{\mathrm{T}}(k-1)K^{\mathrm{T}}(k-1) \\ &+ P(k-1|k-1) - A(k-2)P(k-2|k-2)A^{\mathrm{T}}(k-2)\big] \end{aligned} \tag{16.38}$$

其中

$$\overline{M}(k) = \left\{k\Big|\,\Big\|E\left\{[z(k) - C(k)\hat{x}(k|k-1)]\,[z(k) - C(k)\hat{x}(k|k-1)]^{\mathrm{T}}\right\} - R(k)\Big\| \leqslant \varepsilon\right\} \tag{16.39}$$

$\|\cdot\|$ 为范数, $\varepsilon$ 是预先设定的一个很小的正数。$\lambda(k) \geqslant 1$ 为自适应渐消因子, 可以由下面的方法确定:

$$\lambda(k) = \begin{cases} 1, & \lambda_0(k) < 1 \\ \lambda_0(k), & 1 \leqslant \lambda_0(k) < c \\ c, & \lambda_0(k) \geqslant c \end{cases} \tag{16.40}$$

其中

$$\lambda_0(k) = \mathrm{tr}(N(k))/\mathrm{tr}(M(k)) \tag{16.41}$$

$$N(k) = V_0(k) - C(k)\Gamma(k-1)Q(k-1)\Gamma^{\mathrm{T}}(k-1)C^{\mathrm{T}}(k) - l(k)R(k) \tag{16.42}$$

$$M(k) = C(k)A(k)P(k-1|k-1)A^{\mathrm{T}}(k)C^{\mathrm{T}}(k) \tag{16.43}$$

$$V_0(k) = \begin{cases} \tilde{z}(1)\tilde{z}^{\mathrm{T}}(1), & k = 0 \\ \dfrac{\rho V_0(k-1) + \tilde{z}(k)\tilde{z}^{\mathrm{T}}(k)}{1+\rho}, & k \geqslant 1 \end{cases} \tag{16.44}$$

其中, $c > 1$ 是一个给定的常数; $0.95 \leqslant \rho \leqslant 0.995$ 为遗忘因子; $l(k) \geqslant 1$ 为弱化因子。特别的, 可以取

$$l(k) = 1 - d_k \tag{16.45}$$

当噪声统计特性为常数时, 有

$$d_k = \frac{1}{k} \tag{16.46}$$

否则, 有

$$d_k = \frac{1-\rho}{1-\rho^k} \tag{16.47}$$

初始条件为

$$\hat{x}(0|0) = x_0, \quad P(0|0) = P_0, \quad \hat{Q}(0) = Q_0, \quad \hat{R}(0) = q_0 \tag{16.48}$$

上式所示的初值由人为设定。

**注解 16.1**    当在计算机上实现算法时, 考虑到舍入误差, 为了保持误差协方差矩阵的对称性和非负定性质, 可用下式计算估计误差协方差:

$$\begin{aligned} P(k|k) = &[I - K(k)C(k)]P(k|k-1)[I - K(k)C(k)]^{\mathrm{T}} \\ &+ K(k)\hat{R}(k)K^{\mathrm{T}}(k) \end{aligned} \tag{16.49}$$

下面将给出利用 SH-STF 自适应滤波进行组合导航的算法。

设在时刻 $k$, 基于该时刻之前所有观测数据得到的最优融合估计和估计误差协方差阵分别为 $\hat{x}(k|k)$ 和 $P(k|k)$ , 则它们由下面各式计算[2]:

$$\hat{x}(k|k) = P(k|k)\sum_{i=1}^{N} P_i^{-1}(k|k)\hat{x}_i(k|k) \tag{16.50}$$

$$P(k|k) = \left(\sum_{i=1}^{N} P_i^{-1}(k|k)\right)^{-1} \tag{16.51}$$

其中，对 $i = 1, 2$，$\hat{x}_i(k|k)$ 和 $P_i(k|k)$ 分别表示基于系统式 (16.22) 和式 (16.23) 利用 SH-STF 算法得到的状态估计和估计误差协方差矩阵。

综上，利用 SH-STF 自适应滤波间接滤波法进行 SINS/GPS/DVS 组合导航的具体实现为：

步骤 (1)：建立误差模型，如式 (16.1)、式 (16.16) 和式 (16.18) 所示；

步骤 (2)：对连续系统进行离散化，如式 (16.20) 式 (16.21) 所示；

步骤 (3)：将离散化后的各导航系统统一到同步同速率下，如式 (16.22) 和式 (16.23) 所示，用同步同速率的线性动态系统表示；

步骤 (4)：对 SINS/GPS 和 SINS/DVS 分别利用 SH-STF 自适应滤波进行滤波，即利用式 (16.31)~式 (16.48) 进行滤波，得到 $\hat{x}_i(k|k)$ 和 $P_i(k|k)$；

步骤 (5)：利用式 (16.50) 和式 (16.51) 进行数据融合，得到组合导航误差模型的状态估计 $\hat{x}(k|k)$ 和 $P(k|k)$；

步骤 (6)：组合导航结果 $x_{\text{SINS/GPS/DVS}}(k)$ 由下式计算：

$$\hat{x}_{\text{SINS/GPS/DVS}}(k) = \hat{x}(k|k) + \hat{x}_{\text{SINS}}(k) \tag{16.52}$$

其中，$\hat{x}_{\text{SINS}}(k)$ 为 INS 在 $k$ 时刻的观测值，或依据 INS/GPS/DVS 在前一时刻的估计利用运动状态模型推算得到的 $k$ 时刻状态的估计值。

## 16.4　仿　真　实　例

设实验开始时，飞机位于北纬 40°、东经 120°、高 5000m 处，正在以 300m/s 的初速度向正北方向飞行，SINS、DVS 和 GPS 的采样频率分别为 100、50 和 1。系统噪声和 SINS 的观测噪声都是一阶马尔可夫过程，相关时间常数取为 300，加速度误差为 $10^{-4}g$，陀螺每小时游走 0.10m。

初始俯仰、横滚和偏航都设为零，$R_n$ 和 $R_m$ 都近似取为 $R_g$。重力加速度取为 $g = 9.78\text{m/s}^2$。GPS 和 DVS 的噪声方差分别为 $R_{\text{GPS}} = \text{diag}\{(10\text{m})^2, (10\text{m})^2, (10\text{m})^2, (0.2\text{m/s})^2, (0.2\text{m/s})^2, (0.2\text{m/s})^2\}$ 和 $R_{\text{DVS}} = \text{diag}\{(0.3\text{m/s})^2, (0.3\text{m/s})^2, (0.3\text{m/s})^2\}$。

用本章算法进行组合导航的仿真曲线如图 16.1 和图 16.2 所示。其中，图 16.1 中画出了纬度、经度和高度误差曲线；图 16.2 是东、北、天方向的速度误差情况，横轴表示时间，单位为 s。从图 16.1 和图 16.2 可以看出，算法可以迅速达到稳态，算法是收敛的、稳定的、有效的。

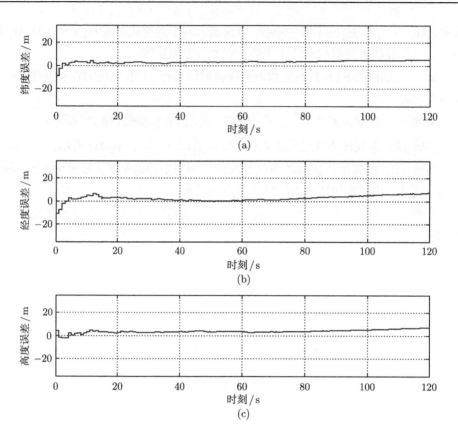

图 16.1　经纬度和高度误差曲线 (SINS/GPS/DVS 组合导航)

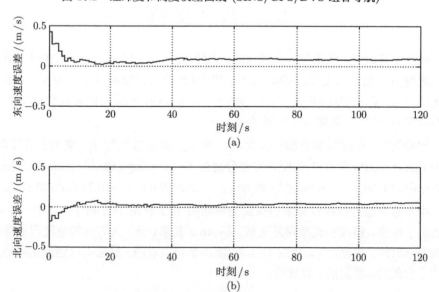

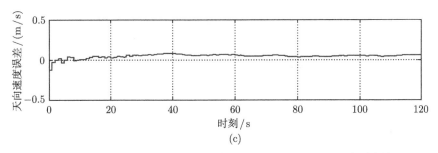

图 16.2　东、北、天方向的速度误差曲线 (SINS/GPS/DVS 组合导航)

## 16.5　本 章 小 结

本章在前几章算法的基础上，结合 SH 自适应滤波和 STF-STF，给出了一种新的更加实用、更加鲁棒的滤波算法，即 SH-STF 鲁棒滤波算法，并将其应用于 INS、GPS 和 DVS 的组合导航系统中。实验结果验证了算法的可行性和有效性。

# 参 考 文 献

[1] 何友, 王国宏, 陆大紑, 等. 多传感器信息融合及应用. 北京: 电子工业出版社, 2000.

[2] 文成林, 周东华. 多尺度估计理论及其应用. 北京: 清华大学出版社, 2002.

[3] 袁信, 俞济祥, 陈哲. 导航系统. 北京: 航空工业出版社, 1993.

[4] 秦永元, 张洪钺, 汪淑华. 卡尔曼滤波与组合导航原理. 西安: 西北工业大学出版社, 1998.

[5] 董绪荣, 张守信, 华仲春. GPS/INS 组合导航定位及其应用. 长沙: 国防科学技术大学出版社, 1998.

[6] Qi H H, Moore J B. Direct Kalman filtering approach for GPS/INS integration. *IEEE Transaction on Aerospace and Electronic Systems*, 2002, 38(2): 687–693.

[7] 韩崇昭, 朱洪艳, 段战胜, 等. 多源信息融合. 北京: 清华大学出版社, 2006.

[8] Edward W, James L. *Multisensor Data Fusion*. Boston: Artech House, 1990.

[9] 康耀红. 数据融合理论与应用. 西安: 西安电子科技大学出版社, 1997.

[10] 何友, 王国宏, 陆大紑. 多传感器数据融合模型综述. 清华大学学报, 1996, 36(9): 14–20.

[11] 何友, 陆大紑, 彭应宁. 多传感器数据融合算法综述. 火力与指挥控制, 1996, 21(1): 12–21.

[12] Benveniste A, Nikoukhah R, Willsky A S. Multiscale system theory. *IEEE Transactions on Circuits and Syatems–I: Fundamental Theory and Applications*, 1994, 41(1): 2–15.

[13] Basseville M, Benveniste A, Chou K C, et al. Modeling and estimation of multiresolution stochastic processes. *IEEE Transactions on Information Theory*, 1992, 38(2): 766–784.

[14] Willsky A S. Multiresolution Markov models for signal and image processing. *Proceedings of the IEEE*, 2002, 90(8): 1396–1458.

[15] Choi M J, Chandrasekaran V, Willsky A S. Gaussian multiresolution models: Exploiting sparse Markov and covariance structure. *IEEE Transactions on Signal Processing*, 2010, 58(3): 1012–1024.

[16] Chou K C, Golden S A, Willsky A S. Multiresolution stochastic models, data fusion, and wavelet transforms. *Signal Processing*, 2002, 34(3): 257–282.

[17] Kalman R E. A new approach to linear filtering and prediction theory. *Journal of Basic Engineering*, 1960, 82(1): 35–46.

[18] Kalman R E, Bucy R S. New results in linear filtering and prediction theory. *Journal of Basic Engineering*, 1961, 83(1): 55–108.

[19] Andrisani D, Gau C F. Estimation using a multirate filter. *IEEE Transactions on Automatic Control*, 1987, 32(7): 653–656.

[20] Fabrizio A, Luciano A. Filterbanks design for multisensor data fusion. *IEEE Signal Processing Letters*, 2000, 7(5): 100–103.

[21] Vaidyanathan P P. *Multirate Systems and Filter Banks*. Englewood Cliffs: Prentice-Hall, 1993.

[22] Xia X G, Suter B W. Multirate filter banks with block sampling. *IEEE Transactions on Signal Processing*, 1996, 44(3): 484–496.

[23] Veterli M, Herley C. Wavelets and filter banks: Theory and design. *IEEE Transactions on Signal Processing*, 1992, 40(12): 2207–2232.

[24] Lee D J, Tomizuka M. Multirate optimal state estimation with sensor fusion. *Proceedings of the American Control Conference*, Denver, 2003: 2887–2892.

[25] Chen B S, Lin C W, Chen Y L. Optimal signal reconstruction in noisy filter bank systems: Multirate Kalman synthesis filtering approach. *IEEE Transactions on Signal Processing*, 1995, 43(11): 2496–2504.

[26] 孙红岩. 基于小波变换的多分辨率多传感器数据融合方法的研究. 北京: 清华大学博士后工作报告, 1998.

[27] Chou K C, Willsky A S, Benveniste A. Multiscale recursive estimation, data fusion, and regularization. *IEEE Transactions on Automatic Control*, 1994, 39(3): 464–478.

[28] Lo K, Kimura H. Recursive estimation methods for discrete systems. *IEEE Transaction on Automatic Control*, 2003, 48(11): 2019–2024.

[29] Yan L P, Liu B S, Zhou D H. An asynchronous multirate multisensor information fusion algorithm. *IEEE Transactions on Aerospace and Electronic Systems*, 2007, 43(3): 1135–1146.

[30] Yan L P, Liu B S, Zhou D H. The modeling and estimation of asynchronous multirate multisensor dynamic systems. *Aerospace Science and Technology*, 2006, 10(1): 63–71.

[31] 肖建. 多采样率数字控制系统. 北京: 科学出版社, 2003.

[32] 胡广书. 数字信号处理: 理论、算法与实现. 北京: 清华大学出版社, 1997.

[33] 闫莉萍, 刘宝生, 周东华, 等. 多速率传感器数据融合及其在设备监测中的应用. *传感器技术*, 2005, 24(12): 86–88.

[34] Carlson N A. Federated square root filter for decentralized parallel processors. *IEEE Transactions on Aerospace and Electronic Systems*, 1990, 26(3): 517–525.

[35] Hashemipour H R, Roy S, Laub A J. Decentralized structures for parallel Kalman filtering. *IEEE Transactions on Automatic Control*, 1988, 33(1): 88–93.

[36] Hong L. Multi-resolutional distributed filtering. *IEEE Transactions on Automatic Control*, 1994, 39(4): 853–856.

[37] Hong L. Multiresolutional filtering using wavelet transform. *IEEE Transactions on Aerospace and Electronic Systems*, 1993, 29(4): 1244–1251.

[38] Hall D L, Llinas J. An introduction to multisensor data fusion. *Proceedings of the IEEE*, 1997, 85(1): 6–23.

[39] 潘泉, 于昕, 程咏梅, 等. 信息融合理论的基本方法与进展. *自动化学报*, 2003, 29(4): 599–615.

[40] 潘泉, 王增福, 梁彦, 等. 信息融合理论的基本方法与进展 (ii). *控制理论与应用*, 2012, 29(10): 1233–1244.

[41] Chui C K, Chen G. *Kalman Filtering: With Real-time Applications*. New York: Springer, 1999.

[42] 陈新海. 最佳估计理论. 北京: 北京航空学院出版社, 1987.

[43] 邓自立, 祈荣宾. 多传感器信息融合次优稳态Kalman滤波器. *中国学术期刊文摘(科技快报)*, 2000, 6(2): 183–184.

[44] Sun S L. Multi-sensor optimal information fusion Kalman filters with applications. *Aerospace Science and Technology*, 2004, 8(1): 57–62.

[45] Sun S L, Deng Z L. Multi-sensor optimal information fusion Kalman filter. *Automatica*, 2004, 40(6): 1017–1023.

[46] Sun S L. Multi-sensor optimal information fusion input white noise deconvolution estimators. *IEEE Transactions on Systems, Man, and Cybernetics-part B: Cybernetics*, 2004, 34(4): 1886–1893.

[47] Chou K C, Willsky A S, Benveniste A, et al. Recursive and iterative estimation algorithms for multiresolution stochastic processes. *Proceedings of the 28th IEEE Conference on Decision and Control*, Tampa, 1989: 1184–1189.

[48]  Benveniste A, Nikoukhah R, Willsky A S. Multiscale system theory. *Proceedings of the 29th IEEE Conference on Decision and Control*, Honolulu, 1990: 2484–2487.

[49]  Chou K C, Willsky A S, Nikoukhah R. Multiscale systems, Kalman filters, and Riccati equations. *IEEE Transactions on Automatic Control*, 1994, 39(3): 479–492.

[50]  Luettgen M R, Karl W C, Willsky A S, et al. Multiscale representation of Markov random fields. *IEEE Transactions on Signal Processing*, 1993, 41(3): 3377–3396.

[51]  潘泉, 张磊, 崔培玲, 等. 一类动态多尺度系统的最优滤波. 中国科学 E 辑信息科学, 2004, 34(4): 433–447.

[52]  Zhang L, Wu X L, Pan Q, et al. Multiresolution modeling and estimation of multisensor data. *IEEE Transactions on Signal Processing*, 2004, 52(11): 3170–3182.

[53]  葛泉波, 汪国安, 汤天浩, 等. 基于有理倍采样的异步数据融合算法研究. 电子学报, 2006, 34(3): 543–548.

[54]  赵巍. 多尺度系统建模、估计与融合方法研究[博士学位论文]. 西安: 西北工业大学, 2000.

[55]  闫莉萍. 多尺度数据融合状态估计算法研究[硕士学位论文]. 开封: 河南大学, 2003.

[56]  闫莉萍. 多速率传感器状态融合估计及多分辨率图像融合算法研究[博士学位论文]. 北京: 清华大学, 2007.

[57]  Cristi R, Tummala M. Multirate, multiresolution, recursive Kalman filter. *Signal Processing*, 2000, 80(9): 1945–1958.

[58]  王洁, 韩崇昭, 李晓榕. 异步多传感器数据融合. 控制与决策, 2001, 16(6): 877–881.

[59]  段战胜, 韩崇昭, 陶唐飞. 多传感器异步线性测量系统的数据融合. 传感器技术, 2003, 22(12):43–45.

[60]  董劲松, 刘炜亮, 徐毓. 一种异类传感器之间的异步航迹融合算法. 空军雷达学院学报, 2004, 18(1): 19–21.

[61]  Blair W D, Rice T R, McDole B S, et al. Least-squares approach to asynchronous data fusion. *The International Society for Optical Engineering in Aerospace Sensing*, Orlando, 1992: 130–141.

[62]  Wei C, Moshe K. Asynchronous distributed detection. *IEEE Transactions on Aerospace and Electronic Systems*, 1994, 30(3):818–826.

[63]  徐毓. 雷达网数据融合问题研究[博士学位论文]. 北京: 清华大学, 2003.

[64]  Alouani A T, Rice T R. On optimal synchronous and asynchronous track fusion. *Optical Engineering*, 1998, 37(2):427–433.

[65]  Alouani A T, Gray J E. Theory of distributed estimation using multiple asynchronous sensors. *IEEE Transactions on Aerospace and Electronic Systems*, 2005, 41(2):717–722.

[66]  Watson G, Rice T R, Alouani A T. Optimal track fusion with feedback for multiple asynchronous measurements. *The International Society for Optical Engineering in Aerospace Sensing*, Orlando, 2000: 20–33.

[67]  Lin X D, Bar-Shalom Y, Kirubarajan T. Multisensor-multitarget bias estimation for general asynchronous sensors. *IEEE Transactions on Aerospace and Electronic Systems*, 2005, 41(3):899–921.

[68]  Song E B, Zhu Y M. Optimal Kalman filtering fusion with cross-correlated sensor noises. *Automatica*, 2007, 43(8):1450–1456.

[69]  Yan L P, Li X R, Xia Y Q, et al. Optimal sequential and distributed fusion for state estimation in cross-correlated noise. *Automatica*, 2013, 49(12):3607–3612.

[70]  Duan Z S, Li X R. The optimality of a class of distributed estimation fusion algorithm. *11th*

*International Conference on Information Fusion*, Cologne, 2008: 1–6.

[71] 冯肖亮. *噪声相关和无序量测系统的网络融合估计*[硕士学位论文]. 杭州: 杭州电子科技大学, 2009.

[72] Bar-Shalom Y, Li X R. *Estimation and Tracking: Principles, Techniques and Software*. Boston: Artech House, 1993.

[73] Zhou D, Wang Q. State and deviation separation estimation algorithm under nonlinear system with cross-correlated noises. *Automatica*, 1996, 22(2): 161–167.

[74] Zhou D. Pseudo separate-bias estimation of nonlinear systems with colored noise. *Control Theory and Applications*, 1999, 16(6): 826–829.

[75] 段战胜, 韩崇昭. 一类相关噪声下离散线性系统的递推状态估计. *系统工程与电子技术*, 2005, 27(5): 792–794.

[76] Shi H, Yan L P, Liu B S, et al. A sequential asynchronous multirate multisensor data fusion algorithm for state estimation. *Chinese Journal of Electronics*, 2008, 17(4): 1135–1139.

[77] Julier S, Uhlhaman J. *Handbook of Multisensor Data Fusion: General Decentralized Data Fusion with Covariance Intersection*. Boca Raton: CRC Press, 2001.

[78] Julier S J, Uhlmann J K. A non-divergent estimation algorithm in the presence of unknown correlations. *Proceedings of the American Control Conference*, Albuquerque, 1997: 2369–2373.

[79] Hurley M B. An information theoretic justification for covariance intersection and its generalization. *Proceedings of the Fifth International Conference on Information Fusion*, Annapolis, 2002: 505–511.

[80] Chong C Y, Mori S. Convex combination and covariance intersection algorithms in distributed fusion. *Proceedings of the 4th International Conference of Information Fusion*, Montreal, 2001: WeA2.11–WeA2.18.

[81] Wang Y M, Li X R. A fast and fault–tolerant convex combination fusion algorithm under unknown cross-correlation. *12th International Conference on Information Fusion*, Seattle, 2009: 571–578.

[82] 石晓航, 梁青阳, 张庆杰, 等. 面向分布式融合估计的快速一致性算法. *电光与控制*, 2014, 21(6): 38–42.

[83] Wang Y M, Li X R. Distributed estimation fusion with unavailable cross-correlation. *IEEE Transactions on Aerospace and Electronic Systems*, 2012, 48(1): 259–278.

[84] 张文安. *网络化控制系统的时延与丢包问题研究*[博士学位论文]. 杭州: 浙江工业大学, 2010.

[85] Hespanha J, Naghshtabrizi P, Xu Y. A survey of recent results in networked control systems. *Proceedings of the IEEE*, 2007, 95(1): 138–162.

[86] 孙德辉, 史运涛, 李志军, 等. *网络化控制系统——理论、技术及工程应用*. 北京: 国防工业出版社, 2008.

[87] Nahi N. Optimal recursive estimation with uncertain observation. *IEEE Transactions on Information Theory*, 1969, 15(4): 457–462.

[88] Sinopoli B, Schenato L, Franceschetti M, et al. Kalman filtering with intermittent observations. *IEEE Transactions on Automatic Control*, 2004, 49(9): 1453–1464.

[89] Sahebsara M, Chen T, Shah S L. Optimal $h_2$ with random sensor delay, multiple packet dropout and uncertain observations. *International Journal of Control*, 2007, 80(2): 292–301.

[90] Shi L, Epstein M, Murray R M. Kalman filtering over a packet-dropping network: A probabilistic perspective. *IEEE Transactions Automatic Control*, 2010, 55(3): 594–604.

[91]    Smith C S, Seiler P. Estimation with lossy measurements: Jump estimator for jump systems. *IEEE Transactions on Automatic Control*, 2003, 48(12): 2163–2171.

[92]    Xiong J, Lam J. Stabilization of linear systems over networks with bounded packet loss. *Automatica*, 2007, 43(1): 80–87.

[93]    Sun S, Xie L, Xiao W, et al. Optimal linear estimation for systems with multiple packet dropouts. *Automatica*, 2008, 44(5): 1333–1342.

[94]    Sun S, Xie L, Xiao W. Optimal full-order and reduced-order estimators for discrete-time systems with multiple packet dropouts. *IEEE Transactions on Signal Processing*, 2008, 56(8): 4031–4038.

[95]    Xiao N, Xie L, Fu M. Kalman filtering over unreliable communication networks with bounded Markovian packet dropouts. *International Journal of Robust and Nonlinear Control*, 2009, 19(16): 1770–1786.

[96]    Huang M, Dey S. Kalman filtering with Markovian packet losses and stability criteria. *Proceeding of the 45th IEEE Conference on Decision and Control*, San Diego, 2006: 5621–5626.

[97]    Sun S, Xie L, Xiao W, et al. Optimal filtering for systems with multiple packet dropouts. *IEEE Transactions on Circuits and Systems-II: Express Briefs*, 2008, 55(7): 695–699.

[98]    Mohamed S, Nahavandi S. Optimal multisensor data fusion for linear systems with missing measurements. *IEEE International Conference on System of Systems Engineering*, Singapore, 2008: 1–4.

[99]    Liu X, Goldsmith A. Kalman filtering with partial observation losses. *Proceeding of the 43th IEEE Conference on Decision and Control*, Atlantis, 2004: 4180–4186.

[100]   Yan L P, Zhou D H, Fu M Y, et al. State estimation for asynchronous multirate multisensor dynamic systems with missing measurements. *IET Signal Processing*, 2010, 4(6): 728–739.

[101]   Lu X, Xie L, Zhang H, et al. Robust Kalman filtering for discrete-time systems with measurement delay. *IEEE Transactions on Circuits and Systems-II: Express Briefs*, 2007, 54(6): 522–526.

[102]   Wang Z, Lamb J, Liu X. Filtering for a class of nonlinear discrete-time stochastic systems with state delays. *Journal of Computational and Applied Mathematics*, 2007, 201(1): 153–163.

[103]   Wen C, Liu R, Chen T. Linear unbiased state estimation with random one-step sensor delay. *Circuits, Systems and Signal Processing*, 2007, 26(4): 573–590.

[104]   Wang Z, Ho W, Liu X. Robust filtering under randomly varying sensor delay with variance constraints. *IEEE Transactions on Circuits and Systems-II: Express Briefs*, 2004, 51(6): 320–326.

[105]   Han C, Zhang H. Optimal state estimation for discrete-time systems with random observation delay. *Acta Automatica Sinica*, 2009, 35(11): 1447–1451.

[106]   Song H, Yu L, Zhang W. $H_\infty$ filtering of network-based systems with random delay. *Signal Processing*, 2009, 89(4): 615–622.

[107]   Zhang H, Feng G, Han C. Linear estimation for random delay systems. *Systems and Control Letters*, 2011, 60(7): 450–459.

[108]   Choi M, Choi J, Park J, et al. State estimation with delayed measurements considering uncertainty of time delay. *IEEE International Conference on Robotics and Automation*, Kobe, 2009: 3987–3992.

[109]   Shi L, Xie L, Murray R M. Kalman filtering over a packet-delaying network: A probabilistic

approach. *Automatica*, 2009, 45(9): 2134–2140.

[110] Schenato L. Optimal estimation in networked control systems subject to random delay and packet drop. *IEEE Transactions on Automatic Control*, 2008, 53(5): 1311–1317.

[111] Portas E B, Orozco J L, Besada J, et al. Multisensor out of sequence data fusion for estimating the state of discrete control systems. *IEEE Transactions on Automatic Control*, 2009,54(7): 1728–1732.

[112] Portas E B, Orozco J L, Besada J, et al. Multisensor fusion for linear control systems with asynchronous, out-of-sequence and erroneous data. *Automatica*, 2011, 47(7): 1399–1408.

[113] Bar-Shalom Y, Li X. *Multitarget-multisensor Tracking: Principles and Techniques*. Storrs: YBS Publishing, 1995.

[114] Bar-Shalom Y. Update with out-of-sequence measurements in tracking: Exact solution. *IEEE Transactions on Aerospace and Electronic Systems*, 2002, 38(3): 769–778.

[115] Bar-Shalom Y, Mallick M, Chen H, et al. One-step solution for the general out-of-sequence measurement problem in tracking. *Proceedings of the IEEE Aerospace Conference*, Big Sky Montana, 2002: 1551–1559.

[116] Bar-Shalom Y, Chen H, Mallick M. One-step solution for the multistep out-of-sequence measurement problem in tracking. *IEEE Transactions on Aerospace and Electronic Systems*, 2004, 40(1): 27–37.

[117] Blackman S, Popoli R. *Design and Analysis of Modern Tracking Systems*. Boston: Academic Press, 1999.

[118] Hilton R, Martin D, Blair W. *Tracking with Time-delayed Data in Multisensor Systems*. Dahlgren: Naval surface Warfare Center, 1993.

[119] Mallick M, Coraluppi S, Carthel C. Advances in asynchronous and decentralized estimation. *Proceedings of the 2001 IEEE Aerospace Conference*, Big Sky Montana, 2001: 1873–1888.

[120] Zhang K, Li X, Chen H, et al. Multi-sensor multitarget tracking with out-of-sequence measurements. *Proceedings of the 6th International Conference on Information Fusion*, Annapolis, 2003: 672–679.

[121] Challa S, Evans R, Wang X. A bayesian solution and its approximation to out-of-sequence measurement problems. *Information Fusion*, 2003, 4(3): 185–199.

[122] 张希彬, 秦超英, 高蕊. 含无序量测的多传感器信息融合算法研究. *传感器技术学报*, 2006, 19(4): 1310–1312.

[123] Xia Y Q, Shang J Z, Chen J, et al. Networked data fusion with packet losses and variable delays. *IEEE Transactions on Systems, Man, and Cybernetics: Part B-Cybernetics*, 2009, 39(5): 1107–1120.

[124] Shen X, Zhu Y, Song E, et al. Optimal centralized update with multiple local out-of-sequence measurements. *IEEE Transactions on Signal Processing*, 2009, 57(4): 1551–1562.

[125] Shen X, Zhu Y, Song E, et al. Globally optimal distributed Kalman fusion with local out-of-sequence-measurements updates. *IEEE Transactions on Automatic Control*, 2009, 54(8): 1928–1934.

[126] 葛泉波, 文成林. 多传感器网络系统基于无序估计的分布式信息融合. *电子与信息学报*, 2010, 32(7): 1614–1620.

[127] Shi H, Yan L P, Liu B S, et al. A sequential asynchronous multirate multisensor information fusion algorithm for state estimation. *Acta Electronica Sinica*, 2008, 17(4): 630–632.

[128]　文成林, 吕冰, 葛泉波. 一种基于分步式滤波的数据融合算法. 电子学报, 2004, 32(8): 1264–1267.

[129]　Hadidi M, Schwanz S. Linear recursive state estimators under uncertain observations. *IEEE Transactions on Automatic Control*, 1979, 24(6): 944–948.

[130]　NaNacara W, Yaz E. Recursive estimator for linear and nonlinear systems with uncertain observations. *Signal Processing*, 1997, 62(2): 215–228.

[131]　Nakamori S, Caballero-Aguila R, Hermoso-Carazo A, et al. Linear recursive discrete-time estimators using covariance information under uncertain observations. *Signal Processing*, 2003, 83(7): 1553–1559.

[132]　Nakamori S, Caballero-Aguila R, Hermoso-Carazo A, et al. Linear estimation from uncertain observations with white plus coloured noises using covariance information. *Digital Signal Processing*, 2003, 13(3): 552–568.

[133]　Wang Z D, Ho D W C, Liu X H. Variance-constrained filtering for uncertain stochastic systems with missing measurements. *IEEE Transactions on Automatic Control*, 2003, 48(7): 1254–1258.

[134]　付梦印, 邓志红, 闫莉萍. *Kalman滤波理论及其在导航系统中的应用*. 北京: 科学出版社, 2010.

[135]　周东华, 王庆林. 有色噪声干扰的非线性系统强跟踪滤波. 北京理工大学学报, 1997, 17(3): 321–326.

[136]　文成林, 陈志国, 周东华. 基于强跟踪滤波器的多传感器非线性动态系统状态与参数联合估计. 电子学报, 2002, 30(11): 1715–1717.

[137]　安德玺, 梁彦, 周东华. 一种基于滤波参数在线辨识的鲁棒自适应滤波器. 自动化学报, 2004, 30(4): 560–566.

[138]　刘春恒, 梁彦, 周东华. 强跟踪滤波器在被动跟踪中的应用. 清华大学学报(自然科学版), 2003, 43(7): 880–886.

[139]　Julier S J, Uhlmann J K. A new extension of the Kalman filter to nonlinear systems. *Proceedings of the SPIE Aerosense Conference*, New York: 1997: 1659–1665.

[140]　Julier S J, Uhlmann J K. Unscented filtering and nonlinear estimation. *Proceedings of the IEEE*, 2004, 92(3): 401–422.

[141]　Merwe R V D, Wan E A, Julier S I. Sigma-point Kalman filters for nonlinear estimation and sensor fusion applications to integrated navigation. *AIAA Guidance, Navigation, and Control Conference and Exhibit*, Providence, 2004: 1–30.

[142]　Brunke S, Campbell M E. Square root sigma point filtering for real-time, nonlinear estimation. *Journal of Guidance*, 2003, 27(2): 314–317.

[143]　Lee D J, Alfriend K T. Adaptive sigma point filtering for state and parameter estimation. *Journal of Guidance*, 2004, 2(5101): 1–20.

[144]　Doucet A, Freitas N D, Gordon N J. *Sequential Monte Carlo Methods in Practice*. New York: Springer, 2001.

[145]　Doucet A, Godsill S, Andrieu C. On sequential Monte Carlo sampling methods for Bayesian filtering. *Statistics and Computing*, 2000, 10(3): 197–208.

[146]　Lee J G, Park C G, Park H W. Multiposition alignment of strapdown inertial navigation system. *IEEE Transactions on Aerospace and Electronic Systems*, 1993, 29(4): 1323–1328.

[147]　Li X R, Zhao Z L. Evaluation of estimation algorithms-part I: Incomprehensive performance measures. *IEEE Transactions on Aerospace and Electronic Systems*, 2006, 42(4): 1340–1358.

[148]　Li X R, Zhao Z L, Li X B. Evaluation of estimation algorithms-II: Credibility tests. *IEEE Transactions on Systems, Man, and Cybernetics-Part A: Systems and Humans*, 2012, 42(1):

147–163.

[149]　贾沛璋, 朱征桃. *最优估计及应用*. 北京: 科学出版社, 1984.

[150]　解学书. *最优控制——理论与应用*. 北京: 清华大学出版社, 1986.

[151]　闫莉萍, 夏元清, 杨毅. *随机过程理论及其在自动控制中的应用*. 北京: 国防工业出版社, 2012.

[152]　李树英, 许茂增. *随机系统的滤波与控制*. 北京: 国防工业出版社, 1991.

[153]　Bar-Shalom Y, Li X R, Kirubarajam T. *Estimation with Application to Tracking and Navigation*. New York: John Wiley and Sons, 2001.

[154]　Chui C K, Chen G. *Kalman Filtering: With Real-time Applications*. New York: Springer, 1999.

[155]　Zhou D H, Wang Q L. Strong tracking filter to nonlinear systems with colored noise. *Journal of Beijing Institute of Technology*, 1997, 17(3): 321–326.

[156]　邓自立. *自校正滤波理论及其应用——现代时间序列分析方法*. 哈尔滨: 哈尔滨工业大学出版社, 2003.

[157]　Basin M, Alcorta-Garcia M A, Alanis-Duran A. Optimal filtering for linear systems with state and multiple observation delays. *International Journal of Systems Science*, 2008, 39(5): 547–555.

[158]　Basin M, Shi P, Dario-Calderon A. Central suboptimal $H_\infty$ filter design for linear time varying systems with state and measurement delays. *International Journal of Systems Science*, 2010, 41(4): 411–421.

[159]　Bar-Shalom Y. Update with out-of-sequence-measurements in tracking: Exact solution. *IEEE Transactions on Aerospace and Electronic Systems*, 2002, 38(3): 769–778.

[160]　Zhang H C, Basin M, Skliar M. Ito-volterra optimal state estimation with continuous, multirate, randomly sampled, and delayed measurements. *IEEE Transactions on Automatic Control*, 2007, 52(3): 401–416.

[161]　Li W H, Shah S. Data-driven Kalman filters for non-uniformly sampled multirate systems with application to fault diagnosis. *American Control Conference*, Portland, 2005: 8–10.

[162]　Li W H, Shah S, Xiao D Y. Kalman filters in non-uniformly sampled multirate systems: For fdi and beyond. *Automatica*, 2008, 44(1): 199–208.

[163]　Dong H L, Wang Z D, Ho D W C, et al. Robust $H$-infinity filtering for markovian jump systems with randomly occurring nonlinearities and sensor saturation: The finite-horizon case. *IEEE Transactions on Signal Processing*, 2011, 59(7): 3048–3057.

[164]　Shen B, Wang Z D, Liu X H. A stochastic sampled-data approach to distributed $H$-infinity filtering in sensor networks. *IEEE Transactions on Circuits and Systems-Part I*, 2011, 58(9): 2237–2246.

[165]　Shen B, Wang Z D, Shu H S, et al. $H$-infinity filtering for uncertain time-varying systems with multiple randomly occurred nonlinearities and successive packet dropouts. *International Journal of Robust and Nonlinear Control*, 2011, 21(14): 1693–1709.

[166]　Yan L P, Xiao B, Xia Y Q, et al. State estimation for a kind of non-uniform sampling dynamic system. *International Journal of Systems Science*, 2013, 44(10): 1913–1924.

[167]　Simon D. *Optimal State Estimation*. New York: John Wiley and Sons, 2006.

[168]　程正兴. *小波分析算法与应用*. 西安: 西安交通大学出版社, 1998.

[169]　杨福生. *小波变换的工程分析与应用*. 北京: 科学出版社, 1999.

[170]　Mallat S G. A theory for multiresolution signal decomposition: The wavelet representation.

*IEEE Transactions on Pattern Analysis and Machine Intelligence*, 1989, 56(4): 674–693.

[171] 张贤达, 保铮. 非平稳信号分析与处理. 北京: 国防工业出版社, 1998.

[172] 闫莉萍, 刘宝生, 周东华. 一类多速率多传感器系统的状态融合估计算法. 电子与信息学报, 2007, 29(2): 443–446.

[173] Wang Z D, Ho D W C, Liu X H. Variance-constrained filtering for uncertain stochastic systems with missing measurements. *IEEE Transactions on Automatic Control*, 2003, 48(7): 1254–1258.

[174] 闫莉萍. 多速率传感器数据融合及其在组合导航系统中应用. 北京: 空军装备研究院博士后工作报告, 2009.

[175] 邓志红, 闫莉萍, 付梦印. 基于不完全观测数据的多速率传感器融合估计. 系统工程与电子技术, 2010, 32(5): 886–890.

[176] Blair W D, Rice T R, Alouani A T, et al. Asynchronous data fusion for target tracking with a multitasking radar and optical sensor. *Proceedings of SPIE Conference, Acquisition, Tracking and Pointing*, Orlando, 1991: 234–245.

[177] Jeong S, Tugnait J K. Multisensor tracking of a maneuvering target in clutter with asynchronous measurements using immpda filtering and parallel detection fusion. *Proceedings of American Control Conference*, Boston, 2004: 5350–5355.

[178] Lopez-Orozco J A, Cruz J M de la, Besada E, et al. An asynchronous, robust, and distributed multisensor fusion system for mobile robots. *International Journal of Robotics Research*, 2000, 19(10): 914–932.

[179] Matveey A S, Savkin A V. The problem of state estimation via asynchronous communication channels with irregular transmission times. *IEEE Transactions on Automatic Control*, 2003, 48(4): 670–676.

[180] Basseville M, Benveniste A, Chou K C, et al. Modeling and estimation of multiresolution stochastic processes. *IEEE Transactions on Information Theory*, 1992, 38(2): 766–784.

[181] Yan L P, Zhu C, Xia Y Q, et al. Optimal state estimation for a class of asynchronous multirate multisensor dynamic systems. *29th Chinese Control Conference*, Beijing, 2010: 4329–4333.

[182] Chui C K, Chen G. *Kalman Filtering: With Real-time Applications*. New York: Springer, 1999.

[183] Shi H, Yan L P, Liu B S, et al. A sequential asynchronous multirate multisensor information fusion algorithm for state estimation. *Chinese Journal of Electronics*, 2008, 17(4): 630–632.

[184] Kar S, Sinopoli B, Moura J M F. Kalman filtering with intermittent observations: Weak convergence to a stationary distribution. *IEEE Transactions on Automatic Control*, 2012, 57(2): 405–420.

[185] Hu J, Wang Z D, Gao H J. Recursive filtering with random parameter matrices, multiple fading measurements and correlated noises. *Automatica*, 2013, 49(11): 3440–3448.

[186] Huang M Y, Dey S. Stability of Kalman filtering with Marikovian packet losses. *Automatica*, 2007, 43(4): 598–607.

[187] Zhang W A, Feng G, Yu L. Multi-rate distributed fusion estimation for sensor networks with packet losses. *Automatica*, 2012, 48(9): 2016–2028.

[188] Mahmoud M S, Emzir M F. State estimation with asynchronous multi-rate multi-smart sensors. *Information Sciences*, 2012, 196(8): 15–27.

[189] Li X R, Zhao Z L, Jilkov V P. Practical measures and test for credibility of an estimator.

*Proceedings of Workshop Estimation, Tracking, Fusion: A Tribute to Yaakov Bar-Shalom*, Monterey, 2001: 481–495.

[190] Li X R, Zhu Y M, Wang J, et al. Optimal linear estimation fusion-part I: Unified fusion rules. *IEEE Transactions on Information Theory*, 2003, 49(9): 2192–2208.

[191] Bar-Shalom Y, Li X R, Kirubarajan T. *Estimation With Applications to Tracking and Navigation: Theory, Algorithms, and Software*. New York: Wiley, 2001.

[192] 盛梅, 汤玉东, 邹云. 具不确定观测和相关噪声的最优递推滤波. 宇航计测技术, 2005, 25(4): 38–42.

[193] Alouani A T, Rice T R. On asynchronous data fusion. *Proceeding of the 26th Southeastern Symposium on System Theory*, Athens, 1994: 143–146.

[194] Alouani A T, Rice T R. On optimal asynchronous track fusion. *First Australian Data Fusion Symposium*, Adelaide, 1996: 147–152.

[195] Alouani A T, Rice T R. On optimal synchronous and asynchronous track fusion. *Optimal Engineering*, 1998, 37(2): 427–433.

[196] 赵怀坤, 林岳松, 郭云飞. 多声传感器异步融合算法. 传感技术学报, 2007, 20(12): 2606–2610.

[197] 张晓刚, 刘进忙, 刘昌云. 一种对多传感器异步数据的融合处理方法. 航空计算技术, 2001, 31(4): 1–4.

[198] 刘玉蕾. 多速率多传感器噪声相关系统数据融合算法研究[硕士学位论文]. 北京: 北京理工大学, 2010.

[199] Liu Y L, Yan L P, Xia Y Q, et al. Multirate multisensor distributed data fusion algorithm for state estimation with cross-correlated noises. *Proceedings of the 32th Chinese Control Conference*, Xi'an, 2013: 4682–4687.

[200] Liu Y L, Yan L P, Xiao B, et al. Multirate multisensor data fusion algorithm for state estimation with cross-correlated noises. *The 7th Intelligent Systems and Knowledge Engineering*, Beijing, 2012: 12–29.

[201] Uhlmann J K. General data fusion for estimates with unknown cross covariances. *Aerospace/Defense Sensing and Controls*, Orlando, 1996: 536–547.

[202] Li X R, Zhang P. Optimal linear estimation fusion-Part III: Cross-correlation of local estimation errors. *Proceedings of the 4th International Conference on Information Fusion*, New York: 2001: 11–18.

[203] Combettes P L. The foundations of set theoretic estimation. *Proceedings of the IEEE*, 1993, 81(2): 182–208.

[204] Eldar Y C, Beck A, Teboulle M. A minimax Chebyshev estimator for bounded error estimation. *IEEE Transactions on Signal Processing*, 2008, 56(4): 1388–1397.

[205] Hurley M B. An information theoretic justification for covariance intersection and its generalization. *Proceedings of the 5th International Conference on Information Fusion*, Annapolis, 2002: 505–511.

[206] Niehsen W. Information fusion based on fast covariance intersection filtering information fusion. *Proceedings of the 5th International Conference on Information Fusion*, Annapolis, 2002: 901–904.

[207] Uhlmann J K. Covariance consistency methods for fault-tolerant distributed data fusion. *Information Fusion*, 2003, 4(3): 201–215.

[208] Julier S J, Uhlmann J K, Nicholson D. A method for dealing with assignment ambiguity. *Proceeding of the 2004 American control conference*, Boston, 2004: 4102–4107.

[209] 史忠科. 最优估计的计算方法. 北京: 科学出版社, 2001.

[210] 康健, 司锡才. 被动定位跟踪中的非线性滤波技术. 系统工程与电子技术, 2004, 26(2): 160–162.

[211] 文成林. 多尺度动态建模理论及其应用. 北京: 科学出版社, 2007.

[212] Blom H A P, Bloem E A. Particle filtering for stochastic hybrid systems. *43rd IEEE Conference on Decision and Control*, Nassau, 2004: 3221–3226.

[213] Julier S J, Uhlmann J K. Corrections to "unscented filtering and nonlinear estimation". *Proceedings of the IEEE*, 2004, 92(12): 1958.

[214] Wu Y X, Hu D W, Hu X P. Comments on "performance evaluation of UKF-based nonlinear filtering". *Automatica*, 2007, 43(3): 567–568.

[215] Xiong K, Zhang H Y, Chan C W. Performance evaluation of UKF-based nonlinear filtering. *Automatica*, 2006, 42(2): 261–270.

[216] Hao Y L, Xiong Z L, Sun F, et al. Comparison of unscented Kalman filters. *Proceedings of the 2007 IEEE International Conference on Mechatronics and Automation*, Harbin, 2007: 895–899.

[217] Kandepu R, Foss B, Imsland L. Applying the unscented Kalman filter for nonlinear state estimation. *Journal of Process Control*, 2008, 18(7): 753–768.

[218] Zhang Y J, Zhou S S, Xue A K, et al. Delay-dependent state estimation for time-varying delayed neural networks. *International Journal of Innovative Computing, Information and Control*, 2009, 5(6): 1711–1724.

[219] Liao C W, Lu C Y, Zheng K Y, et al. A delay-dependent approach to design state estimator for discrete stochastic recurrent neural network with interval time-varying delays. *ICIC Express Letters*, 2009, 3(3): 465–470.

[220] Liu C L, Liu F. Asynchronously-coupled consensus of second-order dynamic agents with communication delay. *International Journal of Innovative Computing, Information and Control*, 2010, 6(11): 5053–5046.

[221] Wu L, Shi P, Gao H. State estimation and sliding mode control of markovian jump singular systems. *IEEE Transactions on Automatic Control*, 2010, 55(5): 1213–1219.

[222] Zhang L, Shi P. Stability, $L_2$-gain and asynchronous $H_\infty$ control of discrete-time switched systems with average dwell time. *IEEE Transactions on Automatic Control*, 2009, 54(9): 2193–2200.

[223] Wu H, Shi P. Adaptive variable structure state estimation for uncertain systems with persistently bounded disturbances. *International Journal of Robust and Nonlinear Control*, 2010, 20(17): 2003–2015.

[224] Daum F. Nonlinear filters: Beyond the Kalman filter. *IEEE Aerospace and Electronic Systems Magazine*, 2005, 20(8): 57–69.

[225] Teixeira B O S, Torres L A B, Iscold P. Flight path reconstruction-a comparison of nonlinear Kalman filter and smoother algorithms. *Aerospace Science and Technology*, 2011, 15(1): 60–71.

[226] Chowdhary G, Jategaonkar R. Aerodynamic parameter estimation from flight data applying extended and unscented Kalman filter. *Aerospace Science and Technology*, 2010, 14(2): 106–117.

[227] Hassan M F, Tawfik M Z M. State estimation of constrained nonlinear discrete-time dynamical systems. *International Journal of Innovative Computing, Information and Control*, 2010,

6(10): 4449–4470.

[228]  Liu Y S, Wang W. Fuzzy $H_\infty$ filtering for nonlinear stochastic systems with missing measurements. *ICIC Express Letters*, 2009, 3(3): 739–744.

[229]  Gao S S, Zhong Y M, Zhang X Y, et al. Multi-sensor optimal data fusion for INS/GPS/SAR integrated navigation system. *Aerospace Science and Technology*, 2009, 13(4): 232–237.

[230]  Kluge S, Reif K, Brokate M. Stochastic stability of the extended Kalman filter with intermittent observations. *IEEE Transactions on Automatic Control*, 2010, 55(2): 514–518.

[231]  Censi A. Kalman filtering with intermittent observations: Convergence for semi-Markov chains and an intrinsic performance measure. *IEEE Transactions on Automatic Control*, 2011, 56(2): 376–381.

[232]  Kar S, Sinopoli B, Moura J. Kalman filtering with intermittent observations: Weak convergence to a stationary distribution. *IEEE Transactions on Automatic Control*, 2012, 57(2): 405–420.

[233]  向礼. 非线性滤波方法及其在导航中的应用研究[博士学位论文]. 哈尔滨: 哈尔滨工业大学, 2009.

[234]  Lee D J. Nonlinear estimation and multiple sensor fusion using unscented information filtering. *IEEE Signal Processing Letters*, 2008, 15(12): 861–864.

[235]  Lee J W, Lee S D. Data fusion based state estimation of nonlinear discrete systems. *Proceeding of the 39th IEEE Conference on Decision and Control*, Sydney, 2000: 310–315.

[236]  Yan L P, Deng Z H, Fu M Y. Study of asynchronous multirate data fusion estimation algorithm based on nonlinear systems. *Acta Electronica Sinica*, 2009, 37(12): 2735–2740.

[237]  Yan L P, Xiao B, Xia Y Q, et al. State estimation for asynchronous multirate multisensor nonlinear dynamic systems with missing measurements. *International Journal of Adaptive Control and Signal Processing*, 2012, 26(6): 516–529.